"十三五"国家重点出版物出版规划项目
卓越工程能力培养与工程教育专业认证系列规划教材
(电气工程及其自动化、自动化专业)

传感器原理及应用

第 2 版

主　编　姜香菊
副主编　刘二林
参　编　任　冰　贺元玉

本书配有电子课件和习题答案

机械工业出版社

本书系统地阐述了应变式、电感式、电容式、压电式、磁电式、光电式、气敏及湿敏式、热电式传感器的工作原理，基本结构类型及特性，转换电路和相关应用。同时，本书还结合轨道交通装备讲述传感器在现场的具体应用，介绍了目前使用较多的智能传感器及相关新技术。本书还以飞思卡尔单片机为基础，设计 DS18B20 智能温度传感器、MMA8451 加速度传感器、ENC-03MB 角速度传感器、Mini1024J 绝对式编码器等的硬件接口电路，并编写相关源程序。学生通过学习本书，可以自己动手验证或者应用所学内容。

本书可作为自动化、电气工程、电子信息、测控技术与仪器等专业的教材，也可供从事传感器、测控技术工作的工程技术人员参考。

本书配有电子课件及习题答案，欢迎选用本书作教材的老师发邮件到 jinacmp@163.com 索取，或登录 www.cmpedu.com 下载。

图书在版编目(CIP)数据

传感器原理及应用/姜香菊主编. —2 版. —北京：机械工业出版社，2020.6（2025.6 重印）

"十三五"国家重点出版物出版规划项目　卓越工程能力培养与工程教育专业认证系列规划教材. 电气工程及其自动化、自动化专业

ISBN 978-7-111-65677-7

Ⅰ.①传… Ⅱ.①姜… Ⅲ.①传感器-高等学校-教材　Ⅳ.①TP212

中国版本图书馆 CIP 数据核字(2020)第 086080 号

机械工业出版社（北京市百万庄大街22号　邮政编码100037）
策划编辑：吉　玲　　责任编辑：吉　玲
责任校对：樊钟英　　封面设计：严娅萍
责任印制：邸　敏
北京华宇信诺印刷有限公司印刷
2025 年 6 月第 2 版第 11 次印刷
184mm×260mm · 17.75 印张 · 438 千字
标准书号：ISBN 978-7-111-65677-7
定价：45.00 元

电话服务　　　　　　　　网络服务
客服电话：010-88361066　　机　工　官　网：www.cmpbook.com
　　　　　010-88379833　　机　工　官　博：weibo.com/cmp1952
　　　　　010-68326294　　金　书　网：www.golden-book.com
封底无防伪标均为盗版　　　机工教育服务网：www.cmpedu.com

"十三五"国家重点出版物出版规划项目
卓越工程能力培养与工程教育专业认证系列规划教材
（电气工程及其自动化、自动化专业）
编审委员会

主任委员

郑南宁　中国工程院　院士，西安交通大学　教授，中国工程教育专业认证协会电子信息与电气工程类专业认证分委员会　主任委员

副主任委员

汪槱生　中国工程院　院士，浙江大学　教授
胡敏强　东南大学　教授，教育部高等学校电气类专业教学指导委员会　主任委员
周东华　清华大学　教授，教育部高等学校自动化类专业教学指导委员会　主任委员
赵光宙　浙江大学　教授，中国机械工业教育协会自动化学科教学委员会　主任委员
章　兢　湖南大学　教授，中国工程教育专业认证协会电子信息与电气工程类专业认证分委员会　副主任委员
刘进军　西安交通大学　教授，教育部高等学校电气类专业教学指导委员会　副主任委员
戈宝军　哈尔滨理工大学　教授，教育部高等学校电气类专业教学指导委员会　副主任委员
吴晓蓓　南京理工大学　教授，教育部高等学校自动化类专业教学指导委员会　副主任委员
刘　丁　西安理工大学　教授，教育部高等学校自动化类专业教学指导委员会　副主任委员
廖瑞金　重庆大学　教授，教育部高等学校电气类专业教学指导委员会　副主任委员
尹项根　华中科技大学　教授，教育部高等学校电气类专业教学指导委员会　副主任委员
李少远　上海交通大学　教授，教育部高等学校自动化类专业教学指导委员会　副主任委员
林　松　机械工业出版社　编审　副社长

委　员（按姓氏笔画排序）

于海生	青岛大学　教授	吴成东	东北大学　教授
王　平	重庆邮电大学　教授	吴美平	国防科技大学　教授
王　超	天津大学　教授	谷　宇	北京科技大学　教授
王再英	西安科技大学　教授	汪贵平	长安大学　教授
王志华	中国电工技术学会	宋建成	太原理工大学　教授
	教授级高级工程师	张　涛	清华大学　教授
王明彦	哈尔滨工业大学　教授	张卫平	北方工业大学　教授
王保家	机械工业出版社　编审	张恒旭	山东大学　教授
王美玲	北京理工大学　教授	张晓华	大连理工大学　教授
韦　钢	上海电力学院　教授	黄云志	合肥工业大学　教授
艾　欣	华北电力大学　教授	蔡述庭	广东工业大学　教授
李　炜	兰州理工大学　教授	穆　钢	东北电力大学　教授
吴在军	东南大学　教授	鞠　平	河海大学　教授

序

　　工程教育在我国高等教育中占有重要地位，高素质工程科技人才是支撑产业转型升级、实施国家重大发展战略的重要保障。当前，世界范围内新一轮科技革命和产业变革加速进行，以新技术、新业态、新产业、新模式为特点的新经济蓬勃发展，迫切需要培养、造就一大批多样化、创新型卓越工程科技人才。目前，我国高等工程教育规模世界第一。我国工科本科在校生约占我国本科在校生总数的1/3。近年来我国每年工科本科毕业生占世界工科毕业生总数的1/3以上。如何保证和提高高等工程教育质量，如何适应国家战略需求和企业需要，一直受到教育界、工程界和社会各方面的关注。多年以来，我国一直致力于提高高等教育的质量，组织实施了多项重大工程，包括卓越工程师教育培养计划（以下简称卓越计划）、工程教育专业认证和新工科建设等。

　　卓越计划的主要任务是探索建立高校与行业企业联合培养人才的新机制，创新工程教育人才培养模式，建设高水平工程教育教师队伍，扩大工程教育的对外开放。计划实施以来，建立了各相关部门协同育人机制。卓越计划要求试点专业要大力改革课程体系和教学形式，依据卓越计划培养标准，遵循工程的集成与创新特征，以强化工程实践能力、工程设计能力与工程创新能力为核心，重构课程体系和教学内容；加强跨专业、跨学科的复合型人才培养；着力推动基于问题的学习、基于项目的学习、基于案例的学习等多种研究性学习方法，加强学生创新能力训练，"真刀真枪"做毕业设计。卓越计划实施以来，培养了一批获得行业认可、具备很好的国际视野和创新能力、适应社会经济发展需要的各类型高质量人才，教育培养模式改革创新取得突破，教师队伍建设初见成效，为卓越计划的后续实施和最终目标达成奠定了坚实基础。各高校以卓越计划为突破口，逐渐形成各具特色的人才培养模式。

　　2016年6月2日，我国正式成为工程教育"华盛顿协议"第18个成员，标志着我国工程教育真正融入世界工程教育，人才培养质量开始与其他成员达到了实质等效，同时，也为以后我国参加国际工程师认证奠定了基础，为我国工程师走向世界创造了条件。专业认证把以学生为中心、以产出为导向和持续改进作为三大基本理念，与传统的内容驱动、重视投入的教育形成了鲜明对比，是一种教育范式的革新。通过专业认证，把先进的教育理念引入我国工程教育，有力地推动了我国工程教育专业教学改革，逐步引导我国高等工程教育实现从以教师为中心向以学生为中心转变、从以课程为导向向以产出为导向转变、从质量监控向持续改进转变。

　　在实施卓越计划和开展工程教育专业认证的过程中，许多高校的电气工程及其自动化、自动化专业结合自身的办学特色，引入先进的教育理念，在专业建设、人才培养模式、教学内容、教学方法、课程建设等方面积极开展教学改革，取得了较好的效果，建设了一大批优质课程。为了将这些优秀的教学改革经验和教学内容推广给广大高校，中国工程教育专业认证协会电子信息与电气工程类专业认证分委会、教育部高等学校电气类专业教学指导委员会、教育部高等学校自动化类专业教学指导委员会、中国机械工业教育协会自动化学科教学委员会、中国机械工业教育协会电气工程及其自动化学科教学委员会联合组织规划了"卓越工程能力培养与工程教育专业认证系列规划教材（电气工程及其自动化、自动化专业）"。本套教材通过国家新闻出版广电总局的评审，入选了"十三五"国家重点出版物出版规划项目。本套教材密切联系行业和市场需求，以学生工程能力培养为主线，以培养优秀工程师为目标，突出学生工程理念、工程思维和工程能力的培养。本套教材在广泛吸纳相关学校在"卓越工程师教育培养计划"实施和工程教育专业认证过程中的经验和成果的基础上，针对目前同类教材存在的内容滞后、与工程脱节等问题，紧密结合工程应用和行业企业需求，突出实际工程案例，强化学生工程能力的培养，积极进行教材内容、结构、体系和展现形式的改革。

经过全体教材编审委员会委员和编者的努力，本套教材陆续跟读者见面了。由于时间紧迫，各校相关专业教学改革推进的程度不同，本套教材还存在许多问题，希望各位老师对本套教材多提宝贵意见，以使教材内容不断完善提高。也希望通过本套教材在高校的推广使用，促进我国高等工程教育教学质量的提高，为实现高等教育的内涵式发展积极贡献一份力量。

卓越工程能力培养与工程教育专业认证系列规划教材
（电气工程及其自动化、自动化专业）
编审委员会

前　言

　　传感器是人类探知自然界信息的触角。在人类文明的发展历程中，感受、处理外部信息的传感技术一直扮演着重要角色。随着科技的发展，目前社会生产及生活的自动化程度越来越高，传感器也越来越多地被应用在生产生活的各个方面。这种大规模的应用使传感器制造的新工艺、新技术及新材料不断涌现，同时也促使传感器向着小型化、集成化和智能化的方向不断发展。

　　本书作为本科及专科学生教材，以传感器工作原理为分类形式，从传感器的工作原理、传感器的结构及特性、传感器的转换电路等几个方面分别介绍了应变式、电感式、电容式、压电式、磁电式、光电式等传感器。授课过程中，如果按照32学时来讲解，建议将传感器的工作原理及转换电路作为重点讲解内容；如果按照48学时来讲解，建议讲解传感器的工作原理、基本结构、转换电路及基本应用等内容，并简单讲解第10章的内容。一般情况下，第11章作为学生的自学内容，如果可能，教师也可以在第11章内容中挑选一至两个例子在课堂上为学生进行应用演示，以增加课堂的趣味性。

　　在本书的编写过程中，编者着重体现了三个特点：第一，增加例题，通过例题来加强读者对内容的理解；第二，增加应用实例，为了更好地让学生理解传感器的应用，书中列举了一些新型传感器在铁路机车上使用的例子，以增加知识的新颖性；第三，书中虚拟了"老师"及"学生"两个人物，通过"学生"的学习历程和"老师"对关键问题的讲解来强调书中的重点，从而引导读者学习。

　　全书共11章，第1～6章由兰州交通大学刘二林编写，第7、8章由兰州交通大学任冰编写，第9、10章由兰州铁路局集团公司兰州车辆段贺元玉编写，第11章由兰州交通大学姜香菊编写。同时感谢所有支持本书编纂工作的兰州交通大学的老师和校友。

　　由于传感器技术发展较快，且编者水平有限，书中难免有错误和疏漏之处，敬请读者谅解，同时也希望读者能发邮件到 jxju16@163.com 对书中问题给予批评斧正。

编　者

目录 Contents

序
前言
第1章 传感器基础理论 ……………… 1
  1.1 传感器概述 ………………………… 1
    1.1.1 传感器的定义 ………………… 2
    1.1.2 传感器的功能及组成 ………… 2
    1.1.3 传感器的分类 ………………… 3
    1.1.4 传感器的发展趋势 …………… 4
  1.2 传感器的基本特性 ………………… 5
    1.2.1 传感器的静态特性 …………… 6
    1.2.2 传感器的动态特性 …………… 9
  1.3 传感器的标定 ……………………… 16
    1.3.1 传感器的静态标定 …………… 16
    1.3.2 传感器的动态标定 …………… 17
  本章小结 …………………………………… 18
  思考题与习题 ……………………………… 18

第2章 应变式传感器 ………………… 19
  2.1 应变式传感器的工作原理 ………… 19
  2.2 应变式传感器的结构类型及特性 … 22
    2.2.1 应变式传感器的结构类型 …… 22
    2.2.2 应变式传感器的特性 ………… 24
  2.3 电阻应变片的转换电路 …………… 30
    2.3.1 直流电桥 ……………………… 30
    2.3.2 交流电桥 ……………………… 34
  2.4 应变式传感器的应用 ……………… 35
    2.4.1 应变式力传感器 ……………… 35
    2.4.2 应变式压力传感器 …………… 38
    2.4.3 应变式扭矩传感器 …………… 39
    2.4.4 应变式加速度传感器 ………… 39
  本章小结 …………………………………… 39
  思考题与习题 ……………………………… 40

第3章 电感式传感器 ………………… 42
  3.1 自感式电感传感器 ………………… 42
    3.1.1 自感式电感传感器的工作原理 …… 42
    3.1.2 自感式电感传感器的结构类型及特性 …… 44
    3.1.3 自感式电感传感器的转换电路 …… 50
    3.1.4 自感式电感传感器的应用 …… 52
  3.2 互感式电感传感器 ………………… 53
    3.2.1 互感式电感传感器的工作原理 …… 53
    3.2.2 互感式电感传感器的结构及特性 …… 54
    3.2.3 互感式电感传感器的转换电路 …… 56
    3.2.4 互感式电感传感器的应用 …… 60
  3.3 电涡流式传感器 …………………… 60
    3.3.1 电涡流式传感器的工作原理 … 61
    3.3.2 电涡流式传感器的结构及特性 … 62
    3.3.3 电涡流式传感器的转换电路 … 64
    3.3.4 电涡流式传感器的应用 ……… 64
  本章小结 …………………………………… 66
  思考题与习题 ……………………………… 66

第4章 电容式传感器 ………………… 68
  4.1 电容式传感器的工作原理 ………… 68
  4.2 电容式传感器的结构及特性 ……… 69
    4.2.1 变极距型电容式传感器 ……… 70
    4.2.2 变面积型电容式传感器 ……… 73
    4.2.3 变介质型电容式传感器 ……… 74
  4.3 电容式传感器的转换电路 ………… 76
    4.3.1 调频转换电路 ………………… 76
    4.3.2 运算放大器式电路 …………… 77
    4.3.3 二极管双T形交流电桥 ……… 77
    4.3.4 脉冲宽度调制电路 …………… 78
  4.4 电容式传感器的应用 ……………… 80
    4.4.1 电容式压力传感器 …………… 80

4.4.2 差动式电容测厚传感器 ………… 81
4.4.3 电容式加速度传感器 …………… 82
本章小结 ……………………………………… 82
思考题与习题 ………………………………… 83

第5章 压电式传感器 ………………………… 85

5.1 压电式传感器的工作原理及等效电路 …… 85
  5.1.1 压电式传感器的工作原理 ……… 85
  5.1.2 压电式传感器的等效电路 ……… 90
5.2 压电式传感器的结构及特性 ……………… 92
  5.2.1 压电式传感器的结构 …………… 92
  5.2.2 压电式传感器的特性 …………… 95
5.3 压电式传感器的转换电路 ………………… 96
  5.3.1 电压放大器 ……………………… 96
  5.3.2 电荷放大器 ……………………… 98
5.4 压电式传感器的应用 ……………………… 99
  5.4.1 压电式力传感器 ………………… 99
  5.4.2 振动的监控、检测 ……………… 100
  5.4.3 压电引信 ………………………… 101
  5.4.4 压电式玻璃破碎报警器 ………… 101
  5.4.5 压电式料位测量系统 …………… 102
本章小结 ……………………………………… 103
思考题与习题 ………………………………… 103

第6章 磁电式传感器 ………………………… 104

6.1 磁电感应式传感器 ………………………… 104
  6.1.1 磁电感应式传感器的工作原理 … 104
  6.1.2 磁电感应式传感器的结构及
     特性 ……………………………… 104
  6.1.3 磁电感应式传感器的转换电路 … 107
  6.1.4 磁电感应式传感器的应用 ……… 108
6.2 霍尔传感器 ………………………………… 109
  6.2.1 霍尔传感器的工作原理 ………… 109
  6.2.2 霍尔传感器的结构及特性 ……… 111
  6.2.3 霍尔传感器的转换电路 ………… 115
  6.2.4 霍尔传感器的应用 ……………… 116
6.3 磁敏电阻 …………………………………… 118
  6.3.1 磁敏电阻的工作原理 …………… 118
  6.3.2 磁敏电阻的结构及特性 ………… 119
  6.3.3 磁敏电阻的应用 ………………… 120
6.4 磁敏二极管和磁敏晶体管 ………………… 121
  6.4.1 磁敏二极管 ……………………… 121
  6.4.2 磁敏晶体管 ……………………… 124
本章小结 ……………………………………… 126
思考题与习题 ………………………………… 126

第7章 光电式传感器 ………………………… 128

7.1 光电式传感器的工作原理 ………………… 128
  7.1.1 外光电效应 ……………………… 128
  7.1.2 内光电效应 ……………………… 129
7.2 光电式传感器的结构及特性 ……………… 130
  7.2.1 基于外光电效应光电式传感器的
     结构及特性 ……………………… 130
  7.2.2 基于内光电效应光电式传感器的
     结构及特性 ……………………… 133
7.3 光电式传感器的应用 ……………………… 141
  7.3.1 光电转速计 ……………………… 141
  7.3.2 烟尘浊度连续监测仪 …………… 142
  7.3.3 燃气热水器中脉冲点火控制器 … 142
  7.3.4 DRS05a 雷达速度传感器 ……… 143
7.4 红外线传感器 ……………………………… 144
  7.4.1 红外线传感器的基本原理 ……… 144
  7.4.2 红外线传感器的结构及特性 …… 144
  7.4.3 红外线传感器的应用 …………… 145
7.5 光纤传感器 ………………………………… 147
  7.5.1 光纤传感器的基本原理 ………… 147
  7.5.2 光纤传感器的结构及类型 ……… 149
  7.5.3 光纤传感器的应用 ……………… 150
7.6 光栅传感器 ………………………………… 150
  7.6.1 光栅传感器的基本原理 ………… 151
  7.6.2 光栅传感器的结构及类型 ……… 151
  7.6.3 光栅传感器的转换电路 ………… 152
  7.6.4 光栅传感器的应用 ……………… 154
本章小结 ……………………………………… 155
思考题与习题 ………………………………… 155

第8章 气敏与湿敏传感器 …………………… 157

8.1 气敏传感器的作用及分类 ………………… 157
8.2 半导体气敏传感器的工作原理 …………… 159
  8.2.1 电阻型半导体气敏传感器的
     工作原理 ………………………… 159
  8.2.2 非电阻型半导体气敏传感器的
     工作原理 ………………………… 159
8.3 半导体气敏传感器的类型与结构 ………… 160

8.3.1 电阻型半导体气敏传感器的
类型与结构 …………… 160
8.3.2 非电阻型半导体气敏传感器的
类型与结构 …………… 161
8.4 气敏传感器的特性 ……………… 162
8.5 气敏传感器的应用 ……………… 163
8.5.1 家用煤气、液化石油气泄漏
报警器 ………………… 163
8.5.2 酒精及烟雾报警器 …………… 163
8.6 气体分析仪器 …………………… 164
8.6.1 热导式气体分析仪 …………… 164
8.6.2 光学吸收式气体分析仪 ……… 165
8.6.3 光电比色计 …………………… 166
8.7 湿敏传感器及其应用 …………… 166
8.7.1 湿敏元件的主要特性参数 …… 167
8.7.2 湿敏传感器的分类 …………… 168
8.7.3 湿敏传感器的应用 …………… 169
本章小结 ……………………………… 171
思考题与习题 ………………………… 171

第9章 热电式传感器 …………… 172
9.1 热电偶 …………………………… 173
9.1.1 热电偶的工作原理 …………… 173
9.1.2 热电偶使用基于的定律 ……… 174
9.1.3 热电偶的类型及结构 ………… 176
9.1.4 热电偶常用测量电路 ………… 180
9.1.5 热电偶冷端温度补偿 ………… 182
9.1.6 热电偶的应用 ………………… 184
9.2 热电阻 …………………………… 186
9.2.1 热电阻的工作原理 …………… 186
9.2.2 热电阻的类型 ………………… 187
9.2.3 金属热电阻的测量电路 ……… 189
9.2.4 热电阻的应用 ………………… 190
9.3 半导体热敏元件 ………………… 192
9.3.1 热敏电阻 ……………………… 192
9.3.2 PN结温度传感器 …………… 196
本章小结 ……………………………… 197

思考题与习题 ………………………… 198

第10章 集成/智能传感器 ……… 199
10.1 集成/智能传感器的基本概念 … 199
10.1.1 集成传感器的定义及特点 … 199
10.1.2 智能传感器的定义及特点 … 199
10.2 集成/智能传感器的分类 ……… 201
10.3 常用集成/智能传感器的工作原理 … 203
本章小结 ……………………………… 220

第11章 常用传感器的应用设计
实例 …………………… 221
11.1 Freescale单片机的性能及其应用
简介 ……………………………… 221
11.1.1 S12X系列MCU概述 ……… 221
11.1.2 S12XS128硬件最小系统 … 222
11.2 CodeWarrior开发环境简介与基本
使用方法 ………………………… 224
11.3 常用传感器应用实例 …………… 225
11.3.1 DS18B20智能温度传感器的
应用 …………………………… 225
11.3.2 MMA8451集成加速传感器的
应用 …………………………… 234
11.3.3 ENC-03MB角速度传感器的
应用 …………………………… 241
11.3.4 Mini1024J绝对式编码器的
应用 …………………………… 244
11.3.5 TSL1401线性CCD传感器的
应用 …………………………… 249
11.3.6 OV7620 CMOS图像传感器的
应用 …………………………… 256
11.3.7 HY-SRF05超声波测距模块的
应用 …………………………… 260
11.3.8 综合应用——电动机正反转调速
系统 …………………………… 264
本章小结 ……………………………… 272

参考文献 ………………………… 273

第 1 章

传感器基础理论

1.1 传感器概述

传感器是人类探知自然界信息的触角。在人类文明的发展历史中,感受、处理外部信息的传感技术一直扮演着重要的角色。在古代,感知由人的感官来实现,人观天象而仕农耕,察火色而冶铜铁。从 18 世纪的产业革命以来,特别是在 20 世纪的信息革命中,传感技术越来越多地由人造感官即传感器来实现。

人可以通过五种感官(视、听、嗅、味、触)接收外界的信息,经过大脑的思维(信息处理),做出相应的动作。人们常常将传感器称为"电五官",如果用由计算机控制的自动化装置来代替人的劳动,则计算机相当于人的大脑,而传感器相当于人的五官。人体感官是极好的传感器,例如,人的手指触觉是极其灵敏的,并且具有多种功能,它可以感受物体的冷热(温度)、软硬、轻重及外力的大小。另外,它有特殊的手感,如对织物的手感、对液体黏度的手感等。但人体感官也有不足之处,在许多方面传感器的性能已经凌驾于人的感官之上。例如,传感器可以轻而易举地测量出人体所无法感知的量,如紫外线、红外线、超声波、磁场等。从这个意义上讲,传感器具有人类梦寐以求的"特异功能"。另外,传感器也可以把人不能看到的物体通过数据处理变为视觉图像。CT 就是一个例子,它能把人体的内部形貌用断层图像显示出来。

在当今的信息社会,传感器的应用领域更加广泛,在国防、航空、航天、交通运输、能源、机械、石油、化工、轻工、纺织等所有的部门和环境保护、生物医学工程等各个方面都发挥着重要作用。例如,在工业生产中,传感器采集各种信息,起到工业耳目的作用;在铁路运输中,为了保障动车组的安全高速运行,机车的各种状态信息都需要通过传感器进行收集;在航空航天技术中,我国的神舟七号和目前制造的大飞机,都用了数以千计的传感器。

除了在国防、工业生产以及高科技产品中被广泛应用以外,在人们的日常生活中也处处有传感器的身影。例如,人们在高楼大厦中安装的防火系统,就是通过传感器检测火灾信息来达到自动喷水灭火的目的;人们通过在煤气灶上安装的温度传感器来达到在危险情况下自动关闭煤气阀,防止煤气泄漏的目的;人们通过在汽车安全带上安装的压力传感器来检查安全带的状态,达到提醒驾驶员系好安全带的目的;人们通过在摩托车防盗器上安装的振动测量传感器来检查摩托车是否被移动或者碰撞,以达到保护摩托车安全的目的;人们通过在手机上安装的触摸屏来达到手写输入的目的……

可以说,目前生活中到处都有传感器的身影,传感器正以其不可替代的作用在当今科技的舞台上扮演着重要的角色。

学生："原来传感器的应用这么广泛。老师，最近登上月球的'玉兔号'月球车上是不是也安装了很多的传感器呀？国人引以为傲的动车组是否也有很多传感器？"

老师："这是必然的，"玉兔号"月球车的任务是采集月球上的各种数据，所以它一定安装了很多的传感器。动车组在陆地上高速行驶，其乘客很多，动车组也安装了数以千计的传感器来保障行车安全。例如，在动车组内部安装烟雾传感器，如图1-1所示，从而达到及时报警，保证行车安全的目的。"

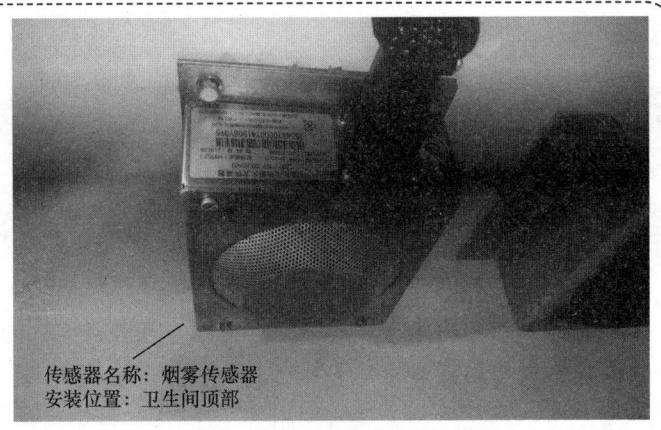

传感器名称：烟雾传感器
安装位置：卫生间顶部

图1-1 动车组的烟雾传感器

1.1.1 传感器的定义

国家标准 GB/T 7665—2005 对传感器的定义是："能感受被测量并按照一定的规律转换成可用输出信号的器件或装置，通常由敏感元件和转换元件组成"。敏感元件指传感器中能直接感受或响应被测量的部分；转换元件指传感器中能将敏感元件响应或感受的被测量转换成适于传输或测量的电信号部分。

换句话说，传感器就是借助于检测元件（敏感元件）接收一定形式的信息，并按一定的规律将它转换成另一种信息的装置。它获取的信息，可以是各种物理量、化学量和生物量，而转换后的信息也有各种形式。目前，将传感器获取的信息转换为电信号是最常用的一种形式。

老师："随着科技的发展，传感器的类型越来越多样化，传感器几乎可以对我们周围的任何一种数据进行测量。"

1.1.2 传感器的功能及组成

1. 传感器的功能

传感器的作用就是测量。没有传感器，就不能实现复杂测量；没有测量，也就没有科学技术。传感器的功能主要表现在以下两个方面。

（1）信息收集　信息收集是指将被测量按照一定的规律转换成可用输出信号，从而达到有效控制的目的。例如，现在小区门口使用的车牌自动识别系统的摄像头就属于此类传感器。

（2）信号数据的转换　把以文字、符号、代码、图形等多种形式记录在纸或胶片上的信号数据转换成计算机、传真机等易处理的信号数据，或者读出记录在各种媒体介质上的信息并进行转换。例如，CD 机上的信息读出磁头就是一种传感器。

2. 传感器的组成

传感器通常由敏感元件、转换元件两部分组成，如图 1-2 所示。当传感器的输出为标准化信号

图 1-2 传感器的组成

（例如，电压信号范围为 0～5V，或电流信号范围为 4～20mA）时，传感器则被称为变送器。

> **学生**："老师，您能否说说，我们教室里有哪些传感器，我们身边有哪些传感器？"

> **老师**："真是个急脾气，拿出你的手机，你的手机是不是有自动调节屏幕明暗功能？这个功能就是依靠对手机周围光线的监测实现的。还有家里厨房中的煤气报警器等安保设备，里面就有烟尘传感器和温度传感器。"

1.1.3 传感器的分类

传感器种类繁多，功能各异。由于同一被测量可用不同转换原理实现探测，利用同一种物理法则、化学反应或生物效应可设计制作出检测不同被测量的传感器，故传感器有不同的分类法。常用的分类方法有如下几种。

1. 根据感知外界信息所依据的基本效应进行分类

（1）基于物理效应　基于物理效应的传感器比较多，如基于光、电、声、磁、热等效应进行工作的传感器。

（2）基于化学反应　基于化学反应的传感器有基于化学吸附、选择性化学反应等进行工作的传感器。

（3）基于酶、抗体、激素等分子识别功能　基于酶膜、线粒体电子传递系统粒子膜、微生物膜、抗原膜等对生物物质的分子结构具有选择性识别功能的原理而进行工作的传感器。

2. 按工作原理的不同进行分类

按工作原理的不同进行分类，可将传感器分为应变式、电容式、电感式、磁电式、压电式、热电式等类型。

3. 根据使用敏感材料的不同进行分类

根据传感器所使用敏感材料的不同进行分类，可将传感器分为半导体传感器、光纤传感器、陶瓷传感器、金属传感器、高分子材料传感器、复合材料传感器等。

4. 按照被测量的不同进行分类

按照被测量的不同进行分类，可将传感器分为力学量传感器、热量传感器、磁传感器、光传感器、放射线传感器、气体成分传感器、液体成分传感器、离子传感器和真空传感器等。

5. 按能量关系的不同进行分类

按能量关系的不同进行分类，可将传感器分为能量控制型和能量转换型两大类。能量控制型是指其变换的能量是由外部电源供给的，而外界的变化（即传感器输入量的变化）只

起到控制的作用。例如，用电桥测量电阻温度变化时，温度的变化改变了热敏电阻的阻值，热敏电阻阻值的变化使电桥的输出发生变化。能量转换型则是将被测的变化量转换成了电能。

6. 按传感器是利用场的定律还是利用物质的定律进行分类

按传感器是利用场的定律还是利用物质的定律进行分类，可将传感器分为结构型传感器和物质型传感器。二者组合兼有两者特征的传感器称为复合型传感器。场的定律是关于物质作用的定律，如动力场的运动定律、电磁场的感应定律、光的干涉现象等。利用场的定律做成的传感器有电动式传感器、电容式传感器、激光检测器等。物质的定律是指物质本身内在性质的规律，如弹性体遵从的胡克定律，晶体的压电性，半导体材料的压阻、热阻、光阻、湿阻、霍尔效应等。利用物质的定律做成的传感器有压电式传感器、热敏电阻、光敏电阻、光电二极管、光电晶体管等。

7. 按是否依靠外加能源工作进行分类

按是否依靠外加能源工作进行分类，可将传感器分为有源传感器和无源传感器。有源传感器的敏感元件工作不需要外加电源；无源传感器工作时需外加电源。例如，测量温度的热敏电阻就是无源传感器，而压电式传感器、热电偶就是有源传感器。

8. 按输出量是模拟量还是数字量进行分类

按输出量是模拟量还是数字量进行分类，可将传感器分为模拟量传感器和数字量传感器。

1.1.4 传感器的发展趋势

1. 努力实现传感器新特性

由于自动化生产程度的不断提高，研制出一批检测范围宽、灵敏度高、精度高、响应速度快及互换性好的新型传感器，以确保自动化生产检测和控制的准确性是传感器发展的趋势。

2. 确保传感器的可靠性，延长其使用寿命

确保传感器工作可靠性的意义很直观，因为它直接关系到电子设备的抗干扰性和误动作问题。可靠性主要体现在：具有较长的使用寿命，能在恶劣的环境下工作。所以，提高传感器的可靠性，延长其使用寿命是传感器发展的又一趋势。

3. 提高传感器集成化及智能化的程度

集成化是实现传感器小型化、智能化和多功能化的重要保证，现已能将敏感元件、温度补偿电路、信号放大器、电压调制电路和基准电压等单元电路集成在同一芯片上。根据需要，可将大规模集成电路、执行机构与多种传感器集成在单个芯片上，以实现传感器与信息处理功能的一体化。所以，提高传感器集成化及智能化的程度是传感器发展的又一方向。

4. 传感器微型化

微机电系统是一种轮廓尺寸在毫米量级、组成元件尺寸在微米量级的可运动微型机电装置，其借助于集成电路的制造技术来制造机械装置，可制造出微型齿轮、微型电动机、泵、阀门、各种光学镜片及各种悬臂梁，它们的尺寸仅有 $30 \sim 100 \mu m$。微机电系统与微电子技术

的结合，为实现信号检测、信号处理、控制及执行机构集于一体的微型集成传感器提供了可能性。采用这种技术可以制成力、加速度、光学、化学等微型集成传感器，它们在生物、医学、通信、交通运输、军事、航天及核能利用等领域有非常重要的应用价值。由此可见，传感器微型化也是传感器发展的一个重要趋势。

5. 新型功能材料开发

传感器技术的发展是与新材料的研究开发密切结合在一起的。可以说，各种新型传感器是孕育在新材料中的。例如，半导体材料和新工艺的发展促进了半导体传感器的迅速发展，从而研制和生产出一批新型半导体传感器；压电半导体材料促进了压电集成传感器的形成；高分子压电薄膜的出现，使机器人的触觉系统更加接近人的皮肤功能。可以预测，不久的将来，高分子材料、金属氧化物、超导体与半导体的结合材料、非晶半导体、超微粒陶瓷、记忆合金、功能性薄膜等新型材料，将导致一批新型传感器的出现。

6. 发展仿生物传感器

狗的嗅觉非常灵敏，蝙蝠的超声波可以测距，海豚良好的声呐系统可以发现水雷。发展以上及其他生物所具有的感觉传感器，是当前世界的新潮流。

7. 多传感器信息融合

多传感器信息融合是指对来自多个传感器的数据进行多级别、多方面、多层次的处理，从而产生新的有意义的信息，而这种新信息是任何单一传感器所无法获得的。

早在20世纪80年代中期，一些西方发达国家就开始广泛开展多传感器信息融合技术的研究与应用，现在已研制出"多传感器多平台跟踪情报相关处理"等近百种多传感器信息融合系统，并相继出版了多部信息融合方面的专著。国内对该领域的研究则在20世纪90年代初才开始逐渐形成高潮，现已研制出少量的初级多传感器信息融合系统。除军事应用外，多传感器信息融合在工业、交通和金融领域都有广泛的应用。所以说，多传感器信息融合是传感器发展的另一个难点。

学生："老师，看了传感器的发展趋势，我特别想问一下，电影《阿凡达2》中的阿凡达身上是不是安装了很多生物传感器呀？未来，阿凡达计划能实现吗？"

老师："科技发展日新月异，以前很多不可能实现的东西，现在不都实现了吗？只要努力，一切皆有可能。"

1.2 传感器的基本特性

传感器的特性是指传感器的输入量和输出量之间的对应关系。通常把传感器的特性分为两种：静态特性和动态特性。

静态特性是指输入不随时间而变化的特性，它表示传感器在被测量各个值处于稳定状态下输入输出的关系。

动态特性是指输入随时间而变化的特性，它表示传感器对随时间变化的输入量的响应特性。

一般来说，传感器的输入和输出关系可用微分方程来描述。理论上，将微分方程中的一阶及一阶以上的微分项取为零时，即可得到静态特性。因此，传感器的静态特性是其动态特性的一个特例。

传感器除了有描述输入与输出量之间的关系特性外，还有与使用条件、使用环境、使用要求等有关的特性。

1.2.1 传感器的静态特性

传感器的静态特性是指被测量的值处于稳定状态时，传感器的输出与输入的关系。衡量传感器静态特性的重要指标是线性度、灵敏度、迟滞、重复性和零点漂移、温度漂移等。

1. 线性度

传感器的线性度是指传感器的输出与输入之间的线性程度。通常，为了方便标定和数据处理，理想的输出与输入关系应该是线性的。但实际遇到的传感器的特性大多是非线性的，如果不考虑迟滞和蠕变等因素，传感器的输出–输入特性一般可用下列多项式表示：

$$y = a_0 + a_1 x + a_2 x^2 + \cdots + a_n x^n \tag{1-1}$$

式中，x 为输入量（被测量）；y 为输出量；a_0 为零位输出；a_1 为传感器的灵敏度；$a_2, a_3, \cdots, a_n$ 为非线性项的待定系数。

各项系数不同，决定了特性曲线的形状各不相同。理想特性方程为 $y = a_1 x$，是一条经过原点的直线，传感器的灵敏度为一常数。当特性方程中仅含有奇次非线性项，即 $y = a_1 x + a_3 x^3 + a_5 x^5 + \cdots$ 时，特性曲线关于坐标原点对称，且输入量 x 在相当大的范围内具有较宽的准线性。当非线性传感器以差动方式工作时，可以消除电气元件中的偶次分量，显著地改善线性范围，并可使灵敏度提高一倍。

传感器的静态特性曲线可通过实际测试获得。在实际应用中，为了得到线性关系，往往引入各种非线性补偿环节，如采用非线性补偿电路或计算机软件进行线性化处理，或采用差动结构，使传感器的输出与输入关系为线性或接近线性。但如果非线性项的次数不高，在输入量变化范围不大的条件下，可以用一条直线（切线或割线）近似代表实际曲线的一段，如图 1-3 所示。这种方法称为传感器非线性特性的线性化，所采用的直线称为拟合直线。实际特性曲线与拟合直线之间的偏差称为传感器的非线性误差，如图中 ΔL 值，取其中最大值与满量程输出之比作为评价非线性误差（或线性度）的指标，即

$$\gamma_L = \pm \frac{\Delta L_{\max}}{Y_{FS}} \times 100\% \tag{1-2}$$

式中，γ_L 为非线性误差；$\Delta L_{\max}$ 为最大非线性绝对误差；Y_{FS} 为满量程输出。

在实际应用过程中，常用精度等级来表述非线性误差，如精度等级为 2.0，则对应的非线性误差为 2%。

由图 1-3 可见，非线性误差是以一定的拟合直线或理想直线为基准直线计算出来的。因为，即使是同类传感器，基准直线不同，所得线性度也不同。选取拟合直线的方法很多，用最小二乘法求取的拟合直线的拟合精度最高。

例 1-1 某传感器给定精度为 1.5% F-S，满度值为 45mV，零位值为 5mV，求可能出现的最大误差 δ（以 mV 计）。当传感器使用在满量程的 1/2 和 1/4 时，计算可能产生的测量百

分误差。由计算结果能得出什么结论？

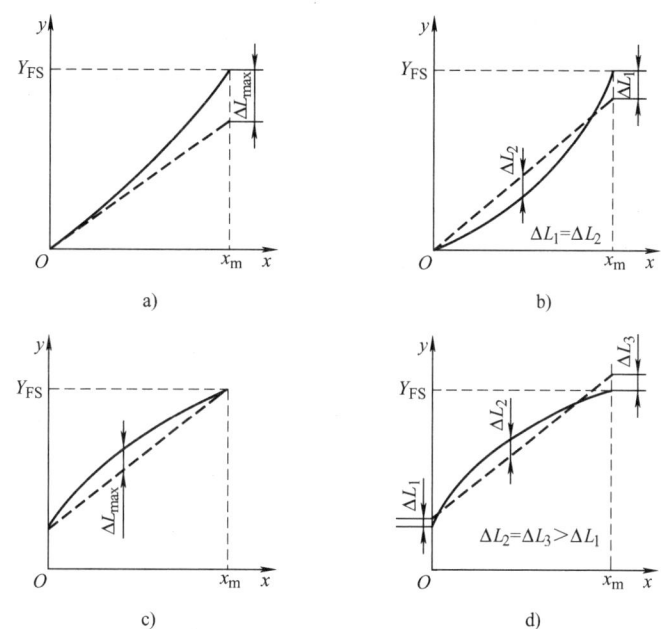

图 1-3 几种直线拟合方法

a）理论拟合 b）过零旋转拟合 c）端点连线拟合 d）端点平移拟合

x—传感器的输入量 y—传感器的输出量 x_m—输入最大值

解：满量程（F-S）为 $45\mathrm{mV} - 5\mathrm{mV} = 40\mathrm{mV}$

可能出现的最大误差为

$$\delta = 40\mathrm{mV} \times 1.5\% = 0.6\mathrm{mV}$$

当使用在满量程的 1/2 和 1/4 时，其测量相对误差分别为

$$\gamma_1 = \frac{0.6\mathrm{mV}}{40\mathrm{mV} \times 1/2} \times 100\% = 3\%$$

$$\gamma_2 = \frac{0.6\mathrm{mV}}{40\mathrm{mV} \times 1/4} \times 100\% = 6\%$$

结论：测量值越接近传感器（仪表）的满量程，测量误差越小。

2. 灵敏度

灵敏度是指传感器在稳态下的输出变化量 Δy 与引起此变化的输入变化量 Δx 之比，用 S 表示，即

$$S = \frac{\Delta y}{\Delta x} \tag{1-3}$$

传感器的灵敏度表征传感器对输入量变化的反应能力。例如，有两个声光控开关，一个在 80dB 的声音下才能感知声音的存在从而产生足够的电信号以接通电路，另一个在 10dB 的声音下就能感知声音的存在从而产生足够的电信号以接通电路。显然后一个开关的灵敏度要高一些。

对于线性传感器，灵敏度就是其静态特性的斜率，即 $S=\dfrac{y}{x}$ 为常数，而非线性传感器的灵敏度为一变量，用 $S=\dfrac{\mathrm{d}y}{\mathrm{d}x}$ 表示。传感器的灵敏度如图 1-4 所示。一般希望传感器的灵敏度高，而且在满量程范围内是恒定的，即传感器的输出 – 输入特性为直线。

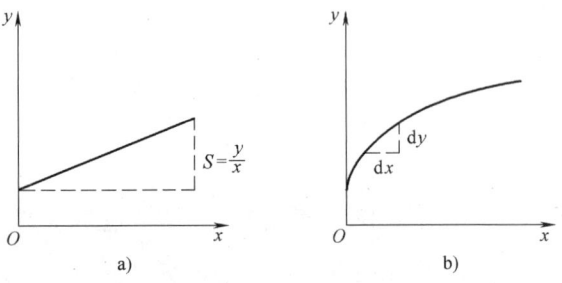

图 1-4 传感器的灵敏度
a) 线性传感器 b) 非线性传感器

例 1-2　利用压电式传感器组成加速度测量系统。其中压电式传感器的灵敏度 $S_{cg}=9.0\mathrm{pC/g}$，它与灵敏度为 $S_{vc}=0.005\mathrm{V/pC}$ 的电荷放大器连接后，接到灵敏度为 $S_{xv}=20\mathrm{mm/V}$ 的示波器上显示。试画出该加速度测量系统的框图，并计算系统总灵敏度 S。

解：加速度测量系统的框图为

被测物体 → 压电式传感器 → 电荷放大器 → 示波器

系统总灵敏度为

$$\begin{aligned}S&=S_{cg}\cdot S_{vc}\cdot S_{xv}\\ &=9.0\mathrm{pC/g}\times 0.005\mathrm{V/pC}\times 20\mathrm{mm/V}\\ &=0.9\mathrm{mm/g}\end{aligned}$$

答：该加速度系统的灵敏度为 $0.9\mathrm{mm/g}$。

3. 迟滞

传感器在正（输入量增大）反（输入量减小）行程期间，其输出 – 输入特性曲线不重合的现象称为迟滞，如图 1-5 所示。也就是说，对于同一大小的输入信号，传感器的正反行程输出信号大小不相等。产生这种现象的主要原因是传感器敏感元件材料的物理性质和机械零部件的缺陷。例如，弹簧在受到的拉力变大（输入量增大）时长度增加，当拉力逐渐减小（输入量减小）时长度又会变短，直至外力消失恢复原状。如果对其测量就会发现，在相同作用力的情况下，拉力逐渐增加时与拉力逐渐减小时的弹簧长度变化曲线并不相同。这种不同就是所谓的迟滞现象。

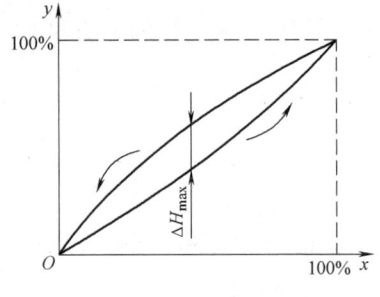

图 1-5 迟滞特性

迟滞 γ_H 的大小一般要由实验方法确定，用最大输出差值 $\Delta H_{\max}$ 或其一半对满量程输出 Y_{FS} 的百分比表示，即

$$\gamma_H=\pm\dfrac{\Delta H_{\max}}{Y_{FS}}\times 100\% \tag{1-4}$$

或

$$\gamma_H=\pm\dfrac{\Delta H_{\max}}{2Y_{FS}}\times 100\% \tag{1-5}$$

式中，$\Delta H_{\max}$ 为正反行程输出值间的最大差值。

4. 重复性

重复性指在同一工作条件下，输入量按同一方向做全量程连续多次变化时，所得特性曲线不一致的程度，如图1-6所示。重复性误差属于随机误差，常用标准偏差表示，也可用正反行程中的最大偏差表示，即

$$\gamma_R = \pm \frac{(2 \sim 3)\sigma}{Y_{FS}} \times 100\% \quad (1\text{-}6)$$

或

$$\gamma_R = \pm \frac{\Delta R_{max}}{2Y_{FS}} \times 100\% \quad (1\text{-}7)$$

式中，σ 为最大超调量；ΔR_{max} 为同一方向做全量程连续多次变化时，输出值的最大偏差。

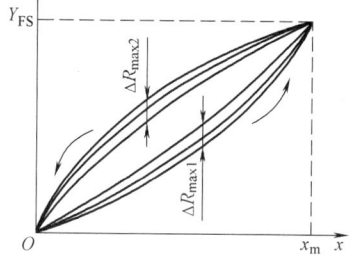

图1-6 重复性

5. 零点漂移

当传感器无输入时，每隔一段时间对传感器的输出进行读数，其输出偏离零值的情况，即为零点漂移，其值为

$$\delta_0 = \frac{\Delta Y_0}{Y_{FS}} \times 100\% \quad (1\text{-}8)$$

式中，ΔY_0 为最大零点偏差。

6. 温度漂移

温度漂移指温度变化时传感器输出值的偏离程度。一般用单位温度变化时，其输出最大偏差与满量程的百分比表示，即

$$\delta_t = \frac{\Delta_{max}}{Y_{FS} \cdot \Delta T} \times 100\% \quad (1\text{-}9)$$

式中，Δ_{max} 为输出最大偏差；ΔT 为温度变化范围。

1.2.2 传感器的动态特性

传感器的动态特性是指输入量随时间变化时传感器的响应特性。由于传感器的惯性和滞后，当被测量随时间变化时，传感器的输出往往来不及达到平衡状态，处于动态过渡过程之中，所以传感器的输出量也是时间的函数，此时输出量与输入量之间的关系要用动态特性来表示。

例如，将数显温度计从一个温度为 T_0 的环境中移动到另外一个温度为 T_1 的环境中时，温度计的测温端（热电偶）的介质环境从 T_0 升至 T_1，而温度计反映出来的温度从 T_0 变化到 T_1 要经历一段时间，即温度计要经过一段时间才能反映出环境的实际温度。这就是所谓的动态误差，如图1-7所示。

传感器的种类和形式很多，但它们的动态特性一般都可以用下列微分方程来描述：

$$a_n \frac{d^n y}{dt^n} + a_{n-1} \frac{d^{n-1} y}{dt^{n-1}} + \cdots + a_1 \frac{dy}{dt} + a_0 y(t)$$
$$= b_m \frac{d^m x}{dt^m} + b_{m-1} \frac{d^{m-1} x}{dt^{m-1}} + \cdots + b_1 \frac{dx}{dt} + b_0 x(t) \quad (1\text{-}10)$$

式中，a_0，a_1，a_2，$\cdots$，a_n 和 b_0，b_1，b_2，$\cdots$，b_m 为与

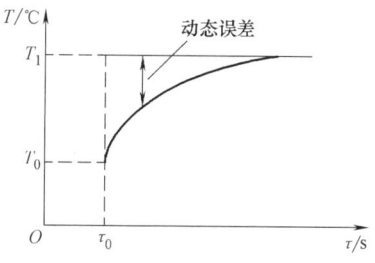

图1-7 动态测量

传感器的结构特性有关的常系数。

研究动态特性可以从时域和频域两个方面采用时域响应法和频率响应法来分析。由于输入信号的时间函数形式是多种多样的，在时域内研究传感器的响应特性时，只能研究几种特定的输入时间函数（如阶跃函数、脉冲函数和斜坡函数等）的响应特性。在频域内研究动态特性一般采用正弦函数得到频率响应特性。为了便于比较、评价或动态标定，最常用的输入信号为阶跃信号和正弦信号。因此，对应的方法为阶跃响应法和频率响应法。

1. 阶跃响应

当给静止的传感器输入一个单位阶跃函数信号时，即

$$u(t) = \begin{cases} 0 & t \leq 0 \\ 1 & t > 0 \end{cases} \tag{1-11}$$

其输出特性称为阶跃响应特性。

为表征传感器的动态特性，常用以下几项指标来衡量阶跃响应特性，如图 1-8 所示。

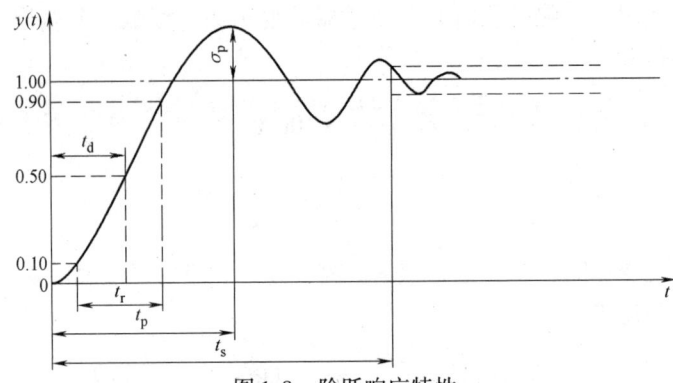

图 1-8　阶跃响应特性

(1) 最大超调量 σ_p　指响应曲线偏离阶跃曲线（稳态值）的最大值。

若稳态值为 1，则最大百分比超调量为

$$\sigma_p\% = \frac{y(t_p) - y(\infty)}{y(\infty)} \times 100\% \tag{1-12}$$

最大超调量能说明传感器的相对稳定性。

(2) 延迟时间 t_d　阶跃响应达到稳态值 50% 所需要的时间。

(3) 上升时间 t_r　上升时间有以下几种定义：

1) 响应曲线从稳态值的 10% 上升到 90% 所需要的时间。

2) 响应曲线从稳态值的 5% 上升到 95% 所需要的时间。

3) 响应曲线从零到第一次到达稳态值所需要的时间。

对有振荡的传感器常用上述 3) 给出的定义，对无振荡的传感器常用 1) 给出的定义。

(4) 峰值时间 t_p　响应曲线到第一个峰值所需要的时间。

(5) 响应时间 t_s　响应曲线衰减到与稳态值之差不超过 ±5% 或 ±2% 时所需要的时间。

这些是时域响应的主要指标。对于一个传感器，并不需要把每一个指标都提出来，往往根据具体的要求只提出几个需要的性能指标就可以了。

2. 频率响应

在采用正弦输入研究传感器频域动态特性时，常用幅频特性和相频特性来描述传感器的

动态特性,其重要指标是频带宽度,简称带宽。带宽是指增益变化不超过某一规定分贝值的频率范围。

在定常线性系统中,拉普拉斯变换为广义的傅里叶变换,即取 $s = \sigma + j\omega$ 中的 $\sigma = 0$,则 $s = j\omega$,即拉普拉斯变换局限于 s 平面的虚轴,则得到傅里叶变换。

因此,对式(1-10)的输出进行拉普拉斯变换得

$$Y(s) = \int_0^\infty y(t) e^{-st} dt \tag{1-13}$$

把 $s = j\omega$ 代入式(1-13)得

$$Y(j\omega) = \int_0^\infty y(t) e^{-j\omega t} dt \tag{1-14}$$

同样有

$$X(j\omega) = \int_0^\infty x(t) e^{-j\omega t} dt \tag{1-15}$$

则

$$H(j\omega) = \frac{Y(j\omega)}{X(j\omega)} = \frac{b_m(j\omega)^m + b_{m-1}(j\omega)^{m-1} + \cdots + b_0}{a_n(j\omega)^n + a_{n-1}(j\omega)^{n-1} + \cdots + a_0} \tag{1-16}$$

$H(j\omega)$ 称为传感器的频率响应函数,简称频率响应或频率特性。很明显,频率响应是传递函数的一个特例。不难看出,传感器的频率响应 $H(j\omega)$ 就是在初始条件为零时,输出的傅里叶变换与输入的傅里叶变换之比,是在"频域"对系统传递信息特性的描述。

通常,频率响应函数 $H(j\omega)$ 是一个复变函数,它可以用指数形式表示,即

$$H(j\omega) = \frac{Y(j\omega)}{X(j\omega)} = \frac{Y}{X} e^{j\varphi} = A(\omega) e^{j\varphi} \tag{1-17}$$

其中

$$A(\omega) = |H(j\omega)| = \frac{Y}{X}$$

若以 $H_R(\omega) = \text{Re}\left[\frac{Y(j\omega)}{X(j\omega)}\right]$,$H_I(\omega) = \text{Im}\left[\frac{Y(j\omega)}{X(j\omega)}\right]$ 分别表示 $H(j\omega)$ 的实部和虚部,则

$$A(\omega) = |H(j\omega)| = \sqrt{[H_R(\omega)]^2 + [H_I(\omega)]^2} \tag{1-18}$$

$A(\omega)$ 称为传感器的幅频特性或传感器的动态灵敏度(或增益)。$A(\omega)$ 表示传感器的输出与输入的幅值比随输入信号频率而变化的关系。

频率特性的相位角为

$$\varphi(\omega) = \arctan\left[\frac{H_I(\omega)}{H_R(\omega)}\right] = \arctan\left\{\frac{\text{Im}\left[\frac{Y(j\omega)}{X(j\omega)}\right]}{\text{Re}\left[\frac{Y(j\omega)}{X(j\omega)}\right]}\right\} \tag{1-19}$$

$\varphi(\omega)$ 表示传感器的输出信号相位随频率变化的关系。对于传感器,φ 通常是负的,表示传感器的输出滞后于输入的相位角度,且 φ 随 ω 变化,故称之为传感器的相频特性。

3. 典型环节传感器系统的动态响应分析

多数传感器输出与输入的关系均可用零阶、一阶或二阶微分方程来描述,据此可把传感器分为零阶传感器、一阶传感器和二阶传感器。下面分别讨论这几种传感器的数学模型。

（1）零阶传感器　由式(1-10)可知，由于零阶传感器的系数只有 a_0 和 b_0，故零阶传感器的微分方程为

$$a_0 y(t) = b_0 x(t) \tag{1-20}$$

或

$$y(t) = \frac{b_0}{a_0} x(t) = Kx(t) \tag{1-21}$$

式中，K 为零阶传感器的静态灵敏度，$K = \frac{b_0}{a_0}$。

零阶传感器具有理想的动态特性，无论被测量 $x(t)$ 如何随时间变化，零阶传感器的输出都不会失真。

（2）一阶传感器　由式(1-10)可知，如果除了 a_0、a_1 与 b_0 之外，其他系数均为零，那么系统就变成了一阶传感器，则一阶传感器的微分方程为

$$a_1 \frac{dy}{dt} + a_0 y(t) = b_0 x(t) \tag{1-22}$$

或

$$\frac{a_1}{a_0} \frac{dy}{dt} + y(t) = \frac{b_0}{a_0} x(t) \tag{1-23}$$

即

$$\tau \frac{dy}{dt} + y(t) = Kx(t) \tag{1-24}$$

式中，τ 为一阶传感器的时间常数，$\tau = \frac{a_1}{a_0}$；K 为一阶传感器的静态灵敏度，$K = \frac{b_0}{a_0}$。

对式(1-24)进行拉普拉斯变换，得

$$(\tau s + 1) Y(s) = KX(s) \tag{1-25}$$

则传递函数为

$$H(s) = \frac{Y(s)}{X(s)} = \frac{K}{\tau s + 1} \tag{1-26}$$

频率响应函数为

$$H(j\omega) = \frac{Y(j\omega)}{X(j\omega)} = \frac{K}{j\omega\tau + 1} \tag{1-27}$$

幅频特性为

$$A(\omega) = \frac{K}{\sqrt{(\omega\tau)^2 + 1}} \tag{1-28}$$

幅值相对误差为

$$\gamma = \left| \frac{A(\omega) - K}{K} \right| \times 100\% = \left| \frac{1}{\sqrt{(\omega\tau)^2 + 1}} - 1 \right| \times 100\% \tag{1-29}$$

相频特性为

$$\varphi(\omega) = \arctan(-\omega\tau) = -\arctan(\omega\tau) \tag{1-30}$$

当 $\omega\tau \ll 1$ 时，$A(\omega) = K$，说明传感器的输出与输入为线性关系，即时间常数 τ 越小，频率特性越好；当 $\omega\tau$ 很小时，$\varphi(\omega) \approx -\omega\tau$，所以相位差与角频率 ω 呈线性关系，这时测试是无失真的，$y(t)$ 能真实反映输入 $x(t)$ 的变化规律。

若输入为阶跃函数，幅值为 A，则式(1-24) 的解为

$$y(t) = KA(1 - e^{-\frac{t}{\tau}}) \tag{1-31}$$

由式(1-31) 可知，当 $t \to \infty$ 时，$y = KA$，即一阶传感器的稳态响应输出是输入的 K 倍，暂态响应是一个指数函数；当 $t = \tau$ 时，有

$$y(\tau) = KA(1 - e^{-1}) = 0.632KA \tag{1-32}$$

此时，响应曲线值达到稳态值的 63.2%，所对应的时间即为时间常数 τ。τ 越小，响应时间越短，响应曲线越接近于阶跃曲线。

例 1-3 用一只时间常数 $\tau = 0.318s$ 的一阶传感器去测量周期分别为 1s、2s 和 4s 的正弦信号。问：幅值相对误差为多少？可得出什么结论？

解：一阶传感器的幅值相对误差公式为

$$\gamma = \left| \frac{1}{\sqrt{(\omega\tau)^2 + 1}} - 1 \right| \times 100\%$$

由于 $\tau = 0.318s$，所以

1) $T = 1s \to f = 1Hz \to \omega = 2\pi(rad/s) \to \gamma_1 = \left| \dfrac{1}{\sqrt{1 + (2\pi \times 0.318)^2}} - 1 \right| \times 100\% = 55.2\%$

2) $T = 2s \to f = 0.5Hz \to \omega = \pi(rad/s) \to \gamma_2 = \left| \dfrac{1}{\sqrt{1 + (\pi \times 0.318)^2}} - 1 \right| \times 100\% = 29.2\%$

3) $T = 4s \to f = 0.25Hz \to \omega = 0.5\pi(rad/s) \to \gamma_3 = \left| \dfrac{1}{\sqrt{1 + (0.5\pi \times 0.318)^2}} - 1 \right| \times 100\% = 10.5\%$

答：当一阶传感器的时间常数一定时，频率越低，传感器的幅值相对误差越小。

（3）二阶传感器 很多传感器（如振动传感器、压力传感器等）属于二阶传感器。由式(1-10) 得出二阶传感器系统的微分方程为

$$a_2 \frac{d^2 y}{dt^2} + a_1 \frac{dy}{dt} + a_0 y(t) = b_0 x(t) \tag{1-33}$$

或

$$\frac{a_2}{a_0} \frac{d^2 y}{dt^2} + \frac{a_1}{a_0} \frac{dy}{dt} + y(t) = \frac{b_0}{a_0} x(t) \tag{1-34}$$

两边取拉普拉斯变换，得

$$\left(\frac{s^2}{\omega_0^2} + \frac{2\xi}{\omega_0} s + 1 \right) Y(s) = KX(s) \tag{1-35}$$

式中，K 为静态灵敏度，$K = \dfrac{b_0}{a_0}$；ω_0 为无阻尼系统固有角频率，$\omega_0 = \sqrt{\dfrac{a_0}{a_2}}$；$\xi$ 为阻尼比，$\xi = \dfrac{a_1}{2\sqrt{a_0 a_2}}$。

上述三个量 K、ω_0、ξ 为二阶传感器动态特性的特征量。

由式(1-35)可得二阶传感器的传递函数为

$$H(s) = \frac{Y(s)}{X(s)} = \frac{K\omega_0^2}{s^2 + 2\xi\omega_0 s + \omega_0^2} \tag{1-36}$$

频率响应函数为

$$H(j\omega) = \frac{K\omega_0^2}{(j\omega)^2 + 2\xi\omega_0 j\omega + \omega_0^2} \tag{1-37}$$

幅频特性为

$$A(\omega) = \frac{K}{\sqrt{\left[1 - \left(\frac{\omega}{\omega_0}\right)^2\right]^2 + 4\xi^2\left(\frac{\omega}{\omega_0}\right)^2}} \tag{1-38}$$

幅值相对误差为

$$\gamma = \left|\frac{A(\omega) - K}{K}\right| \times 100\% = \left|\frac{1}{\sqrt{\left[1 - \left(\frac{\omega}{\omega_0}\right)^2\right]^2 + 4\xi^2\left(\frac{\omega}{\omega_0}\right)^2}} - 1\right| \times 100\% \tag{1-39}$$

相频特性为

$$\varphi(\omega) = \arctan\frac{2\xi\omega\omega_0}{\omega^2 - \omega_0^2} \tag{1-40}$$

由式(1-38)和式(1-40)可以得出如下结论：

1) 当 $\frac{\omega}{\omega_0} \ll 1$（即 $\omega \ll \omega_0$）时，$A(\omega) \approx K$，$\varphi(\omega) \approx 0$，即近似于理想的系统（零阶传感器）。要想使工作频带加宽，最关键的是提高无阻尼固有角频率 ω_0。

2) 当 $\frac{\omega}{\omega_0} \to 1$（即 $\omega \to \omega_0$）时，幅频特性和相频特性都与阻尼比 ξ 有如下明显的关系：

① 当 $\xi < 1$（欠阻尼）时，$A(\omega)$ 在 $\frac{\omega}{\omega_0} \approx 1$ 时出现极大值，即共振现象；当 $\xi = 0$ 时，共振角频率 ω_d 就等于无阻尼固有角频率 ω_0；当 $\xi > 0$ 时，有阻尼的共振角频率为 $\omega_d = \sqrt{1 - 2\xi^2}\omega_0$。幅值失真与相位失真均较小，故 $\xi = 0.7$ 时称为最佳阻尼。

② 当 $\xi = 0.7$（最佳阻尼）时，$A(\omega)$ 的曲线平坦段最宽，$\varphi(\omega)$ 的曲线接近于一条直线。

③ 当 $\xi = 1$（临界阻尼）时，$A(\omega)$ 特性曲线永远小于1，且 $\omega_d = 0$，不会出现共振现象。

3) 当 $\frac{\omega}{\omega_0} \gg 1$（即 $\omega \gg \omega_0$）时，$A(\omega)$ 特性曲线趋于零，几乎没有响应了。

总之，用二阶系统描述的传感器动态特性的好坏主要取决于固有角频率 ω_0 或共振角频率 ω_d。另外，适当选取 ξ 的值也可以改善动态响应特性。

综上所述，设计传感器时要根据其动态性能要求与使用条件选择合理的方案和确定合适的参数；使用传感器时要根据其动态特性与使用条件确定合适的使用方法，同时对给定条件下的传感器动态误差做出估计。总之，动态特性是传感器性能的一个重要方面，对其进行研究与分析十分必要。总的来说,传感器的动态特性取决于传感器本身,另一方面也与被测量的形式有关。

例 1-4 已知某一阶热电偶传感器的时间常数 $\tau = 10s$,如果用它来测量一台炉子的温度,炉内温度为 300~340℃ 时接近正弦曲线波动,周期为 80s,静态灵敏度 $K=1$。试求该热电偶输出的最大值和最小值,以及该传感器的输入与输出之间的相位差和滞后时间。

解: 依题意,炉内温度变化规律可表示为

$$x(t) = 320 + 20\sin(\omega t)$$

由周期 $T = 80s$,则温度变化频率 $f = 1/T$,其相应的角频率 $\omega = 2\pi f = 2\pi/80 \text{rad/s} = \pi/40 \text{rad/s}$;

温度传感器(热电偶)对炉内温度的响应 $y(t)$ 为

$$y(t) = 320 + B\sin(\omega t + \varphi)$$

热电偶为一阶传感器,其动态响应的幅频特性为

$$A(\omega) = \frac{B}{20} = \frac{1}{\sqrt{1+(\omega\tau)^2}} = \frac{1}{\sqrt{1+\left(\frac{\pi}{40} \times 10\right)^2}} = 0.786$$

因此,热电偶输出信号波动幅值为

$$B = 20℃ \times A(\omega) = 20℃ \times 0.786 = 15.7℃$$

由此可得输出温度的最大值和最小值分别为

$$y(t)|_{\max} = 320℃ + B = 320℃ + 15.7℃ = 335.7℃$$
$$y(t)|_{\min} = 320℃ - B = 320℃ - 15.7℃ = 304.3℃$$

输出信号的相位差为

$$\varphi(\omega) = -\arctan(\omega\tau) = -\arctan(2\pi/80 \times 10) = -38.2°$$

相应的滞后时间为

$$\Delta t = \frac{80s}{360°} \times 38.2° = 8.5s$$

答: 该热电偶输出的最大值和最小值分别为 335.7℃ 和 304.3℃,该传感器的输入与输出之间的相位差为 $-38.2°$,滞后时间为 8.5s。

例 1-5 已知某二阶传感器系统的固有频率 $f_0 = 10 \text{kHz}$,阻尼比 $\zeta = 0.1$,若要求传感器的输出幅值相对误差小于 3%,试确定该传感器的工作频率范围。

解: 由 $f_0 = 10 \text{kHz}$,根据二阶传感器幅值相对误差公式,有

$$\gamma = \left| \frac{1}{\sqrt{\left[1-\left(\frac{\omega}{\omega_0}\right)^2\right]^2 + 4\zeta^2\left(\frac{\omega}{\omega_0}\right)^2}} - 1 \right| \times 100\% < 3\%$$

将 $\zeta = 0.1$ 代入,整理得

$$0.94 < \left(\frac{\omega}{\omega_0}\right)^4 - 1.96\left(\frac{\omega}{\omega_0}\right)^2 + 1 < 1.06$$

所以

$$\begin{cases} \left[\left(\frac{\omega}{\omega_0}\right)^2 - 0.98\right]^2 > 0.90 \\ \left[\left(\frac{\omega}{\omega_0}\right)^2 - 0.98\right]^2 < 1.02 \end{cases}$$

解方程组得

$$\begin{cases} \dfrac{\omega}{\omega_0} > 1.39 \text{ 或 } \dfrac{\omega}{\omega_0} < 0.173 \\ 0 < \dfrac{\omega}{\omega_0} < 1.41 \end{cases}, \text{ 即 } \begin{cases} \dfrac{2\pi f}{2\pi f_0} > 1.39 \text{ 或 } \dfrac{2\pi f}{2\pi f_0} < 0.173 \\ 0 < \dfrac{2\pi f}{2\pi f_0} < 1.41 \end{cases}$$

所以

$$\begin{cases} f > 1.39 f_0 \text{ 或 } f < 0.173 f_0 \\ 0 < f < 1.41 f_0 \end{cases}$$

即：$0 < f < 1.73 \text{kHz}$。

1.3 传感器的标定

传感器的标定有静态标定和动态标定两种。静态标定的目的是确定传感器静态特性指标，如线性度、灵敏度、滞后和重复性等。动态标定的目的是确定传感器的动态特性参数，如频率响应、时间常数、固有频率和阻尼比等。有时，根据需要也要对横向灵敏度、温度响应、环境影响等进行标定。

1.3.1 传感器的静态标定

1. 静态标定标准条件

传感器的静态特性是在静态标准条件下进行标定的。所谓静态标准是指没有加速度、振动、冲击（除非这些参数本身就是被测物理量）及环境温度一般为室温（20℃±5℃），相对湿度不大于85%，大气压力为101kPa的情况。

2. 标定仪器设备精度等级的确定

对传感器进行标定，是根据试验数据确定传感器的各项性能指标，实际上也是确定传感器的测量精度，所以在标定传感器时，所用的测量仪器的精度至少要比被标定传感器的精度高一个等级。这样，通过标定传感器的静态性能指标才是可靠的，所确定的精度才是可信的。

3. 静态特性标定的方法

对传感器进行静态特性标定，首先是创造一个静态标准条件，其次是选择与被标定传感器的精度要求相适应的一定等级的标定用仪器设备，然后才能开始对传感器进行静态特性标定。

标定过程如下：

1) 将传感器的全量程（测量范围）分成若干等间距点。

2) 根据传感器量程分点情况，由小到大逐渐一点一点地输入标准量值，并记录下与各输入值相对应的输出值。

3) 将输入值由大到小一点一点地减小下来，同时记录下与各输入值相对应的输出值。

4) 按2)、3)所述过程，对传感器进行正、反行程往复循环多次测试，将得到的输出与输入测试数据用表格列出或画成曲线。

5) 对测试数据进行必要的处理，根据处理结果就可以确定传感器的线性度、灵敏度、滞后和重复性等静态特性指标。

1.3.2 传感器的动态标定

传感器的动态标定主要研究传感器的动态响应，而与动态响应有关的参数，一阶传感器为时间常数 τ，二阶传感器为固有角频率 ω_0 和阻尼比 ξ 两个参数。

一种较好的方法是通过测量传感器的单位阶跃响应来确定传感器的时间常数、固有角频率和阻尼比。对于一阶传感器，测得单位阶跃响应之后，取输出值达到最终值的 63.2% 所经过的时间作为时间常数 τ，但这样确定的时间常数实际上没有涉及响应的全过程，测量结果的可靠性仅仅取决于某些个别的瞬时值。如果用下述方法来确定时间常数，则可以获得较可靠的结果。一阶传感器的单位阶跃响应函数为

$$y(t) = 1 - e^{-\frac{t}{\tau}} \tag{1-41}$$

改写后得

$$1 - y(t) = e^{-\frac{t}{\tau}} \tag{1-42}$$

或

$$z = -\frac{t}{\tau} \tag{1-43}$$

其中

$$z = \ln[1 - y(t)] \tag{1-44}$$

式(1-43)表明 z 和 t 呈线性关系，并且有 $\tau = \Delta t/\Delta z$（见图 1-9）。因此，可以根据测得的 $y(t)$ 值作出 z-t 曲线，并根据 $\Delta t/\Delta z$ 值获得时间常数 τ。这种方法考虑了瞬时响应的全过程。

对于二阶传感器，一般设计成 $\xi = 0.7 \sim 0.8$ 的欠阻尼系统，则测得的传感器阶跃响应曲线如图 1-8 所示。在图 1-8 上可以获得曲线振荡角频率 ω_d、稳态值 $y(\infty)$、最大超调量 σ_p 与其发生的时间 t_p，并可以推导出

$$\begin{cases} \xi = \sqrt{\dfrac{1}{\left(\dfrac{\pi}{\ln(\sigma_p/y(\infty))}\right)^2 + 1}} \\ \omega_0 = \dfrac{\omega_d}{\sqrt{1-\xi^2}} = \dfrac{\pi}{t_p\sqrt{1-\xi^2}} \end{cases} \tag{1-45}$$

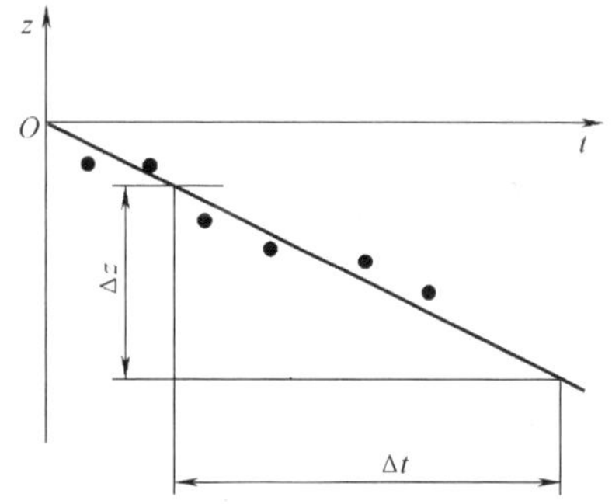

图 1-9 求一阶装置时间常数的方法

由式(1-45)可确定出 ξ 和 ω_0。

如果测得的单位阶跃响应瞬变过程较长，则任意超调量 σ_{pi} 和第 $i+n$ 个超调量 $\sigma_{p(i+n)}$ 之间相隔 n 个周期。设两个超调量对应的时间分别是 t_i 和 t_{i+n}，则有

$$t_{i+n} = t_i + \frac{2n\pi}{\omega_d} \tag{1-46}$$

和

$$\xi = \sqrt{\frac{1}{1 + 4\pi^2 n^2/[\ln(\sigma_{pi}/\sigma_{p(i+n)})]^2}} \tag{1-47}$$

那么，从传感器阶跃响应曲线上，测取相隔 n 个周期的任意两个超调量 σ_{pi} 和 $\sigma_{p(i+n)}$，然后代入式（1-47）便可确定出 ξ。

该方法由于采用比值 $\sigma_{pi}/\sigma_{p(i+n)}$，因而消除了信号幅值不理想的影响。若传感器是二阶的，则取任何正整数 n，求得的 ξ 值都相同；反之，就表明传感器不是二阶的。所以，该方法还可以判断传感器与二阶系统的符合程度。

本 章 小 结

传感器是指能把光、力、温度、磁感应强度等非电学量转换为电学量或转换为电路通断的元器件。它是利用物理、化学、生物等学科的某些效应或原理按照一定的制造工艺研制出来的。由某一原理设计的传感器可以测量多种参量，而某一参量也可以用不同的传感器测量。传感器的分类方法有多种，可以按被测量来分，也可按工作原理来分。由于生产自动化的程度不断提高，研发监测范围宽、检测精度高、响应速度快的传感器已经成为科技发展的需要，发展仿生物传感器、微型传感器等已经成为传感器发展的趋势。传感器的特性有静态特性和动态特性之分。静态特性主要有线性度、灵敏度、重复性、温漂及零漂等，而动态特性主要考虑它的幅频特性和相频特性。

传感器的标定对传感器的实际工程应用具有重要的现实意义。标定是传感器对检测数据进行工程处理的方法，可以简便地得到输入与输出的关系，从而完成由输出结果推断输入的检测。

思考题与习题

1-1　什么是传感器？

1-2　传感器特性在检测系统中起什么作用？

1-3　传感器由哪几部分组成？说明各部分的作用。

1-4　传感器的性能参数反映了传感器的什么关系？静态参数有哪些？各种参数代表什么意义？动态参数有哪些？各参数代表什么意义？

1-5　某位移传感器，在输入量变化 5mm 时，输出电压变化为 300mV，求其灵敏度。

1-6　某测量系统由传感器、放大器和记录仪组成，各环节的灵敏度为：$S_1 = 0.2$mV/℃，$S_2 = 2.0$V/mV，$S_3 = 5.0$mm/V，求系统的总灵敏度。

1-7　某线性位移测量仪，当被测位移由 4.5mm 变为 5.0mm 时，位移测量仪的输出电压由 3.5V 减至 2.5V，求该仪器的灵敏度。

1-8　某测温系统由四个环节组成，各自的灵敏度如下：铂电阻温度传感器的灵敏度为 $0.45\Omega/$℃；电桥的灵敏度为 0.02V/Ω；放大器的灵敏度为 100（放大倍数）；笔式记录仪的灵敏度为 0.2cm/V。

求：（1）测温系统的总灵敏度；

（2）记录仪笔尖位移 4cm 时，所对应的温度变化值。

1-9　有三台测温仪表，量程均为 0~800℃，精度等级分别为 2.5 级、2.0 级和 1.5 级，现要测量 500℃ 的温度，要求相对误差不超过 2.5%，选哪台仪表合理？

1-10　某温度传感器为时间常数 $\tau = 3$s 的一阶系统，当传感器受突变温度作用后，试求传感器指示出温差的 1/3 和 1/2 时所需的时间。

1-11　某传感器为一阶系统，当受阶跃函数作用时：在 $t = 0$ 时，输出为 10mV；$t \rightarrow \infty$ 时，输出为 100mV；在 $t = 5$s 时，输出为 50mV。试求该传感器的时间常数。

第 2 章 应变式传感器

应变式传感器是目前应用最广泛的传感器之一，可以测量力、荷重、应变、位移、速度、加速度等各种参数。这种测试技术具有以下独特的优点：

1) 结构简单，尺寸小。
2) 性能稳定可靠，精度高。
3) 变换电路简单。
4) 易于实现测试过程自动化和多点同步测量、远距测量和遥测。

因此，它在航空航天、机械、电力、化工、建筑、医学、汽车工业等多个领域有着很广泛的应用。本章主要介绍电阻应变式传感器的工作原理、结构类型及特性参数、转换电路及其应用。

> **学生：**"老师，在我们的生活中，应变式传感器用得多吗？"

> **老师：**"用得比较多。例如，现在好多家庭都有人体秤，人站在上面后，体重可以通过数码管显示出来。这种人体秤就采用了应变式传感器。"

2.1 应变式传感器的工作原理

应变式传感器是由弹性元件、电阻应变片及外壳等主要部件组成的用来进行测量的装置，其中电阻应变片是应变式传感器的核心部件。应变式传感器的工作原理是基于电阻应变片的应变效应。

早在 1856 年，英国物理学家就发现了金属的电阻应变效应——金属丝的电阻随其所受机械变形（拉伸或压缩）的大小而变化，如图 2-1 所示。

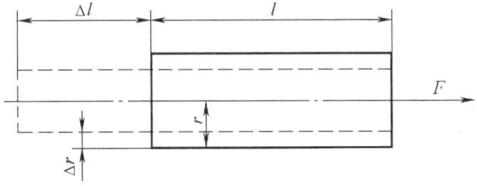

图 2-1 金属丝电阻应变效应

由物理学知识可知，一根金属丝电阻值的计算式为

$$R = \frac{\rho l}{A} \tag{2-1}$$

式中，R 为电阻值（Ω）；ρ 为电阻率（Ω·m）；l 为金属丝长度（m）；A 为金属丝横截面积（m²）。

对式(2-1)两边取对数，得

$$\ln R = \ln\rho + \ln l - \ln A \tag{2-2}$$

等式两边微分，则

$$\frac{\mathrm{d}R}{R} = \frac{\mathrm{d}\rho}{\rho} + \frac{\mathrm{d}l}{l} - \frac{\mathrm{d}A}{A} \tag{2-3}$$

式中，$\frac{\mathrm{d}R}{R}$ 为电阻的相对变化；$\frac{\mathrm{d}\rho}{\rho}$ 为电阻率的相对变化；$\frac{\mathrm{d}l}{l}$ 为金属丝长度的相对变化，用 ε 表示，$\varepsilon = \frac{\mathrm{d}l}{l}$ 为金属丝长度方向的应变或轴向应变；$\frac{\mathrm{d}A}{A}$ 为金属丝横截面积的相对变化，因为 $A = \pi r^2$，r 为金属丝的半径，则 $\mathrm{d}A = 2\pi r \mathrm{d}r$，$\frac{\mathrm{d}A}{A} = 2\frac{\mathrm{d}r}{r}$，$\frac{\mathrm{d}r}{r}$ 为金属丝半径的相对变化，即径向应变 ε_r。

由材料力学可知，在弹性范围内金属丝沿长度方向伸长时，径向（横向）尺寸缩小，反之增大，即轴向应变 ε 与径向应变 ε_r 存在下列关系：

$$\varepsilon_r = -\mu\varepsilon \tag{2-4}$$

式中，μ 为金属材料的泊松比。

根据实验研究结果，金属材料电阻率相对变化与其体积相对变化之间有下列关系：

$$\frac{\mathrm{d}\rho}{\rho} = C\frac{\mathrm{d}V}{V} \tag{2-5}$$

式中，C 为金属材料的某个常数，如康铜（一种铜镍合金）丝，$C \approx 1$；V 为体积。

因为

$$V = Al \tag{2-6}$$

所以

$$\frac{\mathrm{d}V}{V} = \frac{\mathrm{d}A}{A} + \frac{\mathrm{d}l}{l} = 2\varepsilon_r + \varepsilon = -2\mu\varepsilon + \varepsilon = (1-2\mu)\varepsilon \tag{2-7}$$

由式(2-5)和式(2-7)可知

$$\frac{\mathrm{d}\rho}{\rho} = C(1-2\mu)\varepsilon \tag{2-8}$$

将式(2-8)代入式(2-3)，得

$$\frac{\mathrm{d}R}{R} = C(1-2\mu)\varepsilon + \varepsilon + 2\mu\varepsilon = [(1+2\mu) + C(1-2\mu)]\varepsilon = K\varepsilon \tag{2-9}$$

式中，K 为灵敏系数，其对于一种金属材料在一定应变范围内为一常数。

将式(2-3)中 $\mathrm{d}R$、$\mathrm{d}l$ 改写成增量 ΔR、Δl，式(2-9)可写成

$$\frac{\Delta R}{R} = K\frac{\Delta l}{l} = K\varepsilon \tag{2-10}$$

因此，当金属电阻丝受外力作用时，其金属丝电阻的相对变化与金属丝的应变成正比关系。比例系数 K 称为金属丝的应变灵敏系数，其物理意义为单位应变引起的电阻相对变化量。由式(2-9)可知，灵敏系数 K 由两部分组成：前一部分仅由金属丝的几何尺寸变化引起；后一部分为电阻率随应变的变化而引起的变化。材料的几何尺寸随作用应力的变化而发

生变化的现象称为应变效应，材料电阻率随应力的变化而发生变化的现象称为压阻效应。对于金属材料而言，灵敏系数中的 $1+2\mu$ 比 $C(1-2\mu)$ 要大得多，所以 $C(1-2\mu)$ 可忽略不计，故起作用的是应变效应，因此这类应变片称为金属应变片。一般金属丝的泊松比 $\mu \approx 0.3$，因此 $(1+2\mu) \approx 1.6$。如康铜，$C \approx 1$，$K \approx 2.0$，而其他金属或合金，K 一般在 $1.8 \sim 3.6$ 范围内。

对于半导体而言，电阻率引起的变化 $C(1-2\mu)$ 较 $1+2\mu$ 大得多，所以在材料受外力时，电阻率的变化起主要作用，即起主要作用的是压阻效应。

> **学生**："老师，这么说应变片分为金属应变片和半导体应变片两类，金属应变片基于应变效应，半导体应变片基于压阻效应？"

> **老师**："对，是这样的。"

例 2-1 一试件的轴向应变 $\varepsilon = 0.001$，表示多大的微应变（μ）？求该试件的轴向相对伸长率为百分之几？

解：
$$\varepsilon = 0.001 = 1000 \times 10^{-6} = 1000 \text{ 微应变（μ）}$$

由于
$$\varepsilon = \Delta l / l$$

所以
$$\Delta l / l = \varepsilon = 0.001 = 0.10\%$$

答：0.001 的应变为 1000 微应变，该试件的轴向相对伸长率为 0.10%。

总之，应变片的测试原理为：使用应变片测量应变或应力时，是将应变片牢固地粘贴在被测弹性试件上，当试件受外力变形时，应变片的金属敏感栅随之相应变形，从而引起应变片电阻的变化。如果用测量电路和仪器测出应变片的电阻值变化 ΔR，则根据式(2-10)，可得到被测试件的应变值 ε，而根据应力-应变关系可得

$$\sigma = E\varepsilon \tag{2-11}$$

式中，E 为试件材料的弹性模量，是与材料有关的常数；σ 为试件的应力，即单位面积上所承受的附加内力，$\sigma = F/S$（F 为受到的力，S 为受力面积）；ε 为试件的应变。

由式(2-11)可得应力值 σ，进而可计算出试件所受的力。

例 2-2 如果将 350Ω 的应变片贴在柱形弹性试件上，该试件的截面积 $S = 0.5 \times 10^{-4} \text{m}^2$，材料弹性模量 $E = 2.5 \times 10^{11} \text{N/m}^2$。若由 $4.5 \times 10^4 \text{N}$ 的拉力引起的应变片电阻变化为 3.5Ω，求该应变片的灵敏系数 K。

解：应变片电阻的相对变化为

$$\frac{\Delta R}{R} = \frac{3.5}{350} = 0.01$$

柱形弹性试件的应力为

$$\sigma = \frac{F}{S} = \frac{4.5 \times 10^4}{0.5 \times 10^{-4}} \text{N/m}^2 = 9 \times 10^8 \text{N/m}^2$$

柱形弹性试件的应变为

$$\varepsilon = \frac{\sigma}{E} = \frac{9 \times 10^8}{2.5 \times 10^{11}} = 3.6 \times 10^{-3} = 0.0036$$

应变片的灵敏系数为

$$K = \frac{\Delta R/R}{\varepsilon} = \frac{0.01}{0.0036} = 2.8$$

答：该应变片的灵敏系数为2.8。

将电阻应变片粘贴在不同弹性敏感元件上，通过弹性元件的作用，将位移、力、力矩、加速度等参数转换为应变，因此可以将应变片由测量应变扩展到测量上述能引起应变的各种参量，从而形成各种电阻应变式传感器。

在现场工作中，利用电阻应变式传感器的例子很多，如测量钢结构在一定外力情况下的变形量，测量铁路路基在火车经过时的受力情况等。

> **学生**："我明白了，单纯的应变片是不能测力的，应变片只能通过 $\Delta R/R$ 来测量 ε，有了 ε 之后，可以由与应变片紧密结合的弹性材料（弹性材料的应变 ε 与电阻应变片的 ε 相同），利用材料力学知识来计算力等相关被测量。"

> **老师**："对了，大小如指甲盖的应变片自身是不能测量力的，只有应变片与其他机械结构，如钢梁结合在一起才能测力。"

2.2 应变式传感器的结构类型及特性

2.2.1 应变式传感器的结构类型

1. 应变式传感器的结构

电阻应变式传感器的结构主要是由电阻应变片的结构决定的。电阻应变片主要由电阻丝、基片、覆盖层和引出线四部分组成，如图 2-2 所示。电阻丝是电阻应变片的敏感元件；基片和覆盖层起定位和保护电阻丝的作用，并使电阻丝和被测试件之间绝缘；引出线主要用于连接测量导线。

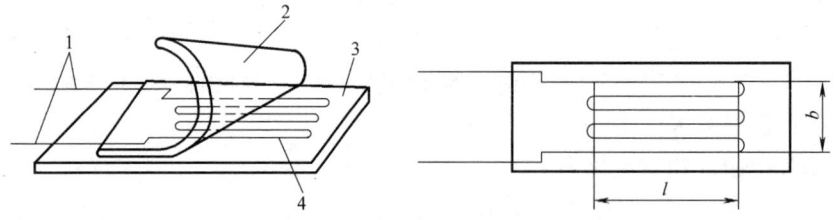

图 2-2　电阻应变片结构示意图
1—引出线　2—覆盖层　3—基片　4—电阻丝

图 2-2 中，l 称为应变片的标距或工作基长；b 称为应变片的工作宽度；$b \times l$ 称为应变片的规格，一般以面积和电阻值来表示，如 $3 \times 10 mm^2$，120Ω。

> **学生**："这么说，电阻应变片非常小，只有人的手指甲盖那么大呀！那么，最常用的电阻应变片的电阻值是多大？"

老师:"是的,电阻应变片的面积是挺小的,一般学校里传感器实验台上用的应变片为 $3 \times 5 \text{mm}^2$,电阻为 350Ω。"

2. 应变式传感器的类型

由于电阻应变片的种类繁多,应变式传感器的种类也比较多,通常根据制造应变片时所用的材料、工作温度范围以及用途进行分类。

按应变片敏感栅所用的材料不同,应变片可以划分为金属应变片和半导体应变片两大类。其中,金属应变片又分为体型(箔式、丝式)和薄膜型;半导体应变片又分为体型、薄膜型、扩散型、PN 结型及其他型。

按应变片的工作温度不同,应变片可以划分为常温应变片(-30~60℃)、中温应变片(60~300℃)、高温应变片(300℃以上)和低温应变片(低于-30℃)等。

按应变片的用途不同,应变片可以划分为一般用途应变片和特殊用途应变片。

下面简要介绍几种常用的应变片。

(1) 丝式应变片 丝式应变片的敏感元件是丝栅状的金属丝,金属丝弯曲部分可制成圆弧(U 形)、锐角(V 形)或直角(H 形),如图 2-3 所示。

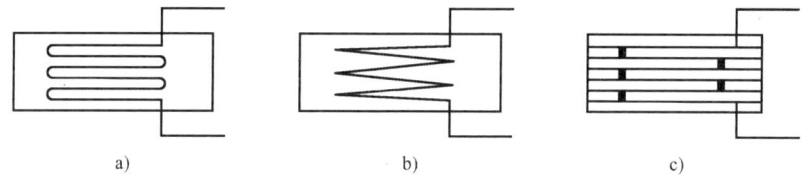

图 2-3 几种常见的丝式应变片
a) U 形 b) V 形 c) H 形

弯曲部分制成圆弧(U 形)是最常用的一种形式,制作简单但横向效应较大;直角形(H 形)两端用较粗的镀银铜线焊接,横向效应相对较小,但制作工艺复杂,将逐渐被横向效应小、其他方面性能更优越的箔式应变片所代替。

(2) 箔式应变片 箔式应变片的工作原理和结构与丝式应变片基本相同,但制造方法不同。它采用光刻法代替丝式应变片的绕线工艺,在厚度为 2~10μm 的金属箔底面上涂绝缘胶层作为应变片的基底,箔片的上表面涂一层感光胶剂。将敏感栅绘成放大图,经照相制版后,印晒到箔片表面的感光胶剂上,再经腐蚀等工序,制成条纹清晰的敏感栅。图 2-4 所示是几种常见的箔式应变片。

箔式应变片有较多优点,如可根据需要制成任意形状的敏感栅;表面积大,散热性能好,可以允许通过比较大的电流;蠕变小,疲劳寿命高;便于成批生产且生产效率比较高等。

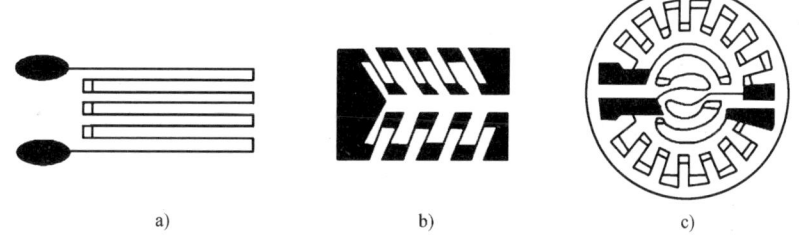

图 2-4 几种常见的箔式应变片

(3) 薄膜应变片　金属薄膜厚度在 0.1mm 左右的称为金属膜，厚度在 25μm 左右的膜称为厚膜，厚度在 0.1μm 以下的膜称为薄膜。箔式应变片属厚膜类型。

金属薄膜应变片是采用真空溅射或真空沉积的方法制成的。它可以将产生应变的金属或合金直接沉积在弹性元件上而不用黏合剂，因此应变片的滞后和蠕变均很小，灵敏度高。

(4) 半导体应变片　半导体应变片的工作原理是基于半导体的压阻效应。压阻效应是指对半导体施加应力时，半导体的电阻率会发生改变的现象。

半导体应变片由硅条、内引线、基底、电极和外引线五部分构成，如图 2-5 所示。硅条是感压部分；内引线连接硅条和电极，通常用金属丝制成；基底起支撑和绝缘作用，采用胶膜材料；电极用康铜箔制成；外引线用镀银铜线制成。

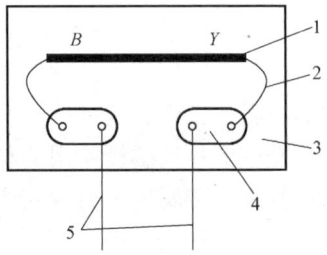

图 2-5　半导体应变片结构图
1—硅条　2—内引线　3—基底
4—电极　5—外引线

2.2.2　应变式传感器的特性

应变式传感器的参数与电阻应变片的参数有关，电阻应变片的工作特性是指用数据或曲线表达的应变片的性能和特点，应变片的主要参数是指能反映应变片性能优劣的指标。实际上，通过应变片的主要参数就能得知其工作特性。

1. 应变片电阻值（R）

应变片在没有粘贴及未参与变形前，在室温下测定的电阻值称为初始电阻值（单位为 Ω）。应变片电阻值有一定的规格，如 60Ω、120Ω、250Ω、350Ω 和 1000Ω，其中以 120Ω 最为常用。应变片电阻值的大小应与测量电路相配合。

2. 灵敏系数（K）

灵敏系数是应变片的重要参数。由前面的推理可知，金属电阻丝的电阻相对变化与它所感受的轴向应变之间具有线性关系，但金属丝做成应变片后，由于基片、黏合剂以及敏感栅的横向效应，电阻应变特性与单根金属丝将有所不同，必须重新通过实验进行测定。实验是在规定的统一标准下进行的，如把电阻应变片贴在一维力作用下的试件上进行测定。

若试件材料选用泊松比 $\mu = 0.285$ 的钢，用精密电阻电桥或其他仪器测出应变片相对电阻变化，再用其他测应变的仪器测定试件的应变，得出电阻应变片的电阻-应变特性。实验证明，电阻应变片的电阻相对变化 $\Delta R/R$ 与应变 $\Delta l/l = \varepsilon$ 之间在很大范围内是线性的，即

$$\frac{\Delta R}{R} = K\varepsilon \tag{2-12}$$

所以

$$K = \frac{\Delta R/R}{\varepsilon} \tag{2-13}$$

式中，K 为电阻应变片的灵敏系数。

因一般应变片粘贴到试件上后不能取下再用，只能在每批产品中提取一定百分比（如 5%）的产品进行测定，取其平均值作为这一批产品的灵敏系数。这就是产品包装盒上注明的"灵敏系数"，或称"标称灵敏系数"。

3. 横向效应

实验表明，应变片的灵敏系数 K 恒小于金属丝的灵敏系数 K_0。其原因除了黏合剂、基片传递变形失真外，主要是由于存在横向效应。

当将图 2-6 所示的应变片粘贴在被测试件上时，由于其敏感栅是由 n 条直线段和直线段端部的 n-1 个半径为 r 的半圆圆弧或直线组成的，拉伸被测试件时，粘贴在试件上的应变片沿应变片长度方向拉伸，产生轴向拉伸应变 ε，应变片直线段电阻将增大。但是在圆弧段上，沿各微段（圆弧的切向）的轴向应变 ε 与直线段上同样长的微段所产生的电阻变化不同。

最明显的是在 $\theta=\pi/2$ 垂直方向的微段，按泊松比关系产生压应变 $-\varepsilon$。该微段电阻不仅不增大，反而减小。在圆弧的其他各微段上，感受的应变是由 $+\varepsilon$ 变化到 $-\varepsilon$ 的。这样，圆弧段的电阻变化，显然将小于同样长度沿 x 方向的直线段的电阻变化。

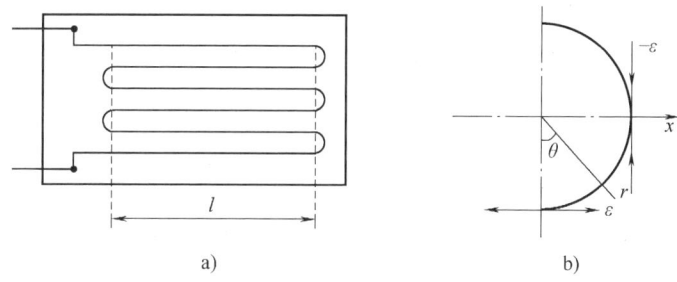

图 2-6 敏感栅的结构及受应变情况
a) 敏感栅的结构 b) 圆弧处受应变的情况

4. 线性度

试件的应变 ε 和电阻的相对变化 $\Delta R/R$，在理论上呈线性关系。但实际上，在大应变时，会出现非线性关系。应变片的非线性度一般要求在 0.5% 或 1% 以内。

5. 应变极限

粘贴在试件上的应变片所能测量的最大应变值称为应变极限。在一定的温度（室温或极限使用温度）下，对试件缓慢地施加均匀的拉伸载荷，应变片的指示应变值对真实应变值的相对误差大于 10% 时，就认为应变片已达到破坏状态，此时的真实应变值就作为该批应变片的应变极限。

6. 零漂和蠕变

恒定温度下，粘贴在试件上的应变片，在不承受载荷的条件下，电阻随时间变化的特性称为应变片的零漂。零漂的主要原因是敏感栅通过工作电流后的温度效应、应变片的内应力逐渐变化和黏合剂固化不充分等。

已粘贴的应变片，在温度保持恒定时，承受某一恒定的机械应变并在长时间的作用下，应变片的指示应变会随时间而变化，这种现象称为蠕变。在应变片工作时，零漂和蠕变是同时存在的。在蠕变值中包含着同一时间内的零漂值。这两项指标都是用来衡量应变片特性对时间的稳定性，在长时间测量时其意义更为突出。

7. 最大工作电流

最大工作电流是指允许通过应变片而不影响其工作的最大电流值。工作电流大，应变片输出信号就大，因而灵敏度高。但过大的工作电流会使应变片本身过热，使灵敏系数变化，零漂、蠕变增加，甚至烧坏应变片。工作电流的选取要根据散热条件而定，主要取决于敏感栅的几何形状和尺寸、截面的形状和大小、基底的尺寸和材料、黏合剂的材料和厚度以及试件的散热性能等。通常允许电流值在静态测量时取 25mA 左右，动态测量时可高一些，箔式应变片可取更大些。在测量塑料、玻璃、陶瓷等导热性差的材料时，工作电流要取小些。

8. 绝缘电阻

绝缘电阻是指应变片的引线与被测试件之间的电阻值，一般以兆欧计。绝缘电阻过低，会造成应变片与试件之间漏电而产生测量误差。

9. 电阻应变片的动态特性

电阻应变片在测量频率较高的动态应变时，应考虑它的动态响应特性。在动态情况下，应变以波动形式在材料中传播，传播速度为声速。应变波从试件通过胶层、基片传到敏感栅需要一定时间。这个时间是非常短暂的，如钢材声速为 5000m/s，胶层声速为 1000m/s。胶层和基片的总厚度约为 0.05mm，应变波由试件经过胶层和基片传到敏感栅的时间约为 0.05μs，因此可以忽略不计。但是由于应变片的敏感栅相对较长，当应变波在纵栅长度方向上传播时，只有在应变波通过敏感栅的全部长度后，应变片所反映的波形经过一定时间的延迟，才能达到最大值。图 2-7 所示为应变片对阶跃应变的响应特性，图 2-7a 所示为阶跃波，图 2-7b 所示为应变片的理论响应特性，由于应变波通过敏感栅需要一定时间，当阶跃波的跃起部分通过敏感栅的全部长度后，电阻变化才达到最大值。由于应变片黏合层对应变中高次谐波的衰减作用，实际波形如图 2-7c 所示。若以输出最大值的 10% 上升到 90% 的这段时间为上升时间，则

$$t_k = 0.8 \frac{l}{v} \quad (2\text{-}14)$$

由经验可知，频率为

$$f = \frac{0.35}{t_k} \quad (2\text{-}15)$$

那么

$$f = \frac{0.35v}{0.8l} = 0.44 \frac{v}{l} \quad (2\text{-}16)$$

式中，l 为应变片基长；v 为应变在敏感栅中传播的速度。

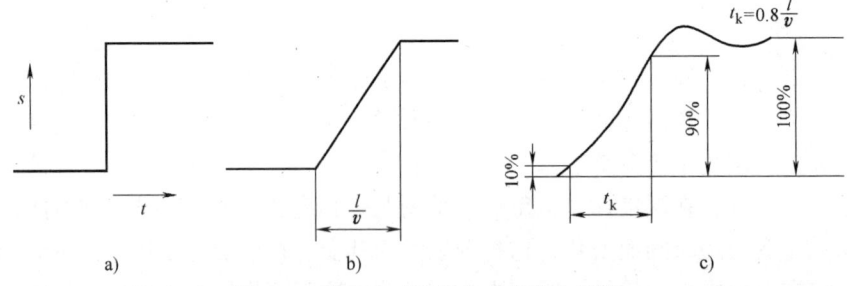

图 2-7 应变片对阶跃应变的响应特性

a) 阶跃波 b) 应变片的理论响应特性 c) 实际波形

实际上，t_k 值是很小的。例如，应变片基长 $l = 10$mm，应变波速 $v = 5000$m/s 时，$t_k = 1.6 \times 10^{-6}$s，$f = 220$kHz。

当测量按正弦规律变化的应变波时，由于应变片反映的应变波形是应变片敏感栅长度内

所感受应变量的平均值,因此应变片反应的波幅将低于真实应变波幅,从而带来一定误差。显然,这种误差将随应变片基片长度的增加而加大;当基片一定时将随频率的增加而加大。图 2-8 表示应变片处于应变波达到最大值时的瞬时情况。应变波的波长为 λ,应变片的基长为 l,两端点的坐标分别为 x_1 和 x_2,而 $x_1 = \dfrac{\lambda}{4} - \dfrac{l}{2}$,$x_2 = \dfrac{\lambda}{4} + \dfrac{l}{2}$。此时应变片在其基长 l 内测得的平均应变 ε_p 达到最大值,其值为

$$\varepsilon_p = \dfrac{\int_{x_1}^{x_2} \varepsilon_0 \sin \dfrac{2\pi}{\lambda} x \, dx}{x_2 - x_1} = -\dfrac{\lambda \varepsilon_0}{2\pi l} \left(\cos \dfrac{2\pi}{\lambda} x_2 - \cos \dfrac{2\pi}{\lambda} x_1 \right)$$

$$= \varepsilon_0 \dfrac{\lambda}{\pi l} \sin \dfrac{\pi l}{\lambda} = \varepsilon_0 \dfrac{\sin \dfrac{\pi l}{\lambda}}{\dfrac{\pi l}{\lambda}} \qquad (2\text{-}17)$$

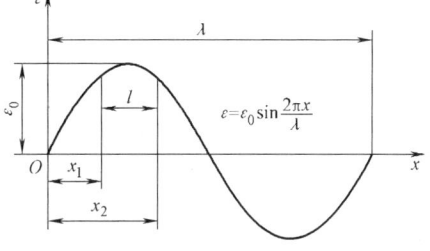

图 2-8 应变片正处于应变波的波峰

设 $\varphi = \dfrac{\pi l}{\lambda}$,$\varphi$ 很小时,$\sin\varphi$ 可根据级数展开为

$$\sin\varphi = \varphi - \dfrac{\varphi^3}{3!} + \dfrac{\varphi^5}{5!} + \cdots + (-1)^n \dfrac{\varphi^{2n+1}}{(2n+1)!} \qquad n = 0 \sim \infty$$

因而应变波幅测量的相对误差 e 为

$$e = \left| \dfrac{\varepsilon_0 - \varepsilon_p}{\varepsilon_0} \right| = \left| 1 - \dfrac{\sin\varphi}{\varphi} \right| \approx \dfrac{\varphi^2}{6} = \dfrac{1}{6} \times \left(\dfrac{\pi l}{\lambda} \right)^2 \qquad (2\text{-}18)$$

因为

$$\lambda = \dfrac{v}{f} \qquad (2\text{-}19)$$

所以

$$f = \dfrac{v}{\pi l} \sqrt{6e} \qquad (2\text{-}20)$$

由式(2-20)可知,在波速一定的情况下,测量误差随着频率的增大而增加。

对于钢材,$v = 5000 \text{m/s}$,若要 $e = 1\%$ 时,对 $l = 5 \text{mm}$ 的应变片,其允许的最高工作频率为

$$f = \dfrac{5 \times 10^6}{\pi \times 5} \sqrt{6 \times 0.01} \text{ Hz} = 78 \text{kHz} \qquad (2\text{-}21)$$

由式(2-18)可知,测量误差 e 与应变波长对基长的相对比值 $n = \lambda/l$ 有关,其关系曲线如图 2-9 所示。λ/l 越大,误差 e 越小。一般可取 $\lambda/l = 10 \sim 20$,其测量误差 e 范围为 $0.4\% \sim 1.6\%$。又有 $f = v/(nl)$,即 n 越大,工作频率越低。

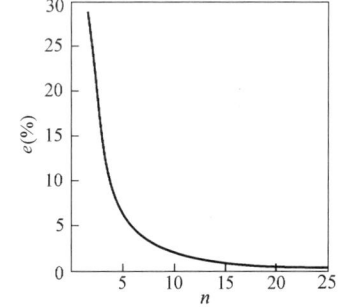

图 2-9 e 与 n 的关系曲线

例 2-3 现有基长分别为 10mm 与 5mm 的两种金属丝应变片,欲测钢构件频率为 20kHz 的动态应力,已知钢材声速 $v = 5000 \text{m/s}$,若要求应变波幅测量的相对误差小于 0.15%,试问应选用哪一种?

解: $\lambda = v/f = 5000/(20 \times 10^3) \text{m} = 0.25 \text{m}$

当 $l = 10\text{mm}$ 时

$$e_1 = \frac{1}{6} \times \left(\frac{\pi l}{\lambda}\right)^2 = \frac{1}{6} \times \left(\frac{3.14 \times 10 \times 10^{-3}}{0.25}\right)^2 = 0.3\%$$

当 $l = 5\text{mm}$ 时

$$e_2 = \frac{1}{6} \times \left(\frac{\pi l}{\lambda}\right)^2 = \frac{1}{6} \times \left(\frac{3.14 \times 5 \times 10^{-3}}{0.25}\right)^2 = 0.066\%$$

答：由此可见，应选用基长 $l = 5\text{mm}$ 的应变片。

10. 应变片的温度误差及补偿

(1) 应变片的温度误差产生的原因 把应变片安装在自由膨胀的试件上，即使试件不受任何外力作用，如果环境温度发生变化，应变片的电阻也将发生变化，这种变化叠加在测量结果中将产生很大误差。这种由于测量现场环境温度的改变而给测量带来的附加误差，称为应变片的温度误差。产生应变片温度误差的主要因素有：

1) 敏感栅金属丝电阻本身随温度发生变化。敏感栅的电阻丝阻值随温度变化的关系可表示为

$$R_t = R_0(1 + \alpha \Delta t) \tag{2-22}$$

式中，R_t 为温度为 $t(\text{℃})$ 时的电阻值；R_0 为温度为 $t_0(\text{℃})$ 时的电阻值；α 为金属丝的电阻温度系数；Δt 为温度变化值，$\Delta t = t - t_0$。

当温度变化 Δt 时，电阻丝电阻的变化值为

$$\Delta R_t = R_t - R_0 = R_0 \alpha \Delta t \tag{2-23}$$

2) 试件材料和电阻丝材料的线膨胀系数的影响。当试件与电阻丝材料的线膨胀系数相同时，不论环境温度如何变化，电阻丝的变形仍和自由状态一样，不会产生附加变形。当试件和电阻丝线膨胀系数不同时，由于环境温度的变化，电阻丝会产生附加变形，从而产生附加电阻。

当温度改变 $\Delta t(\text{℃})$ 时，长度为 l_0 的应变丝受热膨胀至 l_{st}，而应变丝下长度为 l_0 的试件伸长至 l_{gt}，其长度与温度关系如下：

$$l_{st} = l_0(1 + \beta_s \Delta t) = l_0 + l_0 \beta_s \Delta t$$
$$\Delta l_s = l_{st} - l_0 = l_0 \beta_s \Delta t \tag{2-24}$$
$$l_{gt} = l_0(1 + \beta_g \Delta t) = l_0 + l_0 \beta_g \Delta t$$
$$\Delta l_g = l_{gt} - l_0 = l_0 \beta_g \Delta t \tag{2-25}$$

式中，l_0 为温度为 t_0 时的应变丝长度；l_{st} 为温度为 t 时应变丝自由膨胀后的长度；l_{gt} 为温度为 t 时应变丝下试件自由膨胀后的长度；β_s、β_g 分别为应变丝与试件材料的线膨胀系数，即温度改变 1℃时，其长度的相对变化；Δl_s、Δl_g 分别为应变丝与试件的长度变化量。

由式(2-24)和式(2-25)可知，如果 β_s 和 β_g 不相等，则 Δl_s 和 Δl_g 就不等。由于应变丝与试件是粘接在一起的，因而应变丝被迫从 Δl_s 拉长（或缩短）至 Δl_g，使应变丝产生附加变形 Δl（相应的附加应变 ε_β），由此而产生的电阻变化为 $\Delta R_{t\beta}$。

$$\Delta l = \Delta l_g - \Delta l_s = (\beta_g - \beta_s) l_0 \Delta t \tag{2-26}$$

因为

$$\varepsilon_\beta = \frac{\Delta l}{l_0} = (\beta_g - \beta_s) \Delta t \tag{2-27}$$

所以
$$\Delta R_{t\beta} = R_0 K \varepsilon_\beta = R_0 K(\beta_g - \beta_s)\Delta t \tag{2-28}$$
因此，由于温度变化而引起应变片总的电阻变化为
$$\Delta R_t = \Delta R_{t\alpha} + \Delta R_{t\beta} = R_0 \alpha \Delta t + R_0 K(\beta_g - \beta_s)\Delta t \tag{2-29}$$
所以，当温度变化时的应变为
$$\varepsilon_t = \frac{\Delta R_t / R_0}{K} = \frac{\alpha \Delta t}{K} + (\beta_g - \beta_s)\Delta t \tag{2-30}$$

由式（2-30）可知，因环境温度改变而引起的附加电阻变化，除与环境温度变化有关外，还与应变片本身的性能参数 K、α、β_s 以及被测试件的线膨胀系数 β_g 有关。

(2) 电阻应变片的温度补偿方法　因为温度误差对应变片的工作影响较大，在实际使用中，需要对其进行温度补偿。电阻应变片的温度补偿方法通常有线路补偿法和应变片自补偿两大类。

1) 线路补偿法。电桥补偿法是最常用的且效果较好的线路补偿法，如图2-10所示。在被测试件上安装一工作应变片，在另外一个与被测试件的材料相同，但不受力的补偿件上安装一补偿应变片，如图2-10b所示。补偿件与被测试件处于完全相同的温度场内，测量时，使两者接入电桥的相邻臂上，如图2-10a所示。由于补偿片 R_B 是与工作片 R_1 完全相同的，且都贴在同样材料的试件上，并处于同样温度下，这样，由于温度变化使工作片产生的电阻变化 ΔR_{1t} 和补偿片的电阻变化 ΔR_{Bt} 相等，因此电桥输出 U_o 与温度无关，从而补偿了应变计的温度误差，其转换电路将在下一节中详细介绍。

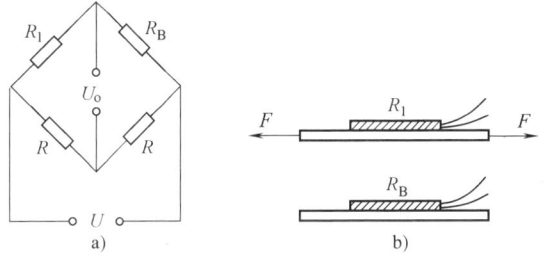

图2-10　电桥补偿法的原理图
a) 测量电路原理图　b) 补偿结构图

有时根据被测试件的应变情况，也可不专门设补偿件，而将补偿片贴在同一被测试件上，使其既能起到温度补偿作用，又能提高灵敏度。例如，构件做纯弯曲形变时，构件面上部的应变为拉应变，下部为压应变，且两者绝对值相等、符号相反。测量时可将 R_B 贴在被测试件的下面，

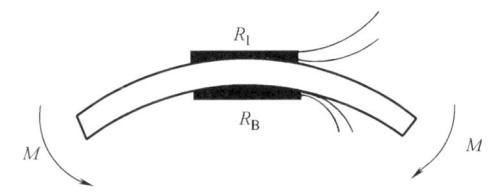

图2-11　补偿片 R_B 的粘贴方法

如图2-11所示，接入图2-10a所示的电桥中。由于在外力矩 M 的作用下，R_B 与 R_1 的变化值大小相等、符号相反，电桥的输出电压增加一倍。此时 R_B 既起到了温度补偿作用，又提高了灵敏度，而且可补偿非线性误差。

2) 应变片自补偿。采用自补偿方法时，粘贴在被测部位上的是一种特殊应变片，当温度变化时，产生的附加应变为零或者相互抵消，这种特殊的应变片称为温度自补偿应变片。下面介绍两种自补偿应变片。

① 选择式自补偿应变片。这种方法需要首先确定被测试件的材料，然后根据被测部件材料选择合适的应变片敏感栅材料制作温度自补偿应变片进行温度补偿。显然，该方法中某一类温度自补偿应变片只能用于一种材料上，局限性很大。

② 双金属敏感栅自补偿应变片。图 2-12 所示为双金属敏感栅自补偿应变片。这种应变片也称为组合式自补偿应变片，它是利用两种电阻丝材料的电阻温度系数不同（一个为正，一个为负）的特性，将二者串联绕制成敏感栅。

若两段敏感栅 R_1 和 R_2 由于温度变化而产生的电阻变化 ΔR_{1t} 和 ΔR_{2t} 大小相等且符号相反，就可以实现温度补偿。电阻 R_1 和 R_2 的比值关系可以由下式决定：

$$\frac{R_1}{R_2} = -\frac{\Delta R_{2t}/R_2}{\Delta R_{1t}/R_1} \qquad (2-31)$$

这种补偿效果较前者好，在工作温度范围内通常可达到 $\pm 0.14 \times 10^{-6}/℃$。

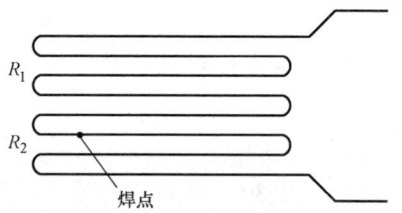

图 2-12 双金属敏感栅

2.3 电阻应变片的转换电路

由于机械应变一般都很小，要把由微小应变引起的微小电阻值的变化测量出来，同时又要把电阻相对变化 $\Delta R/R$ 转换为电压或电流的变化，需要设计专用的转换电路。

用于测量由应变变化而引起的电阻变化的电路通常采用电桥电路。根据电桥电源的不同，可分为直流电桥和交流电桥。而电桥电路的主要指标是桥路灵敏度、非线性误差和负载特性。下面具体介绍有关电路及这几项指标。

2.3.1 直流电桥

1. 直流电桥工作原理及平衡条件

典型的直流电桥结构如图 2-13 所示。它有 4 个纯电阻的桥臂，即 R_1、R_2、R_3 及 R_4 为桥臂电阻，传感器电阻可以充任其中任意一个桥臂，U_E 为电源电压，U_o 为输出电压，R_L 为负载电阻，由此可得桥路输出电压的一般形式为

$$U_o = U_E \left(\frac{R_1}{R_1 + R_2} - \frac{R_3}{R_3 + R_4} \right) \qquad (2-32)$$

当电桥平衡时，$U_o = 0$，则有

$$R_1 R_4 = R_2 R_3 \qquad (2-33)$$

或

$$\frac{R_1}{R_2} = \frac{R_3}{R_4} \qquad (2-34)$$

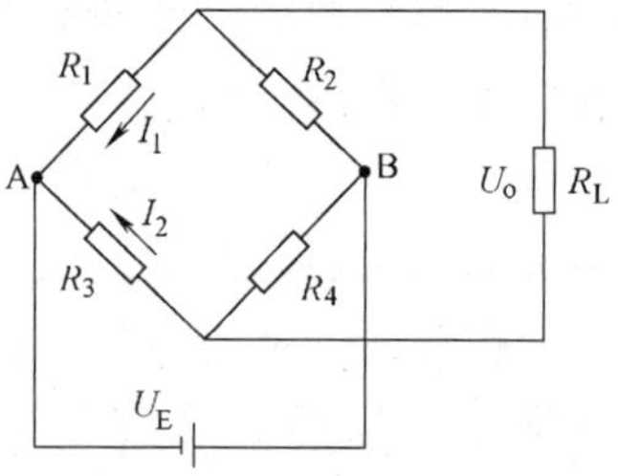

图 2-13 直流电桥电路

式(2-33) 或式(2-34) 称为电桥平衡条件。这说明欲使电桥平衡，其相对两臂电阻的乘积应相等，或相邻两臂电阻的比值应相等。

2. 直流电桥输出电压灵敏度

当电桥中 R_1 为电阻应变片，R_2、R_3、R_4 为电桥固定电阻时，就构成了单臂电桥。当被测参数的变化引起电阻应变片 R_1 变化 ΔR_1 时，即变为 $R_1 + \Delta R_1$，则桥路平衡被破坏，电桥输出电压 $U_o \neq 0$，即

$$U_o = U_E\left(\frac{R_1+\Delta R_1}{R_1+\Delta R_1+R_2} - \frac{R_3}{R_3+R_4}\right) = U_E\frac{\Delta R_1 R_4}{(R_1+\Delta R_1+R_2)(R_3+R_4)}$$

$$= U_E\frac{\dfrac{R_4}{R_3}\dfrac{\Delta R_1}{R_1}}{\left(1+\dfrac{\Delta R_1}{R_1}+\dfrac{R_2}{R_1}\right)\left(1+\dfrac{R_4}{R_3}\right)} \tag{2-35}$$

设桥臂比 $n = R_2/R_1 = R_4/R_3$，当 $\Delta R_1/R_1 \ll 1$ 时，分母中 $\Delta R_1/R_1$ 可忽略，则式(2-35)可写为

$$U_o = U_E\frac{n}{(1+n)^2}\frac{\Delta R_1}{R_1} \tag{2-36}$$

设 K_V 为单臂电桥输出电压灵敏度，其物理意义是，单位电阻相对变化量所引起的电桥输出电压的变化量，即

$$K_V = \frac{U_o}{\dfrac{\Delta R_1}{R_1}} = U_E\frac{n}{(1+n)^2} \tag{2-37}$$

对式(2-37) 分析可以发现：

1) 电桥电压灵敏度正比于电桥供电电压，供电电压越高，电桥电压灵敏度越高，但供电电压的提高受到应变片允许功耗的限制，所以要做适当选择。

2) 电桥电压灵敏度是桥臂电阻比值 n 的函数，恰当地选择桥臂比 n 的值，可保证电桥具有较高的电压灵敏度。

当 U_E 值确定后，n 取何值时使 K_V 最高？由求极大值的知识可知，当 $dK_V/dn = 0$ 时，得 K_V 的最大值。所以，由式(2-37) 可知

$$\frac{dK_V}{dn} = U_E\times\frac{1-n^2}{(1+n)^4} = 0 \tag{2-38}$$

求得 $n = 1$ 时，即 $R_2 = R_1$，$R_4 = R_3$ 时，K_V 为最大值。这就是说，在电桥供电电压确定后，一般选取 $R_1 = R_2 = R_3 = R_4$ 时，使电桥电压灵敏度最高，此时有

$$U_o = \frac{U_E}{4}\frac{\Delta R_1}{R_1} = \frac{U_E}{4}K\varepsilon \tag{2-39}$$

所以，电压灵敏度为

$$K_V = \frac{U_E}{4} \tag{2-40}$$

学生："式(2-36) 告诉我们，电桥电路可以将 $\Delta R/R$ 转换成电压输出 U_o，且在 U_E 及 n 固定的情况下，U_o 与 $\Delta R/R$ 成正比例关系。因而，可以由 U_o 得到 $\Delta R/R$，由 $\Delta R/R$ 得到 ε，最后由 ε 及相关的材料力学知识获取相应的力。"

老师："至此，一个完整的传感器系统已经形成，通过数学知识可知，在式(2-38)中，当 $n = 1$ 时，传感器的灵敏度最高。"

3. 输出电压非线性误差

上面在讨论电桥的输出特性时，应用了 $\Delta R_1/R_1 \ll 1$ 的近似条件，才得出 U_o 对 ΔR_1 的线性关系。当 ΔR_1 过大而不能忽略时，桥路输出电压将存在较大的非线性误差。下面以单臂电桥且 $R_1 = R_2 = R_3 = R_4 = R$ 的输出电压为例，看看桥路输出非线性误差的大小。从前面的分析可知，由式(2-39) 求出的输出电压因略去分母中的 $\Delta R_1/R_1$ 项而得出的是理想值 $U_o = \dfrac{U_E}{4}\dfrac{\Delta R_1}{R_1}$，而当 $R_1 = R_2 = R_3 = R_4 = R$ 时，根据式(2-35) 得实际的输出电压 U_o' 为

$$U_o' = U_E \dfrac{n\dfrac{\Delta R_1}{R_1}}{\left(1 + n + \dfrac{\Delta R_1}{R_1}\right)(1 + n)} = U_E \dfrac{\dfrac{\Delta R_1}{R_1}}{2\left(2 + \dfrac{\Delta R_1}{R_1}\right)} = \dfrac{U_E}{2}\dfrac{\dfrac{\Delta R}{R}}{2 + \dfrac{\Delta R}{R}} \tag{2-41}$$

与理想化线性关系的相对非线性误差为

$$\gamma = \dfrac{U_o - U_o'}{U_o} = 1 - \dfrac{1}{1 + \dfrac{\Delta R}{2R}} \tag{2-42}$$

当 $\dfrac{\Delta R}{2R} \ll 1$ 时，式(2-42) 按泰勒级数展开，得

$$\gamma \approx 1 - \left[1 - \dfrac{\Delta R}{2R} + \left(\dfrac{\Delta R}{2R}\right)^2 + \cdots + (-1)^n\left(\dfrac{\Delta R}{2R}\right)^n\right] \tag{2-43}$$

略去高次项，有

$$\gamma \approx \dfrac{\Delta R}{2R} \tag{2-44}$$

对于一般应变片来说，所受应变 ε 通常在 5×10^{-3} 以下。若取 $K = 2$，$\varepsilon = 5 \times 10^{-3}$ 时，则 $\Delta R/R = K\varepsilon = 0.01$，代入式(2-44) 计算得非线性误差为 0.5%；若 $K = 130$，$\varepsilon = 1 \times 10^{-3}$ 时，$\Delta R/R = K\varepsilon = 0.13$，则得到非线性误差为 6.5%，故当非线性误差不能满足测量要求时，必须予以消除。

为了减小和克服非线性误差，常采用差动电桥，如图 2-14 所示。图 2-14a 所示为半桥差动电路，即在试件上安装两个工作应变片，一个受拉应变，一个受压应变，接入电桥相邻桥臂，称为半桥差动电路，该电桥输出电压为

$$U_o = U_E \left(\dfrac{\Delta R_1 + R_1}{\Delta R_1 + R_1 + R_2 - \Delta R_2} - \dfrac{R_3}{R_3 + R_4}\right) \tag{2-45}$$

若 $\Delta R_1 = \Delta R_2$，$R_1 = R_2 = R_3 = R_4 = R$，则输出电压为

$$U_o = \dfrac{U_E}{2}\dfrac{\Delta R}{R} \tag{2-46}$$

由式(2-46) 可知，U_o 与 $\dfrac{\Delta R}{R}$ 呈线性关系，差动电桥无非线性误差。

则电压灵敏度为

$$K_V = \dfrac{U_E}{2} \tag{2-47}$$

由式(2-47)可知,半桥电压灵敏度比单臂工作时提高了一倍,消除了非线性误差,同时还具有温度补偿作用。

如图2-14b所示,若将电桥四臂接入四片应变片,即两个受拉应变,两个受压应变,将两个应变符号相同的接入相对桥臂上,构成全桥差动电路,若 $\Delta R_1 = \Delta R_2 = \Delta R_3 = \Delta R_4$,且 $R_1 = R_2 = R_3 = R_4 = R$,则输出电压为

$$U_o = U_E \frac{\Delta R}{R} \tag{2-48}$$

则电压灵敏度为

$$K_V = U_E \tag{2-49}$$

此时全桥差动电路不仅没有非线性误差,而且电压灵敏度是单臂时的4倍,同时仍具有温度补偿作用。

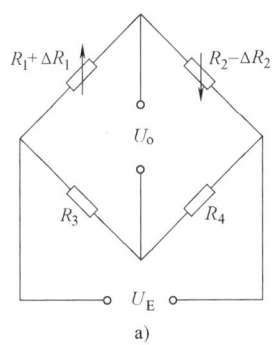 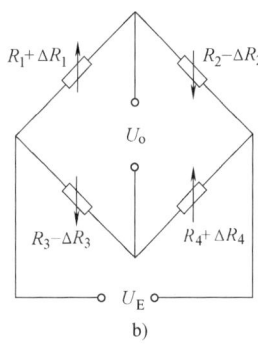

图2-14 差动电桥电路
a) 半桥差动电路 b) 全桥差动电路

> **学生**:"当转换电路接成图2-13所示的电路时,为单臂电桥,此时在忽略了非线性误差的情况下, $U_o = \frac{U_E}{4} \frac{\Delta R}{R}$;当接成图2-14a所示的电路时,为半桥差动电路,此时消除了非线性误差, $U_o = \frac{U_E}{2} \frac{\Delta R}{R}$;当接成图2-14b所示的电路时,为全桥差动电路,此时 $U_o = U_E \frac{\Delta R}{R}$。"

> **老师**:"对,通过对电路的升级,提高了灵敏度,消除了非线性误差及温度误差。"

例2-4 用阻值 $R = 350\Omega$、灵敏系数 $K = 2.0$ 的电阻应变片与阻值 350Ω 的固定电阻组成电桥,电桥的供电电压 $U_E = 6V$,并假定负载电阻为无穷大,当应变片的应变为 1×10^{-6} 和 1×10^{-3} 时,分别求出单臂、半桥和全桥的输出电压,并比较三种情况下的灵敏度。

解:依题意
单臂:

$$U_o = \frac{U_E}{4} K\varepsilon = \frac{6V}{4} \times 2.0 \times \varepsilon = \begin{cases} 3 \times 10^{-6} V, & (\varepsilon = 1 \times 10^{-6}) \\ 3 \times 10^{-3} V, & (\varepsilon = 1 \times 10^{-3}) \end{cases}$$

半桥:

$$U_o = \frac{U_E}{2} K\varepsilon = \frac{6V}{2} \times 2.0 \times \varepsilon = \begin{cases} 6 \times 10^{-6} V, & (\varepsilon = 1 \times 10^{-6}) \\ 6 \times 10^{-3} V, & (\varepsilon = 1 \times 10^{-3}) \end{cases}$$

全桥:

$$U_o = U_E K\varepsilon = 6V \times 2.0 \times \varepsilon = \begin{cases} 12 \times 10^{-6} V, & (\varepsilon = 1 \times 10^{-6}) \\ 12 \times 10^{-3} V, & (\varepsilon = 1 \times 10^{-3}) \end{cases}$$

灵敏度:

$$K_V = \frac{U_o}{\varepsilon} = \begin{cases} KU_E/4 = 3\text{V}, & （单臂） \\ KU_E/2 = 6\text{V}, & （半桥） \\ KU_E = 12\text{V}, & （全桥） \end{cases}$$

答：当应变片的应变为 1×10^{-6} 和 1×10^{-3} 时，单臂、半桥和全桥的输出电压分别为：$3\times10^{-6}\text{V}$、$3\times10^{-3}\text{V}$，$6\times10^{-6}\text{V}$、$6\times10^{-3}\text{V}$，$12\times10^{-6}\text{V}$、$12\times10^{-3}\text{V}$；单臂、半桥和全桥电路传感器的灵敏度分别为：3V、6V、12V。

2.3.2 交流电桥

根据直流电桥分析可知，由于应变电桥输出电压很小，一般都要加放大器，而直流放大器易产生零漂，因此应变电桥多采用交流电桥。图 2-15 所示为交流电桥的半桥电路。

图 2-15a 所示为半桥交流电桥的一般电路。其中，Z_1、Z_2 为电阻应变片，Z_3、Z_4 为纯电阻，$\dot{U}$ 为交流电压源，$\dot{U}_o$ 为开路输出电压。由于电桥电源为交流电源，引线分布电容使得两桥臂应变片呈现复阻抗特性，即相当于两只应变片各并联了一个电容，半桥交流电桥等效电路如图 2-15b 所示，则每一桥臂上的复阻抗分别为

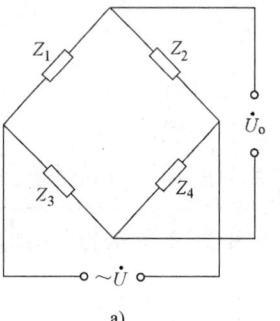 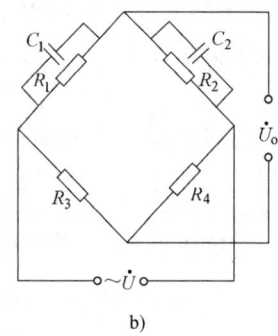

图 2-15 交流电桥半桥电路
a) 一般电路 b) 等效电路

$$\begin{cases} Z_1 = \dfrac{R_1}{1+\mathrm{j}\omega R_1 C_1} \\ Z_2 = \dfrac{R_2}{1+\mathrm{j}\omega R_2 C_2} \\ Z_3 = R_3 \\ Z_4 = R_4 \end{cases} \tag{2-50}$$

式中，C_1、C_2 为应变片引线分布电容。

由交流电路分析可得

$$\dot{U}_o = \frac{\dot{U}(Z_1 Z_4 - Z_2 Z_3)}{(Z_1+Z_2)(Z_3+Z_4)} \tag{2-51}$$

要满足电桥平衡条件，即 $\dot{U}_o = 0$，则有

$$Z_1 Z_4 = Z_2 Z_3 \tag{2-52}$$

将式 (2-50) 代入式 (2-52)，可得

$$\frac{R_1}{1+\mathrm{j}\omega R_1 C_1} R_4 = \frac{R_2}{1+\mathrm{j}\omega R_2 C_2} R_3 \tag{2-53}$$

整理式 (2-53) 得

$$\frac{R_3}{R_1} + \mathrm{j}\omega R_3 C_1 = \frac{R_4}{R_2} + \mathrm{j}\omega R_4 C_2 \tag{2-54}$$

令其实部、虚部分别相等，并整理可得交流电桥的平衡条件为

$$\frac{R_2}{R_1} = \frac{R_4}{R_3}$$

及

$$\frac{R_4}{R_3} = \frac{C_1}{C_2} \tag{2-55}$$

对这种交流电容电桥，除了要满足电阻平衡条件外，还必须满足电容平衡条件。为此，在桥路上除设有电阻平衡调节外，还设有电容平衡调节。电桥平衡调节电路如图 2-16 所示。

当被测应力变化引起 $Z_1 = Z_0 + \Delta Z$，$Z_2 = Z_0 - \Delta Z$ 变化时，则电桥输出为

$$\dot{U}_o = \dot{U}\left(\frac{Z_0 + \Delta Z}{2Z_0} - \frac{1}{2}\right) = \frac{1}{2}\dot{U}\frac{\Delta Z}{Z_0} \tag{2-56}$$

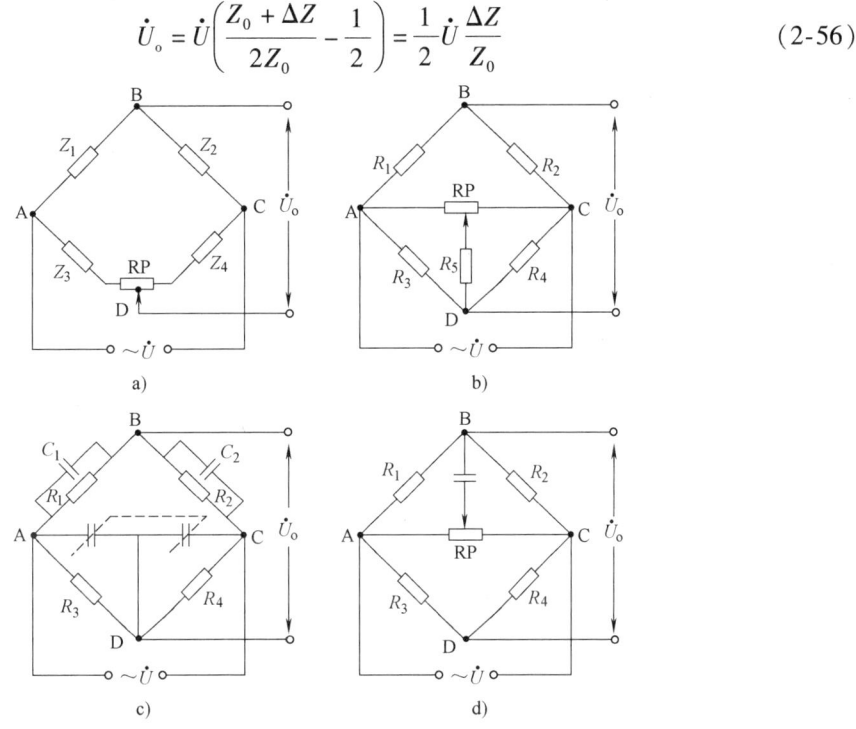

图 2-16 交流电桥平衡调节的四种方式

2.4 应变式传感器的应用

前面讲过，将电阻应变片直接粘贴在被测量的受力试件上可测量试件的应力、应变。然而，要测量其他被测量（如力、压力、加速度等），就需要先将这些被测量转换成应变，然后再用应变片进行测量，比直接测量多了一个转换过程。完成这种转换的元件称为弹性敏感元件。由弹性敏感元件、应变片以及一些附件（补偿元件、壳体等）组成的各种电阻应变式传感器，可以用来测量力、扭矩、加速度等物理量。本节主要介绍几种比较常用的传感器。

2.4.1 应变式力传感器

应变式力传感器是工业测量和试验技术中使用最广泛的一种传感器。它不仅灵敏度高，

而且量程大，也可测量力的瞬时值。应变式力传感器的弹性元件有柱式、环式、梁式等数种，从而可构成多种结构形式的测力传感器。

图 2-17 所示是 GYF-4F 型空心柱式传感器的结构图。它的弹性元件为圆筒（截面积为 S，材料弹性模量为 E），被测力通过压头直接作用于粘贴有电阻应变片的空心圆柱体上，使弹性元件产生形变，从而引起粘贴在其上的电阻应变片的阻值发生变化，通过外壳上的接线盒引出导线，接入转换电路。应变片粘贴在弹性体外壁应力分布均匀的中间部分，对称地粘贴多片，连接电桥时要考虑尽量减小由于 F 不可能正好通过柱体中心轴线而造成的载荷偏心（横向力）和弯矩的影响。应变片在圆柱面上的展开位置如图 2-18a 所示，电桥连接如图 2-18b 所示。R_1、R_3 串接，R_2、R_4 串接并置于相对臂，以减小弯矩的影响，横向贴片起温度补偿作用，其应变片 $R_1 = R_3 = R_2 = R_4 = R_5 = R_6 = R_7 = R_8 = R$。

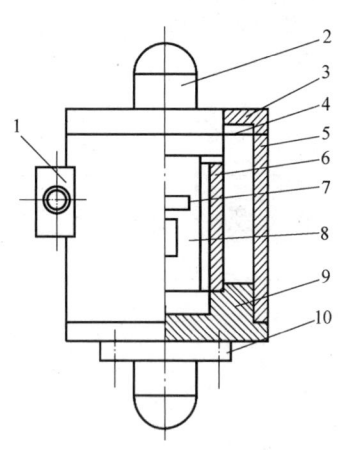
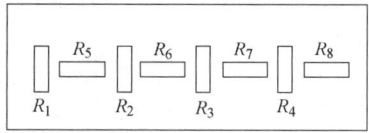
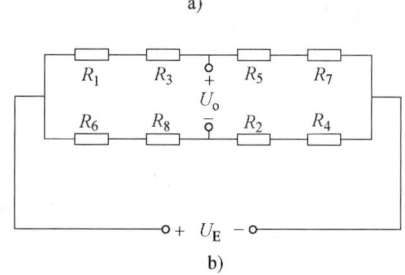

图 2-17　柱式测力传感器结构图
1—接线盒　2—压头　3—上盖　4—膜片
5—外壳　6—过载保护套　7—应变片
8—圆筒　9—底座　10—下压头

图 2-18　柱式测力传感器的原理示意图
a) 圆柱面展开图　b) 桥路连接图

当柱体轴向受拉（压）力 F 作用时，在弹性范围内，应力 σ 与轴向应变 ε 成正比关系：

$$\varepsilon = \frac{\Delta l}{l} = \frac{\sigma}{E} = \frac{F}{SE} \tag{2-57}$$

作用力 F 所产生的轴向拉力在各应变片上所产生的应变分别为

$$\begin{cases} \varepsilon_1 = \varepsilon_2 = \varepsilon_3 = \varepsilon_4 = \varepsilon + \varepsilon_t \\ \varepsilon_5 = \varepsilon_6 = \varepsilon_7 = \varepsilon_8 = -\mu\varepsilon + \varepsilon_t \end{cases} \tag{2-58}$$

式中，μ 为柱体材料的泊松比；ε_t 为温度 t 所引起的附加应变；ε 为柱体在 F 作用下的轴向应变。

电桥的输出电压为

$$\begin{aligned} U_o &= \frac{R_1 + R_3}{R_1 + R_3 + R_5 + R_7} \times U_E - \frac{R_6 + R_8}{R_6 + R_8 + R_2 + R_4} \times U_E \\ &= \left(\frac{R + K\varepsilon_1 R + R + K\varepsilon_3 R}{4R + K\varepsilon_1 R + K\varepsilon_3 R + K\varepsilon_5 R + K\varepsilon_7 R} - \frac{R + K\varepsilon_6 R + R + K\varepsilon_8 R}{4R + K\varepsilon_6 R + K\varepsilon_8 R + K\varepsilon_2 R + K\varepsilon_4 R} \right) \times U_E \\ &\approx \frac{U_E}{2} K(1+\mu)\varepsilon = \frac{U_E}{2} K(1+\mu) \frac{F}{SE} \end{aligned} \tag{2-59}$$

从而得到被测量力为

$$F = \frac{2ES}{K(1+\mu)U_E}U_o \tag{2-60}$$

图 2-19 为环式测力传感器的弹性元件结构图。其弹性体是环式元件,外力通过压头或拉环传给环式元件上的电阻应变片,引起阻值变化,信号由接线盒引出。设图中薄壁圆环的厚度为 h,圆环的外径为 R,圆环的宽度为 b,应变片 R_1、R_4 贴在外表面,R_2、R_3 贴在内表面,且 $R_1 = R_3 = R_2 = R_4 = R$,仍接成全桥测量电路来测量应变以达到测力的目的。贴片处的应变量为

$$\varepsilon = \pm\frac{3F(R-h/2)}{bh^2 E}\left(1-\frac{2}{\pi}\right) \tag{2-61}$$

梁式测力传感器的结构图如图 2-20 所示。梁式测力传感器中梁的形式有多种,如图 2-21 所示。其中,图 2-21a 所示是等截面梁,弹性元件为一端固定的悬臂梁,力作用在自由端,在梁固定端附近上、下表面各粘贴两片应变片,此时 R_1、R_2 若受拉,则 R_3、R_4 受压,若把它们接成全桥测量电路,粘贴应变片处的应变为

$$\varepsilon = \frac{\sigma}{E} = \frac{6Fl_0}{bh^2 E} \tag{2-62}$$

此种传感器结构简单,灵敏度高,适宜于 5000N 以下的载荷测量,也可用于小压力测量。

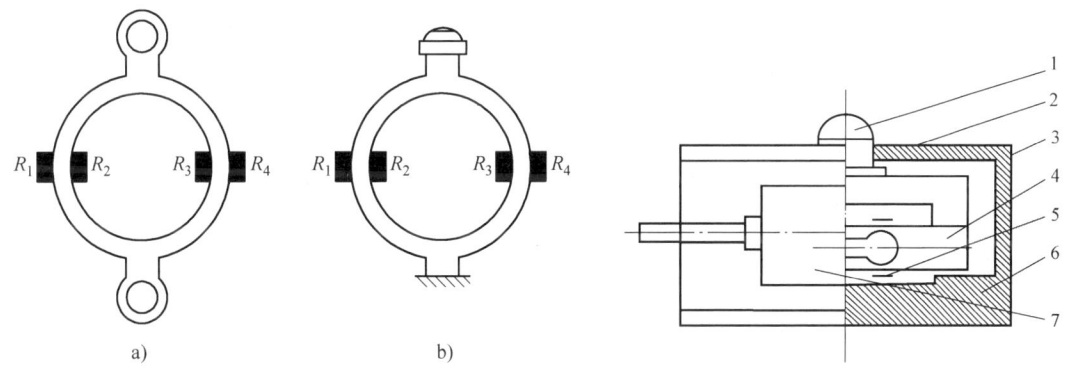

图 2-19 环式测力传感器弹性元件的结构图
a) 拉力环 b) 压力环

图 2-20 梁式测力传感器结构图
1—压头 2—上盖 3—外壳 4—弹性体
5—应变片 6—底座 7—接线盒

图 2-21b 所示是等强度梁,力 F 作用于梁端三角形顶点上,此时 R_1、R_2 若受拉,则 R_3、R_4 受压,若把它们接成全桥测量电路,粘贴应变片处的应变为

$$\varepsilon = \frac{\sigma}{E} = \frac{6Fl}{b_0 h^2 E} \tag{2-63}$$

由式(2-63)可以看出,梁内各断面产生的应力是相等的,表面上的应变也是相等的,与 l 方向的贴片位置无关,但上、下片对应位置要严格要求。

此外,还有几种改进后的悬臂梁式弹性元件。图 2-21c 所示为双孔梁,多用于小量程工业电子秤和商业电子秤。图 2-21d 所示为"S"形梁,适用于较小载荷。

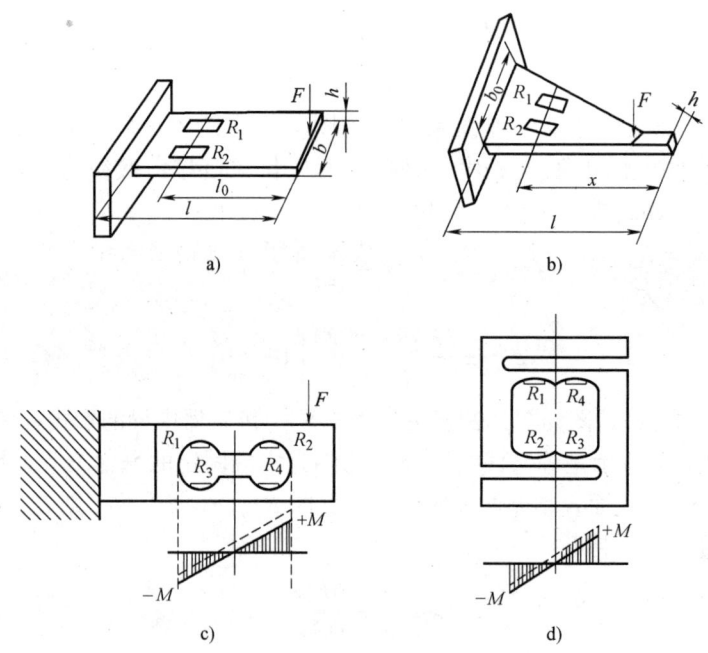

图 2-21 梁式测力传感器中梁的形式

a）等截面梁　b）等强度梁　c）双孔梁　d）S形梁

2.4.2　应变式压力传感器

测量流体压力的应变式传感器有膜片式、筒式、组合式等结构。下面以膜片式为例说明。

膜片式传感器的结构如图 2-22a 所示。应变片贴在膜片内壁，在外压力 F 的作用下，膜片产生径向应变 ε_r 和切向应变 ε_t，如图 2-22b 所示。根据应变分布安排贴片，一般在中心贴片，并在边缘沿径向贴片，接成半桥或全桥。

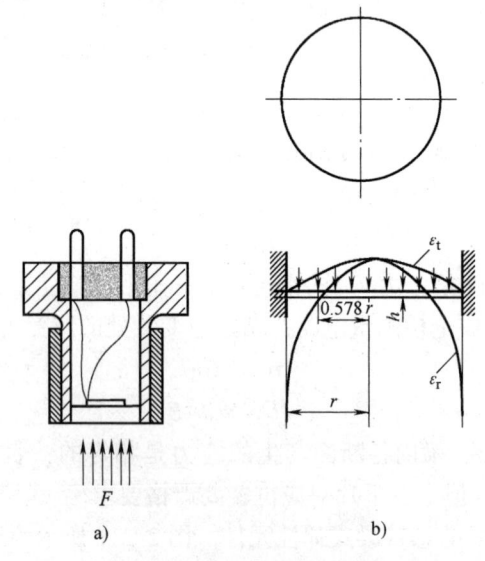

图 2-22　膜片上的应力分布

a）膜片式传感器结构图　b）膜片应变示意图

2.4.3 应变式扭矩传感器

扭矩会使扭力轴（传动轴）产生一定的应变，这种应变与扭矩的大小存在着比例关系，因此可以通过电阻应变片来检测相应扭矩的大小。当扭力轴受到扭矩作用时会发生扭矩变形，最大主应变出现在与轴线成45°角的方向上，如图2-23a所示。在此方向上粘贴电阻应变片并接成全桥，就能够检测到传动轴所受扭矩的大小，具体电路如图2-23b所示。

2.4.4 应变式加速度传感器

应变式加速度传感器的基本原理如图2-24所示。通常，应变式加速度传感器由惯性质量、弹性元件、壳体及基座、应变片等组成。当物体和加速计一起以加速度 a 沿图示方向运动时，质量 m 受惯性力 $F = -ma$，引起悬臂梁的弯曲，其上粘贴的应变片则可测出受力的大小和方向，从而确定物体运动的加速度大小和方向。

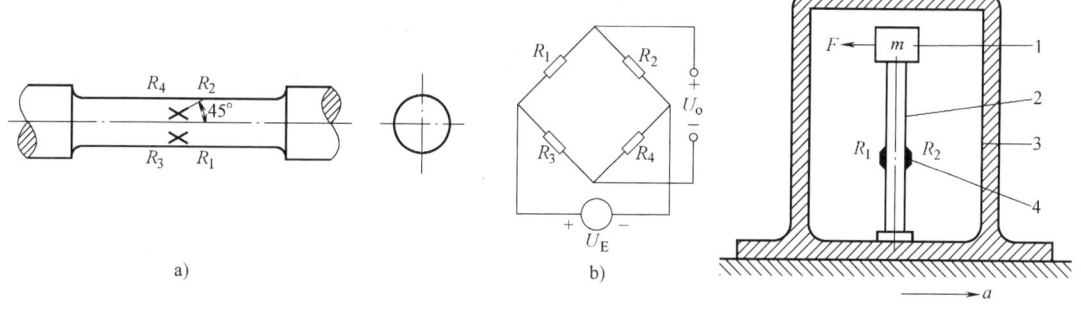

图2-23　扭矩传感器
a）扭矩传感器测量原理　b）扭矩测量电路

图2-24　应变式加速度传感器
1—惯性质量　2—弹性元件
3—壳体及基座　4—应变片

本 章 小 结

应变式传感器的主要部件是电阻应变片。电阻应变片主要由四部分组成：电阻丝、基片、覆盖层和引出线。按应变片敏感栅所用的材料不同，按应变片的工作温度不同，按应变片的用途不同，应变片有不同的分类方式。通常所说的应变片是指金属应变片。

应变式传感器的工作原理基于电阻应变片的应变效应。应变片主要是由于导体的长度和半径发生改变而引起电阻变化。半导体应变片是由于其电阻率发生变化而引起电阻变化（即压阻效应）。

应变式传感器采用桥式测量转换电路，一般采用全桥形式。全桥形式具有温度自补偿功能。

应变式传感器广泛应用在力、加速度等有关物理量的测量中。

思考题与习题

2-1 试述金属电阻应变片与半导体电阻应变片的应变效应有什么不同?

2-2 试述金属电阻应变片直流测量电桥和交流测量电桥有什么区别?

2-3 采用阻值为120Ω、灵敏系数 $K = 2.0$ 的金属电阻应变片和阻值为120Ω的固定电阻组成电桥, 供桥电压为4V, 并假定负载电阻无穷大。当应变片上的应变分别为 1×10^{-6} 和 1×10^{-3} 时, 试求单臂、双臂和全桥工作时的输出电压, 并比较三种情况下的灵敏度。

2-4 采用阻值 $R = 120\Omega$、灵敏系数 $K = 2.0$ 的金属电阻应变片与阻值 $R = 120\Omega$ 的固定电阻组成电桥, 供桥电压为10V。当应变片应变为 1×10^{-3} 时, 若要使输出电压大于 10mV, 则可采用单臂、半桥和全桥中的哪种方式 (设输出阻抗为无穷大)?

2-5 图2-25所示为一直流电桥, 供电电源电动势 $E = 3V$, $R_3 = R_4 = 100\Omega$, R_1 和 R_2 为同型号的电阻应变片, 其电阻均为50Ω, 灵敏系数 $K = 2.0$。两只应变片分别粘贴于等强度梁同一截面的正反两面。设等强度梁在受力后产生的应变为 5×10^{-3}, 试求此时电桥输出端电压 U_o。

2-6 有一起重机的拉力传感器如图2-26所示, 电阻应变片 R_1、R_2、R_3、R_4 粘贴于等截面轴上, 已知 $R_1 \sim R_4$ 标称阻值为120Ω, 桥路电压为2V, 物重 m 引起 R_1、R_2 变化增量为1.2Ω。请画出应变片电桥电路, 计算出测得的输出电压和电桥输出灵敏度, 并说明 R_3、R_4 起什么作用?

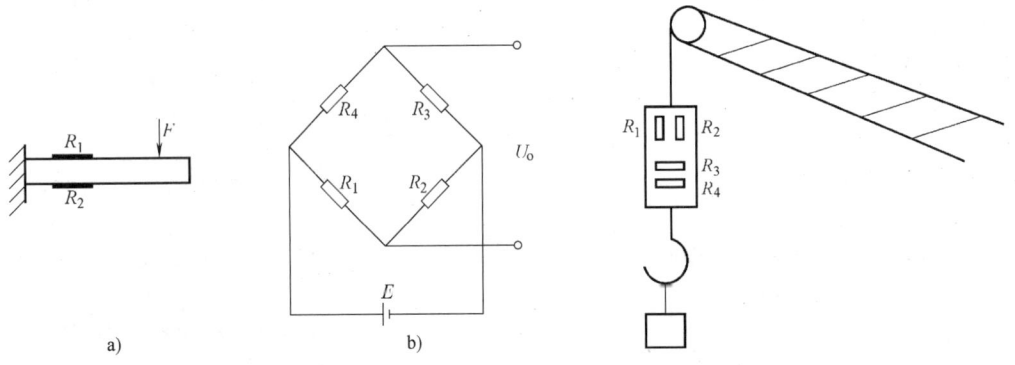

图 2-25 题 2-5 图   图 2-26 题 2-6 图

2-7 试述金属应变片产生温度误差的原因及减小或补偿温度误差的方法。

2-8 图2-27所示为一受拉的优质碳素钢材, 已知钢材的弹性模量 $E = F/(\varepsilon S)$, $E = 2 \times 10^{11} N/m^2$, 应变片的电阻为120Ω, 试用允许通过的最大电流为30mA的康铜丝应变片组成一单臂受感电桥。试求出此电桥空载时的最大可能的输出电压。

2-9 在题2-8中, 若钢材上粘贴的应变片的电阻变化率为0.1%, 钢材的应力为 $98N/mm^2$。

(1) 求钢材的应变及应变片的灵敏系数;

(2) 钢材的应变为 300×10^{-6} 时, 粘贴的应变片的电阻变化率为多少?

2-10 有一电阻应变片初始阻值为120Ω, 灵敏系数 $K = 2$, 沿轴向粘贴于直径0.04m的圆形钢柱表面, 钢材的弹性模量 $E = 2 \times 10^{11} N/m^2$, 泊松比 $\mu = 0.3$。当钢柱承受外力 $98 \times 10^3 N$ 时, 求:

(1) 该钢柱的轴向应变 ε 和径向应变 ε_r;

(2) 此时电阻应变片电阻的相对变化量 $\Delta R/R$;

(3) 应变片的电阻值变化了多少欧? 是增大了还是减小了?

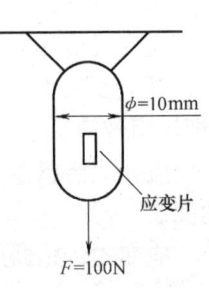

图 2-27 题 2-8 图

（4）如果应变片是沿圆柱的圆周方向（径向）粘贴，钢柱受同样大小的拉力作用，此时应变片电阻的相对变化量为多少？电阻是增大了还是减小了？

2-11 一台采用等强度梁的电子秤，在梁的上下两面各贴有两片电阻应变片，做成称重传感器，如图2-28所示。已知$l=100\text{mm}$，$b=11\text{mm}$，$t=3\text{mm}$，$E=2.1\times10^4\text{N/mm}^2$，接入直流四臂差动电桥，供电电压为6V。当称重0.5kg时，电桥的输出电压U_o为多大？

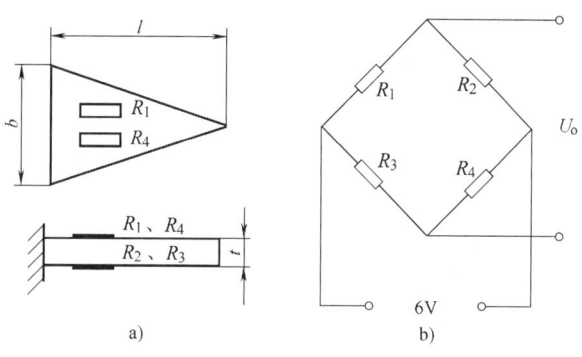

图 2-28 题 2-11 图

第 3 章 电感式传感器

电感式传感器是基于电磁感应原理,利用磁路磁阻变化引起传感器线圈的电感(自感系数或互感系数)变化来检测非电量的一种机电转换装置。

电感式传感器具有结构简单、工作可靠、测量力小、分辨力高、输出功率大以及测量精度高等优点。但同时它也具有频率响应较低、不宜于快速动态测量等缺点。

电感式传感器种类很多,本章主要介绍自感式、互感式和电涡流式三种电感式传感器。

3.1 自感式电感传感器

3.1.1 自感式电感传感器的工作原理

将非电量转换成自感系数变化的传感器通常称为自感式电感传感器,自感式电感传感器又称为电感式传感器,其结构原理如图 3-1 所示,由线圈、铁心和衔铁三部分组成。当衔铁随被测量变化而移动时,铁心与衔铁之间的气隙磁阻随之变化,从而引起线圈的自感发生变化。因此,自感式传感器实质上是一个具有可变气隙的铁心线圈。

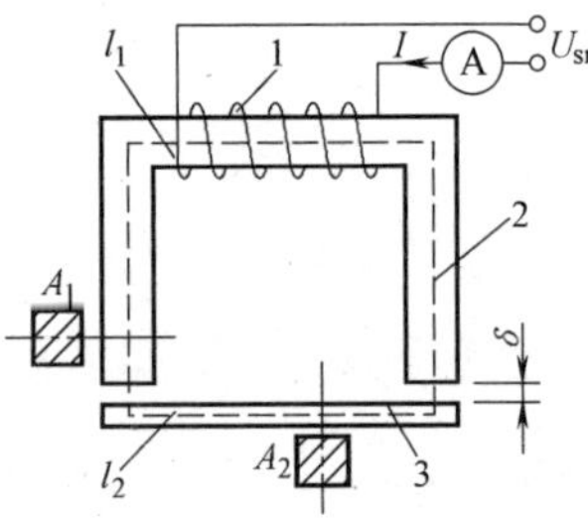

若线圈的匝数为 W,通过线圈的电流为 I,线圈产生的磁通为 Φ,根据电感的定义,可得线圈的电感为

$$L = \frac{W\Phi}{I} \tag{3-1}$$

图 3-1 电感式传感器结构原理图
1—线圈 2—铁心 3—衔铁

设磁路的总磁阻为 R_m,由磁路欧姆定律得

$$\Phi = \frac{IW}{R_m} \tag{3-2}$$

将式(3-2)代入式(3-1)中,则有

$$L = \frac{W^2}{R_m} \tag{3-3}$$

如果气隙长度 δ 较小,而且不考虑磁路的铁损时,总磁阻 R_m 由铁心、衔铁的磁阻 R_F 和空气隙的磁阻 R_δ 组成,即

$$R_m = R_F + R_\delta = \sum \frac{l_i}{\mu_i A_i} + R_\delta \tag{3-4}$$

式中,$R_F = \sum \dfrac{l_i}{\mu_i A_i}$ 为铁磁材料各段的磁阻之和,当铁心一定时,其值为一定值,l_i 为各段铁

心长度，μ_i 为各段铁心的磁导率，A_i 为各段铁心的截面积；R_δ 为空气隙的磁阻，$R_\delta = \dfrac{2\delta}{\mu_0 A}$，$A$ 为空气隙截面积，δ 为空气隙长度，μ_0 为空气（或真空）的磁导率，$\mu_0 = 4\pi \times 10^{-9} \text{H/cm}$。

将式(3-4)代入式(3-3)中，即可得电感为

$$L = \dfrac{W^2}{\sum \dfrac{l_i}{\mu_i A_i} + \dfrac{2\delta}{\mu_0 A}} \tag{3-5}$$

由于铁心和衔铁通常是用磁导率较好的硅钢片制成，而且一般工作在非饱和状态下，故 $\mu_i \gg \mu_0$，因此 R_F 可略去，则

$$L = \dfrac{W^2 \mu_0 A}{2\delta} \tag{3-6}$$

由式(3-6)可知，当线圈及铁心一定时，W 为常数，如果改变气隙长度 δ 和空气隙截面积 A 中的任意一个，L 值都会相应地发生变化。自感式电感传感器就是利用这一原理做成的。即在 W、μ_0 已知的条件下，要使线圈的电感 L 发生变化，可通过改变 δ 和 A 来实现。

由上面的分析可知，自感式电感传感器是一个带铁心的可变电感，由于线圈的铜耗、铁心的涡流损耗、磁滞损耗以及分布电容的影响，它并非呈现纯电感，其等效电路如图3-2所示。其中，L 为电感，R_c 为铜损电阻，R_e 为电涡流损耗电阻，R_h 为磁滞损耗电阻，C 为传感器等效电路的等效电容。当自感式电感传感器确定后，这些参数即为已知量。

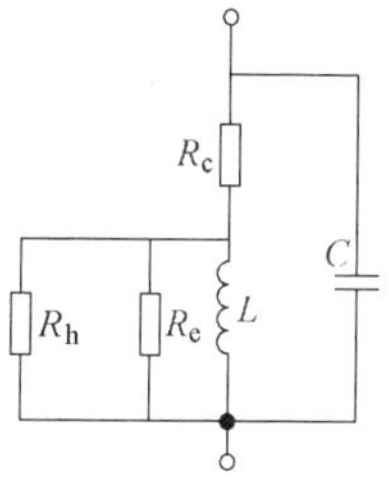

图3-2 等效电路

传感器等效电路中的等效电容 C，主要是由线圈绕组的分布电容和电缆电容引起的。因此，电缆长度的变化，将引起 C 的变化。

如果忽略分布电容且不考虑各种损耗，自感式电感传感器阻抗为

$$Z = R + j\omega L \tag{3-7}$$

式中，R 为线圈的直流电阻；L 为传感器线圈的电感。

当考虑并联分布电容时，阻抗为

$$Z_s \approx \dfrac{(R + j\omega L)\dfrac{1}{j\omega C}}{(R + j\omega L) + \dfrac{1}{j\omega C}} = \dfrac{R}{(1-\omega^2 LC)^2 + (\omega^2 LC/Q)^2} + j\omega L \dfrac{(1-\omega^2 LC) - (\omega^2 LC/Q^2)}{(1-\omega^2 LC)^2 + (\omega^2 LC/Q)^2} \tag{3-8}$$

式中，Q 为品质因数，$Q = \omega L / R$。

当自感式电感传感器 Q 值较高时，即 $1/Q^2 \ll 1$ 时，则式(3-8)可变为

$$Z_s \approx \dfrac{R}{(1-\omega^2 LC)^2} + \dfrac{j\omega L}{1-\omega^2 LC} = R_s + j\omega L_s \tag{3-9}$$

式中，R_s 为等效电阻；L_s 为等效电感。

由式(3-9)可知，由于并联电容 C 的存在，使其有效等效电阻和有效电感增加了，而其有效品质因数为

$$Q_s = \dfrac{\omega L_s}{R_s} = (1 - \omega^2 LC) Q \tag{3-10}$$

由式(3-10)可知，其有效品质因数减小了。有效电感的相对变化量为

$$\frac{\Delta L_s}{L_s} = \frac{\Delta L}{L} \frac{1}{1-\omega^2 LC} \tag{3-11}$$

由式(3-11)可知，其有效电感的相对变化量增大了，从而导致其灵敏度也增大了。

根据以上分析，可以看到由于并联电容 C 的存在，会引起传感器性能的一系列变化，因此，必须根据测试时所用电缆长度对传感器进行标定，或者相应调整并联电容。

3.1.2 自感式电感传感器的结构类型及特性

由式(3-6)可以看出，如果线圈匝数 W 是定值，电感 L 受气隙长度 δ、气隙截面积 A 和气隙磁导率 μ_0 的控制。因此，固定这三个参数中的任意两个参数，而另一个参数跟随被测物理量变化，就可以得到变间隙式、变面积式、螺线管式（变气隙磁导率）三种结构类型的自感式电感传感器。

1. 变间隙式自感传感器

变间隙式自感传感器结构如图 3-3 所示。当图 3-3a 中衔铁移动时，气隙将从原始的 δ_0 发生 $\pm\Delta\delta$ 的变化。若使得衔铁向上移动取为 $-\Delta\delta$，则由式(3-6)可得此时电感为

$$L' = \frac{W^2 \mu_0 A}{2(\delta_0 - \Delta\delta)} \tag{3-12}$$

则电感变化量为

$$\Delta L = L' - L_0 = L_0 \frac{\Delta\delta}{\delta_0} \left(\frac{1}{1 - \frac{\Delta\delta}{\delta_0}} \right) \tag{3-13}$$

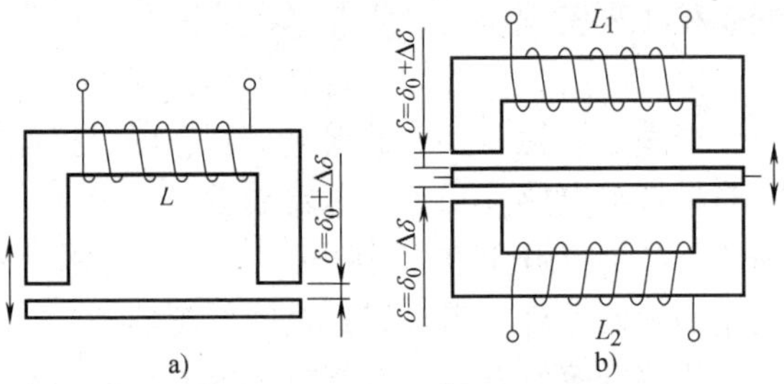

图 3-3 变间隙式自感传感器结构图
a) 单线圈式　b) 差动式

线圈电感的相对变化量为

$$\frac{\Delta L}{L_0} = \frac{\Delta\delta}{\delta_0} \left(\frac{1}{1 - \frac{\Delta\delta}{\delta_0}} \right) \tag{3-14}$$

当 $\frac{\Delta\delta}{\delta_0} \ll 1$ 时，可将式(3-14)用泰勒级数展开成如下的级数形式：

$$\Delta L = L_0 \frac{\Delta\delta}{\delta_0} \left[1 + \left(\frac{\Delta\delta}{\delta_0}\right) + \left(\frac{\Delta\delta}{\delta_0}\right)^2 + \left(\frac{\Delta\delta}{\delta_0}\right)^3 + \cdots \right] \tag{3-15}$$

$$\frac{\Delta L}{L_0} = \frac{\Delta\delta}{\delta_0} \left[1 + \left(\frac{\Delta\delta}{\delta_0}\right) + \left(\frac{\Delta\delta}{\delta_0}\right)^2 + \left(\frac{\Delta\delta}{\delta_0}\right)^3 + \cdots \right] \tag{3-16}$$

同理，当衔铁随被测物体的初始位置向下移动 $\Delta\delta$ 时，有

$$\Delta L = L_0 \frac{\Delta\delta}{\delta_0} \left[1 - \left(\frac{\Delta\delta}{\delta_0}\right) + \left(\frac{\Delta\delta}{\delta_0}\right)^2 - \left(\frac{\Delta\delta}{\delta_0}\right)^3 + \cdots \right] \tag{3-17}$$

$$\frac{\Delta L}{L_0} = \frac{\Delta\delta}{\delta_0} \left[1 - \left(\frac{\Delta\delta}{\delta_0}\right) + \left(\frac{\Delta\delta}{\delta_0}\right)^2 - \left(\frac{\Delta\delta}{\delta_0}\right)^3 + \cdots \right] \tag{3-18}$$

由于 $\frac{\Delta\delta}{\delta_0} \ll 1$,对式(3-16)、式(3-18)做线性化处理,忽略高次项,可得

$$\frac{\Delta L}{L_0} = \frac{\Delta\delta}{\delta_0} \tag{3-19}$$

其灵敏度 K_0 为

$$K_0 = \frac{\frac{\Delta L}{L_0}}{\Delta\delta} = \frac{1}{\delta_0} \tag{3-20}$$

由此可见,变间隙式自感传感器的测量范围与灵敏度及线性度相矛盾,图3-4所示的变间隙式自感传感器 L-δ 特性也表明了这一点,所以变间隙式自感传感器用于测量微小位移时是比较精确的。为了得到一定的线性度,一般取 $\Delta\delta/\delta_0 = 0.1 \sim 0.2$。为了减小非线性误差,实际测量中广泛采用差动变间隙式自感传感器。

图3-3b为差动式变间隙式自感传感器,由图可知,当被测物体上下移动时,导致一个线圈的电感量增加,另一个线圈的电感量减小,形成差动形式。当衔铁往上移动 $\Delta\delta$ 时,两个线圈的电感变化量 ΔL_1、ΔL_2 分别由式(3-15)及式(3-17)表示,两个线圈电感的总变化量为

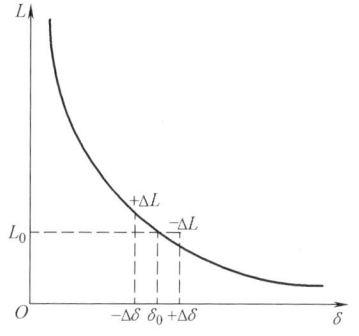

图3-4 变间隙式自感传感器 L-δ 特性

$$\Delta L = \Delta L_1 + \Delta L_2 = 2L_0 \frac{\Delta\delta}{\delta_0}\left[1 + \left(\frac{\Delta\delta}{\delta}\right)^2 + \left(\frac{\Delta\delta}{\delta_0}\right)^4 + \cdots\right] \tag{3-21}$$

对式(3-21)进行线性化处理,忽略高次项得

$$\frac{\Delta L}{L_0} = 2\frac{\Delta\delta}{\delta_0} \tag{3-22}$$

其灵敏度 K_0 为

$$K_0 = \frac{\frac{\Delta L}{L_0}}{\Delta\delta} = \frac{2}{\delta_0} \tag{3-23}$$

可见,比较单线圈式和差动式两种变间隙式自感传感器的特性,可以得到如下结论:

1)差动式比单线圈式的灵敏度高一倍。

2)差动式的非线性项等于单线圈式非线性项乘以 $\Delta\delta/\delta_0$ 因子,因为 $\Delta\delta/\delta_0 \ll 1$,所以,差动式的线性度得到明显改善。

因此,实际使用中经常采用差动式结构。差动变间隙式自感传感器的线性工作范围取 $\Delta\delta/\delta_0 = 0.3 \sim 0.4$。

例3-1 如图3-3a所示的变间隙式电感传感器,假设衔铁和铁心的截面积相等,且其截面积 $A = 5 \times 5 mm^2$,气隙长度 $\delta = 0.4 mm$,衔铁最大位移 $\Delta\delta = \pm 0.06 mm$,激励线圈匝数 $W = 2000$ 匝,导线直径 $d = 0.06 mm$,电阻率 $\rho = 1.75 \times 10^{-6} \Omega \cdot cm$,磁导率 $\mu_0 = 4\pi \times 10^{-7} H/m$,当激励电源频率 $f = 5000 Hz$ 时,忽略漏磁及铁损。求:

(1)传感器电感值;

(2) 传感器电感的最大变化量；

(3) 当考虑 200pF 分布电容与之并联后传感器的等效电感值。

解：(1) $L = \dfrac{\mu_0 W^2 A}{2\delta} = \dfrac{4\pi \times 10^{-7} \times 2000^2 \times 5 \times 5 \times 10^{-6}}{2 \times 0.4 \times 10^{-3}} \text{H} = 157\text{mH}$

(2) 衔铁向下移动 $\Delta\delta = 0.06\text{mm}$ 时，传感器的电感值为

$$L_1 = \dfrac{\mu_0 W^2 A}{(\delta + \Delta\delta) \times 2} = \dfrac{4\pi \times 10^{-7} \times 2000^2 \times 5 \times 5 \times 10^{-6}}{2 \times (0.4 + 0.06) \times 10^{-3}} \text{H} = 137\text{mH}$$

衔铁向上移动 $\Delta\delta = 0.06\text{mm}$ 时，传感器的电感值为

$$L_2 = \dfrac{\mu_0 W^2 A}{(\delta - \Delta\delta) \times 2} = \dfrac{4\pi \times 10^{-7} \times 2000^2 \times 5 \times 5 \times 10^{-6}}{2 \times (0.4 - 0.06) \times 10^{-3}} \text{H} = 185\text{mH}$$

所以，传感器电感最大变化量为

$$\Delta L = L_2 - L_1 = 185\text{mH} - 137\text{mH} = 48\text{mH}$$

(3) 考虑 200pF 分布电容与之并联后传感器的等效电感值为

$$L_s = \dfrac{L}{1 - \omega^2 LC} = \dfrac{L}{1 - (2\pi f)^2 LC}$$

$$= \dfrac{0.157}{1 - (2 \times 3.14 \times 5000)^2 \times 0.157 \times 200 \times 10^{-12}} \text{H} = 162\text{mH}$$

答：传感器电感值为 157mH；传感器电感最大变化量为 48mH；考虑分布电容，传感器的等效电感值为 162mH。

2. 变面积式自感传感器

变面积式自感传感器如图 3-5 所示，图 3-5a 所示为单线圈式变面积式自感传感器，图 3-5b 所示为差动式变面积式自感传感器。式(3-6) 对图 3-5 仍然适用，但变面积式自感传感器只是改变气隙截面积 A，而并不改变铁心截面积。下面以差动式为例来说明变面积式自感传感器的特性，设图 3-5b 中差动式变面积式自感传感器的上下气隙的截面积分别为 A_1、A_2，代入式(3-6) 得

$$L_1 = \dfrac{W^2 \mu_0 A_1}{2\delta} = \dfrac{W^2 \mu_0 (a - \Delta a) b}{2\delta} = L_0 \left(1 - \dfrac{\Delta a}{a}\right) \tag{3-24}$$

$$L_2 = \dfrac{W^2 \mu_0 A_2}{2\delta} = \dfrac{W^2 \mu_0 (a + \Delta a) b}{2\delta} = L_0 \left(1 + \dfrac{\Delta a}{a}\right) \tag{3-25}$$

式中，a 为气隙的初始长度；b 为铁心的厚度；Δa 为被测体移动的距离，即气隙的初始长度变化量。

所以

$$\Delta L = L_2 - L_1 = 2L_0 \dfrac{\Delta a}{a} \tag{3-26}$$

即

$$\dfrac{\Delta L}{L_0} = 2 \dfrac{\Delta a}{a}$$

其灵敏度 K_0 为

$$K_0 = \frac{\frac{\Delta L}{L_0}}{\Delta a} = \frac{2}{a} \tag{3-27}$$

由式(3-26)和式(3-27)可知,线圈电感变化量 ΔL 与 Δa(即气隙的面积 ΔA)呈线性关系,其灵敏度 K_0 为一常数。

同理,对于单线圈式自感传感器,其灵敏度 K_0 为

$$K_0 = \frac{1}{a} \tag{3-28}$$

因此,变面积式自感传感器的电感与面积成正比关系,没有非线性误差。由于差动式变面积式自感传感器比单线圈式的灵敏度高一倍,所以实际应用中常采用差动形式。

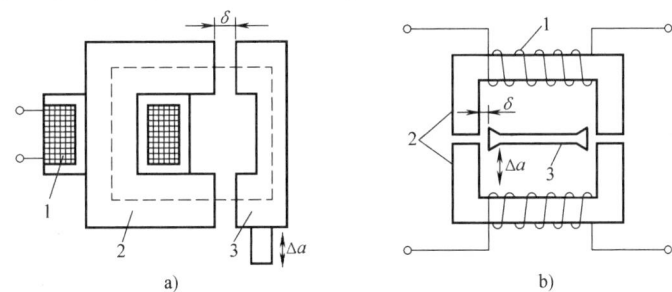

图3-5 变面积式自感传感器
a) 单线圈式 b) 差动式
1—线圈 2—铁心 3—衔铁

但是,由于漏感等原因,变面积式自感传感器在 $A=0$ 时,仍有一定的电感,所以其线性区较小,为了提高灵敏度,常将 δ 做得很小。这种类型的传感器由于结构的限制,它的量程也不大,在工业中用得不多。

3. 螺线管式自感传感器

图3-6所示为螺线管式自感传感器结构原理图。它由螺线管线圈、衔铁和磁性套筒等组成。磁性套筒构成线圈的外部磁路,并作为传感器的磁屏蔽。假设线圈内磁场强度是均匀的,电感相对变化量与衔铁插入长度的相对变化量成正比。换句话说,线圈内的导磁性与衔铁插入的长度相关。实际螺线管式传感器线圈内的磁场是不均匀的,且衔铁插入的深度不

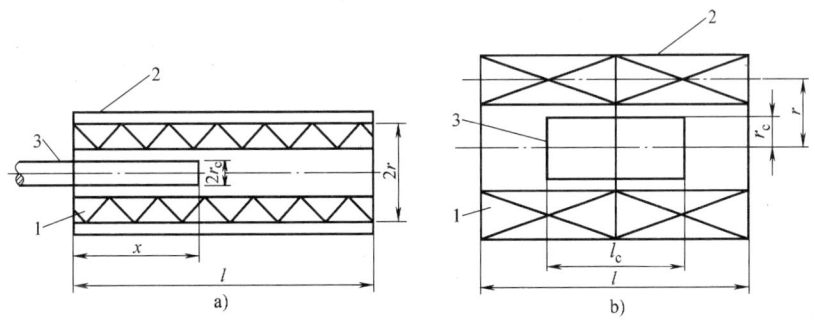

图3-6 螺线管式自感传感器结构原理图
a) 单线圈式 b) 差动式
1—线圈 2—磁性套筒 3—衔铁

同，泄漏路径中的磁阻也不同，因此有一定的非线性。但是，在铁心移动范围内，能够寻找一段非线性误差较小的区域或者采用差动式结构，如图 3-6b 所示，则传感器性能可得到较理想的改善。

对于一个有限长单线圈螺线管，如图 3-7 所示，则沿线圈轴向的磁场强度为

$$H = \frac{WI}{2l}(\cos\theta_1 - \cos\theta_2)$$

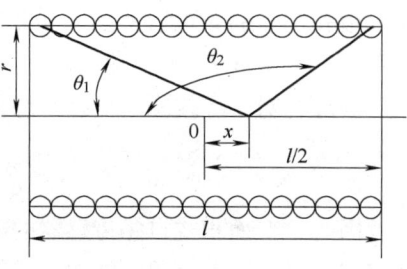

图 3-7 螺线管线圈轴向磁场分布计算

$$= \frac{WI}{2l}\left[\frac{\frac{l}{2}+x}{\sqrt{r^2+\left(\frac{l}{2}+x\right)^2}} + \frac{\frac{l}{2}-x}{\sqrt{r^2+\left(\frac{l}{2}-x\right)^2}}\right] \quad (3\text{-}29)$$

式中，l 为线圈长度（m）；r 为螺线管线圈的平均半径（m）；W 为线圈匝数；I 为线圈的平均激励电流（A）；x 为螺线管中心 0 至轴线上某点的距离。

当螺线管无限长（即 $r \ll l$）时，可认为轴向磁场强度 H 均匀，由式(3-29)可得

$$H = \frac{WI}{l} \quad (3\text{-}30)$$

此时线圈的磁通为

$$\Phi = BA = \mu_0 HA = \frac{\mu_0 WI}{l}\pi r^2 \quad (3\text{-}31)$$

式中，B 为磁感应强度；A 为线圈的面积。

按自感的定义，空心螺线管的自感为

$$L_0 = \frac{\psi}{I} = \frac{W\Phi}{I} = \frac{\mu_0 \pi W^2}{l}r^2 \quad (3\text{-}32)$$

式中，ψ 为总磁链。

若在螺线管中插入一铁心，其长度与螺线管长度相等，半径为 r_c，磁导率为 $\mu_0\mu_r$，则铁心被螺线管轴向磁场 H 磁化，其磁感应强度为

$$B_c = \mu_r\mu_0 H = \mu_r\mu_0\frac{WI}{l} \quad (3\text{-}33)$$

B_c 可等效为长为 l、电流为 $\mu_r I$、线圈匝数为 W 的空心螺线管线圈产生的磁场，所以其等效磁通磁链数 ψ_c 为

$$\psi_c = W\Phi_c = WB_c A_c = \frac{\mu_r\mu_0 W^2 I}{l}\pi r_c^2 \quad (3\text{-}34)$$

其电感为

$$L_c = \frac{\psi_c}{I} = \frac{\mu_r\mu_0 W^2}{l}\pi r_c^2 \quad (3\text{-}35)$$

则线圈的总电感为

$$L = \frac{\mu_0\pi W^2}{l}(r^2 - r_c^2) + \frac{\mu_r\mu_0\pi W^2}{l}r_c^2 = \frac{\mu_0\pi W^2}{l}[r^2 + (\mu_r - 1)r_c^2] \quad (3\text{-}36)$$

若铁心长度 l_c 小于螺线管线圈长度 l，则线圈的电感为

$$L = \frac{\mu_0 \pi W^2}{l^2}[lr^2 + (\mu_r - 1)l_c r_c^2] \tag{3-37}$$

当铁心长度 l_c 增加 Δl_c 时，线圈电感增加 ΔL，即

$$L + \Delta L = \frac{\mu_0 \pi W^2}{l^2}[lr^2 + (\mu_r - 1)(l_c + \Delta l_c)r_c^2] \tag{3-38}$$

电感的变化量为

$$\Delta L = \frac{\mu_0 \pi W^2}{l^2}(\mu_r - 1)r_c^2 \Delta l_c \tag{3-39}$$

其相对变化量为

$$\frac{\Delta L}{L} = \frac{\Delta l_c}{l_c} \frac{1}{1 + \frac{1}{\mu_r - 1}\frac{l}{l_c}\left(\frac{r}{r_c}\right)^2} \tag{3-40}$$

这种传感器的电感灵敏度为

$$K_L = \frac{\Delta L/L}{\Delta l_c} = \frac{1}{l_c} \frac{1}{1 + \frac{1}{\mu_r - 1}\frac{l}{l_c}\left(\frac{r}{r_c}\right)^2} \tag{3-41}$$

为了提高灵敏度与线性度，常采用差动螺线管式电感传感器，如图 3-6b 所示，通过计算可得电感的相对变化量为

$$\frac{\Delta L}{L} = \frac{\Delta L_1 - \Delta L_2}{L} = 2\frac{\Delta l_c}{l_c} \frac{1}{1 + \frac{1}{\mu_r - 1}\frac{l}{l_c}\left(\frac{r}{r_c}\right)^2} \tag{3-42}$$

由式(3-42)可见，$\Delta L/L$ 与铁心长度相对变化 $\Delta l_c/l_c$ 成正比，比单个螺线管电感传感器灵敏度提高一倍。这种传感器的测量范围为 5~50mm，非线性误差在 ±0.5% 左右。

例 3-2 如图 3-6b 所示的差动螺线管式电感传感器，其结构参数如下：$l = 160$mm，$r = 4$mm，$r_c = 2.5$mm，$l_c = 96$mm，导线直径 $d = 0.25$mm，电阻率 $\rho = 1.75 \times 10^{-6} \Omega \cdot$cm，线圈匝数 $W_1 = W_2 = 3000$ 匝，铁心相对磁导率 $\mu_r = 30$，真空磁导率 $\mu_0 = 4\pi \times 10^{-7}$H/m，激励电源频率 $f = 3000$Hz。求：

(1) 估算单个线圈的电感值 L、直流电阻 R、品质因数 Q。

(2) 当铁心移动 ±5mm 时，计算单个线圈的电感变化量 ΔL。

解：(1) 单个线圈电感值

$$L = \frac{\mu_0 \pi W^2}{\frac{l^2}{4}}\left[\frac{l}{2}r^2 + (\mu_r - 1)\frac{l_c}{2}r_c^2\right]$$

$$= \frac{4\pi \times 10^{-7} \times \pi \times 3000^2}{\left(\frac{160}{2} \times 10^{-3}\right)^2}\left(\frac{160}{2} \times 10^{-3} \times 4^2 \times 10^{-6} + 29 \times \frac{96}{2} \times 10^{-3} \times 2.5^2 \times 10^{-6}\right)\text{H}$$

$$= 57\text{mH}$$

直流电阻 $R = \rho \dfrac{l}{A} = \rho \dfrac{W \times 2\pi r}{\pi d^2/4} = 1.75 \times 10^{-6} \times 10^{-2} \dfrac{3000 \times 2\pi \times 4 \times 10^{-3}}{\pi (0.25 \times 10^{-3})^2/4} \Omega = 26.9\Omega$

品质因数 $Q = \dfrac{\omega L}{R} = \dfrac{2\pi f L}{R} = \dfrac{2\pi \times 3000 \times 5.7 \times 10^{-2}}{26.9} = 39.9$

(2) 铁心位移 $\Delta l_c = \pm 5\text{mm}$ 时，单个线圈电感的变化为

$$\Delta L = \dfrac{\mu_0 \pi W^2}{(l/2)^2}(\mu_r - 1)r_c^2 \Delta l_c = \dfrac{4\pi \times 10^{-7} \times \pi \times 3000^2}{(160/2 \times 10^{-3})^2} \times 29 \times (2.5 \times 10^{-3})^2 \times (\pm 5 \times 10^{-3}) \text{H}$$
$$= \pm 5\text{mH}$$

答：单个线圈的电感值 L 为 57mH，R 为 26.9Ω，Q 为 39.9；当铁心位移 $\Delta l_c = \pm 5\text{mm}$ 时，单个线圈电感的变化量为 $\pm 5\text{mH}$。

> **学生：** "老师，这也太麻烦了，我们推导了这么多公式是为了什么？"

> **老师：** "目的是得到式(3-37) 和式(3-40)，通过式(3-37)，我们可以知道自感 L 与什么有关，式(3-40) 告诉我们自感的相对变化与铁心位移的关系。"

3.1.3 自感式电感传感器的转换电路

自感式电感传感器将位移等非电量转换为自感的变化，为了将自感的变化转换为电压、电流或频率的变化，还须选择适当的接口电路。选择的基本原则是尽可能使输出电压、电流或频率与被测非电量成线性关系。自感式电感传感器的转换电路有交流电桥式、交流变压器式以及谐振式等几种形式，其中以交流电桥式最为常用。

1. 交流电桥式转换电路

图 3-8 所示是差动式自感传感器所用的交流电桥式转换电路，它把传感器的两个线圈作为电桥的两个桥臂 Z_1 和 Z_2，另两个相邻的桥臂 Z_3、Z_4 为电桥的平衡臂，一般用纯电阻代替。

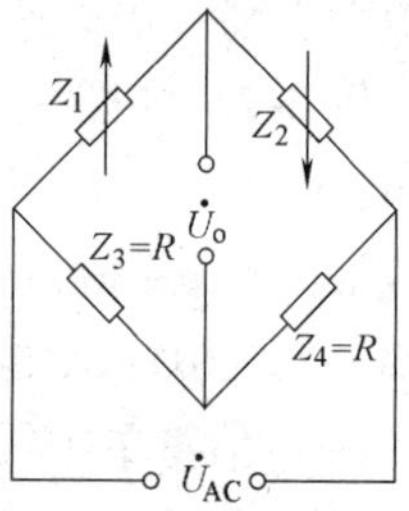

根据电工学知识得

$$\dot{U}_o = \left(\dfrac{Z_1}{Z_1 + Z_2} - \dfrac{Z_3}{Z_3 + Z_4}\right)\dot{U}_{AC} \quad (3\text{-}43)$$

要使电桥平衡 $\dot{U}_o = 0$，因此，通过计算得电桥的平衡条件为

$$\dfrac{Z_1}{Z_2} = \dfrac{Z_3}{Z_4} \quad (3\text{-}44)$$

图 3-8 交流电桥测量电路

由式(3-9) 得

$$\begin{cases} Z_1 = R_{s1} + j\omega L_{s1} \\ Z_2 = R_{s2} + j\omega L_{s2} \end{cases} \quad (3\text{-}45)$$

所以，电桥的平衡条件又可表示为

$$\begin{cases} R_{s1} = R_{s2} = R_s \\ L_{s1} = L_{s2} = L_s \\ Z_3 = Z_4 = R \end{cases} \quad (3\text{-}46)$$

设 $Z_1 = Z + \Delta Z$，$Z_2 = Z - \Delta Z$，Z 是衔铁在中间位置时单个线圈的复阻抗，ΔZ 为衔铁偏离中心位置时两线圈阻抗的变化量。对于高 $Q(Q = WL/R)$ 值的差动式自感传感器来说，线圈的直流电阻值 R_s 可以忽略，所以其输出电压为

$$\dot{U}_o = \frac{\dot{U}_{AC}}{2} \frac{\Delta Z}{Z} = \frac{\dot{U}_{AC}}{2} \frac{j\omega \Delta L}{R_s + j\omega L_s} \approx \frac{\dot{U}_{AC}}{2} \frac{\Delta L}{L_s} \tag{3-47}$$

式中，L_s 为衔铁在中间位置时单个线圈的电感，即 L_0；ΔL 为单线圈式电感的变化量。

将式(3-19) 代入式(3-47) 得

$$\dot{U}_o = \frac{\dot{U}_{AC}}{2} \frac{\Delta \delta}{\delta_0} \tag{3-48}$$

由式(3-48) 可知，电桥输出电压与 $\Delta \delta$ 成正比，相位与衔铁的移动方向有关。

学生："原来交流电桥的输出 $\dot{U}_o$ 与 $\Delta L/L_s$ 有关，也即与电感的相对变化量有关，将变面积式自感传感器及螺线管式自感传感器的推导公式代入式(3-47) 中即可得到相应的电压输出。与被测量的关系，L 只是一个过渡的中间变量。"

老师："对，你可以自己推导一下，这样就可以理解自感式传感器了。"

2. 变压器式电桥电路

变压器式电桥电路原理图如图 3-9 所示。相邻两工作臂 Z_1、Z_2 是差动自感传感器的两个线圈的阻抗，另两臂分别为变压器二次绕组的 1/2 部分（每部分电压为 $\dot{U}/2$），输出电压取自 A、B 两点。假定 D 点为零电位，且传感器线圈为高 Q 值，即线圈电阻远远小于其感抗，即 $R \ll \omega L$，那么就可以推导出其输出电压为

$$\dot{U}_{AB} = \frac{Z_2 \dot{U}}{Z_1 + Z_2} - \frac{\dot{U}}{2} = \frac{Z_2 - Z_1}{Z_1 + Z_2} \frac{\dot{U}}{2} \tag{3-49}$$

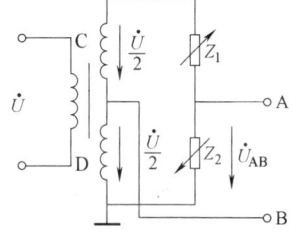

图 3-9 变压器式电桥电路原理图

在初始位置（即衔铁位于差动自感传感器中间位置）时，由于两线圈完全对称，因此 $Z_1 = Z_2 = Z$。此时桥路平衡：

$$\dot{U}_{AB} = 0 \tag{3-50}$$

当衔铁上移时，上线圈阻抗增大，即 $Z_1 = Z + \Delta Z$，而下线圈阻抗减少为 $Z_2 = Z - \Delta Z$，此时输出电压为

$$\dot{U}_{AB} = \frac{Z_2}{Z_1 + Z_2}\dot{U} - \frac{\dot{U}}{2} = \frac{\dot{U}}{2}\left(\frac{2Z_2}{Z_1 + Z_2} - 1\right) = \frac{\dot{U}}{2} \frac{Z_2 - Z_1}{Z_2 + Z_1} = -\frac{\Delta Z}{Z} \frac{\dot{U}}{2} \tag{3-51}$$

对于高 Q 值的差动式自感传感器，线圈的直流电阻值可以忽略，所以

$$\dot{U}_{AB} = -\frac{\Delta L}{L} \frac{\dot{U}}{2} \tag{3-52}$$

同理，衔铁下移时，可推出

$$\dot{U}_{AB} = \frac{\Delta L}{L} \frac{\dot{U}}{2} \tag{3-53}$$

由式(3-52) 及式(3-53) 可知，衔铁上下移动相同距离时，输出电压的大小相等，但

方向相反，由于 $\dot{U}_{AB}$ 是交流电压，输出指示无法判断位移方向，必须配合相敏检波电路来解决。

3. 谐振式转换电路

谐振式转换电路有谐振式调幅电路和谐振式调频电路，谐振式调幅电路如图 3-10 所示，谐振式调频电路如图 3-11 所示。

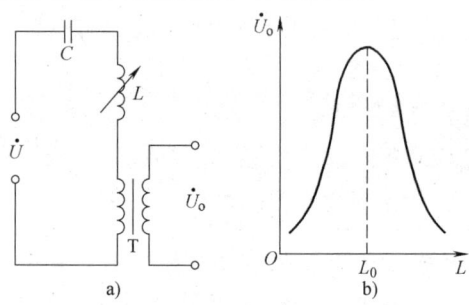

图 3-10 谐振式调幅电路
a）电路原理图 b）输出电压与电感的关系

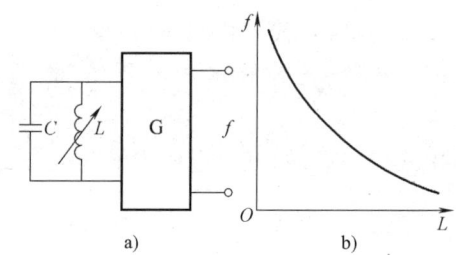

图 3-11 谐振式调频电路
a）电路原理图 b）输出频率与电感的关系

在调幅电路中，传感器电感 L 与电容 C、变压器一次线圈串联在一起，接入交流电源，变压器二次侧将有电压 $\dot{U}_o$ 输出，输出电压的频率与电源频率相同，而幅值随着电感 L 的变化而变化。图 3-10b 所示为输出电压 $\dot{U}_o$ 与电感 L 的关系曲线，其中 L_0 为谐振点的电感值，此电路灵敏度很高，但线性差，适用于线性要求不高的场合。

调频电路的基本原理是传感器电感 L 的变化将引起输出电压频率的变化。一般是把传感器电感 L 和电容 C 接入一个振荡回路中，其振荡频率 $f = 1/(2\pi\sqrt{LC})$。当 L 变化时，振荡频率随之变化，根据 f 的大小即可测出被测量的值。图 3-11b 所示为频率 f 与电感 L 的关系曲线，它们具有明显的非线性关系。

3.1.4 自感式电感传感器的应用

自感式电感传感器可用于静态和动态测量。它主要用于位移测量，也可用于振动、压力、荷重、流量、液位等参数测量。优点是简单可靠、输出功率大、可以在工业频率下工作；缺点是输出量与电源频率有密切关系，要求有一个频率稳定的电流。

1. 测气体压力的传感器

图 3-12 所示为测气体压力传感器的结构图。它是以改变空气隙长度的自感式电感传感器为基础组成的传感器，其中感受气体压力的元件为膜盒，因此传感器测量压力的范围将由膜盒的刚度来决定。

这种传感器适用于测量精度要求不高的场合或报警系统中。

2. 测压差的传感器

图 3-13 所示为压差传感器的原理结构图。

若 $p_0 = p_1$，则衔铁处于上下对称位置——处于零位（见图 3-13），此时有 $L_{10} = L_{20}$，输出为零；若

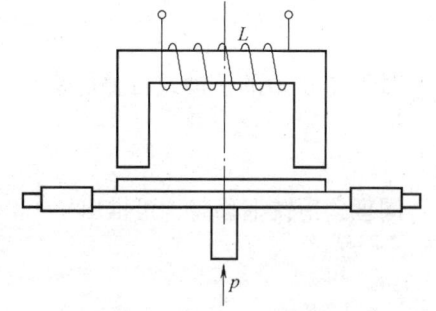

图 3-12 测气体压力的自感传感器结构图

$p_1 > p_0$，则下面的电感减小，上面的电感增大，输出不为零。传感器的灵敏度与固定衔铁的刚度有关，其全程测量范围除与上述刚度有关以外，还与衔铁及铁心间的空气隙长短有关。这种结构的传感器常采用电桥电路系统进行测量，其机械零位调整不易实现。

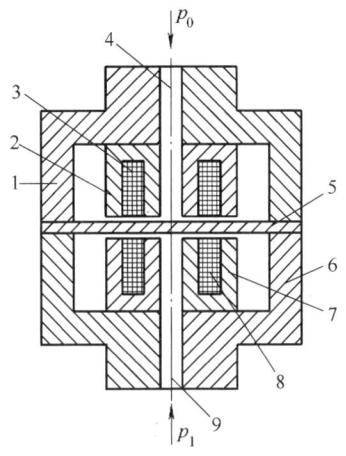

图 3-13　压差传感器

1、6—外壳　2、7—两个差接电感传感器的铁心
3、8—绕组线圈　5—可动衔铁　4、9—两导气孔道

3.2　互感式电感传感器

上节讨论的是把被测量变化转换成线圈的自感变化来实现检测。而本节讨论的互感式电感传感器（又名差动变压器式传感器）则是把被测量变化转换成绕组的互感变化来进行检测的。互感式电感传感器本身是一个变压器，一次绕组输入交流电压，二次绕组感应输出电信号，当互感受外界影响变化时，其感应电压也随之产生相应的变化，由于它的二次绕组接成差动的形式，故又称为差动变压器式电感传感器。

3.2.1　互感式电感传感器的工作原理

互感式电感传感器由一、二次绕组，铁心，衔铁三部分组成。工作时，一次绕组接入交流激励电压，二次绕组感应产生输出电压。被测物体的变化引起衔铁移动，引起一、二次绕组间的互感变化，输出电压也因而发生相应变化。一般这种传感器的二次绕组有两个，且反极性串联，其结构原理图如图 3-14 所示。当一次绕组加上一定的交流电压 $\dot{U}_1$ 时，在二次绕组中产生感应电压 $\dot{U}_{21}$ 和 $\dot{U}_{22}$，其大小与铁心的轴向位移成比例。当铁心处在中心位置时，$U_{21} = U_{22}$，输出电压 $U_2 = 0$；当铁心向左运动时，$U_{21} > U_{22}$；当铁心向右运动时，$U_{21} < U_{22}$。铁心越偏离中心位置，U_2 越大。

铁心位置从中心向左或向右移动时，输出电压 $\dot{U}_2$ 的相位变化为 180°。在忽略线圈寄生电容与铁心损耗的情况下，互感式电感传感器的等效电路如图 3-15 所示。

图 3-15 中，$\dot{U}_1$、$\dot{I}_1$ 分别为一次绕组的激励电压与电流（角频率为 ω）；L_1、r_1 分别为一次绕组的电感与电阻；M_1、M_2 分别为两个二次绕组与一次绕组间的互感；L_{21}、L_{22}、r_{21}、r_{22} 分别为两个二次绕组的电感与电阻。

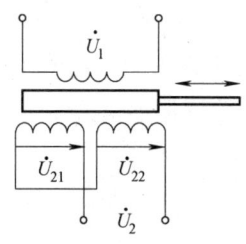 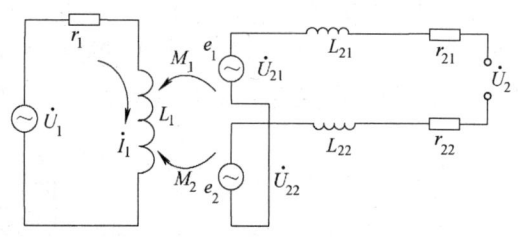

图 3-14 互感式电感传感器的结构原理图　　图 3-15 互感式电感传感器的等效电路

> **学生**："自感式电感传感器的转换电路——差动变压器式电桥电路与互感式电感传感器有些相同，怎么区别呢？"

> **老师**："看来你是认真看书了，其实传感器与转换电路是不同的内容，不具有可比性。要想区别两类传感器，从传感器自身的特点区别就可以了，这一块可以看自感传感器和互感传感器的定义。"

由图 3-15 可见，当二次侧开路时，一次电流为

$$\dot{I}_1 = \frac{\dot{U}_1}{r_1 + j\omega L_1} \tag{3-54}$$

两个二次绕组的感应电压分别为

$$\begin{cases} \dot{U}_{21} = -j\omega M_1 \dot{I}_1 \\ \dot{U}_{22} = -j\omega M_2 \dot{I}_1 \end{cases} \tag{3-55}$$

故传感器开路（空载）输出电压为

$$\dot{U}_2 = \dot{U}_{21} - \dot{U}_{22} = -j\omega(M_1 - M_2)\dot{I}_1 = -\frac{j\omega(M_1 - M_2)}{r_1 + j\omega L_1}\dot{U}_1 \tag{3-56}$$

式(3-56)说明，当激励电压的幅值 U_1 和角频率 ω、一次绕组的直流电阻 r_1 及电感 L_1 为定值时，差动变压器的输出电压仅仅是一次绕组与两个二次绕组之间互感之差的函数。因此，只要求出互感 M_1 和 M_2 与活动衔铁位移 x 的关系式，再代入式(3-56)，即可得到互感式传感器的基本特性表达式。

3.2.2 互感式电感传感器的结构及特性

1. 互感式电感传感器的结构

与自感式电感传感器相同，互感式电感传感器有变间隙式、变面积式和螺线管式三种结构。

(1) 变间隙式互感传感器　变间隙式互感传感器的结构如图 3-16 所示，这种类型的传感器灵敏度较高，但测量范围小，一般用于测量几微米至几百微米的位移。

(2) 变面积式互感传感器　变面积式互感传感器的结构如图 3-17 所示，它由一次绕组、两个二次绕组和插入绕组中央的铁心等组成。这种结构的传感器一般可分辨零点几度以下的角位移，线性范围达 ±10°。

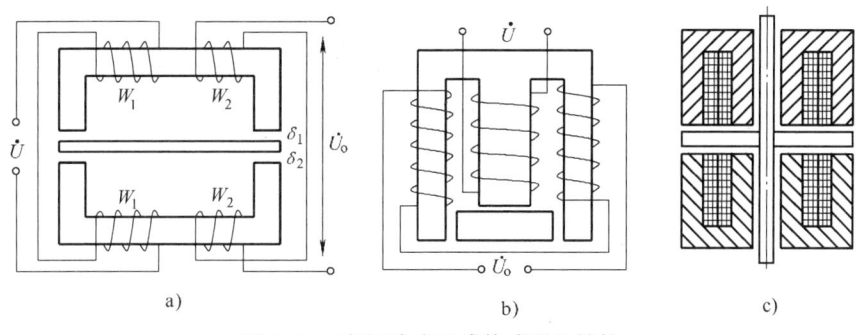

图 3-16 变间隙式互感传感器的结构

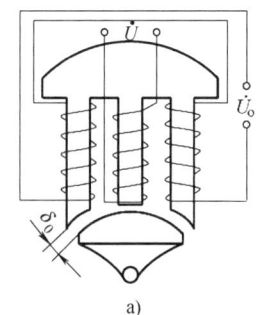

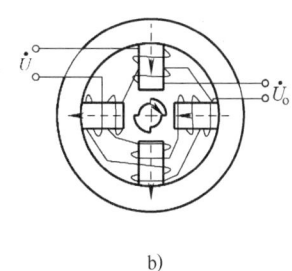

图 3-17 变面积式互感传感器的结构

（3）螺线管式互感传感器　螺线管式互感传感器的结构如图 3-18 所示，它由一次绕组、两个二次绕组和插入绕组中央的圆柱形铁心等组成。

螺线管式互感传感器按线圈绕组排列的方式不同可分为一节、二节、三节、四节和五节式等类型，一节式灵敏度高，三节式零点残余电压较小，通常采用的是二节式和三节式两类。

这种传感器可测量几毫米到 1m 的位移，但灵敏度稍低。

2. 互感式电感传感器的主要特性

（1）输出电压特性　图 3-19 所示为互感式电感传感器输出电压与动衔铁位移的关系曲线，图中 u_{21} 和 u_{22} 为两二次绕组电压，V 字形点画线表示理想状态下两个二次绕组的差动输出电压特性，对应的实线表示

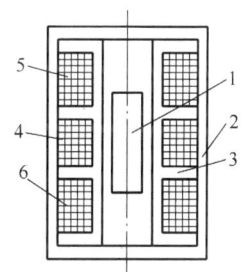

图 3-18　螺线管式互感传感器的结构
1—活动衔铁　2—导磁外壳　3—骨架
4—匝数为 W_1 的一次绕组　5—匝数为 W_{2a} 的二次绕组　6—匝数为 W_{2b} 的二次绕组

实际状态下两个二次绕组的差动输出电压特性。由图 3-19 可知，在零点总有一个最小的输出电压。一般把这个最小的输出电压称为零点残余电压，即指衔铁位于中间位置时的差动输出电压。

理想的互感式电感传感器的输出电压与位移成线性关系，实际上由于线圈、铁心、骨架的结构形状、材质等诸多因素的影响，不可能达到完全对称，使得实际输出电压呈非线性状态。但在变压器中间部分磁场是均匀的且较强，因而有较好的线性段，此线性段的位移范围 Δx 约为线圈骨架的 1/10 ~ 1/4。提高两个二次绕组磁路和电路的对称性，可改善输出电压

的线性度。采用相敏整流电路对输出电压进行处理,可进一步改善互感式电感传感器输出电压的线性。

(2) 灵敏度　互感式电感传感器的灵敏度是指其在单位电压激励下,动衔铁移动单位距离时所产生的输出电压,以 $mV/(mm \cdot V)$ 表示,一般大于 $50mV/(mm \cdot V)$。

(3) 温度特性　组成互感式电感传感器的各个结构件的材料性能都会受温度的影响,产生测量误差,影响最大的是一次绕组电阻温度系数,在温度变化时,引起一次电流 I_1 发生变化,致使输出电压随温度变化而变化。通常铜导线的电阻温度系数为 $+0.4\%/℃$,在低频激励下 ($r_1 \gg \omega L_1$),温度升高将引起一次绕组电阻增加,可使互感式电感传感器温度系数变为 $-0.3\%/℃$。为了减小温度变化引起的测量

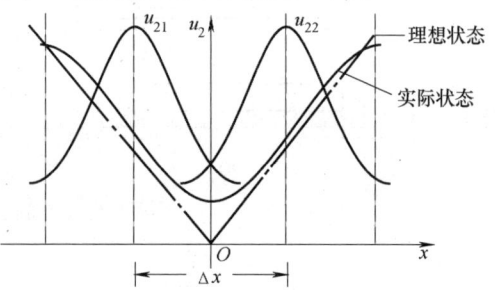

图 3-19　互感式电感传感器的输出电压特性

误差,一般温度控制在80℃以下工作;在低频激励下,可适当提高工作频率,减小 r_1 的变化对输出电压的影响,有条件时可考虑采用恒流源激励。

(4) 零点残余电压的消除方法　互感式电感传感器的零点残余电压是由于结构及电磁特性不对称等多方面因素的影响造成的,其消除或减小的方法主要是:

1) 提高差动变压器的组成结构及电磁特性的对称性。
2) 引入相敏整流电路,对差动变压器输出电压进行处理。
3) 采用外电路补偿,如图 3-20 所示。

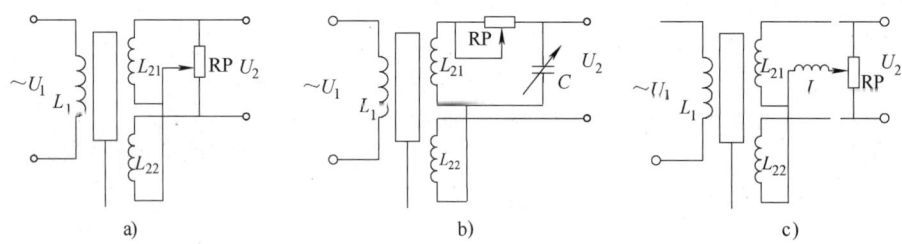

图 3-20　互感式电感传感器的外补偿电路
a) R-R　b) R-C　c) R-L

3.2.3　互感式电感传感器的转换电路

互感式电感传感器的输出电压为交流,它与衔铁位移成正比,用交流电压表测量其输出值只能反映衔铁位移的大小,不能反映移动的方向,因此常采用差动整流电路和相敏检波电路进行测量。

1. 差动整流电路

差动整流电路原理图如图 3-21 所示。图 3-21a、b 分别为全波电流输出型和半波电流输出型,用在连接低阻抗负载的场合;图 3-21c、d 分别为全波电压输出型和半波电压输出型,用在连接高阻抗负载的场合。图中可调电阻是用于调整零点输出的。

图 3-21a 和图 3-21b 的输出电流为 $I_{ab} = I_1 - I_2$,图 3-21c 和图 3-21d 的输出电压为 $U_{ab} =$

$U_{ac} - U_{bc}$。当衔铁位于零位时，$I_1 = I_2$，$U_{ac} = U_{bc}$，故 $I_{ab} = 0$，$U_{ab} = 0$；当衔铁位于零位以上时，$I_1 > I_2$，$U_{ac} > U_{bc}$，故 $I_{ab} > 0$，$U_{ab} > 0$；当衔铁位于零位以下时，$I_1 < I_2$，$U_{ac} < U_{bc}$，故 $I_{ab} < 0$，$U_{ab} < 0$。

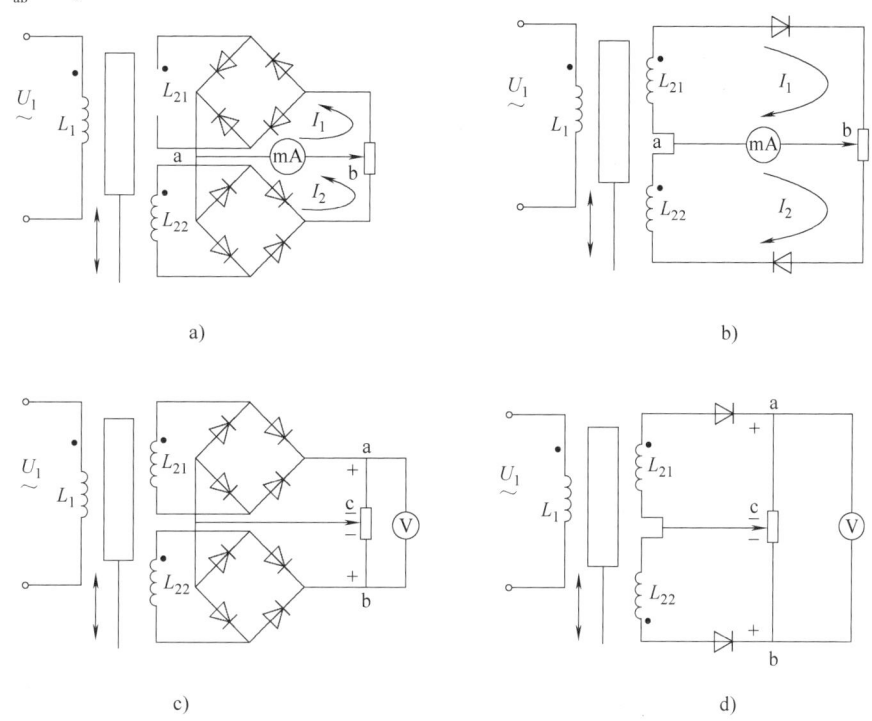

图 3-21　差动整流电路原理图
a) 全波电流输出　b) 半波电流输出　c) 全波电压输出　d) 半波电压输出

由上述可以得出结论：当衔铁在零位以上移动时，不论激励电压是正半周还是负半周，在负载电阻上得到的电流或电压始终为正；当衔铁在零位向下移动时，不论激励电压是正半周还是负半周，在负载电阻上得到的电流或电压始终为负。

2. 相敏检波电路

图 3-22a 所示是相敏检波电路原理图，它是通过鉴别相位来辨别位移方向的，即互感式电感传感器输出的调幅波经相敏检波后，便能输出既反映位移大小，又反映位移极性的测量信号。

图 3-22a 中，四个特性相同的二极管 $VD_1 \sim VD_4$ 串联成一个回路，四个节点 1~4 分别接到两个变压器 A 和 B 的二次绕组上。变压器 A 的输入为互感式电感传感器的输出信号 u'_y，其输出为 u_1、u_2，且 $u_1 = u_2$。变压器 B 的输入信号 u'_o 和互感式电感传感器的激励电压共用同一电源，称为检波器的参考信号，其输出为 u_{o1}、u_{o2}，且 $u_{o1} = u_{o2}$。中间通过适当的移相电路来保证 u_1 和 u_2 与 u_{o1} 和 u_{o2} 同频同相或反相，因而 u'_o 是作为辨别极性的标准。R_L 为连接在两个变压器二次绕组中点之间的负载电阻，且电路中的电阻 R_1、R_2、R_3、R_4 相等，设都为 R。

在进行工作原理分析之前强调下述两个条件：①把二极管看作一个理想开关。②$u_{o1} \gg u_1$，且假设当衔铁上移（正位移）时，同频同相，即图 3-22a 中变压器 A 是上正下负，变压器 B 为左正右负；当衔铁下移（负位移）时同频反相，即图 3-22a 中变压器 A 是下正上负，变压器 B 为右正左负。

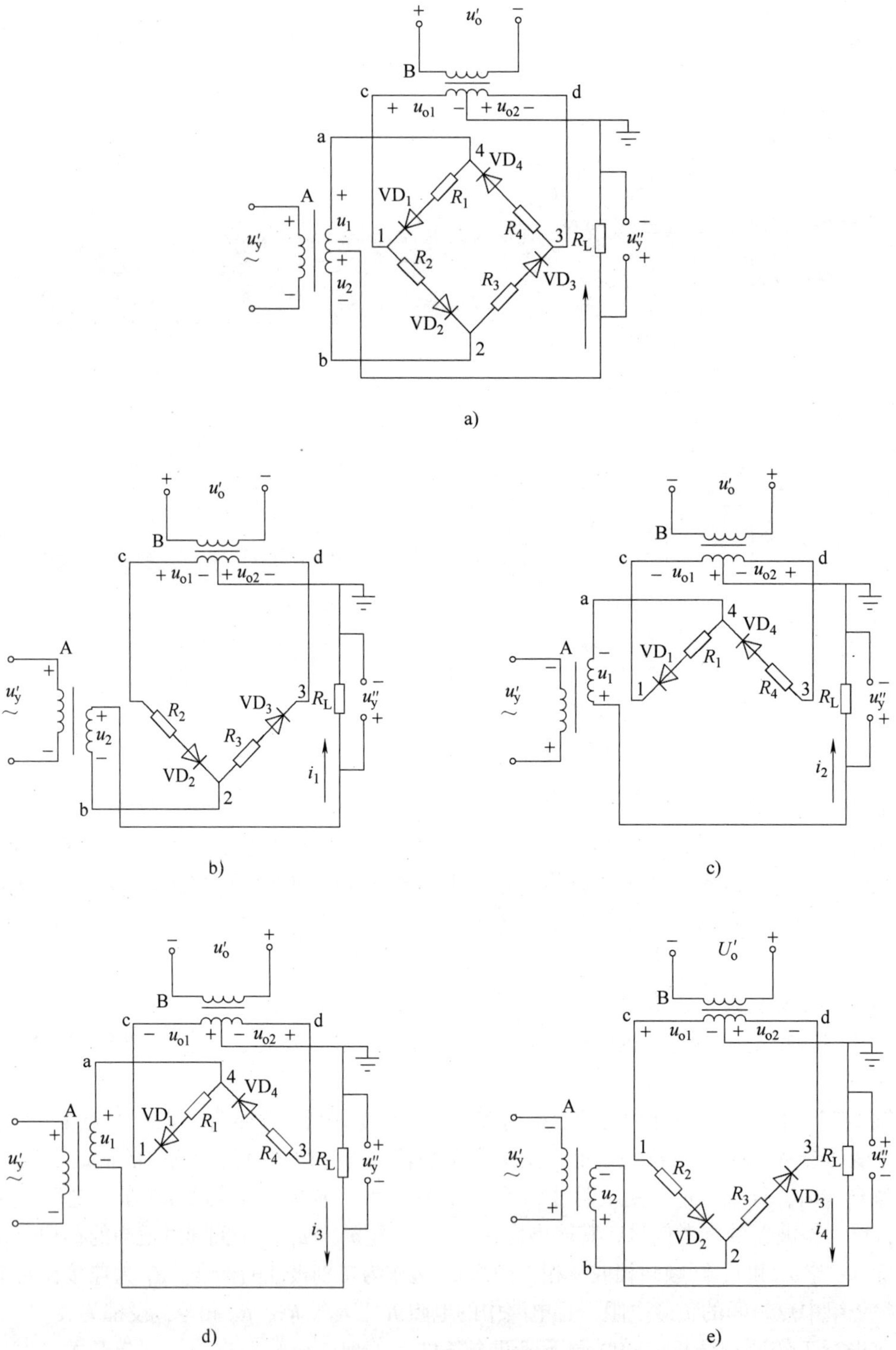

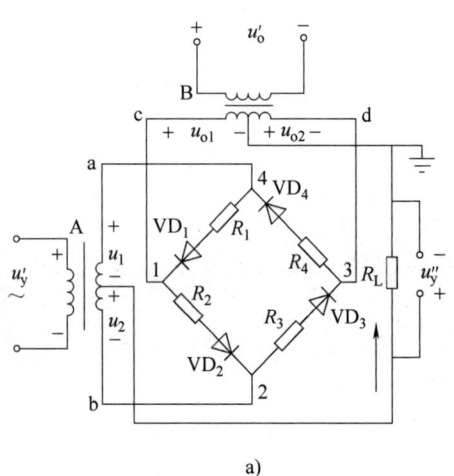

图 3-22 相敏检波电路

a) 相敏检波电路原理图 b) 衔铁上移，$0 \sim \pi$ 时电路图 c) 衔铁上移，$\pi \sim 2\pi$ 时电路图
d) 衔铁下移，$0 \sim \pi$ 时电路图 e) 衔铁下移，$\pi \sim 2\pi$ 时电路图

当衔铁在零点向上移动，即 $x(t)>0$ 时，分为如下两种情况。

（1）载波信号为上半周（$0 \sim \pi$）　u_1 和 u_2 与 u_{o1} 和 u_{o2} 同频同相，即变压器 A 二次侧输出电压 u_1 上正下负，u_2 上正下负；变压器 B 二次侧输出电压 u_{o1} 左正右负，u_{o2} 左正右负。

u_1 正端接 4，u_{o1} 正端接 1，由于 $u_1 \ll u_{o1}$，所以 4 点电位低于 1 点，VD_1 截止；

u_1 正端接 4，u_{o2} 负端接 3，3 点电位低于 4 点，VD_4 截止；

u_2 负端接 2，u_{o1} 正端接 1，1 点电位高于 2 点，VD_2 导通；

u_2 负端接 2，u_{o2} 负端接 3，由于 $u_2 \ll u_{o2}$，3 点比 2 点电位更低，VD_3 导通。

VD_1、VD_4 截止，u_1 所在的上线圈断路；

VD_2、VD_3 导通，u_2 所在的下线圈接入回路，如图 3-22b 所示。

则流过负载 R_L 的电流为

$$i_1 = \frac{u_{o1}+u_2}{R+R_L} - \frac{u_{o2}-u_2}{R+R_L} = \frac{2u_2}{R+R_L} \tag{3-57}$$

所以流经 R_L 的电流为自下而上，且定为正向，则负载电阻将得到正的电压 u_y''。

（2）载波信号为下半周（$\pi \sim 2\pi$）　变压器 A 二次侧输出电压 u_1 上负下正，u_2 上负下正；变压器 B 二次侧输出电压 u_{o1} 左负右正，u_{o2} 左负右正。

u_1 负端接 4，u_{o1} 负端接 1，4 点电位高于 1 点，VD_1 导通；

u_1 负端接 4，u_{o2} 正端接 3，3 点电位高于 4 点，VD_4 导通；

u_2 正端接 2，u_{o1} 负端接 1，1 点电位低于 2 点，VD_2 截止；

u_2 正端接 2，u_{o2} 正端接 3，2 点电位低于 3 点，VD_3 截止。

VD_2、VD_3 截止，u_2 所在的下线圈断路；

VD_1、VD_4 导通，u_1 所在的上线圈工作，如图 3-22c 所示。

则流过负载 R_L 的电流为

$$i_2 = \frac{u_{o2}+u_1}{R+R_L} - \frac{u_{o1}-u_1}{R+R_L} = \frac{2u_1}{R+R_L} \tag{3-58}$$

所以流经 R_L 的电流为自下而上，则负载电阻将得到正的电压 u_y''。

由上述可以得出结论：当衔铁在零位向上移动时，不论载波是正半周还是负半周，在负载电阻 R_L 上得到的电压始终为正。

同理，当衔铁在零位向下移动时，在 $0 \sim \pi$ 周期内，其电路图如图 3-22d 所示，流过负载 R_L 的电流为

$$i_3 = \frac{u_{o1}+u_1}{R+R_L} - \frac{u_{o2}-u_1}{R+R_L} = \frac{2u_1}{R+R_L} \tag{3-59}$$

流经 R_L 的电流方向为自上而下，则负载电阻将得到负的电压 u_y''。

在 $\pi \sim 2\pi$ 周期内，其电路图如图 3-22e 所示，流过负载 R_L 的电流为

$$i_4 = \frac{u_{o2}+u_2}{R+R_L} - \frac{u_{o1}-u_2}{R+R_L} = \frac{2u_2}{R+R_L} \tag{3-60}$$

流经 R_L 的电流方向为自上而下，则负载电阻将得到负的电压 u_y''。

因此，当衔铁在零位向下移动时，不论载波是正半周还是负半周，在负载电阻 R_L 上得到的电压始终为负。

> **老师**："这一段比较难理解，在推导时注意，式中的电压与电流均为有效值，R_L 中电压的正负由电流 i 的方向决定。"

采用相敏检波电路前后的电压输出波形如图 3-23 所示，反行程的特性曲线由 1 变到 2，正行程的特性曲线在采用相敏检波电路前后不变，消除了零点残余电压。

3.2.4 互感式电感传感器的应用

1. 加速度测量

图 3-24a 所示为测量加速度的原理图，在该结构示意图中，衔铁由两个弹簧片支撑。传感器的固有频率由惯性质量的大小及弹簧刚度决定，这种结构的传感器只适于低频信号（100~200Hz）的测量。

图 3-24b 所示为转换电路框图。

2. 液位测量

图 3-25 所示为测量液位的原理图，图中衔铁随浮子运动反映出液位的变化，从而使互感式电感传感器有一相应的电压输出。

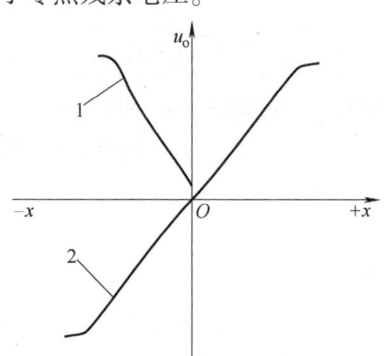

图 3-23 采用相敏检波电路前后的电压输出波形
1—采用相敏检波电路前的输出电压曲线
2—采用相敏检波电路后的输出电压曲线

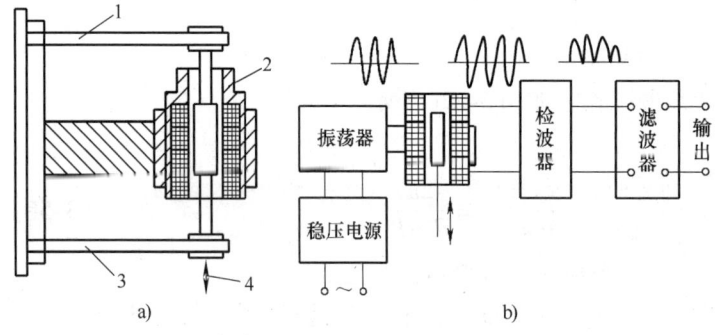

图 3-24 加速度传感器及其转换电路原理图
a) 结构示意图 b) 转换电路框图
1、3—弹性支撑 2—差动变压器 4—被测加速度方向

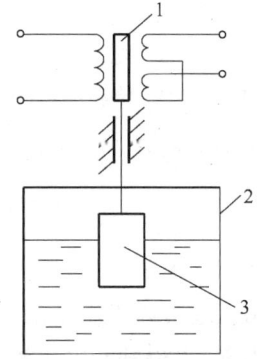

图 3-25 液位测量原理图
1—铁心 2—液罐 3—浮子

> **学生**："通过以前所学的知识，仅用差动式互感传感器是无法测出水面位移的方向的，要想测出水面是升还是降，要在传感器的输出端加相应的转换电路。"

3.3 电涡流式传感器

电涡流式传感器是利用金属导体中的涡流与激励磁场之间进行电磁能量传递而实现的，因此也必须有一个交变磁场的激励源（传感器线圈）。被测对象以某种方式调制磁场，从而改变激励线圈的电感。从这个意义上来看，电涡流式传感器也是一种电感传感器，是一种特别的电感传感器。这种传感技术属主动测量技术，即在测试中测量仪器主动发射能量，观察被测对象吸收（透射式）或反射能量，不需要被测对象主动做功。像大多数主动测量装置一样，电涡流式传感器的测量属于非接触测量，这给使用和安装带来很大的方便，特别是用于测量运动的物体。电涡流式传感器的应用没有特定的目标，不像电感、电容、电阻等传感器有相对固定的输入量，因此一切与涡流有关的因素，在原则上都可用于测量。

3.3.1 电涡流式传感器的工作原理

电涡流式传感器的工作原理是基于电涡流效应，电感线圈产生的磁力线经过金属导体时，金属导体就会产生感应电流，该电流的流线呈闭合回线，类似水涡形状，故称之为电涡流，这种现象称为电涡流效应。电涡流式传感器由一个线圈和与线圈邻近的金属体组成。电涡流式传感器的工作原理和等效电路如图 3-26 所示。

在图 3-26a 所示的电路中，当线圈通入交变电流 $\dot{I}$ 时，在线圈的周围产生一交变磁场 H_1，处于该磁场中的金属体将产生感应电动势，并形成涡流。金属体上流动的电涡流也将产生相应的磁场 H_2，H_2 与 H_1 方向相反，对线圈磁场 H_1 起抵消作用，从而引

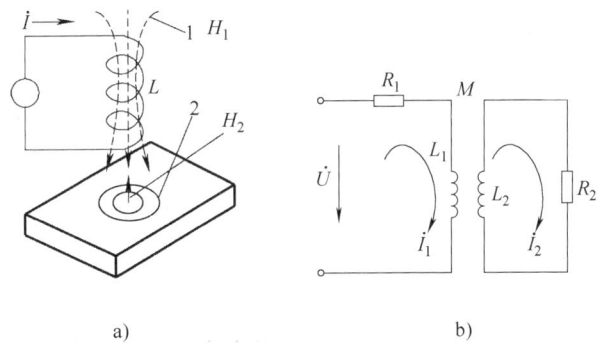

图 3-26 电涡流式传感器工作原理和等效电路
a) 工作原理图 b) 等效电路
1—磁通 2—电涡流

起线圈等效阻抗 Z 或等效电感 L 或品质因数发生变化。金属体上的电涡流越大，这些参数的变化也越大。其等效电路如图 3-26b 所示。根据其等效电路，列出电路方程：

$$\begin{cases} R_1 \dot{I}_1 + j\omega L_1 \dot{I}_1 - j\omega M \dot{I}_2 = \dot{U} \\ -j\omega M \dot{I}_1 + R_2 \dot{I}_2 + j\omega L_2 \dot{I}_2 = 0 \end{cases} \quad (3\text{-}61)$$

解方程组，其结果为

$$\begin{cases} Z = \dfrac{\dot{U}}{\dot{I}_1} = R_1 + \dfrac{\omega^2 M^2}{R_2^2 + (\omega L_2)^2} R_2 + j\omega \left(L_1 - \dfrac{\omega^2 M^2}{R_2^2 + (\omega L_2)^2} L_2 \right) \\ L = L_1 - \dfrac{\omega^2 M^2}{R_2^2 + (\omega L_2)^2} L_2 \\ Q = \dfrac{\omega L_1}{R_1} \dfrac{1 - \dfrac{L_2}{L_1} \dfrac{\omega^2 M^2}{R_2^2 + (\omega L_2)^2}}{1 + \dfrac{R_2}{R_1} \dfrac{\omega^2 M^2}{R_2^2 + (\omega L_2)^2}} \end{cases} \quad (3\text{-}62)$$

式中，R_1、L_1 为线圈原有的电阻、电感（周围无金属体）；R_2、L_2 为电涡流等效短路环的电阻和电感；ω 为励磁电流的角频率；M 为线圈与金属体之间的互感系数；$\dot{U}$ 为电源电压。

由式(3-62) 可见，线圈受涡流影响后的等效 Z、L 和 Q 均为互感 M 的函数，对于已定的线圈，Z、L 和 Q 取决于金属体与线圈的相对位置，金属体的材料、尺寸、形状等。如果只令其中的一个参数随被测量的变化而变化，其他参数不变时，采用电涡流式传感器并配用

相应的转换电路，可得到与该被测量相对应的电信号（电压、电流或频率）输出。这种方法常用来测量位移、金属体厚度、温度等参数，并可用作探伤。

3.3.2 电涡流式传感器的结构及特性

电涡流式传感器的结构形式很多，主要有变间隙式、变面积式、螺线管式、低频透射式和高频反射式等。

1. 电涡流式传感器的结构

（1）变间隙式 这种传感器最常用的结构形式是采用扁平线圈，金属体与线圈平面平行放置，如图3-27a所示。

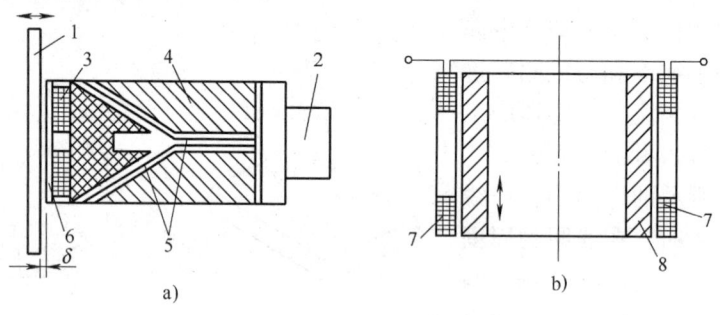

图3-27 电涡流式传感器
a）变间隙式 b）变面积式
1—金属体 2—插座 3—线圈 4—支座 5—引出线 6—保护罩 7—传感器 8—被测圆筒

分析表明，扁平线圈的内径与厚度对特性影响不大，但线圈外径对特性的线性范围和灵敏度影响较大。线圈外径较大时，线圈磁场的轴向分布范围大，而磁感应强度 B 的变化梯度小，故线性范围大，而灵敏度则较低；外径较小时，则相反。如在线圈中加 磁心，可使传感器小型化，即在相同电感量下，减小匝数，并扩大测量范围。

金属体是传感器的另一组成部分，它的物理性质、尺寸与形状也与传感器特性密切相关。金属体的电阻率越大、相对磁导率越小，其测量灵敏度越高。同时，金属体不应过小、过薄，否则对测量结果均有影响。

（2）变面积式 这种传感器的基本组成同变间隙式，但它是利用金属体与传感器线圈之间相对覆盖面积的变化而引起涡流效应变化的原理工作的。其灵敏度和线性范围比变间隙式好。为了减小轴向间隙的影响，常采用图3-27b所示的差动形式，将两线圈串联，以补偿轴向间隙变化的影响。

（3）螺线管式 图3-28所示为差动螺线管式电涡流传感器的结构示意图。它由绕在同一骨架上的两个线圈和套在线圈外的金属短路套筒所组成，筒长约为线圈的60%。它的线性特性较好，但灵敏度不太高。

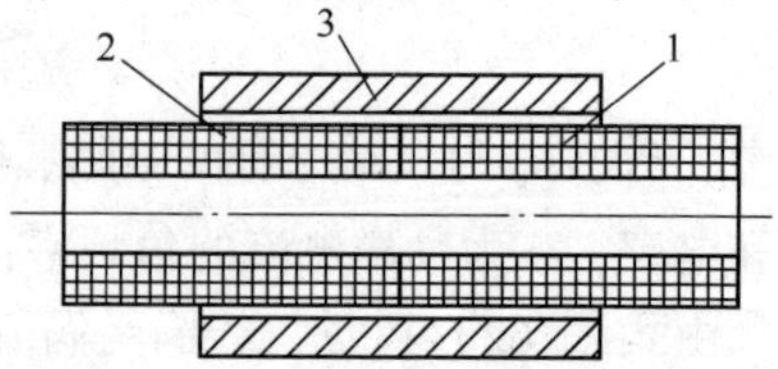

（4）低频透射式 它由两个分别处在金属体两边的线圈组成，其结构如图3-29所示。传感器采用低频励磁，以提高贯穿深度，适用于测量金属体的厚度。

励磁电压 $\dot{U}_1$ 施加于线圈 L_1 的两端，在 L_2 两端产生感应电动势 $\dot{U}_2$。当 L_1 与 L_2 之间无金属体时，L_1 产

图3-28 差动螺线管式电涡流传感器
1、2—线圈 3—短路套筒

生的磁场全部贯穿 L_2，$\dot{U}_2$ 最大；当有金属体时，因涡流形成的反磁场作用，$\dot{U}_2$ 将降低。涡流越大，即金属导电性越好或金属板越厚，$\dot{U}_2$ 将越小。当金属体材料一定时，$\dot{U}_2$ 将与金属板厚度相对应。

为了提高灵敏度，上述除低频透射式以外的其他三种结构一般都采用高频励磁电源，并采用调频式、调频调幅式或调幅式转换电路，将等效电感或等效感抗变换成相应的电压或频率信号。

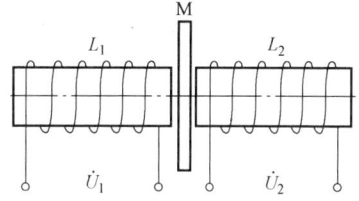

图 3-29　低频透射式电涡流式传感器

2. 电涡流式传感器的基本特性

电涡流式传感器的线圈与被测金属体之间是磁性耦合的，而且利用耦合程度的变化作为参数测试值，因此，传感器的线圈装置仅为"实际测试传感器的一半"，另一半是被测体。被测体的物理性质、尺寸和形状都与测量装置总的特性密切相关。在电涡流式传感器的设计或使用中，必须同时考虑被测体的物理性能、几何形状和尺寸等因素。影响电涡流式传感器灵敏度的因素有以下几个方面。

（1）被测体材料对测量的影响　线圈的阻抗 Z 的变化与材料电阻率 ρ、磁导率 μ 有关，它们将影响电涡流的贯穿深度，影响损耗功率，从而引起传感器灵敏度的变化。一般来说，被测体的电阻率越高，灵敏度也越高，如果是磁性材料，它的磁导率效果是与涡流损耗效果呈相反作用的，因此与非磁性材料的被测体相比，传感器灵敏度较低。

（2）被测体大小和形状对测量的影响　被测物体的面积比传感器相对应的面积大很多时，灵敏度不发生变化；当被测物体面积为传感器线圈面积的一半时，其灵敏度减少一半；面积更小时，灵敏度显著下降。被测体为圆柱体时，它的直径 D 必须为线圈直径 d 的 3.5 倍以上，才不影响被测结果，在 $D/d=1$ 时，灵敏度将降低为 70% 左右。

被测体的厚度也不能太薄。一般来说，只要有 0.2mm 以上的厚度，测量就不会受到影响。

（3）传感器形状和大小对传感器灵敏度的影响　传感器的主要构成是线圈，它的形状和尺寸关系到传感器的灵敏度和测量范围，而灵敏度和线性范围与线圈产生的磁场分布有关。

以单匝载流圆导线为例，根据毕奥—沙伐—拉普拉斯定律，在轴上的磁感应强度为

$$B_{\mathrm{P}} = \frac{\mu_0 I r^2}{2(r^2 + x^2)^{\frac{3}{2}}} \quad (3\text{-}63)$$

式中，μ_0 为真空磁导率；I 为激励电流；r 为圆导线半径；x 为轴上点离单匝载流圆导线的距离。

在激励电流不变的情况下，图 3-30 给出了三种半径情况下的 B_{P}-x 曲线。

由图 3-30 可知，半径小的载流圆导线，在靠近圆导线处产生的磁感应强度大；而在远离圆导线处，则是半径大的磁感应强度大。这说明，线

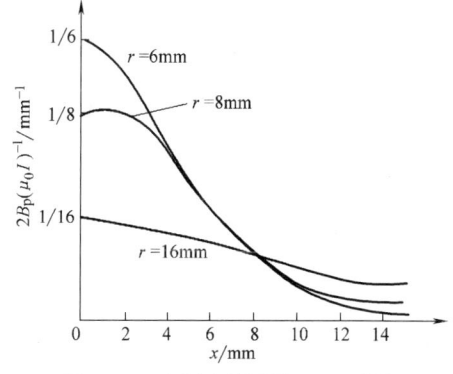

图 3-30　电涡流线圈的 B_{P}-x 曲线

圈外径大的,线圈的磁场轴向分布大,测量范围大,线性范围相应就大,但磁感应强度的变化梯度小,因此灵敏度就低;线圈外径小时,磁感应强度轴向分布的范围小,测量范围小,但磁感应强度的变化梯度大,传感器灵敏度高。因此应根据需要选用。

3.3.3 电涡流式传感器的转换电路

用于电涡流式传感器的转换电路主要有调频式和调幅式。

1. 调频式电路

调频式转换电路原理如图3-31所示。传感器线圈接入LC振荡回路,当传感器与被测导体距离x改变时,在涡流影响下,传感器的电感变化,导致振荡频率的变化,该变化的频率是距离x的函数$f=L(x)$。该频率可由数字频率计直接测量,或者通过f-V变换,把频率变换成电压后,用数字电压表测量对应的电压。

2. 调幅式电路

传感器线圈L和电容C并联组成谐振回路,石英晶体组成石英晶体振荡电路,如图3-32所示。石英晶体振荡器起恒流源的作用,给谐振回路提供一个稳定频率f_0和激励电流I_0,此回路输出电压为

$$U_o = I_0 f(Z) \tag{3-64}$$

式中,Z为LC回路的阻抗。

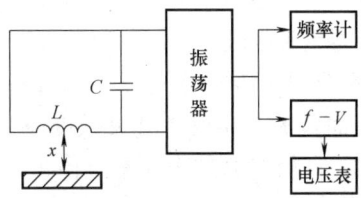

图3-31 调频测量电路

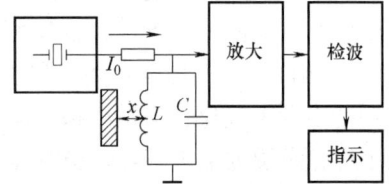

图3-32 调幅测量电路

当金属导体远离或被去掉时,LC并联谐振回路的频率即为石英晶体的振荡频率f_0,回路呈现的阻抗最大,谐振回路上的输出电压也最大;当金属导体靠近传感器线圈时,线圈的等效电感L发生变化,导致回路失谐,从而使输出电压降低。L的数值随距离x的变化而变化,因此,输出电压也随x的变化而变化。输出电压经过放大、检波后,由指示仪表直接显示出x的大小。

除此之外,交流电桥也是常用的测量电路。

3.3.4 电涡流式传感器的应用

电涡流式传感器的应用领域很广,可进行位移、厚度、振动、转速、温度等多种参数的测量。

1. 位移测量

图3-33所示为测量位移的原理图。它可测量各种形状试件的位移值,测量范围为0~15μm时,分辨率为0.05μm;测量范围为0~80mm时,分辨率为0.1%。凡是可变换成位移量的

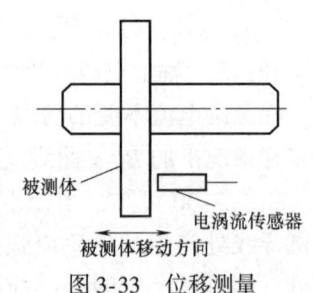

图3-33 位移测量

参数，都可用电涡流式传感器来测量，如金属材料的热膨胀系数、钢水液位、纱线张力、流体压力等。

2. 振幅测量

电涡流式传感器可测量各种振动幅值，为非接触式测量。其可测主轴的径向振动，如图 3-34 所示。

3. 转速测量

在一个旋转金属体上加一个有 N 个齿的齿轮，旁边安装电涡流传感器，如图 3-35 所示。当旋转体转动时，电涡流传感器将周期地改变输出信号，该输出信号的频率可由频率计测出，由此可计算出转速。

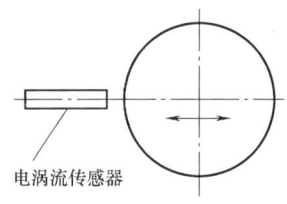 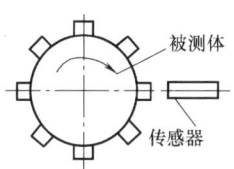

图 3-34　振幅测量　　　　　　　　　　图 3-35　转速测量

4. 电涡流探伤

在非破坏性检测领域里，电涡流式传感器已用作有效的探伤技术。例如，用来测试金属材料的表面裂纹、热处理裂痕以及焊接部位的探伤等。探伤时，使传感器与被测物体间距保持不变。当有裂纹出现时，金属电阻率、磁导率将发生变化，即涡流损耗改变，从而使传感器阻抗发生变化，导致测量电路的输出电压改变，达到探伤目的。裂纹信号如图 3-36 所示。

图 3-36　涡流探伤时的测试信号
a）未通过幅值甄别的信号　b）通过幅值甄别的信号
1—裂缝信号　2—干扰信号

学生："老师，电涡流传感器作为非接触式传感器是很独特的，从例子中可以看出，它可以测 $0\sim15\mu m$ 的距离，且分辨率为 $0.05\mu m$，精度太高了。"

老师："是啊，在微距测量方面，电涡流传感器用得较多，如目前的水泥块伸缩测定仪，用的就是电涡流传感器，该仪器量程为 2mm，精度要求为 2×10^{-3} mm。"

本章小结

电感式传感器主要有自感式、互感式、电涡流式三种形式。电感式传感器是根据电磁感应原理将被测非电量的变化转换成线圈的电感（或互感）变化来实现非电量测量的。

自感式电感传感器是将非电量转换成自感系数变化的传感器，主要有变间隙式、变面积式和螺旋管式三种。它主要用于位移测量，优点是简单可靠、输出功率大。

互感式电感传感器是把被测量的变化转换成线圈的互感变化来进行检测的，也有变间隙式、变面积式和螺线管式三种形式。它主要用于加速度测量和液位测量。

电涡流式传感器的工作原理是基于电涡流效应，其除了有变间隙式、变面积式和螺线管式三种形式外，还有低频透射式。它主要用于位移、厚度、转速、振动、温度等多种参数的测量。

思考题与习题

3-1 影响互感式电感传感器输出线性度和灵敏度的主要因素是什么？

3-2 电涡流式传感器的灵敏度主要受哪些因素影响？它的主要优点是什么？

3-3 试述自感式电感传感器的工作原理。

3-4 试说明互感式电感传感器（螺线管式）的结构形式与输出特性。

3-5 什么是零点残余电压？通过哪些方法可以进行残余电压补偿？

3-6 用互感式电感传感器进行位移测量时，采用哪种电路形式可以直接根据输出电压区别位移的大小和方向？

3-7 什么是电涡流效应？电涡流传感器可将哪些物理量转换为电量进行输出？

3-8 差动式自感传感器的结构有什么优点？采用变压器式电桥电路能否判断位移的方向？如不能，则需采用何种电路？

3-9 电感式传感器有哪些种类？它们的工作原理各是什么？

3-10 分析电感传感器出现非线性的原因，并说明如何改善。

3-11 图3-37所示是一简单电感式传感器。尺寸已示于图中。磁路取为中心磁路，不记漏磁，设铁心及衔铁的相对磁导率为104，空气的相对磁导率为1，真空磁导率为$4\pi \times 10^{-7}$ H/m，试计算气隙长度为0及为2mm时的电感量。图中所注尺寸单位均为mm。

3-12 简述电涡流效应及电涡流传感器的应用场合。

3-13 试说明如图3-38所示的差动相敏检波电路的工作原理。

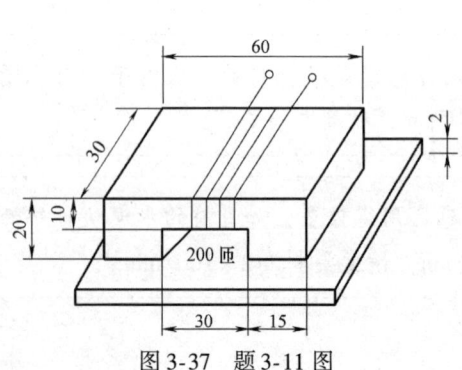

图3-37 题3-11图

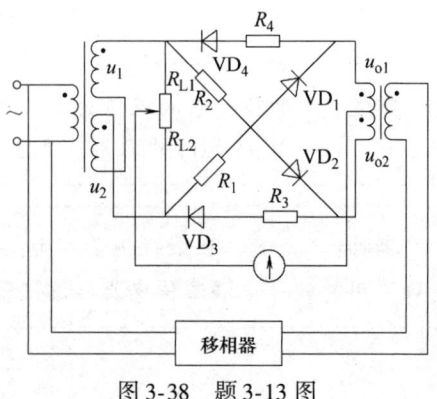

图3-38 题3-13图

3-14 图 3-39 所示为差动电感式传感器的桥式测量电路，L_1、L_2 为传感器的两差动电感线圈的电感，其初始值均为 L_0，R_1、R_2 为标准电阻，u 为电源电压。试写出输出电压 u_o 与传感器电感变化量 ΔL 间的关系。

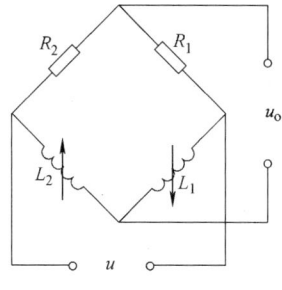

图 3-39 题 3-14 图

3-15 试分析图 3-21c 所示的全桥整流电路的工作原理。

第 4 章 电容式传感器

电容式传感器是把某些非电量的变化通过一个可变电容器转换成电容量变化的装置。电容式传感器不但广泛用于位移、振动、角度、加速度等机械量的精密测量，还应用于压力、压差、液面、料面、成分、含量等方面的测量。

电容式传感器结构简单、体积小、分辨力高、本身发热小，十分适合于非接触测量。随着电子技术，特别是集成电路技术的迅速发展，这些优点得到了进一步地体现，而它的分布电容、非线性等缺点又不断地得到克服，因此，电容式传感器在非电量测量和自动检测中有着良好的应用前景。例如，目前常用的电容式传感器 CapaNCDT（Not Contact Displacement Transmitter，电容式非接触位移传感器）的分辨力可达 0.0375nm（静态），绝对误差仅为 0.1μm。

4.1 电容式传感器的工作原理

电容式传感器是一个具有可变参数的电容器。多数场合下，它是由绝缘介质分开的两个平行金属板组成的，如图 4-1 所示，如果不考虑边缘效应，其电容量为

$$C = \frac{\varepsilon A}{d} \tag{4-1}$$

式中，ε 为电容极板间介质的介电常数，$\varepsilon = \varepsilon_0 \varepsilon_r$，其中 ε_0 为真空介电常数，$\varepsilon_0 = 8.85 \times 10^{-12}$F/m，$\varepsilon_r$ 为极板间介质相对介电常数；A 为两平行板所覆盖的面积；d 为两平行板之间的距离。

当被测参数变化使得式(4-1) 中的 A、d 或 ε 发生变化时，电容量 C 也随之变化。如果保持其中两个参数不变，而仅改变另一个参数，就可把该参数的变化转换为电容量的变化，通过转换电路就可转换为电量输出。

式(4-1) 是在把电容式传感器视为纯电容的理想条件下得出的。因为对于大多数电容器，除了在高温、高湿条件下工作，它的损耗通常可以忽略。在低频工作时，它的电感效应也是可以忽略的。所以这在大多数实用情况下是允许的。

在电容器的损耗和电感效应不可忽略时，电容式传感器的等效电路如图 4-2 所示。

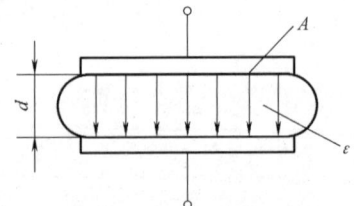

图 4-1 平板电容器原理图

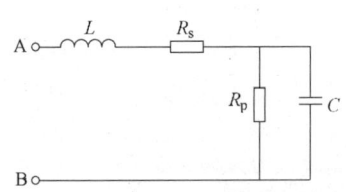

图 4-2 电容式传感器的等效电路

图 4-2 中 R_p 为并联损耗电阻,它代表极板间的泄漏电阻和极板间的介质损耗。这部分损耗的影响通常在低频时较大,随着频率增高,容抗减小,它的影响也就减弱了。串联电阻 R_s 代表引线电阻、电容器支架和极板的电阻,在几兆赫以下频率工作时,这个值通常是极小的,随着频率的增高,它的值也增大,因此只有在很高的工作频率时才需要加以考虑。电感 L 是电容器本身的电感和外部引线电感,它与电容器的结构形式和引线长度有关。如果用电缆与电容式传感器相连,则 L 中应包括电缆的电感。

由图 4-2 可见,等效电路有一谐振频率,通常为几十兆赫。在谐振时或接近谐振时,它破坏了电容器的正常作用。因此,只有工作频率低于谐振频率(通常为谐振频率的 1/3~1/2)时,电容式传感器才能正常使用。同时,由于电路的感抗抵消了一部分容抗,传感元件的有效电容 C_e 将有所增加,C_e 可由下式近似求得:

$$\frac{1}{j\omega C_e} = j\omega L + \frac{1}{j\omega C} \tag{4-2}$$

所以

$$C_e = \frac{C}{1-\omega^2 LC} \tag{4-3}$$

在这种情况下,电容的实际相对变化量为

$$\frac{\Delta C_e}{C_e} = \frac{1}{1-\omega^2 LC} \frac{\Delta C}{C} \tag{4-4}$$

式(4-4)表明,电容传感元件的实际相对变化量与传感元件的固有电感(包括引线电感)有关。因此,在实际应用时必须与标定时的条件相同,否则将会引入测量误差。

4.2 电容式传感器的结构及特性

根据传感器的工作原理可把电容式传感器分为变极距型、变面积型和变介质型三种类型。

表 4-1 列出了电容式传感器三种类型的结构形式。它们又可按位移的形式分为线位移和角位移两种,每一种又依据传感器极板形状分成平(圆形)板形和圆柱(圆筒)形,虽然还有球面形和锯齿形等其他形状,但一般很少用,故表 4-1 中未列出。其中差动式一般优于单组(单边)式传感器,它具有灵敏度高、线性范围宽、稳定性高等特点。

表 4-1 电容式传感器的结构形式

			单片型	
			单组式	差动式
变极距型	线位移	平板形		
	角位移	圆柱形		

(续)

			单片型	
			单组式	差动式
变面积型	线位移	平板形		
		圆柱形		
	角位移	平板形		
		圆柱形		
变介质型	线位移	平板形		
		圆柱形		

下面分别对这几种类型的传感器进行分析。

4.2.1 变极距型电容式传感器

图 4-1 所示为变极距型电容式传感器的原理图。当传感器的 ε_r 和 A 为常数，初始极距为 d_0 时，由式(4-1) 可知其初始电容量 C_0 为

$$C_0 = \frac{\varepsilon_0 \varepsilon_r A}{d_0} \qquad (4-5)$$

由式(4-5) 可知，电容 C 与 d 之间是一种双曲线函数关系，如图 4-3 所示。由于该种传感器特性的非线性，所以工作时必须将间隙变化范围限制在一个远小于极板间距 d_0 的 Δd 区间内，这时可把 ΔC 和 Δd 的关系近似看作是线性关系。由图 4-3 可知，当电容由初始电容器极板间距离 d_0 缩小 Δd 时，电容量增大 ΔC，此时电容器的电容为

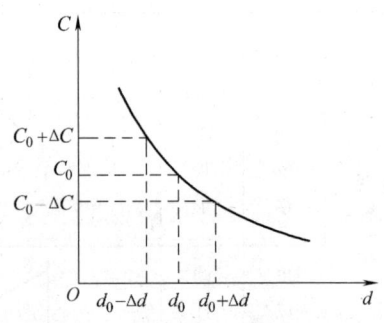

图 4-3 电容式传感器的特性曲线

$$C_1 = C_0 + \Delta C = \frac{\varepsilon_0 \varepsilon_r A}{d_0 - \Delta d} = \frac{C_0}{1 - \frac{\Delta d}{d_0}} \qquad (4\text{-}6)$$

若 $\frac{\Delta d}{d_0} \ll 1$，则式(4-6)可以按泰勒级数展开为

$$C_1 = C_0 \left[1 + \frac{\Delta d}{d_0} + \left(\frac{\Delta d}{d_0}\right)^2 + \left(\frac{\Delta d}{d_0}\right)^3 + \cdots \right] \qquad (4\text{-}7)$$

略去高次项，得

$$C_1 = C_0 \left(1 + \frac{\Delta d}{d_0} \right) \qquad (4\text{-}8)$$

所以

$$\Delta C = C_0 \frac{\Delta d}{d_0} \qquad (4\text{-}9)$$

电容的相对变化量为

$$\frac{\Delta C}{C_0} = \frac{\Delta d}{d_0} \qquad (4\text{-}10)$$

电容式传感器的灵敏度 K_0 为

$$K_0 = \frac{\frac{\Delta C}{C_0}}{\Delta d} = \frac{1}{d_0} \qquad (4\text{-}11)$$

式(4-11)说明了单位输入位移所引起输出电容相对变化的大小与 d_0 成反比关系。

如果考虑式(4-7)中的线性项与二次项，则

$$\frac{\Delta C}{C_0} = \frac{\Delta d}{d_0} \left(1 + \frac{\Delta d}{d_0} \right) \qquad (4\text{-}12)$$

由式(4-8)和式(4-12)可得出传感器的相对非线性误差 δ 为

$$\delta = \frac{\left(\frac{\Delta d}{d_0}\right)^2}{\left|\frac{\Delta d}{d}\right|} \times 100\% = \left|\frac{\Delta d}{d_0}\right| \times 100\% \qquad (4\text{-}13)$$

由式(4-11)与式(4-13)可以看出，要提高灵敏度，应减小起始间隙 d_0，但非线性误差却随着 d_0 的减小而增大。同时 d_0 过小，容易引起电容器击穿或短路。为此，极板间可采用高介电常数的材料（云母、塑料膜等）做介质，如图4-4所示，此时电容 C 变为

$$\frac{1}{C} = \frac{1}{C_1} + \frac{1}{C_2} = \frac{d_g}{\varepsilon_0 \varepsilon_g A} + \frac{d_0}{\varepsilon_r \varepsilon_0 A}$$

$$C = \frac{A}{\frac{d_g}{\varepsilon_0 \varepsilon_g} + \frac{d_0}{\varepsilon_r \varepsilon_0}} \qquad (4\text{-}14)$$

式中，ε_g 为云母的相对介电常数，$\varepsilon_g = 7$；

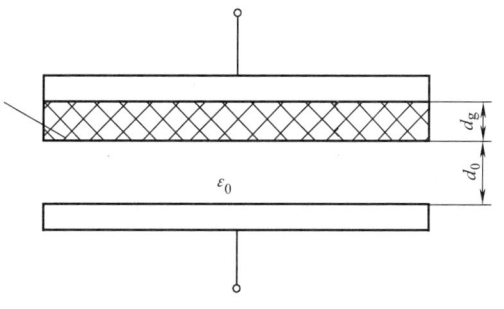

图 4-4 放置云母片的电容器

ε_r 为空气的相对介电常数, $\varepsilon_r = 1$; ε_0 为真空的介电常数; d_0 为空气隙厚度; d_g 为云母片的厚度。

云母片的相对介电常数是空气的 7 倍, 其击穿电压不低于 1000kV/mm, 而空气的仅为 3kV/mm。因此, 有了云母片, 极板间起始距离可大大减小。同时, 式(4-14)中的 ($d_g/\varepsilon_0\varepsilon_g$) 项是恒定值, 它能使传感器输出特性的线性度得到改善。

虽然放置云母片后, 传感器输出特性的线性度得到改善, 但在实际应用中, 为了提高灵敏度, 减小非线性误差, 大都采用差动式结构。图 4-5 是变极距型差动平板式电容传感器的结构示意图。

在差动式平板电容器中, 当动极板向上移动 Δd 时, 电容器 C_1 的间隙 d_1 变为 $d_0 - \Delta d$, 电容器 C_2 的间隙 d_2 变为 $d_0 + \Delta d$, 此时电容器 C_1 和 C_2 的电容量分别为

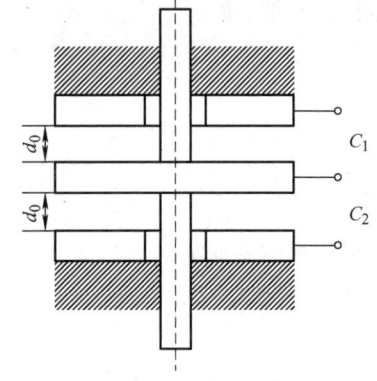

$$C_1 = \frac{C_0}{1 - \frac{\Delta d}{d_0}} \quad (4\text{-}15)$$

$$C_2 = \frac{C_0}{1 + \frac{\Delta d}{d_0}} \quad (4\text{-}16)$$

图 4-5 差动平板式电容传感器结构图

若 $\frac{\Delta d}{d_0} \ll 1$ 时, 则式(4-15)和式(4-16)按泰勒级数展开为

$$C_1 = C_0 \left[1 + \frac{\Delta d}{d_0} + \left(\frac{\Delta d}{d_0}\right)^2 + \left(\frac{\Delta d}{d_0}\right)^3 + \cdots \right] \quad (4\text{-}17)$$

$$C_2 = C_0 \left[1 - \frac{\Delta d}{d_0} + \left(\frac{\Delta d}{d_0}\right)^2 - \left(\frac{\Delta d}{d_0}\right)^3 + \cdots \right] \quad (4\text{-}18)$$

总的电容值变化量为

$$\Delta C = C_1 - C_2 = C_0 \left[2\frac{\Delta d}{d_0} + 2\left(\frac{\Delta d}{d_0}\right)^3 + 2\left(\frac{\Delta d}{d_0}\right)^5 + \cdots \right] \quad (4\text{-}19)$$

电容值相对变化量为

$$\frac{\Delta C}{C_0} = 2\frac{\Delta d}{d_0} \left[1 + \left(\frac{\Delta d}{d_0}\right)^2 + \left(\frac{\Delta d}{d_0}\right)^4 + \cdots \right] \quad (4\text{-}20)$$

因 $\frac{\Delta d}{d_0} \ll 1$, 略去高次项, 得

$$\frac{\Delta C}{C_0} = 2\frac{\Delta d}{d_0} \quad (4\text{-}21)$$

则差动电容式传感器的灵敏度 K_0 为

$$K_0 = \frac{\frac{\Delta C}{C_0}}{\Delta d} = \frac{2}{d_0} \quad (4\text{-}22)$$

如果只考虑式(4-19)中的线性项和三次项, 则电容式传感器的相对非线性误差 δ 近似为

$$\delta = \frac{2\left|\left(\dfrac{\Delta d}{d}\right)^3\right|}{\left|2\left(\dfrac{\Delta d}{d_0}\right)\right|} \times 100\% = \left(\dfrac{\Delta d}{d_0}\right)^2 \times 100\% \tag{4-23}$$

比较式(4-11)与式(4-22)及式(4-13)与式(4-23)可见,电容式传感器做成差动式之后,灵敏度提高一倍,而且非线性误差大大降低了。

一般变极距型电容式传感器的起止电容为 20~100pF,极板间距离为 25~200μm,最大位移应小于间距的 1/10,故在微位移测量中应用最广。

> **学生**:"原来通过将单极式变极距电容传感器变为差动式变极距电容传感器,可以提高传感器的灵敏度,减小非线性误差,而且用高数中所学的知识可以推导出其非线性误差的大小,我们所学的知识太有意思了。"

> **老师**:"对了,通过对此处的学习,我们应明白将单极式电容传感器改为差动式更好。"

例 4-1 电容测微仪的电容器极板面积 $A = 28\text{cm}^2$,间隙 $d = 1.1\text{mm}$,相对介电常数 $\varepsilon_r = 1$,$\varepsilon_0 = 8.85 \times 10^{-12}\text{F/m}$。求:

(1) 电容器的电容量。
(2) 若间隙减少 0.12mm,电容量又为多少?

解:

(1) $C_0 = \dfrac{\varepsilon_0 \varepsilon_r A}{d} = \dfrac{8.85 \times 10^{-12} \times 1 \times 28 \times 10^{-4}}{1.1 \times 10^{-3}} \text{F} = 22.5 \times 10^{-12}\text{F}$

(2) $C_1 = \dfrac{\varepsilon_0 \varepsilon_r A}{d - \Delta d} = \dfrac{8.85 \times 10^{-12} \times 1 \times 28 \times 10^{-4}}{(1.1 - 0.12) \times 10^{-3}} \text{F} = 25.3 \times 10^{-12}\text{F}$

答:此电容器的电容量为 22.5pF;若间隙减少 0.12mm,电容量为 25.3pF。

4.2.2 变面积型电容式传感器

1. 线位移式变面积型

图 4-6 所示是变面积型电容式传感器原理图,与变极距式相比,它可测量较大范围的线位移。当被测量通过动极板移动引起两极板有效覆盖面积 A 改变时,如图 4-6a 所示,从而得到电容量的变化,当动极板相对于定极板沿长度方向平移 Δx 时,其电容值为

$$C = C_0 - \Delta C = \varepsilon_0 \varepsilon_r (a - \Delta x)\dfrac{b}{d} \tag{4-24}$$

式中,$C_0 = \varepsilon_0 \varepsilon_r ba/d$ 为初始电容;a 为两极板的长;b 为两极板的宽;d 为两极板的距离。电容相对变化量为

$$\dfrac{\Delta C}{C_0} = \dfrac{\Delta x}{a} \tag{4-25}$$

由式(4-25)可知,这种形式的传感器其电容变化量 ΔC 与水平位移 Δx 是线性关系。因而,

其量程不受线性范围的限制,适合于测量较大的直线位移。它的灵敏度 K_0 为

$$K_0 = \frac{\Delta C/C_0}{\Delta x} = \frac{1}{a} \quad (4\text{-}26)$$

上述结论是在保持 d 不变的前提下得出的,在极板移动过程中若 d 不能精确保持不变,就会导致测量误差。为了减少这种影响,可以采用图 4-6b 所示的中间极板移动的结构。

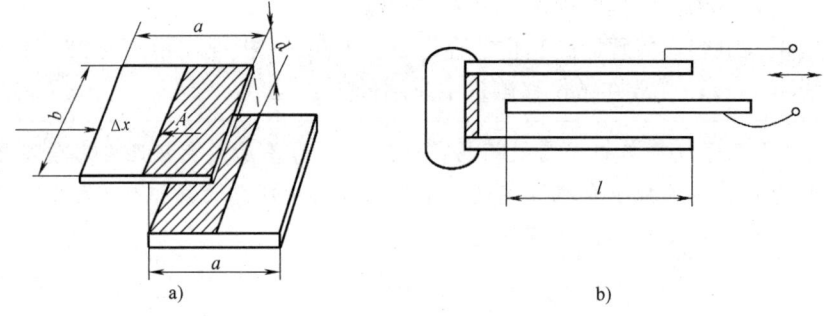

图 4-6 变面积型电容式传感器原理图
a) 动极板移动 b) 中间极板移动

2. 角位移式变面积型

图 4-7 所示是电容式角位移传感器原理图。当动极板有一个角位移 θ 时,与定极板间的有效覆盖面积就发生改变,从而改变了两极板间的电容量。

当 $\theta = 0$ 时,则

$$C_0 = \frac{\varepsilon_0 \varepsilon_r A_0}{d_0} \quad (4\text{-}27)$$

式中, ε_r 为介质相对介电常数; d_0 为两极板间距离; A_0 为两极板间初始覆盖面积。

当 $\theta \neq 0$ 时,则

$$C = \frac{\varepsilon_0 \varepsilon_r A_0 \left(1 - \frac{\theta}{\pi}\right)}{d_0} = C_0 - C_0 \frac{\theta}{\pi} \quad (4\text{-}28)$$

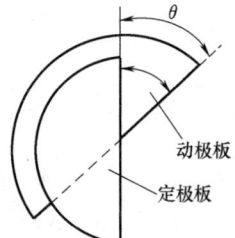

图 4-7 电容式角位移传感器原理图

由式(4-28)可以看出,传感器的电容量 C 与角位移 θ 呈线性关系。

4.2.3 变介质型电容式传感器

两电容极板之间的介质变化引起电容变化,这种形式的传感器称为变介质型电容式传感器。常见的有两种情况:一是两电容极板之间只有一种介质,介质的介电常数随被测非电量(如温度、湿度)的变化而变化,电容式温度传感器和电容式湿度传感器就属于这种情况;二是两电容极板之间有两种介质,两介质的位置或厚度变化而引起电容量的变化,电容式位移传感器、电容式厚度传感器、电容式物(液)位传感器就属于这种情况。变介质型电容式传感器又分为平板式和筒式。

1. 平板式变介质

图 4-8 所示是一种常用的线位移式变介质电容式传感器的结构图。图中两平行电极固定

不动，极距为 d_0，相对介电常数为 ε_{r2} 的电介质以不同深度插入电容器中，从而改变两种介质的极板覆盖面积。传感器总电容量 C 为

$$C = C_1 + C_2 = \varepsilon_0 b_0 \frac{\varepsilon_{r1}(L_0 - L) + \varepsilon_{r2} L}{d_0} \quad (4-29)$$

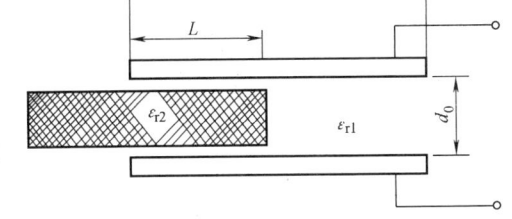

式中，L_0 和 b_0 为极板的长度和宽度；L 为第二种介质进入极板间的长度。

若电介质的相对介电常数 $\varepsilon_{r1} = 1$，当 $L = 0$ 时，则传感器初始电容 $C_0 = \varepsilon_0 L_0 b_0 / d_0$。当相对

图 4-8 线位移式变介质电容传感器的结构图

介电常数为 ε_{r2} 的被测介质进入极间 L 深度后，引起电容相对变化量为

$$\frac{\Delta C}{C_0} = \frac{C - C_0}{C_0} = \frac{(\varepsilon_{r2} - 1) L}{L_0} \quad (4-30)$$

由式 (4-30) 可知，电容量的相对变化量与相对介电常数为 ε_{r2} 电介质的移动量 L 呈线性关系。

2. 筒式变介质

图 4-9 所示为筒式变介质电容式传感器用于测量液位高低的结构原理图。设被测介质的相对介电常数为 ε_r，液位高度为 h，传感器总高度为 H，内筒外径为 d，外筒内径为 D，此时相当于两个电容器并联。对于筒式电容器，如果不考虑端部的边缘效应，它们的电容值分别为

$$C_1 = \frac{2\pi\varepsilon_0(H - h)}{\ln \frac{D}{d}} \quad (4-31)$$

$$C_2 = \frac{2\pi\varepsilon_0 \varepsilon_r h}{\ln \frac{D}{d}} \quad (4-32)$$

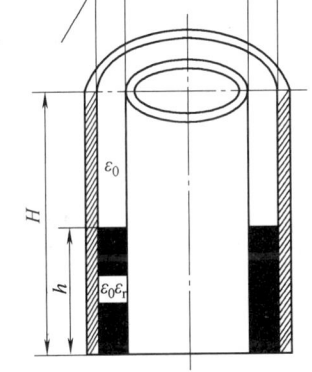

当未注入液体时的初始电容为

$$C_0 = \frac{2\pi\varepsilon_0 H}{\ln \frac{D}{d}} \quad (4-33)$$

图 4-9 筒式电容式传感器液位测量原理图

故总的电容值为

$$C = C_1 + C_2 = \frac{2\pi\varepsilon_0(H - h)}{\ln \frac{D}{d}} + \frac{2\pi\varepsilon_0 \varepsilon_r h}{\ln \frac{D}{d}} = \frac{2\pi\varepsilon_0 H}{\ln \frac{D}{d}} + \frac{2\pi\varepsilon_0 h(\varepsilon_r - 1)}{\ln \frac{D}{d}} \quad (4-34)$$

$$\Delta C = C - C_0 = \frac{2\pi\varepsilon_0 h(\varepsilon_r - 1)}{\ln \frac{D}{d}} \quad (4-35)$$

由式 (4-35) 可见，电容增量 ΔC 与被测液位的高度 h 呈线性关系。

学生： "原来电容式传感器有变极距型、变面积型与变介质型三类。"

老师： "是的，同学们应掌握这三种类型的基本工作原理。"

例 4-2 某工厂采用图 4-9 所示的电容传感器来测量储液罐中的绝缘液体的液位。已知内圆管的外径 d 为 20mm，外圆管的内径 D 为 40mm，内外圆管的高度 $H = 3$m，传感器在液体中的安装高度 $h_0 = 0.5$m。被测介质为绝缘油，其相对介电常数 $\varepsilon_r = 2.3$，真空介电常数为 8.85×10^{-12} F/m，测得总电容量为 401pF，求液位 h_1。

解： 设在传感器中的液位为 h

$$C = C_1 + C_2 = \frac{2\pi\varepsilon_r\varepsilon_0 h}{\ln\frac{D}{d}} + \frac{2\pi\varepsilon_0(H-h)}{\ln\frac{D}{d}}$$

$$= \frac{2\pi\varepsilon_0(\varepsilon_r - 1)h}{\ln\frac{D}{d}} + \frac{2\pi\varepsilon_0 H}{\ln\frac{D}{d}}$$

$$= \frac{2 \times 3.14 \times 8.85 \times 10^{-12} \times 1.3h}{\ln\frac{40}{20}} + \frac{2 \times 3.14 \times 8.85 \times 10^{-12} \times 3}{\ln\frac{40}{20}}$$

$$= (104.2h + 240.5) \times 10^{-12} = 401 \times 10^{-12}$$

所以 $h = 1.54$m

所以 $h_1 = h_0 + h = 0.5\text{m} + 1.54\text{m} = 2.04\text{m}$

答： 储液罐中液体的液位为 2.04m。

4.3 电容式传感器的转换电路

电容式传感器中的电容值以及电容变化值都十分微小，这样微小的电容量还不能直接为目前的显示仪表所显示，也很难为记录仪所接受，不便于传输，这就必须借助于转换电路检出这一微小电容增量，并将其转换成与其成单值函数关系的电压、电流或者频率。电容转换电路有调频电路、运算放大器式电路、二极管双 T 形交流电桥、脉冲宽度调制电路等。

4.3.1 调频转换电路

调频转换电路把电容式传感器作为振荡器谐振回路的一部分。当输入量导致电容量发生变化时，振荡器的振荡频率就发生变化。

虽然可将频率作为转换系统的输出量，用以判断被测非电量的大小，但此时系统是非线性的，不易校正，因此加入鉴频器，将频率的变化转换为振幅的变化，经过放大就可以用仪器指示或用记录仪记录下来。调频转换电路原理框图如图 4-10 所示。图中调频振荡器的振荡频率为

$$f = \frac{1}{2\pi\sqrt{LC}} \tag{4-36}$$

式中，L 为振荡回路的电感；C 为振荡回路的总电容，$C = C_1 + C_2 + (C_0 \pm \Delta C)$，其中 C_1 为振荡回路固有电容，C_2 为传感器引线分布电容，$(C_0 \pm \Delta C)$ 为传感器的电容。

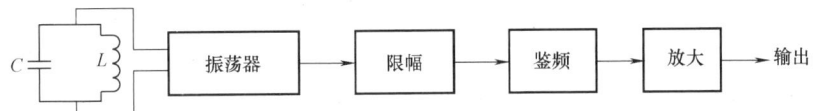

图 4-10　电容式传感器调频测量电路原理框图

为了防止干扰使调频信号产生寄生调幅，在鉴频器前常加一个限幅器将干扰及寄生调幅削平，使进入鉴频器的调幅信号是等幅的。鉴频器的作用是将调频信号的瞬时频率变化恢复成原调制信号电压的变化，它是调频信号的解调器。

当被测信号为 0 时，$\Delta C = 0$，则 $C = C_1 + C_2 + C_0$，所以振荡器有一个固有频率 f_0，且

$$f_0 = \frac{1}{2\pi \sqrt{(C_1 + C_2 + C_0)L}} \tag{4-37}$$

当被测信号不为 0 时，$\Delta C \neq 0$，振荡器频率 f_0 有相应变化，此时频率为

$$f = \frac{1}{2\pi \sqrt{(C_1 + C_2 + C_0 \pm \Delta C)L}} = f_0 \pm \Delta f \tag{4-38}$$

调频电容传感器转换电路具有较高灵敏度，可以测至 $0.01\mu m$ 级位移变化量。频率输出易用数字仪器测量，并易于与计算机进行通信，抗干扰能力强，可以发送、接收以实现遥测遥控。

4.3.2　运算放大器式电路

运算放大器的放大倍数 K 非常大，而且输入阻抗 Z_i 很高。运算放大器的这一特点可以使其作为电容式传感器比较理想的转换电路。图 4-11 是运算放大器式电路原理图。C_x 为电容式传感器，$\dot{U}_i$ 是交流电源电压，$\dot{U}_o$ 是输出信号电压。由运算放大器工作原理可得

$$\dot{U}_o = -\frac{C}{C_x}\dot{U}_i \tag{4-39}$$

如果传感器是一只平板电容，则 $C_x = \varepsilon A/d$，代入式(4-39)，有

$$\dot{U}_o = -\dot{U}_i \frac{C}{\varepsilon A}d \tag{4-40}$$

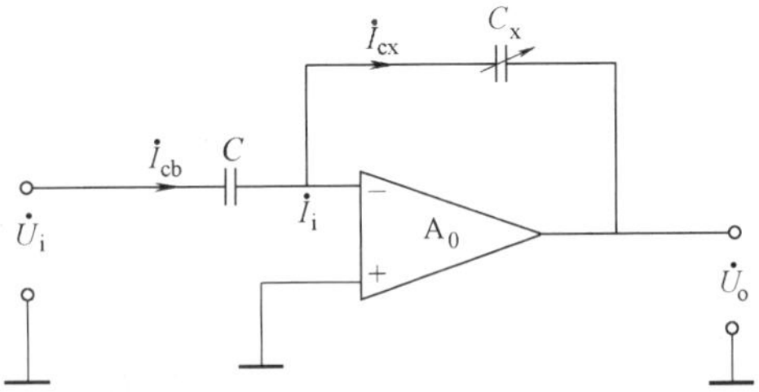

图 4-11　运算放大器式电路原理图

式中，"−"号表示输出电压 $\dot{U}_o$ 的相位与电源电压反相。

式(4-40) 说明运算放大器的输出电压与极板间距离 d 成线性关系。运算放大器电路解决了单个变极板间距式电容传感器的非线性问题，但要求 Z_i 及 K 足够大。为保证仪器精度，还要求电源电压 $\dot{U}_i$ 的幅值和固定电容 C 值稳定。

4.3.3　二极管双 T 形交流电桥

图 4-12 所示是二极管双 T 形交流电桥电路原理图。e 是高频电源，它提供幅值为 U_i 的

对称方波，VD_1、VD_2 为特性完全相同的两个二极管，$R_1 = R_2 = R$，C_1、C_2 为传感器的两个差动电容。当传感器没有输入时，$C_1 = C_2$。

电路工作原理如下：当 e 为正半周时，二极管 VD_1 导通、VD_2 截止，于是电容 C_1 充电，其等效电路如图4-12b 所示。在随后负半周出现时，电容 C_1 通过电阻 R_1 与负载电阻 R_L 放电，流过 R_L 的电流为 I_1。当 e 为负半周时，VD_2 导通、VD_1 截止，则电容 C_2 充电，其等效电路如图4-12c 所示。在随后出现正半周时，电容 C_2 通过电阻 R_2 与负载电阻 R_L 放电，流过 R_L 的电流为 I_2。根据上面所给的条件，则电流 $I_1 = I_2$，且方向相反，在一个周期内流过 R_L 的平均电流为零。

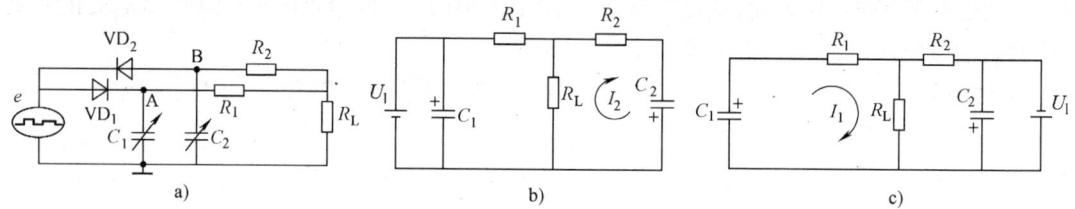

图4-12 二极管双T形交流电桥电路
a) 电桥电路 b) C_1 充电 C_2 放电电路 c) C_2 充电 C_1 放电电路

若传感器输入不为0，则 $C_1 \neq C_2$，那么 $I_1 \neq I_2$，此时 R_L 上必定有信号输出，其输出在一个周期内的平均值为

$$U_o = I_L R_L = \frac{1}{T} \int_0^T [I_1(t) - I_2(t)] dt R_L$$

$$\approx \frac{R(R + 2R_L)}{(R + R_L)^2} R_L U_i f (C_1 - C_2) \qquad (4-41)$$

式中，f 为电源频率。

当 R_L 已知时，式(4-41) 中 $\frac{R(R + 2R_L)}{(R + R_L)^2} R_L = M (常数)$，则

$$U_o = U_i f M (C_1 - C_2) \qquad (4-42)$$

由式(4-42) 可知，输出电压 U_o 不仅与电源电压的幅值和频率有关，而且与T形网络中的电容 C_1 和 C_2 的差值有关。当电源电压确定后，输出电压 U_o 是电容 C_1 和 C_2 的函数。该电路输出电压较高，当电源频率为1.3MHz、电源电压 $U_i = 46$V、电容差值从 $-7 \sim +7$pF 变化时，可以在1MΩ 负载上得到 $-5 \sim +5$V 的直流输出电压。电路的灵敏度与电源幅值和频率有关，故输入电源要求稳定。当 U_i 幅值较高，使二极管 VD_1、VD_2 工作在线性区域时，测量的非线性误差很小。电路的输出阻抗与电容 C_1、C_2 无关，而仅与 R_1、R_2 及 R_L 有关，其值为 $1 \sim 100$kΩ。输出信号的上升沿时间取决于负载电阻。对于1kΩ 的负载电阻上升时间为20μs 左右，故可用来测量高速的机械振动。

4.3.4 脉冲宽度调制电路

脉冲宽度调制电路如图4-13a 所示。图中 C_1、C_2 为差动式电容传感器，双稳态触发器的高电平为 U_1，电阻 $R_1 = R_2$，A_1、A_2 为比较器。当双稳态触发器处于某一状态：$Q = 1$，

$\overline{Q}=0$ 时,A 点高电位通过 R_1 对 C_1 充电,时间常数为 $\tau_1=R_1C_1$,直至 F 点电位高于参比电位 U_r,比较器 A_1 输出正跳变信号。与此同时,因 $\overline{Q}=0$,电容器 C_2 上已充电流通过 VD_2 迅速放电至零电平。A_1 正跳变信号激励触发器翻转,使 $Q=0$,$\overline{Q}=1$,于是 A 点为低电位,C_1 通过 VD_1 迅速放电,而 B 点高电位通过 R_2 对 C_2 充电,时间常数为 $\tau_2=R_2C_2$,直至 G 点电位高于参比电位。

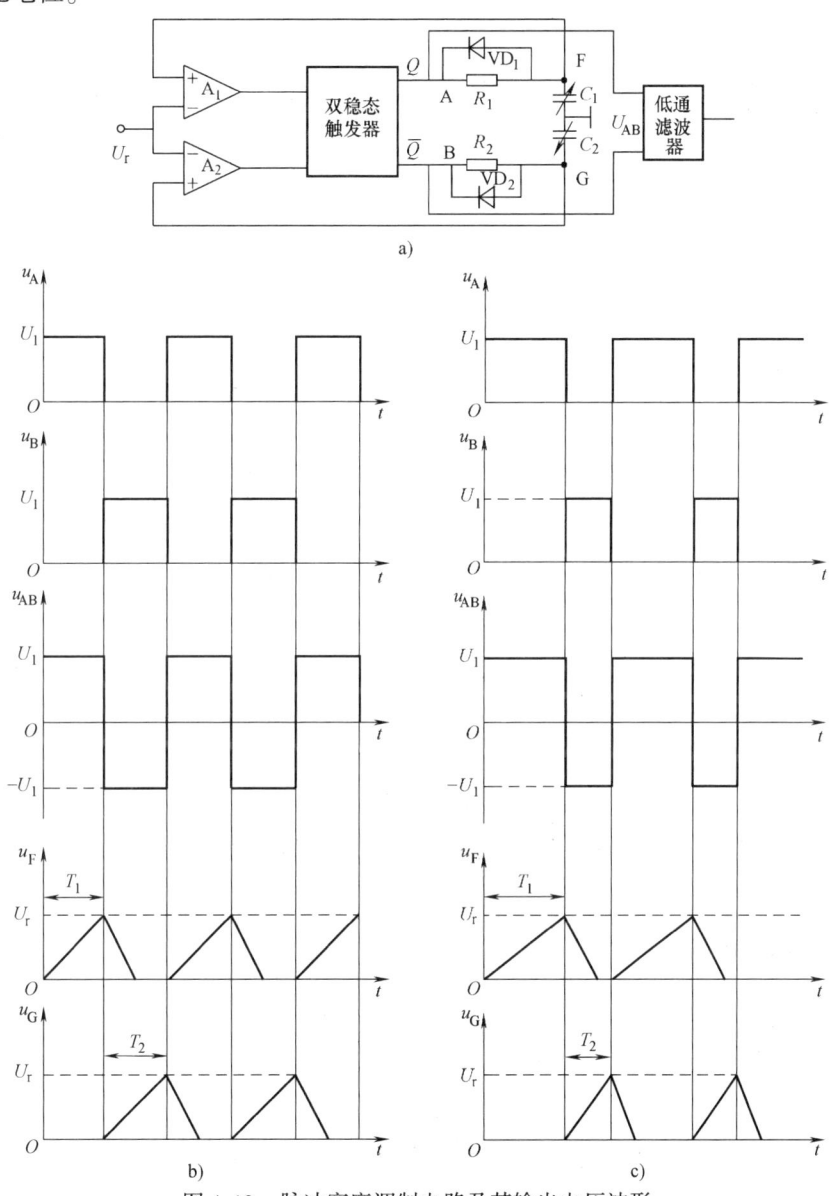

图 4-13 脉冲宽度调制电路及其输出电压波形
a) 差动脉冲调宽电路　b) $C_1=C_2$ 时各点电压波形　c) $C_1>C_2$ 时各点电压波形

比较器 A_2 输出正跳变信号,使触发器发生翻转,重复前述过程。当差动电容器的 $C_1=C_2$ 时,其平均电压值为零,如图 4-13b 所示。当差动电容 $C_1 \neq C_2$,且 $C_1>C_2$ 时,则 $\tau_1=R_1C_1>\tau_2=R_2C_2$。由于充放电时间常数变化,使电路中各点电压波形产生相应改变,如图 4-13c 所示,此时 u_A、u_B 脉冲宽度不再相等,一个周期(T_1+T_2)时间内其平均电压值不为零。此电压经低通滤波器滤波后,可获得输出:

$$u_{AB}=u_A-u_B=\frac{U_1(T_1-T_2)}{T_1+T_2} \tag{4-43}$$

式中,U_1 为触发器输出高电平;T_1、T_2 为 C_1、C_2 充电至 U_r 所需时间。

由电路知识可知:

$$T_1=R_1C_1\ln\frac{U_1}{U_1-U_r} \tag{4-44}$$

$$T_2=R_2C_2\ln\frac{U_1}{U_1-U_r} \tag{4-45}$$

将 T_1、T_2 代入式(4-43),得

$$u_{AB}=\frac{C_1-C_2}{C_1+C_2}U_1 \tag{4-46}$$

把式(4-1)代入式(4-46),在变极板距离的情况下可得

$$u_{AB}=\frac{d_2-d_1}{d_1+d_2}U_1 \tag{4-47}$$

式中,d_1、d_2 分别为 C_1、C_2 极板间距离。

当差动电容 $C_1=C_2=C_0$,即 $d_1=d_2=d_0$ 时,$u_{AB}=0$;若 $C_1\neq C_2$,设 $C_1>C_2$,即 $d_1=d_0-\Delta d$,$d_2=d_0+\Delta d$,则

$$u_{AB}=\frac{\Delta d}{d}U_1 \tag{4-48}$$

同样,在变面积差动式电容传感器中,有

$$u_{AB}=\frac{\Delta A}{A}U_1 \tag{4-49}$$

根据以上分析可知:

1) 不论是极距变化型或面积变化型,其输入与输出变化量都成线性关系,而且脉冲宽度调制电路对传感元件的线性度要求不高。

2) 不需要解调电路,只要经过低通滤波器就可以得到直流输出。

3) 调制脉冲频率的变化对输出无影响。

4) 由于采用直流稳压电源供电,不存在对其波形及频率的要求。

上述这些特点都是其他电容测量电路无法比拟的。

4.4 电容式传感器的应用

4.4.1 电容式压力传感器

图 4-14 所示为差动电容式压力传感器的结构图。图中所示为一个膜片动电极和两个在凹形玻璃上电镀层的固定电极组成的差动电容器。

其工作原理为:当两隔离膜外的压力 $p_1=p_2$ 时,弹性膜片与左右固定极板间距相同,

即初始间距相同,设初始间距为 l_0,电容 $C_1 = C_2 = C_0$;当 $p_1 \neq p_2$ 时,即有压差作用,其作用通过隔离膜与硅油将压差传递给弹性膜片,在压差的作用下弹性膜片产生形变,相当于动电极和固定电极间隙改变($\pm \Delta l$),由于 Δl 很小,可以认为 $\Delta l = k \Delta p$(式中,k 为比例常数,$\Delta p = p_1 - p_2$)。这样,弹性膜片与左右极板间的距离由原来的 l_0 变为 $l_0 \pm \Delta l$,相应的两个电容 C_1、C_2 分别为

$$C_1 = \frac{k'}{l_0 + \Delta l} = C_0 - \Delta C \quad (4\text{-}50)$$

$$C_2 = \frac{k'}{l_0 - \Delta l} = C_0 + \Delta C \quad (4\text{-}51)$$

式中,k' 为由电容器极板的面积和介电常数决定的常数。

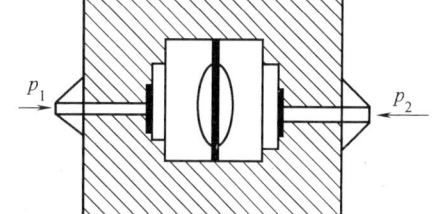

图 4-14 差动电容式压力传感器的结构图

解方程式(4-50)和式(4-51),可得出压差 Δp 与电容 C_1、C_2 的关系为

$$\frac{C_2 - C_1}{C_2 + C_1} = \frac{\Delta C}{C_0} = \frac{\Delta l}{l_0} = k'' \Delta p \quad (4\text{-}52)$$

式中,$k'' = k/l_0$。

由式(4-52)可知,被测输入量 Δp 与 $\dfrac{C_2 - C_1}{C_2 + C_1}$ 呈线性关系,通过差动电桥法等转换电路可以将 $\dfrac{C_2 - C_1}{C_2 + C_1}$ 转换成电压或电流。

4.4.2 差动式电容测厚传感器

电容测厚传感器是用来对金属带材在轧制过程中的厚度进行检测的,其工作原理是在被测带材的上下两侧各放置一块面积相等、与带材距离相等的极板,这样极板与带材就构成了两个电容 C_1、C_2。把两块极板用导线连接起来成为一个极,而带材就是电容的另一个极,其总电容为 $C_1 + C_2$。如果带材的厚度发生变化,将引起电容量的变化,用交流电桥将电容的变化测出来,经过放大即可由电表指示测量结果。

差动式电容测厚传感器的测量原理框图如图 4-15 所示,音频信号发生器产生的音频信号,接入变压器 T 的一次绕组,变压器二次侧的两个绕组作为测量电桥的两臂,电桥的另外两桥臂

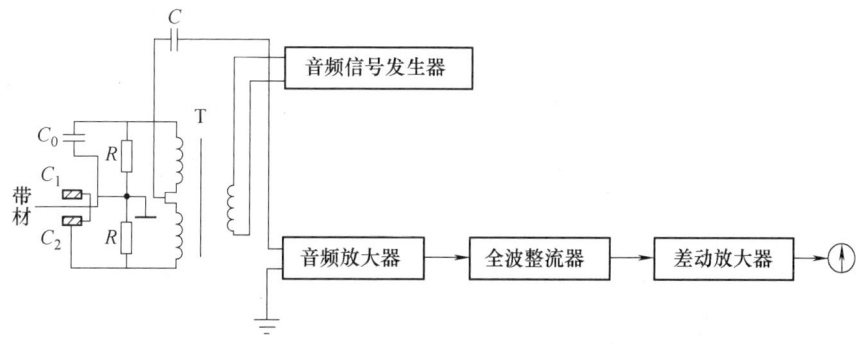

图 4-15 差动式电容测厚系统组成框图

由标准电容 C_0 和带材与极板形成的被测电容 $C_x(C_x=C_1+C_2)$ 组成。电桥的输出电压经过放大器放大后整流为直流，再经差动放大，即可用指示电表指示出带材厚度的变化。

4.4.3 电容式加速度传感器

电容式加速度传感器采用了微机电系统（MEMS）工艺，是惯性导航系统中最重要的传感器之一，例如当用于惯性导航平台系统的调平和运动状态参数的测量时，应在导航的惯性导航平台上，沿3个坐标轴安装3个加速度传感器，分别测出3个轴向的加速度，再通过积分器和计算机求出3轴方向的速度和位移，从而确定运动物体在空间的坐标位置并提供速度、位置等各种控制信号。同时，电容式加速度传感器在安全气囊、手机移动设备上的应用也是无可替代的。

电容式加速度传感器内含有加速度传感器和信号调理电路，其加速度传感器的内部结构如图4-16所示。图中有一对平行板式差分电容 C_a、C_b，电容的两端为定极板，中间为动极板。1MHz振荡器产生两路方波电压 U_1 和 U_2，二者的相位依次为0°、180°，分别加至 C_a、C_b 的上下极板。令加速度为零时两电容极板的距离分别为 d_0，此时 $C_a=C_b$，因为 U_1、U_2 的幅值相等，相位差为180°，所以 $U_1=-U_2$，二者互相抵消后，中间极板的输出电压 $U_o=0$，表示加速度为0。当传感器受到方向向下的惯性力或冲击时，中间极板就产生位移量 d_1，使差分电容呈不对称结构，此时 $C_a<C_b$。由于两个电容的数值不相等，就在中间极板上产生电压 U_o。U_o 的幅值与加速度成正比。

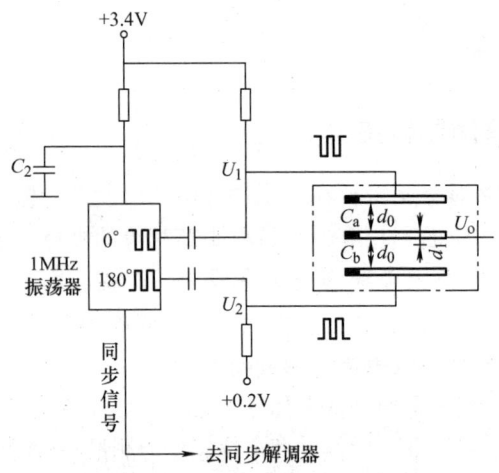

图4-16 加速度传感器的内部结构

本 章 小 结

电容式传感器是把某些非电量的变化通过一个可变电容器转换成电容量变化的装置，其实际是一个具有可变参数的电容器。多数场合下，它是由绝缘介质分开的两个平行金属板组成的。当各种被测量通过敏感元件使电容式传感器的两极板的极距、遮盖面积或两极板间介质的介电常数发生变化时，电容量就随之变化，然后再经转换电路转换成电压、电流或频率等信号输出，从而反映出被测量的大小。

电容式传感器根据工作原理可分为变极距型、变面积型和变介质型三种类型。电容式传感器中电容值以及电容变化值都十分微小,这样微小的电容量还不能直接为目前的显示仪表所显示,所以,在具体应用时必须借助于转换电路检出这一微小电容变化量。

电容式传感器应用比较广泛,其不但用于位移、振动、角度、加速度等机械量的精密测量,还应用于压力、差压、液面、料面、成分、含量等方面的测量。

思考题与习题

4-1 电容式传感器有哪些类型?

4-2 叙述电容式传感器的工作原理及输出特性。

4-3 为什么电感式和电容式传感器的结构多采用差动形式?差动结构形式的特点是什么?

4-4 电容式传感器的测量电路有哪些?叙述二极管双T形交流电桥的工作原理。

4-5 试分析变面积式电容传感器和变极距式电容的灵敏度。为了提高传感器的灵敏度可采取什么措施?并应注意什么问题?

4-6 为什么说变极距型电容传感器特性是非线性的?采取什么措施可改善其非线性特征?

4-7 有一平面直线位移差动传感器,其测量电路采用变压器交流电桥,如图4-17所示。电容传感器起始时 $b_1 = b_2 = b = 200mm$, $a_1 = a_2 = 20mm$,极距 $d = 2mm$,极间介质为空气,测量电路 $u_i = 3\sin\omega t V$,且 $u = u_i$。试求当动极板上输入一位移量 $\Delta x = 5mm$ 时,电桥输出电压 u_o 为多少?

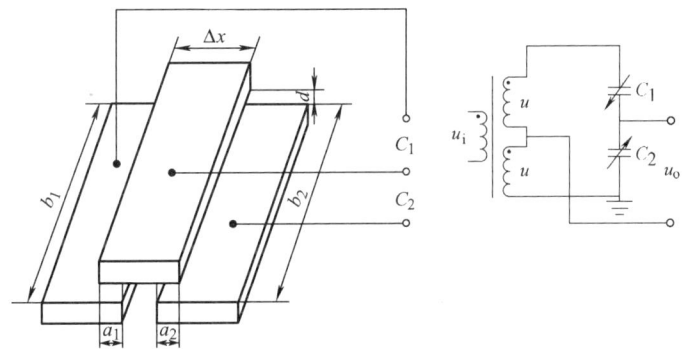

图4-17 题4-7图

4-8 变极距电容传感器的测量电路为运算放大器电路,如图4-18所示。$C_0 = 200pF$,传感器的起始电容量 $C_{x0} = 20pF$,定动极板距离 $d_0 = 1.5mm$,运算放大器为理想放大器(即 $K \to \infty$,$Z_i \to \infty$),R_f 极大,输入电压 $u_i = 5\sin\omega t V$。求:当电容传感器动极板上输入一位移量 $\Delta x = 0.15mm$ 使 d_0 减小时,电路输出电压 u_o 为多少?

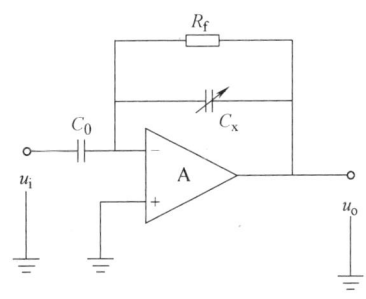

图4-18 题4-8图

4-9　推导差动式电容传感器的灵敏度,并与单极式电容传感器相比较。

4-10　有一台变间隙非接触式电容测微仪,其传感器的极板半径 $r=4$mm,假设与被测工件的初始间隙 $\delta_0=0.3$mm,已知极板间介质为空气,空气介电常数 $\varepsilon_0=8.85\times10^{-12}$F/m,试问:

(1) 如果传感器与工件的间隙减小 10μm,那么电容变化量为多少?

(2) 如果测量电路的灵敏度 $K=100$mV/pF,则在传感器与工件的间隙减小 1μm 时的输出电压为多少?

4-11　根据电容式传感器的工作原理说明它的分类。电容式传感器能够测量哪些物理参量?

4-12　总结电容式传感器的优缺点、主要应用场合以及使用中应注意的问题。

4-13　简述电容式传感器用差动脉冲调宽电路的工作原理及特点。

4-14　有一个直径为2m、高5m的铁桶,往桶内连续注水,当注水数量达到桶容量的80%时就应当关闭阀门,停止加水,试分析用应变片式或电容式传感器系统来解决该问题的途径和方法。

第 5 章 压电式传感器

压电式传感器是典型的有源传感器。当压电材料受力作用而变形时，其表面会有电荷产生，从而实现非电量测量。压电式传感器具有体积小、重量轻、工作频带宽等特点，因此在各种动态力、机械冲击与振动的测量，以及声学、医学、力学、宇航等方面都得到了非常广泛的应用。

5.1 压电式传感器的工作原理及等效电路

5.1.1 压电式传感器的工作原理

压电式传感器的工作原理是基于某些介质材料的压电效应。压电效应是当沿着一定方向对某些电介质施力而使它变形时，其内部就产生极化现象，同时在它的两个表面上便产生符号相反的电荷，当外力去掉后又重新恢复不带电状态的现象，这种现象又称为正压电效应。当作用力的方向改变时，电荷的极性也随着改变。相反，当在电介质的极化方向上施加电场时，这些电介质也会产生变形，这种现象称为逆压电效应。

压电材料的压电特性常用压电方程来描述：

$$q_i = d_{ij}\sigma_j \quad 或 \quad Q_i = d_{ij}F_i \tag{5-1}$$

式中，q_i 为电荷的表面密度（C/cm²）；σ_j 为单位面积上的作用力，即应力（N/cm²）；$d_{ij}(i=1, 2, 3; j=1, 2, 3, 4, 5, 6)$ 为压电常数（C/N）；Q 为表面电荷量（C）；F 为作用力（N）。

压电方程式(5-1)中有两个下角标，其中第一个下角标 i 表示晶体的极化方向。当产生电荷的表面垂直于 X 轴（Y 轴或 Z 轴）时，记为 $i=1$（2 或 3）。第二个下角标 $j=1, 2, 3, 4, 5, 6$，分别表示沿 X 轴、Y 轴、Z 轴方向的单向应力和在垂直于 X 轴、Y 轴、Z 轴的平面（即 OYZ 平面、OZX 平面、OXY 平面）内作用的剪切力。单向应力的符号规定拉应力为正，压应力为负；剪切力的符号用右手螺旋定则确定。图 5-1 表示了它们的方向。

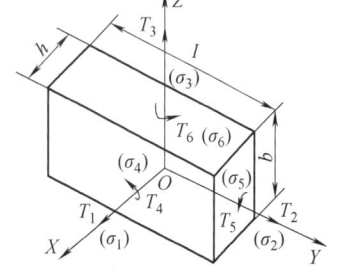

图 5-1 压电元件的坐标系表示法

学生："老师，式(5-1)是不是说明了压电材料受力后产生的电荷多少只与材料特性及受力大小有关，与材料体积没有关系呀？"

> **老师**："电荷密度与电荷量是相对于垂直于某个轴的面而言的,式(5-1)说明,当压电材料受到平行于某一个轴的单向应力时,在垂直于该轴的平面上产生的电荷与压电材料的体积无关,详细内容后面将会讲解。"

晶体在任意受力状态下产生的表面电荷密度可由下列方程组决定:

$$\begin{cases} q_1 = d_{11}\sigma_1 + d_{12}\sigma_2 + d_{13}\sigma_3 + d_{14}\sigma_4 + d_{15}\sigma_5 + d_{16}\sigma_6 \\ q_2 = d_{21}\sigma_1 + d_{22}\sigma_2 + d_{23}\sigma_3 + d_{24}\sigma_4 + d_{25}\sigma_5 + d_{26}\sigma_6 \\ q_3 = d_{31}\sigma_1 + d_{32}\sigma_2 + d_{33}\sigma_3 + d_{34}\sigma_4 + d_{35}\sigma_5 + d_{36}\sigma_6 \end{cases} \quad (5\text{-}2)$$

式中,q_1、q_2、q_3 为垂直于 X 轴、Y 轴、Z 轴的平面上的表面电荷密度(C/cm^2);σ_1、σ_2、σ_3 为沿着 X 轴、Y 轴、Z 轴的单向应力(N/cm^2);σ_4、σ_5、σ_6 为垂直于 X 轴、Y 轴、Z 轴的平面内的剪切应力(N/cm^2);d_{ij}($i=1,2,3$;$j=1,2,3,4,5,6$)为压电常数(C/N)。

这样,压电材料的压电特性可以用它的压电常数矩阵表示如下:

$$(d_{ij}) = \begin{pmatrix} d_{11} & d_{12} & d_{13} & d_{14} & d_{15} & d_{16} \\ d_{21} & d_{22} & d_{23} & d_{24} & d_{25} & d_{26} \\ d_{31} & d_{32} & d_{33} & d_{34} & d_{35} & d_{36} \end{pmatrix} \quad (5\text{-}3)$$

具有压电效应的物质很多,如天然形成的石英晶体,外形如图 5-2 所示。人工制造的压电陶瓷、锆钛酸铅等,都可以做成压电式传感器。现以石英晶体和压电陶瓷为例来说明压电现象。

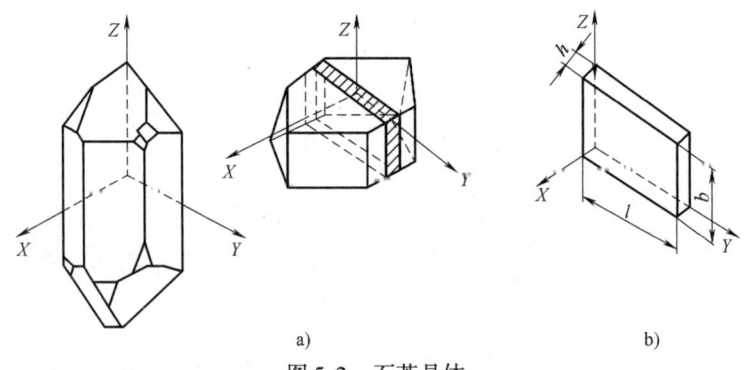

图 5-2 石英晶体
a) 天然晶体 b) 晶体切片

> **老师**："式(5-2)说明了在晶体受到任意力时不同的面所产生的电荷情况。其实,在实际应用中没有这么复杂,因为在设计传感器时会考虑让压电材料受到某一特定的力,从而对这一特定力进行测量。"

1. 石英晶体

天然结构的石英晶体理想外形是一个正六面体,在结晶学中,将石英晶体的结构用三根互相垂直的轴来表示,其中纵向轴 Z 称为光轴,经过六棱柱棱线并垂直于光轴的 X 轴称为电轴,与 X 轴和 Z 轴同时垂直的 Y 轴(垂直于棱面)称为机械轴。

石英晶体的压电效应与其内部结构有关,石英晶体即二氧化硅(SiO_2)。为了直观地了解其压电效应,将一个单元中构成石英晶体的硅离子和氧离子,在垂直于 Z 轴的 OXY 平面上的投影等效为图 5-3 中的正六边形排列。图中"+"代表 Si 离子,"-"代表 O 离子。

当石英晶体未受外力作用时,正、负离子(即 Si 和 O)正好分布在正六边形的顶角上,形成三个大小相等、互成 120°夹角的电偶极矩 $\boldsymbol{p}_1$、$\boldsymbol{p}_2$ 和 $\boldsymbol{p}_3$,如图 5-3a 所示。电偶极矩的模为 ql,q 为电荷量,l 为正、负电荷之间的距离。电偶极矩的方向为负电荷指向正电荷。此时,正、负电荷中心重合,电偶极矩的矢量和等于零,即 $\boldsymbol{p}_1+\boldsymbol{p}_2+\boldsymbol{p}_3=0$。这时晶体表面不产生电荷,从整体上说它呈电中性。

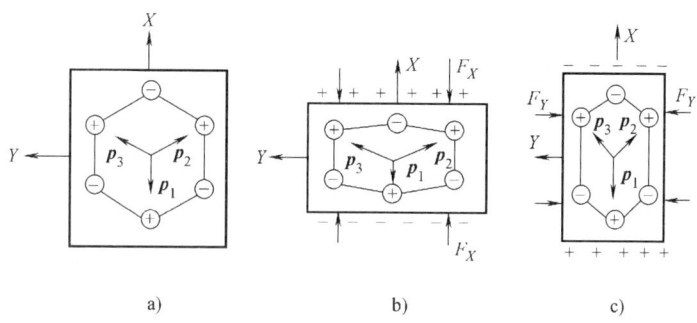

图 5-3 石英晶体压电效应机理示意图
a)未受外力情况 b)受沿 X 轴方向的压力情况 c)受沿 Y 轴方向的压力情况

当石英晶体受到沿 X 轴方向的压力作用时,将产生压缩变形,正、负离子的相对位置随之变动,正、负电荷中心不再重合,如图 5-3b 所示。电偶极矩在 X 轴方向的分量为 $(\boldsymbol{p}_1+\boldsymbol{p}_2+\boldsymbol{p}_3)_X>0$,在 X 轴正方向的晶体表面上出现正电荷;而在 Y 轴和 Z 轴方向的分量均为零,即 $(\boldsymbol{p}_1+\boldsymbol{p}_2+\boldsymbol{p}_3)_Y=0$,$(\boldsymbol{p}_1+\boldsymbol{p}_2+\boldsymbol{p}_3)_Z=0$,在垂直于 Y 轴和 Z 轴的晶体表面上不出现电荷。这种沿 X 轴施加力,而在垂直于 X 轴的晶体表面上产生电荷的现象,称为"纵向压电效应"。

当石英晶体受到沿 Y 轴方向的压力作用时,晶体如图 5-3c 所示变形。电偶极矩在 X 轴方向的分量 $(\boldsymbol{p}_1+\boldsymbol{p}_2+\boldsymbol{p}_3)_X<0$,在 X 轴正方向的晶体表面上出现负电荷。同样,在垂直于 Y 轴和 Z 轴的晶体表面上不出现电荷。这种沿 Y 轴施加力,而在垂直于 X 轴的晶体表面上产生电荷的现象,称为"横向压电效应"。

当晶体受到沿 Z 轴方向的力(无论是压力或拉力)作用时,因为晶体在 X 方向和 Y 方向的变形相同,正、负电荷中心始终保持重合,电偶极矩在 X、Y 方向的分量等于零。所以,沿光轴方向施加力,石英晶体不会产生压电效应。

石英晶体在 XYZ 坐标系中,沿不同方位进行切割,可得到不同的几何切型,而不同切型的晶片其压电常数、弹性常数、介电常数、温度特性等参数都不一样。石英晶体的切型很多,如 XY 切型,表示晶体的厚度方向平行于 X 轴,晶片面与 X 轴垂直,不绕任何坐标轴旋转,简称 X 切,如图 5-4a 所示。又如 YX 切型,表示晶片的厚度方向与 Y 轴平行,晶片面与 Y 轴垂直,不绕任何坐标轴旋转,简称 Y 切,如图 5-4b 所示。

对于 X 切型的晶片,其厚度变形为石英晶体的纵向压电效应,长度变形为石英晶体

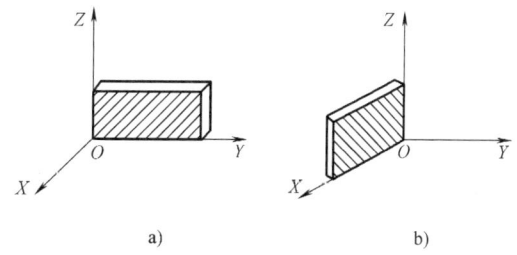

图 5-4 石英晶体的切型
a)X 切型原始位置 b)Y 切型原始位置

的横向压电效应；对于 Y 切型的晶片，其厚度变形为石英晶体的横向压电效应，长度变形为石英晶体的纵向压电效应。设计传感器时可根据需要，适当选择切型。

当 X 切型的晶片在沿 X 轴方向受到外力 F_x 作用时，晶片将产生厚度变形，并产生极化现象，在晶体线性弹性范围内，极化强度 P_x（晶体表面的电荷密度）与应力 $\sigma_x(=F_x/lb)$ 成正比，即

$$P_x = q_x = d_{11}\sigma_x = d_{11}\frac{F_x}{lb} = \frac{Q_x}{lb} \tag{5-4}$$

式中，l、b 分别为石英晶片的长度和宽度；Q_x 为垂直于 X 轴晶面上的电荷。
所以

$$Q_x = d_{11}F_x \tag{5-5}$$

从式(5-5)中可以看出，当晶体受到 X 方向外力作用时，晶面上产生的电荷 Q_x 与作用力 F_x 成正比，而与晶片的几何尺寸无关。电荷 Q_x 的极性视 F_x 是压力还是拉力而决定，如图 5-5 所示。

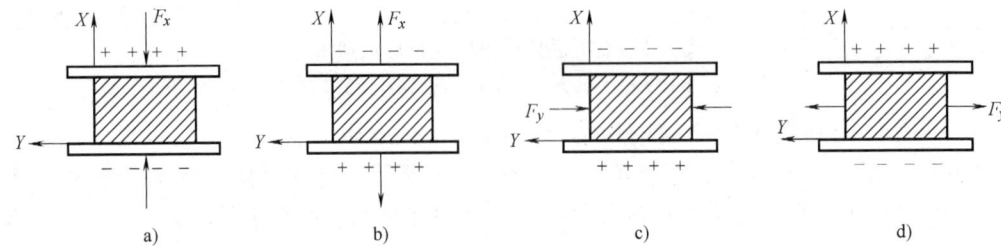

图 5-5 晶体切片上电荷极性与受力方向的关系
a) X 轴方向受压力 b) X 轴方向受拉力 c) Y 轴方向受压力 d) Y 轴方向受拉力

如果在同一晶面上，作用力是沿着机械轴 Y 方向，其电荷仍在与 X 轴垂直的平面上出现，极性如图 5-5c、d 所示。此时电荷量为

$$Q_x = d_{12}\frac{lb}{bh}F_y = d_{12}\frac{l}{h}F_y \tag{5-6}$$

式中，d_{12} 为石英晶体在 Y 方向受力时的压电系数；l、h 分别为晶片的长度和厚度。

根据石英晶体的对称条件，$d_{12} = -d_{11}$，则式(5-6)可改写为

$$Q_x = -d_{11}\frac{l}{h}F_y \tag{5-7}$$

负号表示沿 Y 轴的压缩力产生的电荷与沿 X 轴施加的压缩力所产生的电荷极性相反。由式(5-7)可见，沿机械轴方向施加作用力时，产生的电荷量与晶片的几何尺寸有关。

此外，石英压电晶体除了纵向、横向压电效应外，在切向应力作用下也会产生电荷。当切应力 σ_4（或 τ_{yz}，见图 5-1）作用于晶体时产生切应变，同时在 X 方向上有伸缩应变，$d_{14} \neq 0$。当切应力 σ_5 和 σ_6（τ_{zx} 或 τ_{xy}，见图 5-1）作用时都产生切应变，这种应变改变了 Y 方向上 $p=0$ 的状态。所以 Y 方向上有电荷出现，存在 Y 方向上的压电效应，其相应的压电常数 $d_{25} \neq 0$ 和 $d_{26} \neq 0$，而且有 $d_{25} = -d_{14}$，$d_{26} = -2d_{11}$，故其压电常数矩阵为

$$(d_{ij}) = \begin{pmatrix} d_{11} & d_{12} & 0 & d_{14} & 0 & 0 \\ 0 & 0 & 0 & 0 & d_{25} & d_{26} \\ 0 & 0 & 0 & 0 & 0 & 0 \end{pmatrix} = \begin{pmatrix} d_{11} & -d_{11} & 0 & d_{14} & 0 & 0 \\ 0 & 0 & 0 & 0 & -d_{14} & -2d_{11} \\ 0 & 0 & 0 & 0 & 0 & 0 \end{pmatrix} \tag{5-8}$$

由式(5-8)可知,石英晶体只有2个独立常数: $d_{11} = 2.31\text{pC/N}$; $d_{14} = 0.727\text{pC/N}$。

2. 压电陶瓷

压电陶瓷是一种常用的压电材料,与单晶体的石英晶体不同,压电陶瓷是人工制造的多晶体材料。它由无数细微的电畴组成,这些电畴实际上是自发极化的小区域,自发极化的方向完全是任意排列的,如图5-6a所示。从整体来看,这些电畴无极化效应,呈电中性,不具有压电性质。

为了使压电陶瓷具有压电效应,必须进行极化处理。所谓极化处理,就是在一定温度下对压电陶瓷施加强电场(如20~30kV/cm直流电场),经过2~3h以后,压电陶瓷就具备压电性能了。这是因为陶瓷内部的电畴的极化

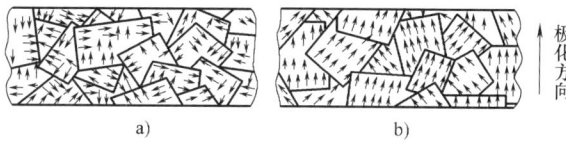

图5-6 钛酸钡压电陶瓷的电畴结构示意图
a) 未极化情况 b) 极化情况

方向在外电场作用下都趋向于电场的方向,如图5-6b所示,这个方向就是压电陶瓷的极化方向。

压电陶瓷的极化过程与铁磁材料的磁化过程极其相似。经过极化处理的压电陶瓷,在外电场去掉后,其内部仍存在着很强的剩余极化强度。当压电陶瓷受外力作用时,电畴的界限发生移动,因此剩余极化强度将发生变化,压电陶瓷就呈现出压电效应。压电陶瓷的极化方向通常取Z轴方向,在垂直于Z轴平面上的任何直线都可取作为X轴或Y轴。对X轴和Y轴,其压电特性是等效的。

压电陶瓷经过极化处理后有非常大的压电常数,一般为石英晶体的几百倍。如图5-7a所示,压电陶瓷在极化面上受到垂直于它的均匀分布的作用力时(亦即应力沿极化方向),则在这两个极化面上分别出现正、负电荷,其电荷量Q与力F成正比,即

$$Q = d_{33}F \tag{5-9}$$

式中,d_{33}为压电陶瓷的纵向压电常数。

由于平行于极化轴的电场与沿着X轴或Y轴的轴向应力的作用关系是相同的,对于压电常数,可用等式$d_{32} = d_{31}$来表示。极化压电陶瓷受到图5-7b所示的横向均匀分布的作用力F时,在极化面上分别出现正、负电荷,其电量Q为

$$Q = -d_{32}\frac{S_z}{S_y}F = -d_{31}\frac{S_z}{S_x}F \tag{5-10}$$

式中,S_z为极化面的面积;S_y、S_x为受力面的面积。

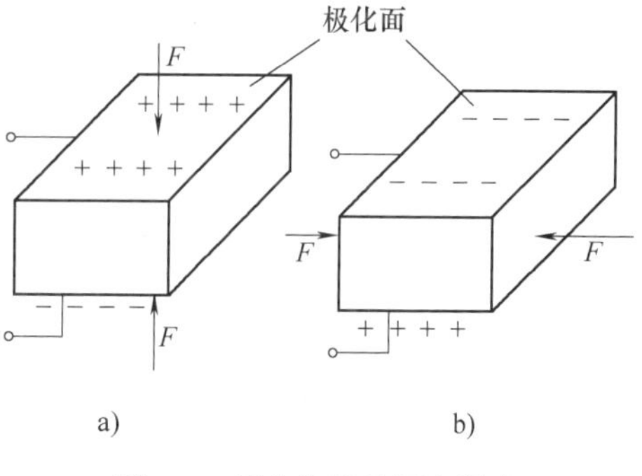

图5-7 压电陶瓷的压电效应

对于Z轴方向极化的钛酸钡($BaTiO_3$)压电陶瓷的压电常数矩阵为

$$(d_{ij}) = \begin{pmatrix} 0 & 0 & 0 & 0 & d_{15} & 0 \\ 0 & 0 & 0 & d_{24} & 0 & 0 \\ d_{31} & d_{32} & d_{33} & 0 & 0 & 0 \end{pmatrix} = \begin{pmatrix} 0 & 0 & 0 & 0 & d_{15} & 0 \\ 0 & 0 & 0 & d_{15} & 0 & 0 \\ d_{31} & d_{31} & d_{33} & 0 & 0 & 0 \end{pmatrix} \tag{5-11}$$

由式(5-11)可知,其独立压电常数只有d_{31}、d_{33}、d_{15}三个。

常用压电材料的性能参数见表5-1。

学生："d_{31}、d_{32}、d_{33}，这么多参数，弄的都不知道是啥概念了。"

老师："因为压电陶瓷的极化方向通常取 Z 轴方向，所以压电常数的第一下标为3，第二下标1、2、3则分别对应受到沿 X 轴、Y 轴、Z 轴方向的单向应力时的压电常数，这一点可以参看前面的说明。"

表5-1 常用压电材料的性能

压电材料性能	石英	钛酸钡	锆钛酸铅 PZT—4	锆钛酸铅 PZT—5	锆钛酸铅 PZT—8
压电常数($\times 10^{-12}$)/(C/N)	$d_{11}=2.31$ $d_{14}=0.73$	$d_{15}=260$ $d_{31}=-78$ $d_{33}=190$	$d_{15}\approx 410$ $d_{31}=-100$ $d_{33}=200$	$d_{15}\approx 670$ $d_{31}=-185$ $d_{33}=415$	$d_{15}\approx 410$ $d_{31}=-90$ $d_{33}=200$
相对介电常数 ε_r	4.5	1200	1050	2100	1000
居里点温度/℃	573	115	310	260	300
密度($\times 10^3$)/(kg/m³)	2.65	5.5	7.45	7.5	7.45
弹性模量($\times 10^3$)/(N/m²)	80	110	83.3	117	123
机械品质因数	$10^5 \sim 10^6$		$\geqslant 500$	80	$\geqslant 800$
最大安全应力($\times 10^3$)/(N/m²)	95~100	81	76	76	83
体积电阻率/(Ω/m³)	$>10^{12}$	10^{10}	$>10^{10}$	10^{11}	
最高允许温度/℃	550	80	250	250	
最高允许湿度/(%(RH))	100	100	100	100	

5.1.2 压电式传感器的等效电路

具有压电效应的材料称为压电元件，压电元件是构成压电式传感器的主要元件。为了进一步分析和理解压电式传感器，有必要引入压电元件的等效电路，其等效电路如图5-8所示。

由压电元件的工作原理可知，压电式传感器可以看作一个电荷发生器。同时，它也是一个电容器，晶体上聚集正负电荷的两表面相当于电容的两个极板，极板间物质等效于一种介质，则其电容量为

$$C_a = \frac{\varepsilon_r \varepsilon_0 A}{d} \tag{5-12}$$

式中，A 为压电片的面积；d 为压电片的厚度；ε_r 为压电材料的相对介电常数（F/m），ε_r 随材料不同而异，如锆钛酸铅的 ε_r 为 2000~2400F/m；ε_0 为真空介电常数（$\varepsilon_0 = 8.85 \times 10^{-12}$F/m）。

因此，当需要压电元件输出电压时，可以把它等效成一个电压源与一个电容相串联的电压等效电路，如图5-8a所示。在开路状态下，其输出端电压为

$$U_a = \frac{Q}{C_a} \tag{5-13}$$

当需要压电元件输出电荷时，可以把压电元件等效为一个电荷源与一个电容相并联的电荷等效电路，如图 5-8b 所示。在开路状态下，其输出端电荷为

$$Q = C_a U_a \tag{5-14}$$

需要说明的是，上述等效电路及其输出，只有在压电元件自身理想绝缘、无泄漏、输出端开路（即其绝缘电阻 $R_a = R_L = \infty$）的条件下才成立。压电元件的输出信号非常微弱，一般要把其输出信号通过电缆送入前置放大器放大，这样，在等效电路中就必须考虑前置放

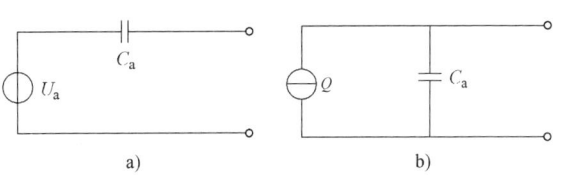

图 5-8　压电传感器的等效电路
a) 电压源　b) 电荷源

大器的输入电阻 R_i、输入电容 C_i、电缆电容 C_c 以及传感器的泄漏电阻（绝缘电阻）R_a。实际的等效电路如图 5-9 所示。图 5-9a 为电压等效电路，图 5-9b 为电荷等效电路，这两种电路是完全等效的。

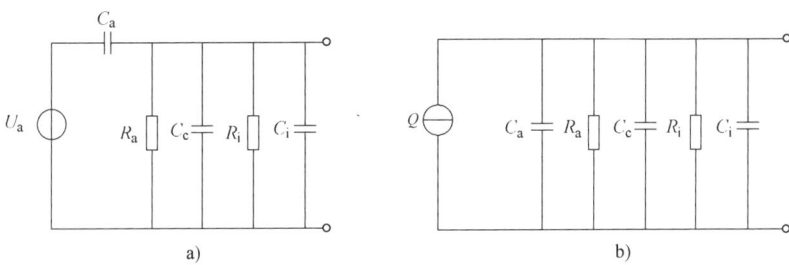

图 5-9　压电传感器的实际等效电路
a) 电压源　b) 电荷源

例 5-1　有一压电晶体，其受力面积为 15mm^2，厚度为 8mm，当受到压力 $P = 25\text{MPa}$ 作用时，求产生的电荷量及输出电压（ε_r、d_{11}、d_{33} 可查表 5-1）：

（1）压电晶体为 X 切的石英晶体时，其受力面为与 X 轴垂直的面；

（2）压电晶体为钛酸钡（$BaTiO_3$）时，其受力面为极化面。

解：压电晶体上所受的力

$$F = P \times S = 25 \times 10^6 \text{Pa} \times 15 \times 10^{-6} \text{m}^2 = 375\text{N}$$

（1）当压电晶体为 X 切的石英晶体时，由表 5-1 可知，$\varepsilon_r = 4.5$，$d_{11} = 2.31 \times 10^{-12} \text{C/N}$，真空介电常数 $\varepsilon_0 = 8.85 \times 10^{-12} \text{F/m}$，所以晶体的等效电容为

$$C_a = \frac{\varepsilon_0 \varepsilon_r A}{d} = \frac{8.85 \times 10^{-12} \times 4.5 \times 15 \times 10^{-6}}{8 \times 10^{-3}}\text{F} = 7.47 \times 10^{-14}\text{F}$$

那么当受力 F 时产生的电荷为

$$Q_x = d_{11} F = 2.31 \times 10^{-12}\text{C/N} \times 375\text{N} = 866.25 \times 10^{-12}\text{C} = 866.25\text{pC}$$

输出电压为

$$U_a = \frac{Q_x}{C_a} = \frac{866.25 \times 10^{-12}}{7.47 \times 10^{-14}}\text{V} = 116 \times 10^2\text{V} = 1.16 \times 10^4\text{V}$$

（2）当压电晶体为 $BaTiO_3$ 时，$\varepsilon_r = 1200$，$d_{33} = 190 \times 10^{-12}\text{C/N}$，所以晶体的等效电容为

$$C_a = \frac{\varepsilon_0 \varepsilon_r A}{d} = \frac{8.85 \times 10^{-12} \times 1200 \times 15 \times 10^{-6}}{8 \times 10^{-3}} \text{F} = 1.99 \times 10^{-11} \text{F}$$

那么当受力 F 时产生的电荷为

$$Q = d_{33} F = 190 \times 10^{-12} \text{C/N} \times 375 \text{N} = 7.125 \times 10^{-8} \text{C}$$

输出电压为

$$U_a = \frac{Q}{C_a} = \frac{7.125 \times 10^{-8}}{1.99 \times 10^{-11}} \text{V} = 3.58 \times 10^3 \text{V}$$

答：当压电晶体为 X 切的石英晶体时产生的电荷量及输出电压分别是 866.25pC 和 1.16×10^4 V；当压电晶体为 $BaTiO_3$ 时产生的电荷量及输出电压分别是 7.125×10^{-8} C 和 3.58×10^3 V。

5.2 压电式传感器的结构及特性

5.2.1 压电式传感器的结构

压电式传感器的结构主要由压电元件的结构所决定，压电元件可采用的压电材料较多，本节先介绍压电元件的材料，然后再阐述压电元件的结构。

1. 压电材料

（1）压电晶体 压电晶体的种类很多，如石英、电气石、磷酸铵、硫酸锂等。其中，石英晶体是压电式传感器中常用的一种性能优良的压电晶体。

石英晶体的突出优点是性能非常稳定。它不需要人工极化处理，没有热释电效应，介电常数和压电常数的温度稳定性好，在常温范围内，这两个参数几乎不随温度变化。在 20~200℃ 温度范围内，温度每升高 1℃，压电常数仅减小 0.061%，温度上升到 400℃，压电常数 d_{11} 也只减小 5%。但当温度超过 500℃ 时，d_{11} 值急剧下降，当温度达到 573℃（居里点温度）时，石英晶体就完全失去压电特性。此外，它还具有自振频率高、动态响应好、机械强度高、绝缘性能好、迟滞小、重复性好、线性范围宽等优点。

石英晶体的缺点是压电常数较小，因此，它大多只在标准传感器、高精度传感器或使用温度较高的传感器中用作压电元件，而在一般要求测量用的压电式传感器中，则基本上采用压电陶瓷。

（2）压电陶瓷 压电陶瓷的特点是：压电常数大，灵敏度高；制造工艺成熟，可通过合理配方和掺杂等人工控制方法来达到所要求的性能；成形工艺性好，成本低廉，利于广泛应用。压电陶瓷除具有压电特性外，还具有热释电性。

常用的一种压电陶瓷是钛酸钡，它的压电常数 d_{33} 要比石英晶体的压电常数 d_{11} 大几十倍，且介电常数和电阻率也都比较高。但其温度稳定性、长时期稳定性以及机械强度都不如石英，而且工作温度最高只有 80℃ 左右。

另一种常用的压电陶瓷是锆钛酸铅（PZT）压电陶瓷，它是由钛酸铅和锆酸铅组成的固熔体。它具有很高的介电常数，工作温度可达 250℃，各项压电参数随温度和时间等外界因素的变化较小。由于锆钛酸铅压电陶瓷在压电性能和温度稳定性等方面都远远优于钛酸钡压电陶瓷，因此，它是目前最普遍使用的一种压电材料。

若按不同的用途对压电性能提出不同的要求，在锆钛酸铅材料中再添加一种或两种如铌（Nb）、锑（Sb）、锡（Sn）、锰（Mn）等微量元素，就可获得不同性能的 PZT 压电陶瓷。

在压电材料中，除常用的石英晶体和 PZT 压电陶瓷外，人工制造的单晶铌酸锂（LiNbO$_3$）可称得上是一种性能良好的压电材料，其压电常数达 80×10^{-12} C/N，相对介电常数 $\varepsilon_r = 85$。它是单晶但不是单畴结构，为得到单畴结构，需做单畴化（即极化）处理，使其具有压电效应。由于它是单晶体，所以时间稳定性比压电陶瓷好得多。更为突出的是，它的居里点温度高达 1200℃，最高工作温度达 760℃，因此，用它可制成非冷却型高温压电式传感器。

(3) 新型压电材料

1) 压电半导体材料。压电半导体材料有硫化锌（ZnS）、碲化镉（CdTe）、氧化锌（ZnO）、硫化镉（CdS）、碲化锌（ZnTe）和砷化镓（GaAs）等。这些材料的显著特点是：既有压电特性，又有半导体特性。因此，既可用其压电特性研制压电式传感器，又可用其半导体特性制作电子器件；也可以两者结合，集敏感元件与电子电路于一体，研制新型集成压电式传感器测试系统。

2) 有机高分子压电材料。某些合成高分子聚合物（如聚氟乙烯（PVF）、聚偏二氟乙烯（PVDF）、聚氯乙烯（PVC）等），经延展拉伸和电极化后可形成具有压电性高分子的压电材料。聚偏二氟乙烯（PVDF）是有机高分子半晶态聚合物，结晶度约 50%。PVDF 原料可制成薄膜、厚膜、管状和粉状等各种形状。当聚合物由 150℃ 熔融状态冷却时主要生成 α 晶型。α 晶型没有压电效应。若将 α 晶型定向拉伸，则得到 β 晶型。β 晶型的碳-氟偶极矩在垂直分子链取向，形成自发极化强度。再经一定的极化处理后，晶胞内部的偶极矩进一步旋转定向，形成垂直于薄膜平面的碳-氟偶极矩固定结构。当薄膜受外力作用时，剩余极化强度改变，薄膜呈现出压电效应。

PVDF 压电薄膜的压电灵敏度极高，比 PZT 压电陶瓷大 17 倍，且在 10^{-5} Hz ~ 500MHz 频率范围内具有平坦的响应特性。此外，它还有机械强度高、柔软、不脆、耐冲击、易加工成大面积元件和阵列元件、价格便宜等优点。

2. 结构

由于要使单压电晶片表面产生足够的电荷需要很大的作用力，所以在实际使用中常把两片或两片以上的压电片组合在一起。图 5-10 所示为"双压电晶片"结构原理图。

由于压电片的电荷是有极性的，因此连接方式有两种，如图 5-11 所示。

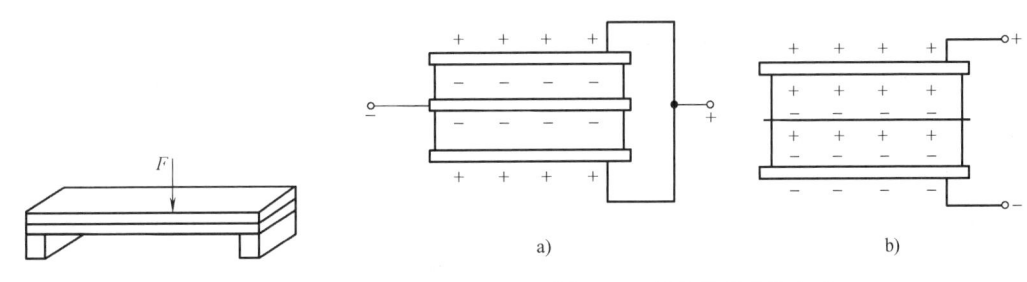

图 5-10 "双压电晶片"结构原理图　　图 5-11 压电片的连接方式
　　　　　　　　　　　　　　　　　　　　a) 并联连接　b) 串联连接

图 5-11a 所示为电气上的并联连接方式，两压电片的负电荷都集中在中间负电极上，正电荷在上、下两正电极上。这种情况相当于两只电容并联，其输出电容 C' 为单片电容

C 的两倍,但输出电压 U' 等于单片电压 U,极板上的电荷量 Q' 等于单片电荷量 Q 的两倍,即

$$\begin{cases} Q' = 2Q \\ U' = U \\ C' = 2C \end{cases} \tag{5-15}$$

图 5-11b 所示为电气上的串联连接方式,正电荷集中在上极板,负电荷集中在下极板,在中间极板,上片产生的负电荷与下片产生的正电荷相互抵消。输出的总电荷 Q' 等于单片电荷 Q,输出电压 U' 为单片电压 U 的两倍,总电容 C' 为单片电容 C 的一半,即

$$\begin{cases} Q' = Q \\ U' = 2U \\ C' = \dfrac{C}{2} \end{cases} \tag{5-16}$$

压电片两种连接的特点及适用范围见表 5-2。

表 5-2 压电片两种连接的特点及适用范围

连接方式	输出电压	输出电荷	本身电容	时常数	适用范围
并联	不变	大	大	大	测量慢变信号,以电荷为输出量的场合
串联	大	不变	小	小	测量电路输入阻抗很高,以电压为输出量的场合

在制作、使用压电式传感器时,要使压电片有一定的预应力。这是因为压电片在加工时即使研磨得很好,也很难保证接触面的绝对平坦。如果没有足够的压力,就不能保证全面的均匀接触,因此,要事先给以预应力。但这个预应力不能太大,否则将影响压电式传感器的灵敏度。压电式传感器的灵敏度在出厂时做了标定,但随着使用时间的增加会有些变化,其主要原因是压电片性能有了变化。试验表明,压电陶瓷的压电常数随着使用时间的增加而减小。因此,为了保证传感器的测量精度,最好每隔半年进行一次灵敏度校正。石英晶体的长期稳定性很好,灵敏度基本不变化,无需经常校正。

例 5-2 某压电式压力传感器为两片石英晶片并联,每片厚度 $d = 0.2\text{mm}$,其半径 $r = 1\text{cm}$,$\varepsilon_r = 4.5$,X 切型的压电常数 $d_{11} = 2.31 \times 10^{-12} \text{C/N}$。当石英晶体受到纵向大小为 1MPa($1\text{MPa} = 10^6 \text{N/m}^2$)的压力时,求传感器输出电荷 Q 和电极间电压 U_a 的值。

解:当两片石英晶片并联时,所产生电荷为

$Q_{并} = 2Q = 2 \times d_{11} F = 2 \times d_{11} \times P \times \pi r^2 = [2 \times 2.31 \times 10^{-12} \times 1 \times 10^6 \times \pi \times (1 \times 10^{-2})^2] \text{C}$
$= 14.5 \times 10^{-10} \text{C}$

总电容为

$C_{并} = 2C = 2\varepsilon_0 \varepsilon_r A/d = 2\varepsilon_0 \varepsilon_r \pi r^2 / d = [2 \times 8.85 \times 10^{-12} \times 4.5 \times \pi \times (1 \times 10^{-2})^2 / (0.2 \times 10^{-3})] \text{F}$
$= 125.1 \times 10^{-12} \text{F}$

电极间电压为

$$U_并 = Q_并/C_并 = (14.5 \times 10^{-10}/125.1 \times 10^{-12}) \text{V} = 11.6\text{V}$$

答：传感器输出电荷为 14.5×10^{-10}C，电极间电压为 11.6V。

5.2.2 压电式传感器的特性

从压电常数矩阵可以看出，对能量转换有意义的石英晶体变形方式有以下几种：

（1）厚度变形 如图 5-12a 所示。这种变形方式就是石英晶体的纵向压电效应，产生的表面电荷密度或表面电荷为

$$q_x = d_{11}\sigma_x \quad \text{或} \quad Q_x = d_{11}F_x \tag{5-17}$$

（2）长度变形 如图 5-12b 所示。这种变形是利用石英晶体的横向压电效应，表面电荷密度或表面电荷为

$$q_x = d_{12}\sigma_y \quad \text{或} \quad Q_x = d_{12}\frac{S_x}{S_y}F_y \tag{5-18}$$

式中，S_x、S_y 分别为极化面积和受力面面积。

（3）面剪切变形 如图 5-12c 所示，相应计算公式为

$$q_x = d_{14}\sigma_4 \quad （对 X 切晶片） \tag{5-19}$$

或

$$q_y = d_{25}\sigma_5 \quad （对 Y 切晶片） \tag{5-20}$$

（4）厚度剪切变形 如图 5-12d 所示，计算公式为

$$q_y = d_{26}\sigma_6 \quad （对 Y 切晶片） \tag{5-21}$$

（5）体积变形 它不是基本变形方式，而是拉、压、切应力共同作用的结果。应根据具体情况选择合适的压电常数。

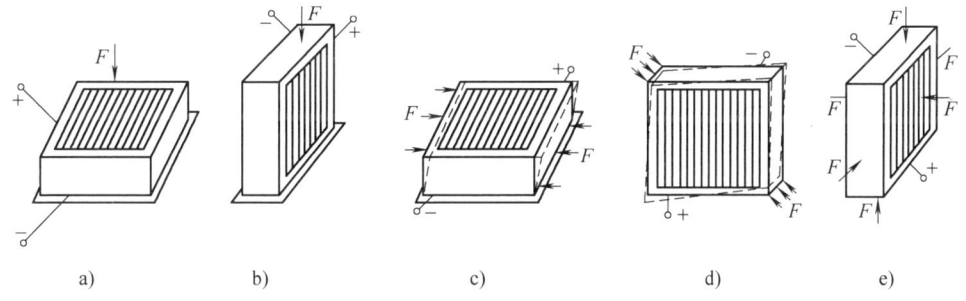

图 5-12 压电元件的受力状态和变形方式
a）厚度变形 b）长度变形 c）面剪切变形 d）厚度剪切变形 e）体积变形

对于 $BaTiO_3$ 压电陶瓷，除长度变形方式（用 d_{31}）、厚度变形方式（用 d_{33}）和面剪切变形方式（用 d_{15}）以外，还有体积变形方式（简称 VE）可以利用，如图 5-12e 所示。这时产生的表面电荷密度按下式计算：

$$q_z = d_{31}\sigma_x + d_{32}\sigma_y + d_{33}\sigma_z \tag{5-22}$$

由于此时 $\sigma_x = \sigma_y = \sigma_z = \sigma$，同时对 $BaTiO_3$ 压电陶瓷有 $d_{31} = d_{32}$，所以

$$q_z = (2d_{31} + d_{33})\sigma = d_V\sigma \tag{5-23}$$

式（5-23）中，$d_V = 2d_{31} + d_{33}$ 为体积变形的压电常数。这种变形方式可以用来进行液体或气体压力的测量。

5.3 压电式传感器的转换电路

压电式传感器本身的内阻抗很高，而输出能量较小，因此它的转换电路通常需要接入一个高输入阻抗的前置放大器，其作用为：一是把它的高输出阻抗变换为低输出阻抗；二是放大传感器输出的微弱信号。压电式传感器的输出可以是电压信号，也可以是电荷信号，因此前置放大器也有两种形式：电压放大器和电荷放大器。

5.3.1 电压放大器

压电式传感器相当于一个静电荷发生器或电容器，为了尽可能保持压电式传感器的输出电压（或电荷）不变，要求电压放大器应具有很高的输入阻抗（大于1000MΩ）和很低的输出阻抗（小于100Ω）。

压电式传感器与电压放大器连接的等效电路如图5-13所示。图5-13b 为图5-13a 的简化电路。

图5-13b 中的等效电阻 R 为

$$R = \frac{R_a R_i}{R_a + R_i} \tag{5-24}$$

等效电容 C 为

$$C = C_c + C_i \tag{5-25}$$

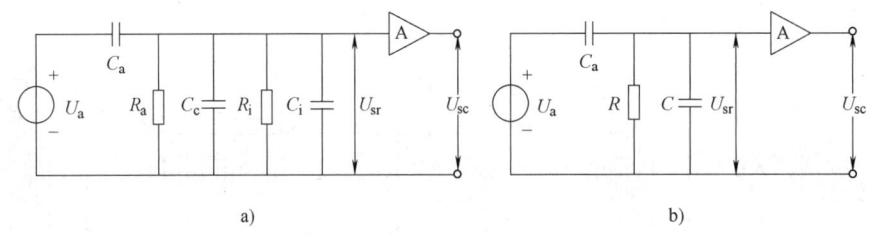

图5-13 压电式传感器与电压放大器连接的等效电路
a) 等效电路 b) 简化等效电路

假设给石英晶体压电元件沿着电轴作用的交变力为 $F = F_m \sin\omega t$，则压电元件上产生的电压值为

$$U_a = \frac{Q}{C_a} = \frac{d_{11}F}{C_a} = \frac{d_{11}F_m \sin\omega t}{C_a} \tag{5-26}$$

而送到放大器输入端的电压为 U_{sr}，表示成复数形式为

$$\begin{aligned}\dot{U}_{sr} &= \dot{U}_a \cdot \frac{R//Z_c}{Z_{ca} + (R//Z_c)} = \frac{d_{11}\dot{F}}{C_a} \frac{1}{Z_{ca} + (R//Z_c)} R//Z_c \\ &= d_{11}\dot{F} \frac{j\omega R}{1 + j\omega R(C_a + C)}\end{aligned} \tag{5-27}$$

式中，Z_c 为图5-13b 中电容 C 的电抗；Z_{ca} 为图5-13b 中电容 C_a 的电抗。

于是前置放大器的输入电压的幅值 U_{srm} 为

$$U_{srm} = \frac{d_{11}F_m \omega R}{\sqrt{1+(\omega R)^2(C_a+C)^2}} \quad (5-28)$$

输入电压与作用力之间的相位差 φ 为

$$\varphi = \frac{\pi}{2} - \arctan[\omega(C_a+C)R] \quad (5-29)$$

由式(5-28)可以看出，当作用在压电元件上的力是静态力，即 $\omega=0$ 时，$U_{srm}=0$，前置放大器的输入电压等于 0，这从原理上决定了压电式传感器不能用于静态测量。

当 $(\omega R)^2(C_a+C)^2 \gg 1$ 时，有

$$U_{srm} = \frac{d_{11}F_m}{C_a+C} \quad (5-30)$$

这说明满足一定的条件后，前置放大器的输入电压与压电元件上的作用力的频率无关。

在回路时间常数 $R(C_a+C)$ 一定的条件下，作用力的频率越高，越能满足 $(\omega R)^2(C_a+C)^2 \gg 1$ 的条件；同样，在作用力的频率一定的条件下，回路时间常数越大，越能满足 $(\omega R)^2(C_a+C)^2 \gg 1$ 的条件。于是，前置放大器的输入电压越接近压电传感器的实际输出电压。

需要注意的一个问题是，如果被测物理量是缓慢变化的动态量，而测量回路的时间常数又不变，则必将会造成压电式传感器的灵敏度下降，而且频率的变化还会使得灵敏度变化。为了扩大传感器的低频响应范围，就必须提高回路时间常数。应当指出，不能靠增大电容量来提高时间常数。如果靠增大电容量的办法来达到这一目的，势必影响到传感器的灵敏度。这是因为，若传感器的电压灵敏度定义为

$$K = \frac{U_{srm}}{F_m} = \frac{d_{11}\omega R}{\sqrt{1+(\omega R)^2(C_a+C)^2}} \quad (5-31)$$

当 $(\omega R)^2(C_a+C)^2 \gg 1$ 时，则

$$K \approx \frac{d_{11}}{C_a+C} = \frac{d_{11}}{C_a+C_c+C_i} \quad (5-32)$$

显而易见，当增大回路电容时，K 将下降。因此，应该用增大 R 的办法来提高回路时间常数。采用 R_i 很大的前置放大器就是为此目的。

由式(5-25)和式(5-27)可以看到，压电式传感器与前置放大器之间的连接电缆不能随意乱用。电缆的长度变化，将使 C_c 变化，从而使 U_{sr} 变化，引起 U_{sc} 变化，引入误差，系统就得重新进行校正。

上述电缆问题随着固态电子器件和集成电路的迅速发展已有了新的解决办法。那就是将一种电压放大器（阻抗变换器）直接装进传感器内部，使其一体化。由于该阻抗变换器充分靠近压电元件，引线非常短，引线电容几乎为零，这就避免了长电缆对传感器灵敏度的影响。

例 5-3 石英晶体压电式传感器，纵向受力面积为 100mm²，厚度为 1mm，固定在两金属板之间，用来测量通过晶体两面力的变化。已知石英晶体的弹性模量 E 为 9×10^{10}Pa(N/m²)，电荷灵敏度为 2pC/N，相对介电常数为 5.1，相对两面间电阻是 $10^{14}\Omega$。一个 20pF 的电容和一个 100MΩ 的电阻与极板并联。若所加力 $F=0.01\sin(1000t)$ N，求：

(1) 运算放大器输入电压峰-峰值；

(2) 晶体厚度的最大变化（厚度变化的峰-峰值）。

解：(1) 石英压电晶片的电容为

$$C_a = \frac{\varepsilon_0 \varepsilon_r A}{d} = \frac{8.85 \times 10^{-12} \times 5.1 \times 100 \times 10^{-6}}{1 \times 10^{-3}} \mathrm{F} = 4.5 \times 10^{-12} \mathrm{F}$$

由于 $R_a = 10^{14}\Omega$，并联电容的 $R_{并} = 100\mathrm{M}\Omega = 10^8 \Omega$

则总电阻 $\qquad R = R_a // R_{并} = 10^{14} // 10^8 \Omega \approx 10^8 \Omega$

总电容 $\qquad C = C_a // C_{并} = 4.5\mathrm{pF} + 20\mathrm{pF} = 24.5\mathrm{pF}$

又因 $\qquad F = 0.01\sin(1000t) = F_m \sin(\omega t)$

$$k_q = 2\mathrm{pC/N}$$

则电荷 $\qquad Q = d_{11} F = k_q F$

$$Q_m = d_{11} F_m = k_q F_m = 2 \times 0.01\mathrm{pC} = 0.02\mathrm{pC}$$

所以

$$U_{im} = \frac{d_{11} F_m \omega R}{\sqrt{1+(\omega RC)^2}} = \frac{0.02 \times 10^{-12} \times 10^3 \times 10^8}{\sqrt{1+(10^3 \times 10^8 \times 24.5 \times 10^{-12})^2}} \mathrm{V} = 0.756 \times 10^{-3} \mathrm{V}$$

峰-峰值：$U_{im-im} = 2U_{im} = 2 \times 0.756\mathrm{mV} = 1.512\mathrm{mV}$

(2) 应变 $\varepsilon_m = F_m/AE = 0.01/(100 \times 10^{-6} \times 9 \times 10^{10}) = 1.11 \times 10^{-9} = \Delta d_m/d$

$$\Delta d_m = d \varepsilon_m = 1 \times 1.11 \times 10^{-9} \mathrm{mm} = 1.11 \times 10^{-9} \mathrm{mm}$$

厚度最大变化量（即厚度变化的峰-峰值）

$$\Delta d = 2\Delta d_m = 2 \times 1.11 \times 10^{-9} \mathrm{mm} = 2.22 \times 10^{-9} \mathrm{mm}$$

答：运算放大器输入电压峰-峰值为 $1.512\mathrm{mV}$，晶体厚度的最大变化量为 $2.22 \times 10^{-9} \mathrm{mm}$。

5.3.2 电荷放大器

电荷放大器是一个具有反馈电容 C_f 的高增益运算放大器。压电式传感器与电荷放大器连接的等效电路如图 5-14 所示。

当放大器开环增益 K 和输入电阻 R_i、反馈电阻 R_f 相当大，视为开路时，放大器的输出电压 U_{sc} 正比于输入电荷 q。由图 5-14 可见

$$U_{sc} = -KU_{sr} \qquad (5-33)$$

因为

$$U_{sc} = -K\frac{q}{C} = -K\frac{q}{C_a + C_c + C_i + C_f(K+1)} \qquad (5-34)$$

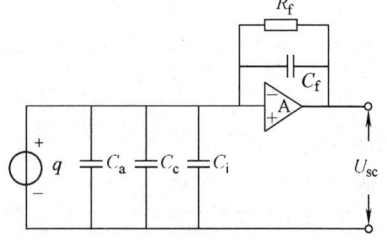

图 5-14 压电传感器与电荷放大器连接的等效电路

式中，$C_f(K+1)$ 为等效到放大器输入端的密勒电容。一般 K 均很大，则 $C_a + C_c + C_i + C_f(K+1) \approx C_f K$，所以式(5-34) 可写为

$$U_{sc} \approx -\frac{q}{C_f} \qquad (5-35)$$

观察式(5-35) 可以发现：电荷放大器的 U_{sc} 与 q 成正比，与电缆电容 C_c 无关。

在电荷放大器的实际电路中，考虑到被测物理量的大小，以及后级放大器不致因输入信号太大而饱和，采用可变 C_f（选择范围一般为 100~10000pF），以便改变前置级输出的大小。另外，考虑到电容负反馈支路在直流工作时相当于开路，对电缆噪声比较敏感，放大器零漂较大，因此，为了提高放大器的工作稳定性，一般在反馈电容的两端并联一个大电阻 $R_f(10^{10}~10^{14}\Omega)$，以提供直流反馈。

电荷放大器的时间常数 $R_f C_f$ 很大（10^5s 以上），下限截止频率 $f_L(f_L = 1/(2\pi R_f C_f))$ 低达 3×10^{-6}Hz，上限频率可高达 100kHz，输入阻抗大于 $10^{12}\Omega$，输出阻抗小于 100Ω。压电传感器配用电荷放大器时，低频响应比配用电压放大器要好得多，可以实现对准静态的物理量进行测量。

5.4 压电式传感器的应用

5.4.1 压电式力传感器

压电式力传感器按其用途和压电元件的组成可分为单向力、双向力和三向力传感器。它可以测量几百至几万牛的动态力。

1. 单向力传感器

一种用于机床动态切削力测量的单向压电石英力传感器的结构如图 5-15 所示。压电元件采用 XY（即 X 切）切型石英晶体，利用其纵向压电效应，通过 d_{11} 实现力—电转换。上盖为传力元件，其弹性变形部分的厚度较薄（其厚度由测力大小决定），聚四氟乙烯绝缘套用来绝缘和定位。这种结构的单向力传感器体积小、重量轻（仅 10g）、固有频率高（50~60kHz），最大可测 5000N 的动态力，分辨率达 10^{-3}N。

2. 双向力传感器

双向力传感器基本上有两种组合：其一是测量垂直分力与切向分力，即 F_z 与 F_x（或 F_y）；其二是测量互相垂直的两个切向分力，即 F_x 与 F_y。无论哪一种组合，传感器的结构形式相似。图 5-16 所示为双向压电石英力传感器的结构。两组石英晶片分别测量两个分力。下面一组（两片）采用 XY（即 X 切）切型，通过 d_{11} 实现力—电转换，测量轴向力 F_z；上面一组（两片）采用 YX（即 Y 切）切型，晶片的厚度方向为 Y 轴方向，在平行于 X 轴的剪

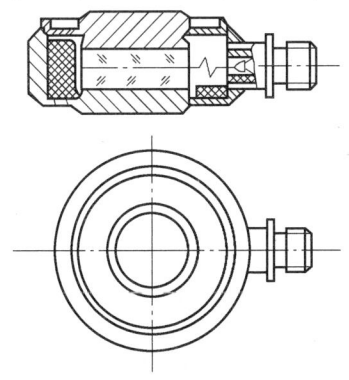

图 5-15 单向压电石英力传感器的结构

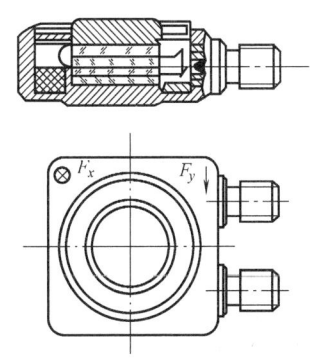

图 5-16 双向压电石英力传感器的结构

切应力 τ_6（在 XY 平面内）的作用下，产生厚度剪切变形。所谓厚度剪切变形，是指晶体受剪切应力的面与产生电荷的面不共面，如图 5-17 所示。这一组石英晶片通过 d_{26} 实现力—电转换，测量 F_x。

3. 三向力传感器

三向力传感器的结构如图 5-18 所示，它可以对空间任一个或三个力同时进行测量。传感器有三组石英晶片，三组输出的极性相同。其中一组根据厚度变形的纵向压电效应，即通过 d_{11} 产生 X 方向的纵向压电效应，选择 XY（即 X 切）切型晶片，通过 d_{11} 实现力—电转换，测量轴向力 F_z；另外两组采用厚度剪切变形的 YX（即 Y 切）切型晶片，通过压电常数 d_{26} 实现力—电转换，这两组相同切型的石英晶片通过一定的安装工艺，使其分别感受 F_x 和 F_y。

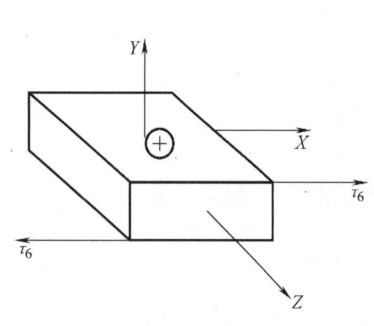

图 5-17　厚度剪切的 YX（Y 切）切型

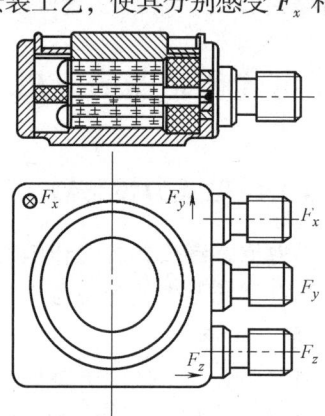

图 5-18　三向压电石英力传感器的结构

5.4.2　振动的监控、检测

振动的监控、检测是压电式传感器典型的应用。众所周知，振动存在于所有具有动力设备的各种工程或装置中，并成为这些工程设备的工作故障源以及工作情况监测信号源。目前，对这种振动的监控、检测，多数采用压电加速度传感器。图 5-19 为发电厂汽轮发电机工作情况（振动）监测系统工作示意图，众多的压电加速度传感器分布在轴承等高速旋转的要害部位，并用螺栓刚性固定在振动体上。假如使用压缩型加速度传感器，则当传感器受振动体的振动加速度时，质量块产生的惯性力 F 作用于压电元件上，从而产生电荷 q 输出。通常，这种传感器输出 q 与输入加速度成正比，因此，就不难求出加速度 a。

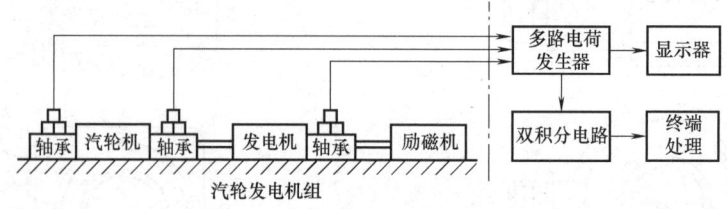

图 5-19　汽轮发电机工况监测系统

传感器的电荷灵敏度 K_q 为

$$K_q = \frac{q}{a} = \frac{dF}{a} = \frac{dma}{a} = dm \tag{5-36}$$

式中，d 为压电常数；a 为被测加速度；m 为传感器中质量块的质量。

由式(5-36) 可见，通过选用较大的 m 和 d 就能提高灵敏度。但质量增大将引起传感器固有频率下降，频宽减小，且体积、重量增加。通常多采用较大压电常数的材料或多个压电片组合来提高灵敏度。

5.4.3 压电引信

压电引信是一种利用钛酸钡或锆钛酸铅压电陶瓷的压电效应制成的军用炮弹启爆装置。它具有瞬发度高、安全可靠、不需要配置电源等特点，常应用于破甲弹上，对提高炮弹的破甲能力起着极其重要的作用。其结构如图 5-20 所示，整个引信由压电元件和启爆装置两部分组成。压电元件安装在炮弹的头部，启爆装置设置在炮弹的尾部，通过导线互相连接。压电引信的原理电路如图 5-21 所示。平时，电雷管 E 处于短路保险安全状态，压电元件即使受压，其产生的电荷也会通过电阻 R 泄放掉，不会使电雷管动作。弹丸一旦发射后，引信启爆装置即解除保险状态，开关 S 从 a 处断开与 b 接通，处于待发状态。当弹丸与装甲目标相遇时，强有力的碰撞力使压电元件产生电荷，经导线传递给电雷管使其启爆，并引起炮弹的爆炸，锥孔炸药爆炸形成的能量使药形罩熔化，形成高温高速的金属流将坚硬的钢甲穿透，起到杀伤作用。

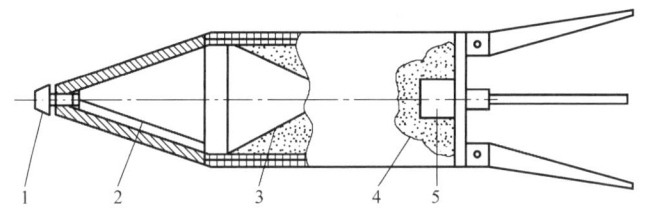
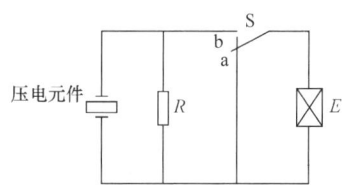

图 5-20 破甲弹上的压电引信的结构
1—压电元件 2—导线 3—药形罩 4—炸药 5—启爆装置

图 5-21 压电引信的原理电路

5.4.4 压电式玻璃破碎报警器

BS-D2 压电式玻璃破碎传感器的外形及内部电路如图 5-22 所示。BS-D2 压电式玻璃破碎传感器是专门用于检测玻璃破碎的一种传感器，它利用压电元件对振动敏感的特性来感知玻璃受撞击和玻璃破碎时产生的振动波。传感器的最小输出电压为 100mV，最大输出电压为 10V，内阻抗为 15~20Ω。压电式玻璃破碎报警器电路的原理框图如图 5-23 所示，传感器把振动波转换成电压输出，输出电压经放大、滤波、比较等处理后提供给报警系统。

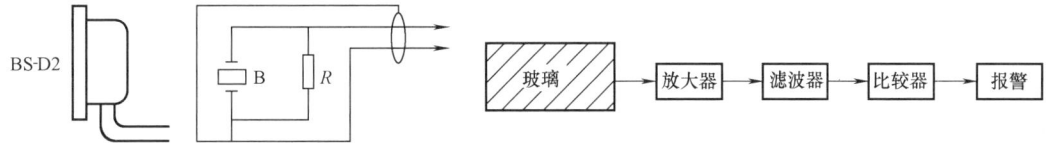

图 5-22 BS-D2 压电式玻璃破碎传感器　　图 5-23 压电式玻璃破碎传感器测量电路的原理框图

在具体使用时，用胶将传感器粘贴在玻璃上，然后通过电缆和报警电路相连。为了提高报警器的灵敏度，信号经放大后，需带通滤波器进行滤波，要求它对选定的频谱通带的衰减要小，而频带外衰减要尽量大。由于玻璃振动的波长在音频和超声波的范围内，这就是滤波器成为电器中的关键部件的原因。只有当传感器的输出信号高于设定的阈值时，才会输出报警信号，驱动报警执行机构工作。玻璃破碎报警器可广泛用于文物保管、贵重商品保管及智能楼宇中的防盗报警装置。

5.4.5 压电式料位测量系统

压电式料位测量系统的原理电路如图 5-24 所示。由图可见，系统由振荡器、整流器、电压比较器及驱动器组成。振荡器是由运算放大器 IC_1 和外围 RC 组成的一种常用自激方波振荡器。压电式传感器接在运算放大器的反馈回路中。振荡器的振荡频率是压电晶体的自振频率，振荡信号经 C_2 耦合到整流器。

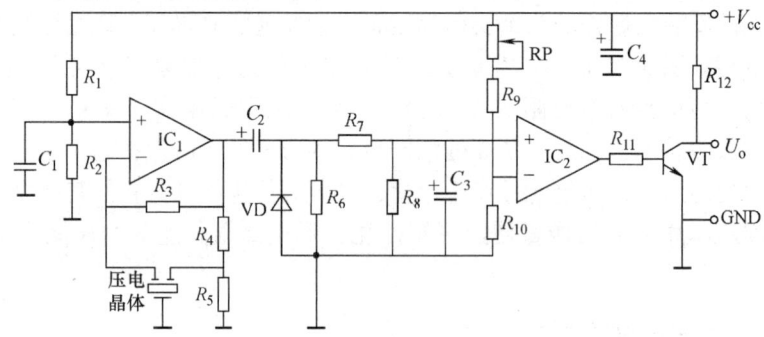

图 5-24 压电式料位测量系统的原理电路

进入整流器的振荡信号经整流器整流，再经 R_7、R_8 分压及 C_3 滤波后，得到一稳定的直流电压加在由 IC_2 构成的电压比较器的同相端。在电压比较器的反相端加有由 R_9、R_{10} 和 RP 分压器分压的参考电压。压电晶体片作为物料的传感器被粘贴在一个壳体上。

当没有物料接触到压电晶体片时，振荡器正常振荡，经调整 RP 使电压比较器同相输入端的电压大于参考电压，故电压比较器输出为高电平，这个高电平使 VT 导通，U_o 输出低电平。

当物料升高接触到压电晶体片时，则振荡器停振，电压比较器同相端相对于参考电压变为低电平，电压比较器输出低电平，VT 截止，U_o 输出高电平。显然，可以从系统输出端输出的电压或负载的动作上得知料位的变化情况。该系统实际上可起到料位开关的作用。

这种系统可方便地做成常闭型和常开型两种形式。常闭型是在振荡器起振时，让驱动器导通；常开型是在振荡器起振时，让驱动器截止。

使用压电式传感器时，要充分注意消除环境温度、湿度的影响，传感器的基座应变的影响，电缆噪声的影响等，以保证系统的精度。

压电式传感器在实际应用中，地线的连接也十分重要。如果各仪器（或测量装置）和传感器各自接地，由于不同的接地点之间存在电位差 ΔU，这样就会在接地回路中形成回路电流，导致在测量系统中产生噪声信号。消除这种接地回路噪声信号的有效办法是整个测量系统在一点接地，如图 5-25 所示。由于没有接地回路，就消除了回路电流和噪声信号。

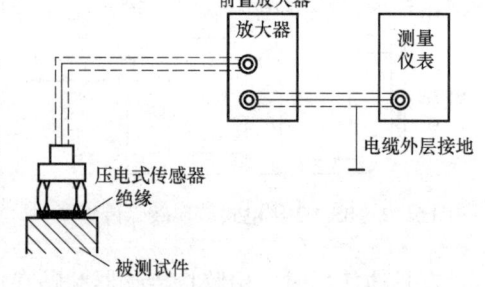

图 5-25 压电式传感器实际应用中一点接地示意图

本章小结

压电式传感器是有源传感器。压电式传感器的工作原理是基于某些介质材料的压电效应。所谓压电效应是指当沿着一定方向对某些电介质施力而使它变形时，在它的两个表面上便产生符号相反的电荷的现象。

压电式传感器的结构主要由压电元件的结构所决定，压电元件所采用的压电材料较多。目前应用较多的压电材料有压电陶瓷和压电晶体，与此同时，压电半导体材料等新型材料也正被广泛应用。

压电式传感器本身的内阻抗很高，而输出能量较小，因此它的转换电路通常需要接入一个高输入阻抗的前置放大器。在具体应用中，主要有电压放大器和电荷放大器两种前置放大器。

压电式传感器具有体积小、重量轻、工作频带宽等特点，因此在各种动态力、机械冲击与振动的测量，以及声学、医学、力学、宇航、军事等方面都得到了非常广泛的应用。

思考题与习题

5-1 什么是正压电效应？什么是逆压电效应？压电效应有哪些种类？压电传感器的结构和应用特点是什么？能否用压电传感器测量静态压力？

5-2 试述石英晶体 X、Y、Z 轴的名称是什么？有哪些特征？

5-3 简述压电陶瓷的特性，作为压电元件比较它与石英晶体有哪些特点？

5-4 说明电压放大器与电荷放大器的优缺点，各自要解决什么问题？

5-5 用石英晶体加速度计及电荷放大器测量机器振动，已知，加速度计灵敏度为 5pC/g，电荷放大器灵敏度为 50mV/pC，最大加速时输出幅值 2V，试求机器振动加速度。

5-6 为什么压电传感器通常都用来测量动态或瞬态参量？

5-7 设计压电式传感器检测电路时应该考虑什么因素？为什么？

5-8 压电式传感器测量电路的作用是什么？其核心是解决什么问题？

5-9 一压电式传感器的灵敏度 $K_1 = 10pC/MPa$，连接灵敏度 $K_2 = 0.008V/pC$ 的电压放大器，所用的笔式记录仪的灵敏度 $K_3 = 25mm/V$，当压力变化 $\Delta p = 8MPa$ 时，记录笔在记录纸上的偏移为多少？

5-10 已知电压前置放大器的输入电阻为 100MΩ，测量回路的总电容为 100pF，试求用压电式加速度计相配测量 1Hz 低频振动时产生的幅值误差。

5-11 用压电式传感器测量最低频率为 1Hz 的振动，要求在 1Hz 时灵敏度下降不超过 5%，若测量回路的总电容为 500pF，求所用电压前置放大器的输入电阻应为多大。

5-12 已知压电式加速度传感器的阻尼比 $\xi = 0.1$，其无阻尼固有频率 $f_0 = 32kHz$，若要求传感器的输出幅值误差在 5% 以内，试确定传感器的最高响应频率。

5-13 压电元件在使用时常采用多片串接或并接的结构形式，试述在不同接法下输出电压、输出电荷、输出电容的关系，以及每种接法适用于何种场合。

第 6 章 磁电式传感器

磁电式传感器又称感应式传感器或电动式传感器，它是利用电磁感应原理将运动速度转换成感应电动势输出的传感器。它的工作不需要供电电源，而是直接从被测物体吸取机械能量并转换成电信号输出，是一种典型的有源传感器。由于它的输出功率较大（因而大大简化了测量电路），且性能稳定，又具有一定的工作带宽（一般为 10~1000Hz），所以获得了较普遍的应用。

磁电式传感器有磁电感应式、霍尔式、磁敏电阻、磁敏二极管、磁敏晶体管等。它们的原理并不完全相同，因此各有自身的特点和应用范围，下面将分别对它们进行讨论。

6.1 磁电感应式传感器

磁电感应式传感器是一种机—电能量转换型传感器，适用于振动、转速、扭矩等测量。特别是由于这种传感器的"双向"性质，使得它可以作为"逆变器"应用于近年来发展起来的"反馈式"（也称为平衡式）传感器中，只是这种传感器的尺寸和重量都比较大。

6.1.1 磁电感应式传感器的工作原理

磁电感应式传感器是利用导体和磁场发生相对运动产生感应电动势的原理而制作的。

根据法拉第电磁感应定律，当导体在稳恒均匀磁场中，沿垂直磁场方向运动时，导体内产生的感应电动势为

$$e = \left|\frac{d\Phi}{dt}\right| = Bl\frac{dx}{dt} = Blv \tag{6-1}$$

式中，B 为稳恒均匀磁场的磁感应强度；l 为导体有效长度；v 为导体相对磁场的运动速度。

式(6-1)是导体在稳恒均匀的磁场中运动时得出的，那么当一个 W 匝线圈相对静止地处于随时间变化的磁场中时，设穿过线圈的磁通量为 Φ，则整个线圈中所产生的感应电动势 e 为

$$e = -W\frac{d\Phi}{dt} \tag{6-2}$$

在电磁感应现象中，磁通量 Φ 的变化是关键，磁通量 Φ 的变化可以通过很多办法来实现，如磁铁与线圈之间做相对运动、磁路中磁阻的变化、恒定磁场中线圈面积的变化等。据此可以制成不同类型的磁电式传感器。

6.1.2 磁电感应式传感器的结构及特性

1. 磁电感应式传感器的结构

磁电式传感器基本上由以下三部分组成：

1)磁路系统:它产生一个恒定的直流磁场,为了减小传感器体积,一般都采用永久磁铁。
2)线圈:它与磁铁中的磁通相交产生感应电动势。
3)运动机构:它感受被测体的运动使线圈磁通发生变化。

通常所使用的磁电感应式传感器有恒磁通式和变磁通式。

(1)恒磁通式 图6-1所示为恒磁通磁电感应式传感器的典型结构图,它由永久磁铁(磁钢)、线圈、弹簧、金属框架和外壳等组成。

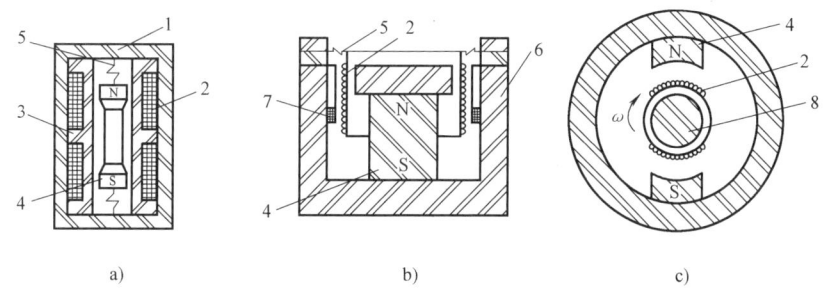

图6-1 恒磁通磁电感应式传感器的结构原理图
a)动铁式 b)、c)动圈式
1—外壳 2—线圈 3—框架 4—永久磁铁 5—弹簧 6—磁轭 7—补偿线圈 8—运动部分

在恒磁通式结构中,磁路系统产生恒定磁场,磁路中的工作气隙是固定不变的,因而气隙中的磁通也是固定不变的。感应电动势是由于永久磁铁与线圈之间有相对运动而使线圈切割磁力线而产生的。它们的运动部件可以是磁铁,也可以是线圈,因此,又可分为动铁式和动圈式两种结构类型。图6-1a所示为动铁式,在动铁式结构中,线圈不动,磁铁运动,线圈组件与壳体固定,永久磁铁用柔软弹簧支撑。图6-1b、c所示为动圈式,在动圈式结构中,磁铁不动,线圈运动,永久磁铁与传感器壳体固定,线圈和金属框架(合称线圈组件)用柔软弹簧支撑。动铁式和动圈式的工作原理是完全相同的,当壳体随被测振动体一起振动时,由于弹簧较软,运动部件质量相对较大,因此当振动频率足够高(远高于传感器的固有频率ω_n)时,由于运动部件的惯性很大,来不及跟随振动体一起振动,近于静止不动,振动能量几乎全被弹簧5吸收,永久磁铁4与线圈2之间的相对运动速度接近于振动体振动速度。线圈与磁铁间的相对运动使线圈切割磁力线,产生与运动速度v成正比的感应电动势:

$$e = -WB_0 l_0 v \tag{6-3}$$

式中,W为线圈处于工作气隙磁场中的匝数,称为工作匝数;B_0为工作气隙中的磁感应强度;l_0为每匝线圈的平均长度;v为相对运动速度。

这类传感器的基型是速度传感器,能直接测量线速度。因为速度与位移和加速度之间有内在的联系,即它们之间存在着积分或微分关系。因此,如果在感应电动势的测量电路中接入一积分电路,则它的输出就与位移成正比;如果在测量电路中接入一微分电路,则它的输出就与运动的加速度成正比。这样,这类磁电感应式传感器就可以用来测量运动的位移或加速度。

例6-1 已知恒磁通磁电式速度传感器的气隙磁感应强度为1T,单匝线圈长度为4mm,线圈总匝数为1500匝,试求电压灵敏度S_u值(mV/(m/s))。

解：由 $S_u = \dfrac{e}{v} = \dfrac{WB_0 l_0 v}{v} = 1500 \times 1 \times 4 \times 10^{-3} \text{V/(m/s)} = 6\text{V/(m/s)} = 6000\text{mV/(m/s)}$

答：电压灵敏度 S_u 值为 6000mV/(m/s)。

(2) 变磁通式　变磁通磁电感应式传感器又称为变磁阻式磁电传感器或变气隙式磁电传感器，常用来测量旋转体的角速度。图 6-2 所示为两种变磁通磁电式传感器的结构图。图中线圈和永久磁铁（俗称磁钢）均固定不动，与被测物体连接而运动的部分是利用导磁材料制成的动铁心（衔铁），它的运动使气隙和磁路磁阻变化引起磁通变化，而在线圈中产生感应电动势。

图 6-2a 所示为衔铁上下振动结构，与变气隙式电感传感器相似，但线圈是绕在永久磁铁上的。通过适当的设计可使感应电动势与衔铁相对于永久磁铁的振动速度成线性关系，从而可以用于振动速度的测量。

图 6-2b 所示为衔铁旋转结构，设椭圆形动铁心以恒定的角速度 ω 旋转，线圈截面积为 A，磁路中最大与最小磁感应强度之差为 $B = B_{\max} - B_{\min}$，则由式(6-2) 可得两磁轭上串联的两个线圈中磁感应电动势为

$$e = -2\omega AWB\cos 2\omega t \tag{6-4}$$

由式(6-4) 可见，e 的幅值正比于铁心的转速 ω，而变化频率为 ω 的 2 倍，因此采用测幅或测频的方法都可以测得铁心的平均转速。

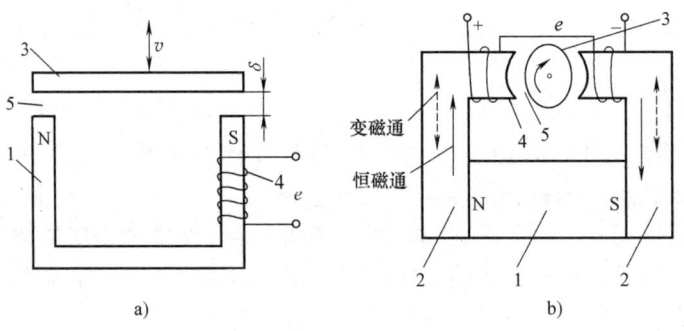

图 6-2　变磁通磁电感应式传感器
a) 衔铁上下振动结构　b) 衔铁旋转结构
1—永久磁铁（磁钢）　2—磁轭　3—动铁心（衔铁）　4—线圈　5—气隙

变磁通磁电感应式传感器的输出电动势取决于线圈中磁场的变化率，因而它与被测速度有一定的比例关系。当转速太低时，输出电动势很小，以致无法测量，所以，这类传感器有一个下限工作频率，一般为 50Hz 左右。闭磁路转速传感器的下限频率可降低到 30Hz，其上限工作频率可达 100kHz。

2. 磁电感应式传感器的基本特性

当转换电路接入磁电感应式传感器电路时，如图 6-3 所示，磁电感应式传感器的输出电流 I_o 为

$$I_o = \dfrac{e}{R + R_f} = \dfrac{WB_0 l_0 v}{R + R_f} \tag{6-5}$$

式中，R_f 为测量电路的输入电阻；R 为线圈等效电阻。

传感器的电流灵敏度为

$$S_I = \frac{I_o}{v} = \frac{WB_0 l_0}{R + R_f} \tag{6-6}$$

而传感器的输出电压 U_o 和电压灵敏度 S_U 分别为

$$U_o = I_o R_f = \frac{WB_0 l_0 v R_f}{R + R_f} \tag{6-7}$$

$$S_u = \frac{U_o}{v} = \frac{WB_0 l_0 R_f}{R + R_f} \tag{6-8}$$

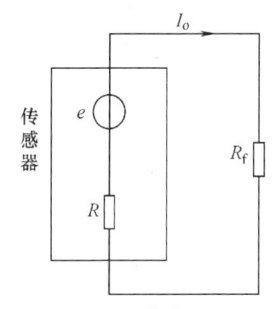

图6-3 磁电式传感器测量电路

当传感器的工作温度发生变化或受到外界磁场干扰、机械振动或冲击时,其灵敏度将发生变化而产生测量误差。其相对误差为

$$\gamma = \frac{dS_I}{S_I} = \frac{dB}{B} + \frac{dl}{l} - \frac{dR}{R} \tag{6-9}$$

(1) 非线性误差 磁电感应式传感器产生非线性误差的主要原因是:由于传感器线圈内有电流 I 流过时,将产生一定的交变磁通 Φ_I,此交变磁通叠加在永久磁铁所产生的工作磁通上,使恒定的气隙磁通变化如图6-4所示。当传感器线圈相对于永久磁铁磁场的运动速度增大时,将产生较大的感应电动势 e 和较大的电流 I,由此而产生的附加磁场方向与原工作磁场方向相反,减弱了工作磁场的作用,从而使得传感器的灵敏度随着被测速度的增大而降低。

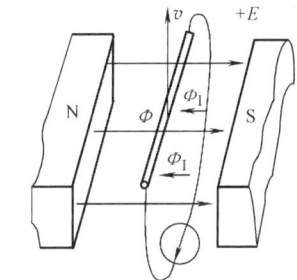

图6-4 传感器电流的磁场效应

当线圈的运动速度与图6-4所示方向相反时,感应电动势 e、线圈感应电流反向,所产生的附加磁场方向与工作磁场同向,从而增大了传感器的灵敏度。其结果是线圈运动速度方向不同时,传感器的灵敏度具有不同的数值,使传感器输出基波能量降低,谐波能量增加,即这种非线性特性同时伴随着传感器输出的谐波失真。显然,传感器灵敏度越高,线圈中电流越大,这种非线性越严重。

(2) 温度误差 当温度变化时,式(6-9)中右边三项都会起变化。对铜线而言,每摄氏度变化量为 $dl/l \approx 0.167 \times 10^{-4}$,$dR/R \approx 0.43 \times 10^{-2}$,$dB/B$ 每摄氏度的变化量取决于永久磁铁的磁性材料,对铝镍钴永久磁合金,$dB/B \approx -0.02 \times 10^{-2}$,这样由式(6-9)可得近似值:$\gamma \approx (-4.5\%)/10℃$,所以需要进行温度补偿。补偿通常采用热磁分流器,热磁分流器由具有很大负温度系数的特殊磁性材料做成。它在正常工作温度下已将空气隙磁通分路掉一小部分。当温度升高时,热磁分流器的磁导率显著下降,经它分流掉的磁通占总磁通的比例较正常工作温度下显著降低,从而保持空气隙的工作磁通不随温度变化,使传感器的灵敏度维持为常数。

6.1.3 磁电感应式传感器的转换电路

磁电感应式传感器直接输出感应电动势,所以任何具有一定工作频带的电压表或示波器都可进行测量。并且,由于磁电感应式传感器通常具有较高的灵敏度,所以一般不需要高增益放大器,但磁电式传感器是速度传感器,如若获取位移或加速度信号,就需要配用积分电路或微分电路。

实际电路中通常将微分或积分电路置于两级放大器的中间,以利于级间的阻抗匹配,图 6-5 所示为一般测量电路的框图。

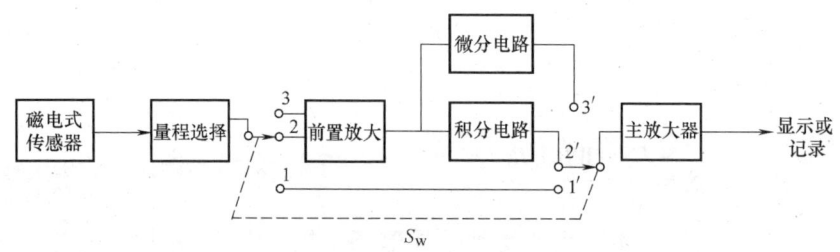

图 6-5　磁电式传感器测量电路的框图
1-1′—测量线速度　2-2′—测量位移　3-3′—测量加速度

6.1.4　磁电感应式传感器的应用

1. 转速测量

磁电式转速传感器的结构如图 6-6 所示,它由永久磁铁、线圈、磁盘等组成。在磁盘上加工有齿形凸起,磁盘装在被测转轴上,与转轴一起旋转。当转轴旋转时,磁盘的凸凹齿形将引起磁盘与永久磁铁间气隙大小的变化,从而使永久磁铁组成的磁路中磁通量随之发生变化。有磁路通过的感应线圈,当磁通量发生突变时,会感应出一定幅度的脉冲,其频率为

$$f = Zn \tag{6-10}$$

式中,Z 为磁轮的齿数;n 为磁轮的转速。

根据测定的脉冲频率,即可得知被测物体的转速。

2. 扭矩测量

磁电式扭矩传感器属于变磁通式,其结构如图 6-7 所示。

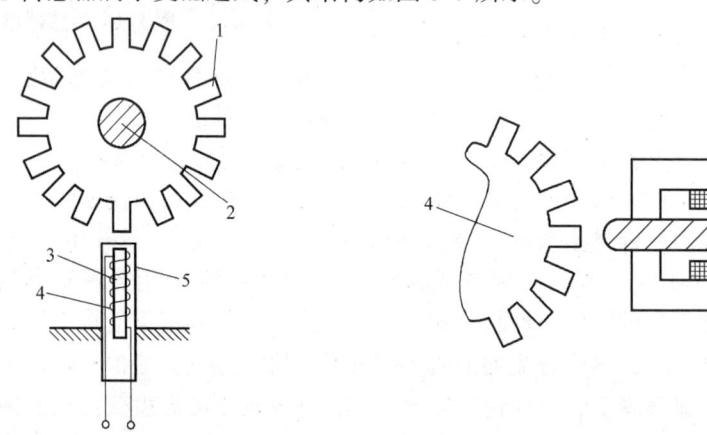

图 6-6　磁电式转速传感器的结构　　　　图 6-7　磁电式扭矩传感器
1—磁盘　2—被测转轴　3—永久磁铁　4—线圈　5—外壳　　1—线圈　2—永久磁铁　3—铁心　4—齿轮

测量扭矩时,在转轴上固定两个齿轮,它们的材质、尺寸、齿形和齿数均相同。永久磁铁和线圈组成的磁电式传感器对着齿顶安装,如图 6-8 所示。当转轴不受扭矩时,两线圈输出信号相同,相位差为零。转轴承受扭矩后,相位差不为零,且随两齿轮所在横截面之间相

对扭转角的增加而加大，设轴的两端产生相对扭转角 φ_0，两传感器的输出感应电动势产生附加相位差 ϕ_0。相对扭转角 φ_0 与感应相位差 ϕ_0 之间的关系为 $\phi_0 = \varphi_0$，即相对扭转角与感应相位差相等（扭转角在一个齿距角范围内）。经测量电路将相位差转换成扭转角，就可以根据材料力学知识测出扭矩。

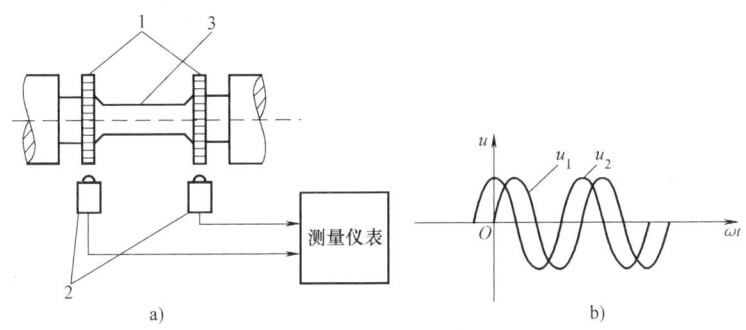

图 6-8 扭矩测量
1—齿轮 2—磁电式传感器 3—扭转轴

学生："在图 6-8a 中只有旋转轴旋转，才会有电动势，有了电动势才能测相位差，如果我的思考对的话，是否可以说'磁电式扭矩传感器'只能测旋转轴的扭矩？"

老师："对，是这个道理，对于磁电式传感器，是无法测静止物体的扭矩的。"

6.2 霍尔传感器

霍尔传感器是利用半导体霍尔元件的霍尔效应实现磁电转换的一种传感器。霍尔效应自 1879 年霍尔（E. H. Hall）首次发现以来，首先用于磁场测量，20 世纪 50 年代以后，由于微电子技术的发展，霍尔效应得到极大的重视和应用，多种霍尔元件得以研究、开发。由于霍尔传感器具有灵敏度高、线性度好、稳定性好、体积小和耐高温等特性，因此广泛应用于测量技术、自动控制、计算机装置和现代军事技术等各个领域。

6.2.1 霍尔传感器的工作原理

霍尔传感器的工作原理是基于霍尔元件的霍尔效应。霍尔效应是物质在磁场中表现的一种特性，它是由于运动电荷在磁场中受到洛伦兹（Lorentz）力作用产生的结果。当把一块金属或半导体薄片垂直放在磁感应强度为 B 的磁场中，沿着垂直于磁场方向通过电流 I_c 时，就会在薄片的另一对侧面间产生电动势 U_H，如图 6-9 所示。这种现象称为霍尔效应，所产生的电动势称为霍尔电动势，这种薄片（一般为半导体）称为霍尔片或霍尔元件。

当电流 I_c 通过霍尔元件时，假设载流子为带负电的电子，则电子沿电流相反方向运动，令其平

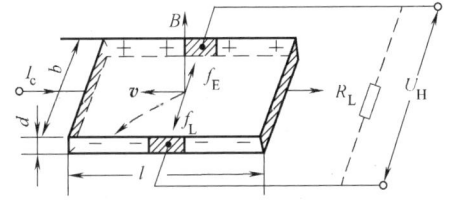

图 6-9 霍尔效应原理图

均速度为 v。在磁场中运动的电子将受到洛伦兹力 f_L 的作用，其大小为

$$f_L = evB \tag{6-11}$$

式中，e 为电子所带电荷量，$e = 1.6 \times 10^{-19}$C；v 为电子运动速度；B 为磁感应强度。而洛伦兹力的方向根据左手定则由 v 和 B 的方向决定，如图 6-9 所示。

运动电子在洛伦兹力 f_L 的作用下，便以抛物线形式偏转至霍尔元件的一侧，并使该侧形成电子的积累，同时，使其相对一侧形成正电荷的积累，于是建立起一个霍尔电场 E_H。该电场对随后的电子施加一电场力 f_E，其大小为

$$f_E = eE_H = eU_H/b \tag{6-12}$$

式中，b 为霍尔元件的宽度；U_H 为霍尔电动势。

电场力 f_E 的方向如图 6-9 所示，恰好与 f_L 的方向相反。

当运动电子在霍尔片中所受的洛伦兹力 f_L 和电场力 f_E 相等时，则电子的积累便达到动态平衡，从而在其两侧形成稳定的电动势，即霍尔电动势 U_H，并可利用仪表进行测量。

由上面的论述可知，达到动态平衡时，即 f_L 与 f_E 大小相等方向相反时，则

$$evB = -eU_H/b \tag{6-13}$$

又因为电流密度 $J = -nev$（n 为载流子浓度），则电流为

$$I = -nevbd \tag{6-14}$$

所以

$$U_H = \frac{IB}{ned} = R_H \frac{IB}{d} = K_H IB \tag{6-15}$$

式中，$R_H = 1/(ne)$ 为霍尔系数；$K_H = R_H/d = 1/(ned)$ 为霍尔元件的灵敏度；d 为霍尔元件的厚度。

由式(6-15) 和式(6-13) 可见，霍尔电压与载流体中载流子（电子或空穴）的运动速度有关，亦即与载流体中载流子的迁移率 μ 有关。由于材料的电阻率 $\rho = 1/(ne\mu)$，所以霍尔系数与载流体材料的电阻率 ρ 和载流子迁移率 μ 的关系为

$$R_H = \rho\mu \tag{6-16}$$

因此，只有 ρ、μ 都大的材料才适合于制造霍尔元件，才能获得较大的霍尔系数和霍尔电压。金属导体的载流子迁移率很大，但其电阻率低（或自由电子浓度 n 大）；绝缘体电阻率很高（或 n 小），但其载流子迁移率低。因此金属导体和绝缘体均不宜选作霍尔元件，只有半导体材料才是最佳霍尔元件材料，表 6-1 列出了一些霍尔元件的材料特性。此外，霍尔电动势除与材料的载流子迁移率和电阻率有关外，同时还与霍尔元件的几何尺寸有关。一般要求霍尔元件灵敏度越大越好，霍尔元件的厚度 d 与 K_H 成反比，因此，霍尔元件的厚度越小其灵敏度越高，一般取 $d = 0.1$mm 左右。当霍尔元件的宽度 b 加大，或长宽比（l/b）减小时，将会使 U_H 下降。通常要对式(6-15) 加以形状效应修正，其关系如下：

$$U_H = R_H \frac{IB}{d} f(l/b) \tag{6-17}$$

式中，$f(l/b)$ 为形状效应系数，其修正值见表 6-2。一般取 $l/b = 2 \sim 2.5$ 就足够了。

例 6-2 某霍尔元件 $l \times b \times d = 10 \times 3.5 \times 1$mm³，沿 l 方向通以电流 $I = 1.0$mA，在垂直于 lb 面方向加有均匀磁场，磁感应强度 $B = 0.3$T，传感器的灵敏度为 22V/(A·T)，试求其输出霍尔电动势及载流子浓度。（已知 $e = 1.6 \times 10^{-19}$C）

表 6-1 霍尔元件的材料特性

材料	迁移率 $\mu/(cm^2/(V \cdot s))$		霍尔系数 R_H /$(cm^2/℃)$	禁带宽度 E_g/eV	霍尔系数温度特性 /(%/℃)
	电子	空穴			
Ge1	3600	1800	4250	0.60	0.01
Ge2	3600	1800	1200	0.80	0.01
Si	1500	425	2250	1.11	0.11
InAs	28000	200	570	0.36	−0.1
InSb	75000	750	380	0.18	−2.0
GaAs	10000	450	1700	1.40	0.02

表 6-2 形状效应系数

l/b	0.5	1.0	1.5	2.0	2.5	3.0	4.0
$f(l/b)$	0.370	0.675	0.841	0.928	0.967	0.984	0.996

解：由 $K_H = 1/(ned)$，得

$n = 1/(K_H ed) = [1/(22 \times 1.6 \times 10^{-19} \times 1 \times 10^{-3})]/m^3 = 2.84 \times 10^{20}/m^3$

$U_H = K_H IB = 22V/(A \cdot T) \times 1.0 \times 10^{-3}A \times 0.3T = 6.6 \times 10^{-3}V$

答：霍尔元件的输出霍尔电动势为 $6.6 \times 10^{-3}V$，载流子浓度为 $2.84 \times 10^{20}/m^3$。

6.2.2 霍尔传感器的结构及特性

1. 霍尔传感器的结构

霍尔传感器的结构简单，如图 6-10 所示。图中，从矩形薄片半导体基片上的两个相互垂直方向侧面上各印出一对电极。其中，1-1′电极用于加控制电流，称为控制电极；另一对 2-2′电极用于引出霍尔电动势，称为霍尔电动势输出极。在基片外面用金属或陶瓷、环氧树脂等封装作为外壳。

2. 霍尔传感器的基本特性

（1）U_H-I 特性　在一定温度下，由式（6-15）可知，若固定磁场即磁感应强度 B 为常数，霍尔输出电动势 U_H 与控制电流 I 之间成线性关系，如图 6-11 所示。直线的斜率称为控制电流灵敏度，用 S_I 表示。按照定义，控制电流的灵敏度为

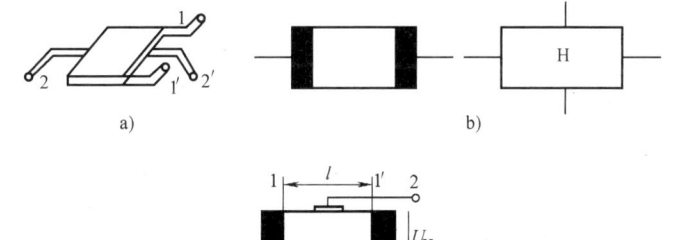

图 6-10 霍尔传感器
a）外形结构示意图　b）图形符号　c）霍尔电极位置
1-1′—控制电极　2-2′—输出电极

$$S_I = \left(\frac{U_H}{I}\right)_{B恒定} \qquad (6-18)$$

由式（6-18）和式（6-15）可得

$$S_\mathrm{I} = K_\mathrm{H} B \tag{6-19}$$

（2）U_H-B 特性　由式(6-15)可知，如果固定控制电流，霍尔元件的开路霍尔输出电压与磁感应强度 B 成线性关系，但霍尔元件的开路霍尔输出电压随磁场的增加并不完全成线性关系，而是有所偏离。通常霍尔元件工作在 0.5T 以下时线性度较好，如图 6-12 所示。使用中，若对线性度要求很高时，可采用霍尔元件 HZ—4，它的线性偏离一般不大于 0.2%。

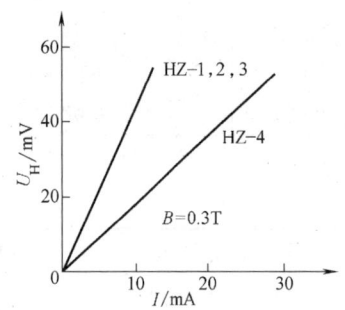

图 6-11　霍尔元件的 U_H-I 关系

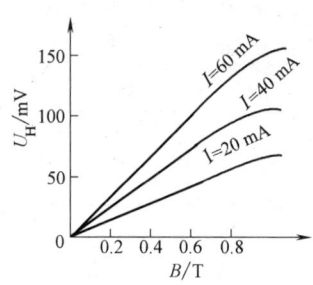

图 6-12　U_H-B 特性曲线

（3）主要参数　霍尔传感器的基本特性与霍尔元件的主要参数也有关系。

1）输入电阻 R_i 和输出电阻 R_o。霍尔元件控制电流极间的电阻为输入电阻 R_i，霍尔电压极间的电阻为输出电阻 R_o。输入电阻和输出电阻一般为 $100 \sim 2000\Omega$，而且输入电阻大于输出电阻，但相差不太大，使用时应注意。

2）额定控制电流 I_c。控制电流经过霍尔元件时会使元件本身温度升高，使霍尔元件自身温升 10℃ 时所对应的控制电流称为额定控制电流 I_c。I_c 的大小与霍尔元件的尺寸有关，尺寸越小，I_c 越小。I_c 一般为几毫安至几十毫安。

学生："老师，在实际应用霍尔元件的过程中，我们是希望 I_c 越大越好的，因为 I_c 越大，在相同条件下输出的电压也将越大。但是 I_c 变大后带来的问题是霍尔元件的温度升高，这如何处理呢？"

老师："霍尔元件有个最大温升范围，从而也对应了一个最大允许控制电流，我们一般通过改善散热条件等来解决这个问题。"

3）不等位电动势 U_0 和不等位电阻 R_0。霍尔元件在额定控制电流作用下，不加外磁场时，其霍尔电动势极间的电动势应该为零，但实际情况不是这样的，其一般会有一个电动势 U_0，则 U_0 称为不等位电动势（也称为非平衡电压或残留电压）。它主要是由于两个电极不在同一等位面上以及材料电阻率不均匀等因素引起的，可以用输出电压表示，或用空载霍尔电压 U_H 的百分数表示，一般 $U_0 \leq 10\mathrm{mV}$。不等位电阻 $R_0 = U_0 / I_0$。

4）灵敏度 K_H。灵敏度是在单位磁感应强度下，通以单位控制电流所产生的开路霍尔电压。

5）霍尔电动势温度系数 α。α 为温度每变化 1℃ 时霍尔电动势变化的百分率。这一参数对测量仪器十分重要。若仪器要求精度高时，要选择α值小的元件，必要时还要加温度补偿电路。

6) 电阻温度系数β。β为温度每变化1℃时霍尔元件材料的电阻变化的百分率。

7) 灵敏度温度系数γ。γ为温度每变化1℃时霍尔元件灵敏度的变化率。

8) 线性度。霍尔元件的线性度常用磁感应强度为0.1T时霍尔电压相对于磁感应强度为0.5T时霍尔电压的最大差值的百分比表示。

表6-3列出了几种常用的霍尔元件的主要技术参数。

表6-3 几种常用霍尔元件的主要技术参数

霍尔元件	控制电流 I_c/mA	空载霍尔电压 U_H/mV ($B=0.1T$)	输入电阻 R_i/Ω	输出电阻 R_0/Ω	灵敏度 K_H/(mV/(mA·T))	不等位电动势 U_0/mV	U_H的温度系数α/(%/℃)	电阻温度系数β/(%/℃)	材料
EA218	100	>8.5	约3	约1.5	>0.35	<0.5	约-0.1	约0.2	InAs
FA24	100	>13	约6.5	约2.4	>0.75	<0.15	约0.07	约0.2	InAsP
KH-400A	5	250~550	240~550	50~1100	50~1100	<10	-0.1~-1.3	-1.0~1.3	InSb
VHG-110	5	15~110	200~800	200~800	30~220	U_H的20%之内	-0.05	0.5	GaAs
AG1	20(max)	>5	40	30	>2.5	—	-0.02	—	Ge
HZ-1	20		110(1±20%)	100(1±20%)	15(1±20%)	<0.1	0.03	0.5	Ge
6SH	1~5		200~1000	200~1000	20~150	<1	0.4	0.3	GaAs
	5~10		170~350	小于输入	10~20	<0.8	0.4		Si
KH400A	5		240~550	50~1100	50~1100	<10	-0.1~1.3	-0.1~1.3	InSb

（4）基本误差及其补偿 霍尔元件在实际应用时，存在多种因素影响其测量精度，造成测量误差的主要因素有两类：半导体固有特性及半导体制造工艺的缺陷。其主要表现为温度误差和零位误差。

1) 温度误差及其补偿。霍尔元件是由半导体材料制成的，与其他半导体材料一样对温度变化是很敏感的，其电阻率、迁移率和载流子浓度等都随温度的变化而变化，因此在工作温度改变时，其内阻（R_i和R_0）及霍尔电压均会发生相应的变化，从而给测量带来不可忽略的温度误差。为了减小温度误差，除选用温度系数较小的材料如砷化铟（InAs）外，还可以采用适当的补偿电路。

① 采用恒流源供电和输入回路并联电阻。温度变化引起霍尔元件输入电阻变化，在稳压源供电时，使控制电流发生变化，带来测量误差。为了减小这种误差，最好采用恒流源（稳定度±0.1%）提供控制电流。但灵敏度K_H也是温度的函数，因此采用恒流源后仍有温度误差。为了进一步提高U_H的温度稳定性，对于具有正温度系数的霍尔元件，可在其输入回路并联电阻，如图6-13所示。

假设初始温度为T_0时有如下参数：

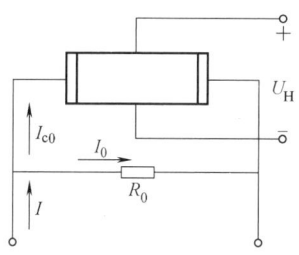

图6-13 采用恒流源并联电阻法的温度补偿电路

R_i 为霍尔元件输入电阻;R_0 为选用的温度补偿电阻;I_0 为被 R_0 分流的电流;I_{c0} 为控制电流;K_{H0} 为霍尔元件的灵敏度。

当温度由 T_0 升为 T(℃)时,上述参数均改变为:$R_i \to R_{it}$,$R_0 \to R$,$I_0 \to I_{0t}$,$I_{c0} \to I_c$,$K_{H0} \to K_H$。则有如下关系:

$$\begin{cases} R_{it} = R_i(1 + \alpha \Delta T) \\ R = R_0(1 + \beta \Delta T) \\ K_H = K_{H0}(1 + \delta \Delta T) \end{cases} \quad (6\text{-}20)$$

式中,ΔT 为温度变化量($T - T_0$);α 为霍尔元件输入电阻的温度系数;β 为温度补偿电阻的温度系数;δ 为霍尔元件灵敏度的温度系数。

根据图 6-13 所示的电路可知:

$$\begin{cases} I_{c0} = I \dfrac{R_0}{R_0 + R_i} \\ I_c = I \dfrac{R_0(1 + \beta \Delta T)}{R_0(1 + \beta \Delta T) + R_i(1 + \alpha \Delta T)} \end{cases} \quad (6\text{-}21)$$

当温度改变 ΔT 时,为使霍尔电动势不变,则必须有如下关系:

$$U_{H0} = K_{H0} I_{c0} B = K_H I_c B = U_H \quad (6\text{-}22)$$

将式(6-21)代入得

$$K_{H0} I_{c0} = K_H I_c = K_{H0} I \dfrac{R_0}{R_0 + R_i} = K_{H0}(1 + \delta \Delta T) I \dfrac{R_0(1 + \beta \Delta T)}{R_0(1 + \beta \Delta T) + R_i(1 + \alpha \Delta T)} \quad (6\text{-}23)$$

整理式(6-23)可得

$$R_0 = R_i \dfrac{\alpha - \beta - \delta}{\delta} \quad (6\text{-}24)$$

对一个确定的霍尔元件,其参数 R_i、α、δ 是确定值,可由式(6-24)求得温度补偿电阻 R_0 及要求的温度系数 β。为满足 R_0 及 β 两个条件,此分流电阻可取温度系数不同的两种电阻实行串、并联组合。

② 选取合适的负载电阻 R_L。霍尔元件的输出电阻 R_o 和霍尔电动势都是温度的函数(设为正温度系数),霍尔元件应用时,其输出总要接负载 R_L(如电压表内阻或放大器的输入阻抗等)。当工作温度改变时,输出电阻 R_o 的变化必然会引起负载上输出电动势的变化。R_L 上的电压为

$$U_L = \dfrac{U_{Ht}}{R_L + R_{ot}} R_L = \dfrac{R_L U_{H0}[1 + \alpha(T - T_0)]}{R_L + R_{o0}[1 + \beta(T - T_0)]} \quad (6\text{-}25)$$

式中,R_{o0} 为温度为 T_0 时,霍尔元件的输出电阻;R_{ot} 为温度为 T 时,霍尔元件的输出电阻;β 为输出电阻的温度系数;α 为霍尔电动势的温度系数。

为使负载上的电压不随温度而变化,应使 $dU_L/d(T - T_0) = 0$,即得

$$R_L = R_{o0}\left(\dfrac{\beta}{\alpha} - 1\right) \quad (6\text{-}26)$$

霍尔电压的负载通常是测量仪表或测量电路,其阻值是一定的,但可用串、并联电阻的方法使式(6-26)得到满足来补偿温度误差。但此时灵敏度将相应降低。

③ 采用恒压源和输入回路串联电阻。当霍尔元件采用稳压源供电，且霍尔输出开路状态下工作时，可在输入回路中串入适当电阻来补偿温度误差。

④ 采用温度补偿元件。这是一种常用的温度误差补偿方法，尤其适用于锑化铟材料的霍尔元件。图 6-14 所示是采用热敏元件进行温度补偿的几种不同连接方式的例子。其中，图 6-14a、图 6-14b、图 6-14c 为电压源激励时的补偿电路；图 6-14d 为电流源激励时的补偿电路。图中 R_i 为激励源内阻，$R(t)$ 为热敏元件。通过对电路的简单计算便可求得有关的 $R(t)$ 的阻值。

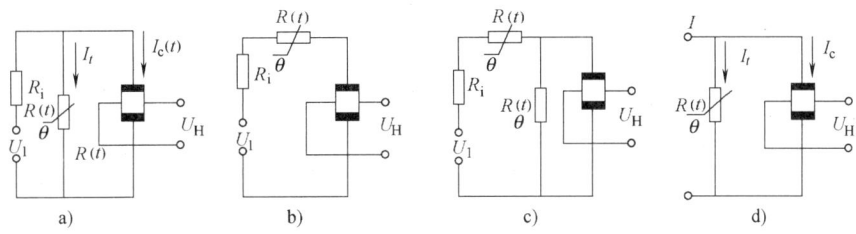

图 6-14 采用热敏元件的温度误差补偿电路

a）电压源与热敏电阻并联　b）电压源与热敏电阻串联　c）电压源与热敏电阻串并联　d）电流源与热敏电阻并联

2) 零位误差及其补偿。霍尔元件的零位误差主要是由不等位电动势 U_0 所引起的，U_0 产生的原因是由于制造工艺不可能保证两个霍尔电极绝对对称地焊在霍尔片的两侧，致使两电极点不能完全位于同一等位面上；此外，霍尔片电阻率不均匀或片厚薄不均匀或控制电流极接触不良将使等位面歪斜，致使两霍尔电极不在同一等位面上而产生不等位电动势，如图 6-15a 所示。

除了工艺上采取措施降低 U_0 外，还需采用补偿电路加以补偿。霍尔元件可等效为一个四臂电桥，如图 6-15b 所示，当两霍尔电极在同一等位面上时，$R_1 = R_2 = R_3 = R_4$，则电桥平衡，$U_0 = 0$；当两电极不在同一等位面上时（如 $R_3 > R_4$），则电桥不平衡，$U_0 \neq 0$。可以采用图 6-15c 所示的方法进行补偿，外接电阻 RP 值应大于霍尔元件的内阻，调整 RP，可使 $U_0 = 0$。改变工作电流方向，取其霍尔电动势平均值，或采用交流供电亦可以。

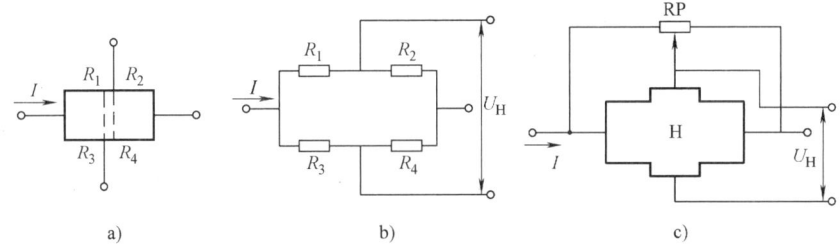

图 6-15 不等位电动势补偿电路

a）不等位电路　b）等效电路　c）补偿电路

6.2.3 霍尔传感器的转换电路

图 6-16 所示是霍尔传感器的基本转换电路。控制电流 I_c 由电源 E 供电，电位器 RP 调节控制电流 I_c 的大小。霍尔传感器输出接负载 R_L，R_L 可以是放大器的输入电阻或者是测量仪表的内阻。在测量中，可以把 $I_c \times B$，或者 I_c，或者 B 作为输入信号，则霍尔传感器的输出电动势正比于 $I_c \times B$，或者 I_c，或者 B。

在实际使用中，为了获得较大的霍尔输出电压，可以采用几片霍尔传感器叠加的连接方式，如图 6-17 所示。

图 6-17a 所示为直流供电情况，控制电流端并联，由 RP_1、RP_2 调节两个元件的输出霍尔电动势，A、B 为输出端，它的输出电动势为一个霍尔片的 2 倍。

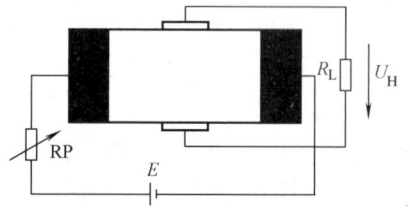

图 6-16　霍尔传感器转换电路

图 6-17b 所示为交流供电情况，控制电流端串联，各元件输出端接输出变压器 T 的一次绕组，变压器的二次侧便有霍尔电动势信号叠加值输出。

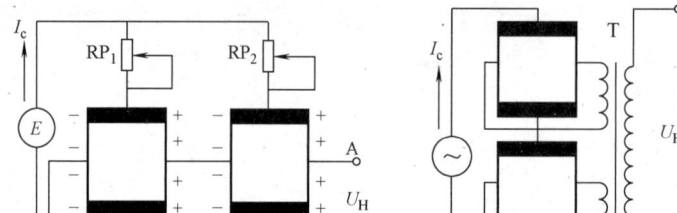

图 6-17　霍尔传感器叠加的连接方式
a）并联　b）串联

6.2.4　霍尔传感器的应用

由于霍尔元件对磁场敏感，且有结构简单、频率响应宽（从直流到微波）、动态范围大、寿命长、无接触等优点，因此，在测量技术、自动化技术和信息处理等方面得到了广泛应用。

1. 霍尔位移传感器

霍尔位移传感器的结构示意图如图 6-18 所示，在极性相反、磁场强度相同的两个磁钢的气隙中放置一个霍尔元件。当元件的控制电流 I_c 恒定不变时，霍尔电动势 U_H 与磁感应强度 B 成正比。若磁场在一定范围内沿 x 方向的变化梯度 dB/dx 为一常数，则当霍尔元件沿 x 方向移动时，霍尔电动势的变化为

$$\frac{dU_H}{dx} = R_H I \frac{dB}{dx} = K \tag{6-27}$$

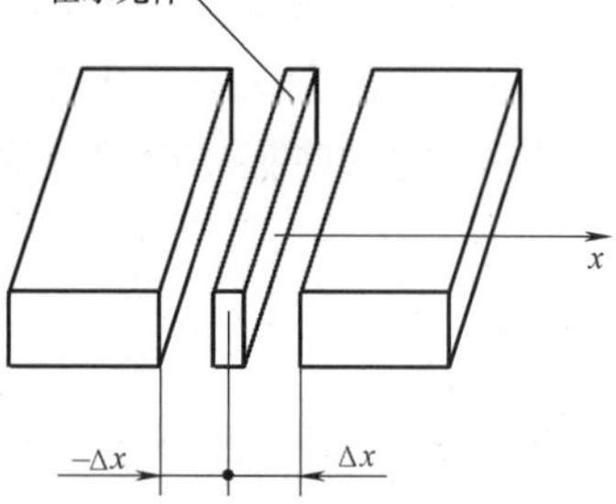

图 6-18　霍尔位移传感器的结构示意图

式中，K 为位移传感器的输出灵敏度。

将式 (6-27) 积分后得

$$U_H = Kx \tag{6-28}$$

式 (6-28) 说明，霍尔电动势与位移量成线性关系。霍尔电动势的极性反映了元件位移的方向。磁场梯度越大，灵敏度越高；磁场梯度越均匀，输出线性度越好。当 $x = 0$，即元件位于磁场中间位置上时，$U_H = 0$。这是由于元件在此位置受到方向相反、大小相等的磁通作用的结果。

霍尔位移传感器一般可用来测量 1～2mm 的小位移。其特点是惯性小、响应速度快、无接触测量。利用这一原理还可以测量其他非电量，如力、压力、压差、液位、加速度等。

2. 霍尔转速测量

霍尔转速的测量示意图如图 6-19 所示。在被测转速的转轴上安装一个齿盘，也可选取机械系统中的一个齿轮，将霍尔元件及磁路系统靠近齿盘，随着齿盘的转动，磁路的磁阻也周期性地变化，测量霍尔元件输出的脉冲频率就可以确定被测物体的转速。

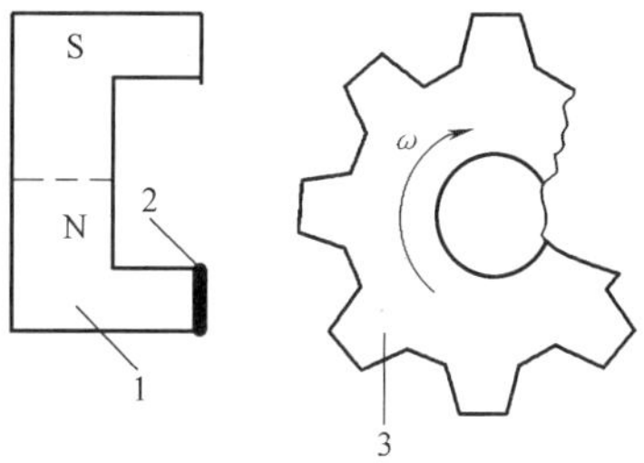

图 6-19 霍尔转速的测量示意图
1—磁铁 2—霍尔元件 3—齿盘

3. 霍尔电流传感器

CRH5 型动车组是由中车长春轨道客车有限公司采用法国阿尔斯通公司的技术生产的一款动车组，其辅助电气系统的蓄电池充电机上的电流检测用的是莱姆电子公司生产的 LEM 霍尔电流传感器。

LEM 霍尔电流传感器模块由一次线圈、聚磁环、位于空隙中的霍尔元件的磁路、二次线圈、放大电路等组成，如图 6-20 所示。

LEM 霍尔电流传感器模块的工作原理是磁场平衡式的，即一次线圈电流回路所产生的磁场与通过一个二次线圈的电流所产生的磁场进行补偿，使霍尔元件始终处于检测零磁通的工作状态。具体工作过程为：当一次回路有一大电流 I_P 流过时，在导线周围产生一个强的磁场，这一磁场被聚磁环聚集，并感应霍尔元件，使其有一个霍尔电压输出，这一霍尔电压经放大器 A 放大，送入到功率放大器中。这时相应的功率管导通，从而获得一个补偿电流 I_S，由于这一电流要通过很多匝二次线圈，二次线圈所

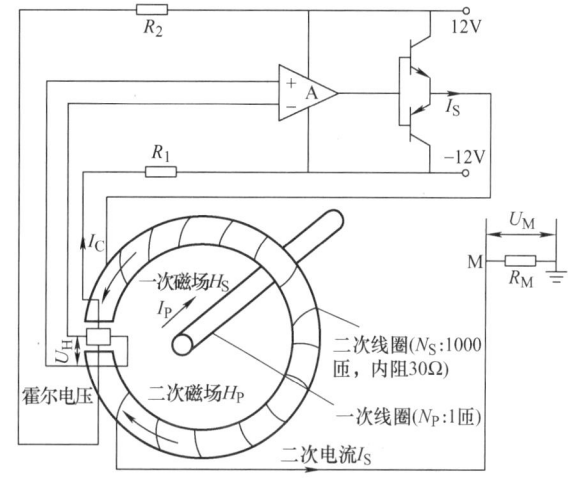

图 6-20 LEM 霍尔电流传感器模块

产生的磁场与一次电流所产生的磁场相反，因而补偿了原来的磁场，使霍尔元件的输出逐渐减小。最后当 I_S 与二次线圈的匝数相乘所产生的磁场与 I_P 与一次线圈的匝数相乘所产生的磁场相等时，I_S 不再增加，这时的霍尔元件就达到零磁通。

上述过程是在非常短的时间内产生的，这一平衡所建立的时间在 1μs 之内，是一个动态平衡过程。即一次电流 I_P 的任何变化都会破坏这一平衡磁场，一旦磁场失去平衡，霍尔元件就有霍尔电压输出，经放大器放大后，立即有相应的电流流过二次线圈进行补偿，因此从宏观上看二次补偿电流的安匝数在任何时间都与主电流的安匝数一样，$N_P I_P + N_S I_S = 0$，即 $|N_P I_P| = |N_S I_S|$。其中，N_P 为一次线圈匝数，I_P 为一次线圈电流；N_S 为二次线圈匝数，I_S 为二次线圈电流。所以，若已知 N_P、N_S，测得 I_S，即可得到主电流 I_P 的大小。

4. 汽车霍尔点火器

汽车霍尔点火器的结构示意图如图 6-21 所示。霍尔元件固定在汽车分电器的白金座上，在分火点上安装一个隔磁罩，罩的竖边根据汽车发动机的缸数，开出等间距的缺口，当缺口对准霍尔元件时，磁通通过霍尔元件而构成闭合回路，电路导通，如图 6-21a 所示，此时霍尔电路输出低电平（≤0.4V）。当隔磁罩竖边凸出部分挡在霍尔元件和磁体之间时，电路截

止,如图 6-21b 所示,此时霍尔电路输出高电平。

霍尔电子点火器的原理图如图 6-22 所示。当霍尔传感器输出低电平时,VT_1 截止,VT_2、VT_3 导通,点火器的一次绕组有一恒定电流通过;当霍尔传感器输出高电平时,VT_1 导通,VT_2、VT_3 截止,点火器的一次绕组电流截止,此时储存在点火器中的能量由二次绕组以高压放电形式输出,即放电点火。

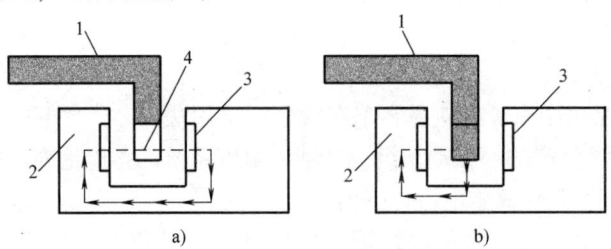

图 6-21 汽车霍尔点火器的结构示意图
1—隔磁罩 2—磁钢 3—霍尔元件 4—缺口

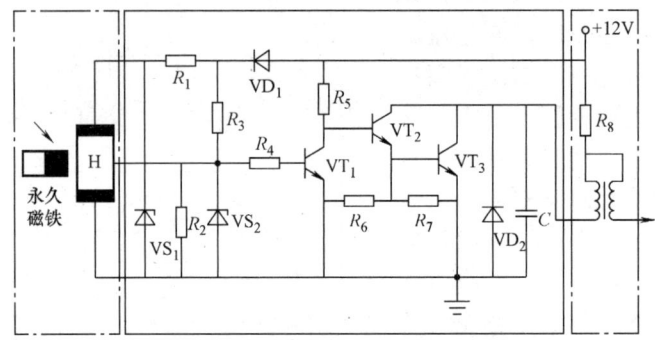

图 6-22 霍尔电子点火器的原理图

> **老师**:"霍尔传感器目前在无刷直流电动机中使用较多,目的是检测电动机转子的位置。在电动机中的霍尔传感器一般为集成产品,三个引脚分别为正、地、信号。在具体使用时信号输出端一般要加上拉电阻。"

6.3 磁敏电阻

6.3.1 磁敏电阻的工作原理

磁敏电阻的工作原理是基于磁阻效应,将一载流导体置于外磁场中,除了产生霍尔效应外,其电阻也会随磁场而变化,这种现象称为磁电阻效应,简称磁阻效应。磁阻效应是伴随霍尔效应同时发生的一种物理效应。当温度恒定时,在弱磁场范围内,磁阻与磁感应强度 B 的二次方成正比。对于只有电子参与导电的最简单的情况,理论推出磁阻效应的表达式为

$$\rho_B = \rho_0(1 + 0.273\mu^2 B^2) \qquad (6-29)$$

式中,B 为磁感应强度;μ 为电子迁移率;ρ_0 为零磁场下的电阻率;ρ_B 为磁感应强度为 B 时的电阻率。

设电阻率的变化为 $\Delta\rho = \rho_B - \rho_0$,则电阻率的相对变化为

$$\frac{\Delta\rho}{\rho_0} = 0.273\mu^2 B^2 = K(\mu B)^2 \qquad (6-30)$$

式(6-30)是在忽略磁敏元件的几何形状的情况下得到的,如果考虑其形状的影响,电阻率的相对变化与磁感应强度和迁移率的关系可以近似用下式表示:

$$\frac{\Delta\rho}{\rho_0} = K(\mu B)^2 [1 - f(l/b)] \qquad (6-31)$$

式中,$f(l/b)$为形状效应系数;l为磁敏元件的长度;b为磁敏元件的宽度。

由式(6-31)可知,磁场一定时,迁移率越高,其磁阻效应越明显。因此,磁敏电阻常选用 InSb、InAs 和 NiSb 等半导体材料。若考虑形状的影响,其长宽比 l/b 越小,则磁阻效应也越明显。

6.3.2 磁敏电阻的结构及特性

1. 磁敏电阻的结构

磁敏电阻外形呈扁平状,非常薄,它是在 0.1~0.5mm 的绝缘基片上蒸镀一层 20~25μm 的半导体材料而制成的,也可在半导体薄片上光刻或腐蚀成型,为了增加有效电阻,将其制成像电阻应变片那样的弯曲栅格,如图 6-23 所示,端子用导线引出后,再用绝缘材料覆盖密封。常用半导体材料 InSb 和 InAs 来制作磁敏电阻,在磁场强度不大的情况下,选用 InSb 多晶薄膜材料也可满足要求。基片材料可选用陶瓷、微晶玻璃或铁氧体材料等。制造工艺中对基片材料的厚度均匀性有严格要求,其误差为 1μm 左右。另外,为提高磁敏电阻的灵敏度,在衬底反面要粘贴能收集磁力线的纯铁集束片。

常见的磁敏电阻有单晶型、薄膜型和共晶型三种。单晶型是将厚度为 10~30μm 的 InSb 单晶片粘贴在衬底上,用光刻或腐蚀的方法得到几何图形,再沉积金属短路条,用合金化方法制作欧姆接触电极,焊接引线等工艺制成。薄膜型是用真空蒸发或阴极溅射技术制作多晶 InSb 薄膜。InSb-NiSb 共晶材料可制成共晶型磁敏电阻。

磁敏电阻有两端型和三端型两种,如图 6-24 所示,其结构简单,安装方便,但它的缺点是电特性比霍尔元件的复杂,且输出是非线性的。

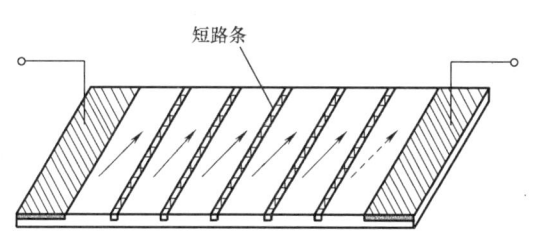

图 6-23 栅格磁敏电阻

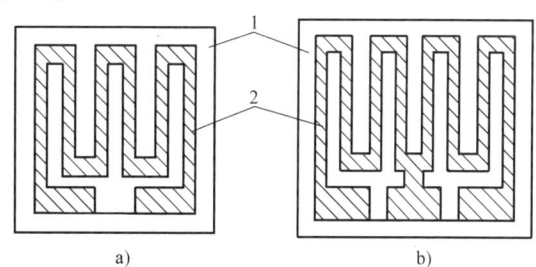

图 6-24 磁敏电阻的结构
a) 两端型 b) 三端型
1—基片 2—InSb

在实用上,往往在衬底上做两个相互串联的磁敏电阻,或四个磁敏电阻接成电桥形式,以便用于不同的场合,如图 6-25 所示。

2. 磁敏电阻的主要特性

(1) 磁电特性(电阻变化与磁感应强度的关系) 因材料不同,电阻相对变化率与磁感

应强度 B 的关系如图6-26所示。L和D分别为不同掺杂浓度的 InSb-NiSb 材料。由图可知，磁感应强度 $B < 0.3T$ 时，电阻相对变化率与磁感应强度 B 的二次方成正比关系；当 $B > 0.3T$ 时则成线性关系。

（2）温度特性　由于磁敏电阻是由半导体材料制作的，因此，它受温度影响极大。InSb-NiSb 磁阻元件温度系数和磁场的关系如图6-27所示。可采用差动式磁阻元件接成桥式电路来进行温度补偿。

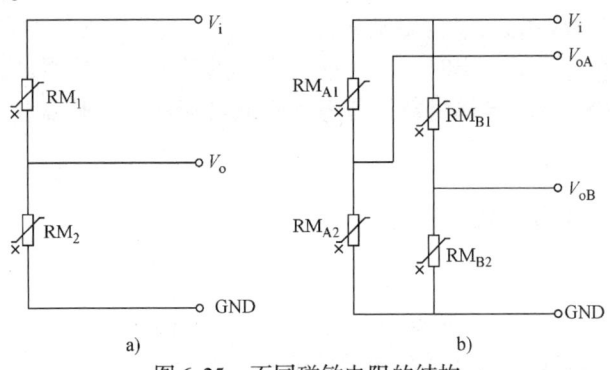

图 6-25　不同磁敏电阻的结构
a）串联的磁敏电阻　b）磁敏电阻接成的电桥

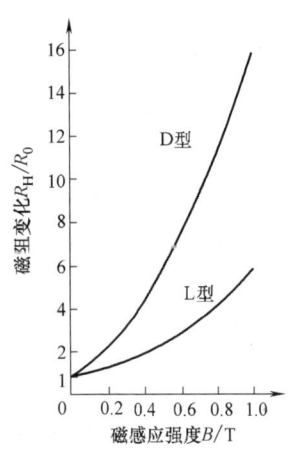

图 6-26　InSb-NiSb 磁阻变化与
磁感应强度 B 的关系

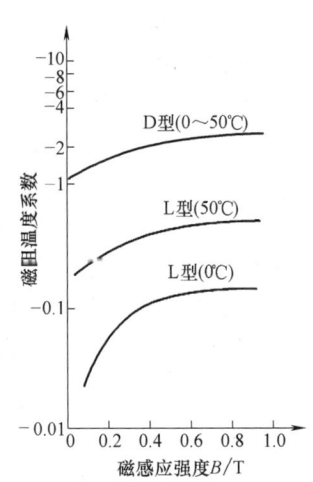

图 6-27　InSb-NiSb 磁阻元件温度
系数和磁场的关系

（3）频率特性　磁敏电阻的工作频率范围一般为1~10MHz。

6.3.3　磁敏电阻的应用

磁敏电阻因其结构简单，从而得到了广泛应用，其主要应用在位移测量、无触点开关、转速测量、计数器等电路中。

1. 无触点开关

图6-28所示是利用两端型 InSb 磁敏电阻 RM 的无触点开关电路。将 InSb 磁敏电阻 RM 连接到晶体管的基极上，当永久磁铁距 InSb 电阻远一点时，它处在无磁场状态，电阻值 R_0 较小，晶体管 VT 的基极电压可以看成0V，故集电极无电流流过，处于断路状态，继电器线

圈不得电。当永久磁铁距 InSb 电阻很近（如 0.1mm）时，InSb 电阻值变为大于 $3R_0$，此时基极有电流流过，所以晶体管集电极有电流输出，继电器线圈得电。因此可以控制相应的触点动作。

2. 转速测量

图 6-29 所示是利用 InSb-NiSb 磁敏电阻测量转速的工作原理和应用电路。磁敏电阻 RM 的阻值 R_0 = 200Ω，其电阻灵敏度大于 1.7。在 RM 上安装永久磁铁作为偏置磁场。当齿轮旋转时，输出端的电压波形是图 6-29b 所示的正弦波，然后再用比较器 IC 进行比较输出。

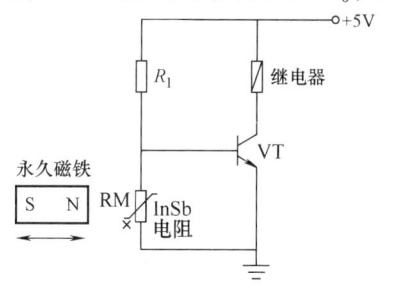

图 6-28 InSb 磁敏电阻无触点开关电路

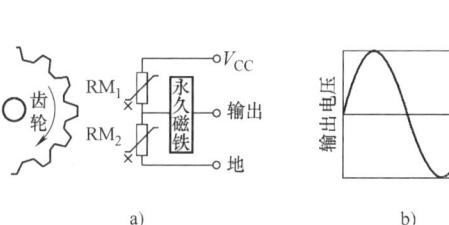
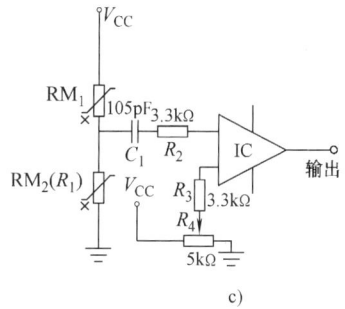

图 6-29 InSb-NiSb 电阻检测旋转参数的应用
a) 工作原理 b) 输出波形 c) 检测电路

6.4 磁敏二极管和磁敏晶体管

6.4.1 磁敏二极管

1. 磁敏二极管的工作原理

磁敏二极管是利用磁阻效应进行磁电转换的。

磁敏二极管属于长基区二极管，是 P^+-I-N^+ 型，其结构如图 6-30 所示。其中 I 为本征（完全纯净的、结构完整的半导体晶体）或接近本征的半导体，其长为 L，它比载流子扩散长度大数倍，其两端分别为高掺杂的区域 P^+、N^+。如果本征半导体是弱 N 型的则为 P^+-ν-N^+ 型，如是弱 P 型的则为 P^+-π-N^+ 型。

在 ν 或 π 区一侧用扩散杂质或喷砂的办法制成的高复合区称为 r 区，与 r 区相对的另一侧面保持光滑，为低（或无）复合面。

对于普通二极管，在加正向偏置电压 U^+ 时，$U^+ = U_I + U_P + U_N$。式中，U_I 为 I 区压降，U_P、U_N 分别为 P^+I、IN^+ 结的压降。若无外界磁场影响，在

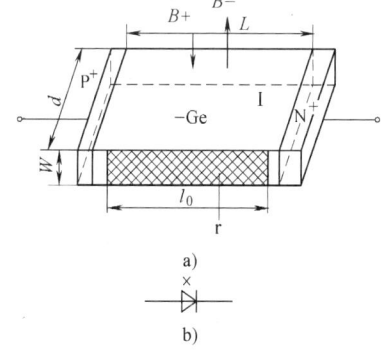

图 6-30 锗磁敏二极管的结构及电路符号
a) 锗磁敏二极管的结构 b) 锗磁敏二极管的电路符号

外电场的作用下,大部分空穴由 P^+ 区向 I 区注入,而电子则由 N^+ 区向 I 区注入,这就是人们所说的双注入长基区二极管,其注入 I 区的空穴和电子数基本是相等的。由于运动的空间"很大",除少数载流子在体内复合掉之外,大多数分别到达 N^+ 和 P^+ 区,形成电流,总电流为 $I = I_P + I_N$。

而对磁敏二极管,情况就不同了。当受到正向磁场作用时,电子和空穴受洛伦兹力作用向 r 区偏转,如图 6-31 所示。由于 r 区是高复合区,所以进入 r 区的电子和空穴很快被复合掉,因而 I 区的载流子密度减少,电阻增加,则 U_I 增加,在两个结上的电压 U_P、U_N 则相应减小。I 区电阻进一步增加,直到稳定在某一值上为止。相反,若磁场改变方向,电子和空穴将向 r 区的对面——低(无)复合区流动,则使载流子在 I 区的复合减小,再加上载流子继续注入 I 区,使 I 区中载流子密度增加,电阻减小,电流增大。同样过程进行正反馈,使注入载流子数增加,U_I 减小,U_P、U_N 增加,电流增大,直至达到某一稳定值为止。

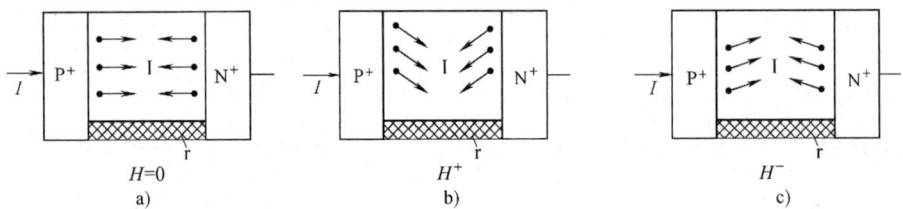

图 6-31 磁敏二极管载流子受磁场影响情况

2. 磁敏二极管的基本特性

(1) 磁电特性 在给定条件下,磁敏二极管输出的电压变化与外加磁场的关系称为磁敏二极管的磁电特性。

磁敏二极管通常有单个使用和互补使用两种方式,它们的磁电特性如图 6-32 所示。由图可知,单个使用时,正向磁灵敏度大于反向;互补使用时,正、反向磁灵敏度曲线对称且在弱磁场下有较好的线性。

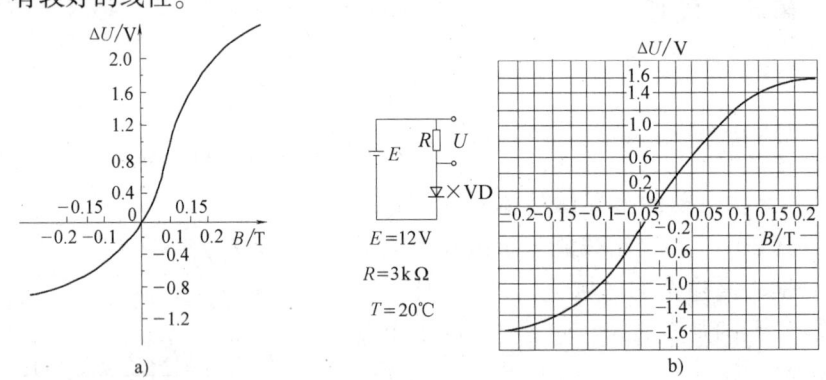

图 6-32 磁敏二极管的磁电特性
a) 单个使用情况　b) 互补使用情况

(2) 伏安特性 磁敏二极管正向偏压和通过其上电流的关系称为磁敏二极管的伏安特性。图 6-33 所示为一个锗磁敏二极管的伏安特性曲线。图中 $B = 0$ 的曲线表示二极管不加磁场时的情况,B 取"+"或"-"表示磁场的方向不同。

从图 6-33 中可以看出:

1）输出电压一定，磁场为正时，随着磁感应强度增加，电流减小，表示磁阻增加；磁场为负时，随着磁感应强度向负方向增加，电流增加，表示磁阻减小。

2）同一磁场之下，电流越大，输出电压变化量也越大。

图6-34所示为硅磁敏二极管的伏安特性曲线。图6-34a表示在较宽的偏压范围内，电流变化比较平坦；当外加偏压增加到一定值后，电流迅速增加，伏安特性曲线上升很快，表示其动态电阻比较小。图6-34b表示硅磁敏二极管的伏安特性曲线上有负阻特性，即电流急剧增加的同时，偏压突然跌落。

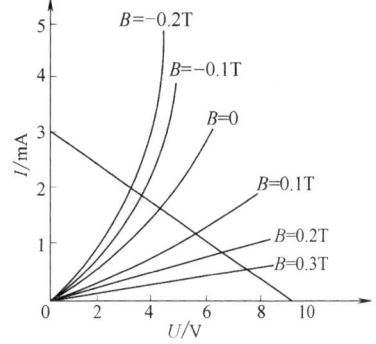

图6-33 锗磁敏二极管的伏安特性曲线

其原因是高阻I区热平衡载流子少，注入I区的载流子在未填满复合中心前不会产生较大电流。只有当填满复合中心后电流才开始增加，同时I区压降减少，表现为负阻特性。

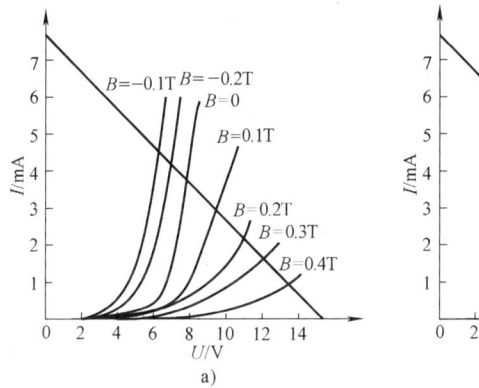
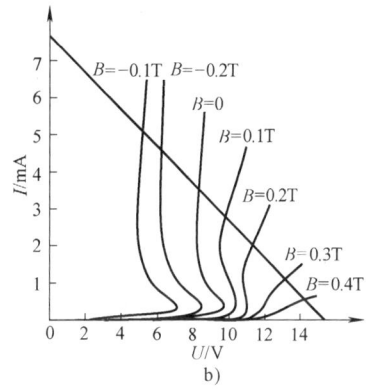

图6-34 硅磁敏二极管的伏安特性曲线
a）直角坐标系 b）双对数坐标

（3）温度特性 一般情况下，磁敏二极管受温度影响较大，即在一定测试条件下，磁敏二极管的输出电压变化量 ΔU，或者在无磁场作用时，中点电压 U_m 随温度变化较大，其温度特性如图6-35所示。因此，在实际使用时，必须对其进行温度补偿。常用的温度补偿电路有互补式温度补偿电路、热敏电阻温度补偿电路等，如图6-36所示。

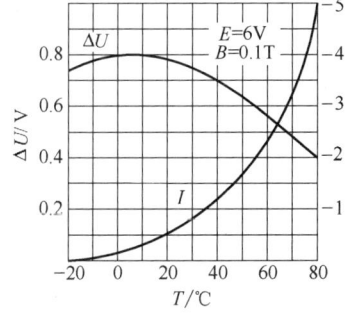

图6-35 磁敏二极管（单个使用）的温度特性曲线

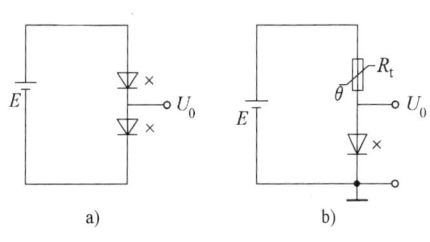

图6-36 温度补偿电路
a）互补式温度补偿电路
b）热敏电阻温度补偿电路

6.4.2 磁敏晶体管

1. 磁敏晶体管的结构

磁敏晶体管的结构如图 6-37 所示。图 6-37a 为 Ge 磁敏晶体管的结构及电路符号，它是在弱 P 型准本征半导体上用合金法或扩散法形成三个极，即发射极 E、基极 B、集电极 C，相当于在磁敏二极管长基区的一个侧面制成一个高复合区 r。图 6-37b 为硅磁敏晶体管的结构，它是用平面工艺制造的，通常采用 N 型材料，利用二次硼扩散工艺，分别形成发射区和集电区，然后扩散形成基区而制成 PNP 型磁敏晶体管。由于工艺上的原因，很少制造 NPN 型磁敏晶体管。

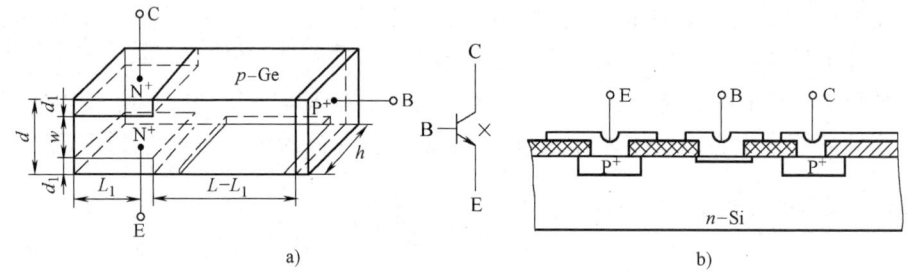

图 6-37 磁敏晶体管的结构
a) Ge 磁敏晶体管的结构及电路符号 b) 硅磁敏晶体管的结构

图 6-38 所示为磁敏晶体管的工作原理示意图。当无磁场作用时，由于磁敏晶体管基区长度大于载流子有效扩散长度，因此发射区注入的载流子除少量输运到集电区外，大部分通过 E-I-B，形成基极电流，基极电流大于集电极电流，所以电流放大倍数 $\beta = I_C/I_B < 1$。

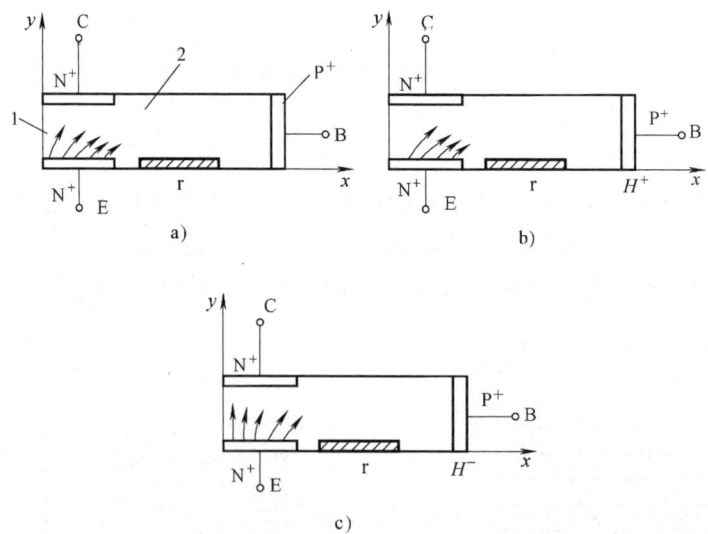

图 6-38 磁敏晶体管的工作原理示意图
a) 无磁场时 b) 受正向磁场时 c) 受反向磁场时
1—输送基区 2—复合基区

当存在 H^+ 磁场时，由于洛伦兹力的作用，载流子向发射极一侧偏转，从而使集电极电

流 I_C 明显下降。当存在 H^- 磁场时，载流子受到洛伦兹力的作用，则向集电极一侧偏转，使集电极电流 I_C 增大。

2. 磁敏晶体管的基本特性

（1）磁电特性　磁敏晶体管的磁电特性是其应用的基础，是其主要特性之一。例如，国产 NPN 型 3BCM（锗）磁敏晶体管的磁电特性曲线如图 6-39 所示。从图中可以看出，在弱磁场情况下接近线性变化。

（2）伏安特性　图 6-40 所示为磁敏晶体管的伏安特性曲线。图 6-40a 为无磁场作用时的伏安特性；图 6-40b 为基极电流恒定（$I_B = 3\text{mA}$）条件下，磁场为正、负 0.1T 时集电极电流 I_C 的变化情况。

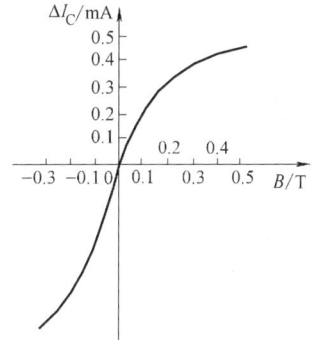

图 6-39　3BCM 磁敏晶体管的磁电特性曲线

（3）温度特性　磁敏晶体管的温度特性曲线如图 6-41 所示。图 6-41a 为基极恒压时的温度特性曲线，图 6-41b 为基极恒流时的温度特性曲线。

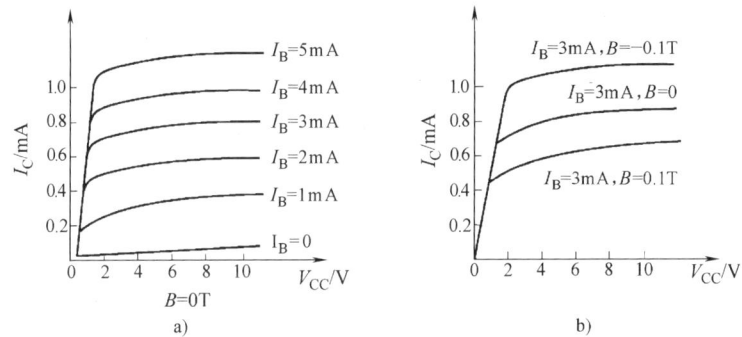

图 6-40　磁敏晶体管的伏安特性曲线
a）无磁场作用时的伏安特性曲线　b）有磁场作用时的伏安特性曲线

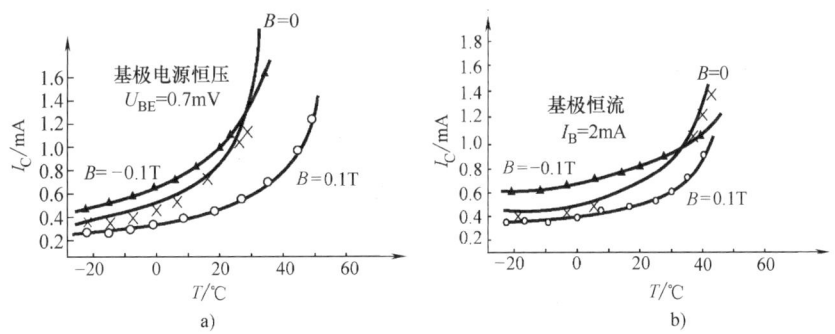

图 6-41　磁敏晶体管的温度特性曲线
a）基极恒压时的温度特性曲线　b）基极恒流时的温度特性曲线

当温度从 T_1 上升到 T_2 时，集电极电流 I_C 的温度灵敏度表达式为

$$S_T = \frac{I_C(T_2) - I_C(T_1)}{I_C(T_0)(T_2 - T_1)} \times 100\% \tag{6-32}$$

式中，$I_C(T_0)$ 为 $T_0 = 25\text{℃}$ 时的集电极电流。

除了用 S_T 表示之外，也可以用磁灵敏度 S_B 来表达。当温度从 T_1 上升到 T_2 时，磁灵敏度系数 S_B 可以表示为

$$S_B = \frac{h(T_2) - h(T_1)}{h(T_0)(T_2 - T_1)} \times 100\% \tag{6-33}$$

同磁敏二极管一样，磁敏晶体管对温度依赖性也较大。若使用硅磁敏晶体管，注意到其集电极电流具有负温度系数的特点，可采用正温度系数普通硅晶体管、磁敏晶体管互补、磁敏二极管补偿、差分补偿电路等方法进行补偿，如图6-42所示。

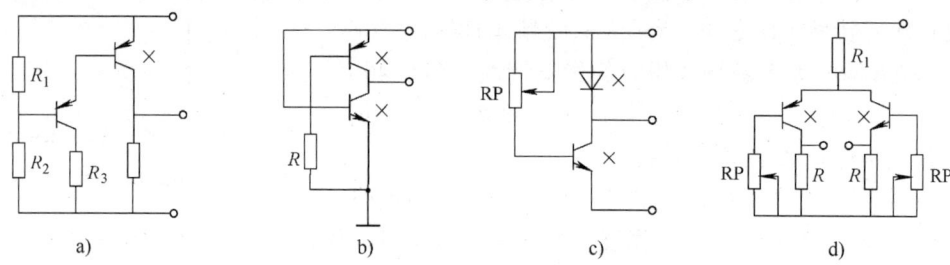

图 6-42 温度补偿方法
a) 普通硅晶体管补偿　b) 磁敏晶体管互补补偿　c) 磁敏二极管补偿　d) 差分补偿电路补偿

本 章 小 结

磁电式传感器又称磁电感应式传感器。它直接从被测物体吸取机械能量并转换成电信号输出，是一种有源传感器。磁电式传感器有磁电感应式、霍尔式、磁敏电阻、磁敏二极管、磁敏晶体管等。

磁电感应式传感器是利用导体和磁场发生相对运动产生感应电动势的原理而制作的。该传感器可用于转速测量和扭矩测量等。

霍尔传感器的工作原理是基于霍尔元件的霍尔效应。所谓霍尔效应就是把一块金属或半导体薄片垂直放在磁感应强度为 B 的磁场中，沿着垂直于磁场方向通一电流，那么就会在薄片的另一对侧面间产生电动势的现象。霍尔传感器可用于计数、测速、汽车点火器等多种工业测控系统。

磁敏电阻、磁敏二极管、磁敏晶体管的工作原理是基于磁阻效应。这些传感器由于输出功率较大，性能稳定，都获得了较普遍的应用，如用其做接近开关等。

思考题与习题

6-1 为什么说磁电感应式传感器是一种有源传感器？
6-2 变磁阻式传感器有哪几种结构形式？可以检测哪些非电量？
6-3 磁电式传感器是速度传感器，它如何通过测量电路获得相对应的位移和加速度信号？
6-4 磁电式传感器与电感式传感器有哪些不同？磁电式传感器主要用于测量哪些物理参数？
6-5 试证明霍尔式位移传感器的输出与位移成正比。
6-6 霍尔元件能够测量哪些物理参数？霍尔元件的不等位电动势的概念是什么？温度补偿的方法有哪几种？

6-7 简述霍尔传感器的构成及其可能的应用场合。

6-8 什么是霍尔效应？霍尔电动势的大小与方向和哪些因素有关？影响霍尔电动势的因素有哪些？

6-9 如果没有磁场，能否使用霍尔元件？为什么？

6-10 若一个霍尔元件的 $K_H = 4\text{mV}/(\text{mA} \cdot \text{kGs})$（$1\text{kGs} = 0.1\text{T}$），控制电流 $I = 3\text{mA}$，将它置于 1Gs ~ 5kGs 变化的磁场中，它输出的霍尔电动势范围是多大？

6-11 有一测量转速装置，调制盘上有100对永久磁极，N、S极交替放置，调制盘由转轴带动旋转，在磁极上方固定一个霍尔元件，每通过一对磁极霍尔元件产生一个方脉冲送到计数器。假定 $t = 5\text{min}$ 的采样时间内，计数器收到 $N = 15$ 万个脉冲，求转速 n（单位为 r/min）。

6-12 磁敏元件有哪些？什么是磁阻效应？简述磁敏二极管、磁敏晶体管的工作原理。

6-13 磁敏电阻与磁敏晶体管有哪些不同？与霍尔元件在本质上的区别是什么？

6-14 磁敏晶体管与普通晶体管的区别是什么？

6-15 发电机是利用导线在永久磁铁的磁场中做旋转运动而发电的。无论负载怎样消耗这个电能，永久磁铁不会变弱，这是什么道理？

第 7 章

光电式传感器

光电式传感器是利用光电器件把光信号转换成电信号的装置。光电式传感器工作时,先将被测量的变化转换为光量的变化,然后通过光电器件再把光量的变化转换为相应的电量变化,从而实现非电量的测量。

光电式传感器结构简单、响应速度快、可靠性较高,能实现参数的非接触测量。随着激光光源、光栅、光导纤维等的相继出现和成功应用,使得光电式传感器越来越广泛地应用于检测和控制领域。

7.1 光电式传感器的工作原理

光电式传感器中能够将光信号转换成电信号输出的器件称为光电器件。它是以光为媒介,以光电效应为基础的传感器。换句话说,光电效应即为光电器件在光能的激发下产生某些电特性的变化。为什么光电器件会产生光电效应呢?当前的物理学界认为,光是由分离的能量团(光子)组成的,光子兼有波和粒子的特性。把光看作一个波群,这个波群可认为是一个频率为 γ 的振荡。当光照射物体时,相当于一连串具有 $h\gamma$ 能量的光子袭击物体(h 为普朗克常量,$h = 6.626 \times 10^{-34}$ J·s,γ 为入射光的频率),由于光子与物质间的连接体是电子,则组成物体的电子吸收光子能量,才能发生相应电特性的变化。依据光电器件发生电特性变化的不同,光电效应一般分为外光电效应和内光电效应两大类。根据这些效应可以做出相应的光电转换器件,简称光电或光敏器件。

7.1.1 外光电效应

在光照射下,电子逸出物体表面向外发射的现象称为外光电效应,又称光电发射效应。它是在 1887 年由德国科学家赫兹发现的。基于这种效应的光电器件有光电管、光电倍增管等。

众所周知,每个光子具有的能量为

$$E = h\gamma = h\frac{c}{\lambda} \tag{7-1}$$

式中,E 为光子能量;λ 为光子波长;h 为普朗克常数;c 为光速(m/s);γ 为光子频率。

一个电子从金属或半导体表面逸出时克服表面势垒所需做的功称为溢出功 A,也称功函数,其值与材料有关,还和材料的表面状态有关。若逸出电子的动能为 $\frac{1}{2}mv_0^2$,则由能量守恒定律有

$$h\gamma = \frac{1}{2}mv_0^2 + A \tag{7-2}$$

式中，m 为电子的静止质量，$m = 9.1091 \times 10^{-31}$ kg；v_0 为电子逸出物体时的初速度。

式(7-2) 称为爱因斯坦的光电效应方程。能使光电元件产生光电子发射的光的最低频率称为红限频率，用 γ_0 表示，由式(7-2) 可知其值为

$$\gamma_0 = A/h \tag{7-3}$$

不同的物质具有不同的红限频率。当入射光的频率低于红限频率时，不论入射光多强，照射时间多久，都不能激发出光电子；当入射光频率高于红限频率时，不管它多么微弱，也会使被照射的物体激发电子。光越强，单位时间里入射的光子数就越多，激发出的电子数目越多，因此光电流就越大，光电流与入射光强度成正比关系。从光开始照射到释放光电子这一过程几乎在瞬间发生，所需时间不超过 10^{-9}s。

7.1.2 内光电效应

通过入射光子引起物质内部产生光生载流子，这些光生载流子引起物质电学性质发生变化，这种现象称为内光电效应。内光电效应是在光子与被晶格原子或掺入的杂质原子所束缚的电子相互作用的基础上产生的，内光电效应分为两类：光电导效应和光生伏特效应。

1. 光电导效应

绝大多数的高电阻率半导体，受光照射吸收光子能量后，产生电阻率降低而易于导电的现象，这种现象称为光电导效应。这里没有电子自物质内部向外发射，仅改变物质内部的电阻。

其工作原理为在入射光作用下，电子吸收光子能量，从价带激发到导带，过渡到自由状态，同时价带也因此形成自由空穴，致使导带的电子和价带的空穴浓度增大，引起材料电阻率减小。为使电子从价带激发到导带，入射光子的能量 E_0 应大于禁带宽度 E_g，如图 7-1 所示，即光的波长应小于某一临界波长 λ_0。

$$\lambda_0 = \frac{hc}{E_g} \tag{7-4}$$

式中，E_g 以电子伏（eV）为单位，$1\text{eV} = 1.60 \times 10^{-19}$ J；λ_0 为临界波长，也称为截止波长。

根据半导体材料不同的禁带宽度可得到相应的临界波长。

图 7-2 为光电导元件工作电路示意图。图中光电导元件与偏置电源及负载电阻 R_L 串联。当光电导元件在一定强度光的连续照射下，元件达到平衡状态时，输出的短路电流密度为

$$i_0 = \frac{\eta e P \lambda \mu_c \tau_c U}{d^2 h c} \tag{7-5}$$

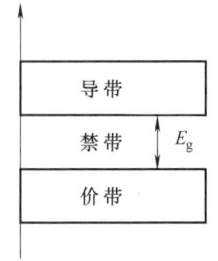

图 7-1 能带图

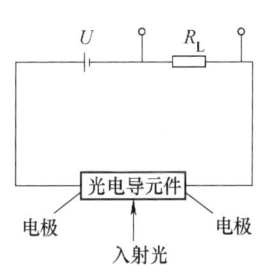

图 7-2 光电导元件工作电路示意图

式中，η 为内光量子效率（光强生成的载流子数与入射光子数之比）；P 为入射光功率；μ_c 为多数载流子的迁移率；τ_c 为多数载流子寿命；d 为两电极间距。

可以看出，i_0 在波长决定之后与 P 成正比，在 ηP 一定时与光波长 λ 成正比。

> **老师：**"同学们，通过学习，你能不能说明一下什么是'光电导效应'？"

> **学生：**"光电导效应是由于半导体材料吸收了入射光子能量，且在光子能量大于或等于半导体材料的禁带宽度时，激发了电子–空穴对，从而使载流子浓度增加，阻值降低的现象。"

2. 光生伏特效应

光照射引起 PN 结两端产生电动势的现象称为光生伏特效应。当 PN 结两端没有外加电压时，在 PN 结势垒区仍然存在着内建结电场，其方向是从 N 区指向 P 区，如图 7-3 所示。当光照射到 PN 结上时，若光子的能量大于半导体材料的禁带宽度，则在 PN 结内产生电子–空穴对，在结电场作用下，空穴移向 P 区，电子移向 N 区，电子在 N 区积累和空穴在 P 区积累使 PN 结两边的电位发生变化，PN 结两端出现一个因光照射而产生的电动势。

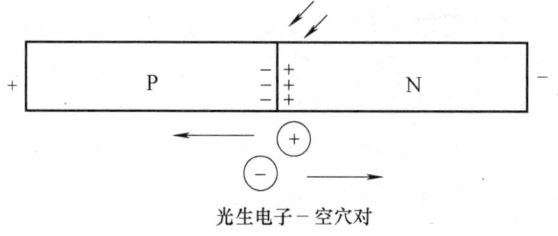

图 7-3　PN 结光生伏特效应原理图

7.2　光电式传感器的结构及特性

光电式传感器是基于光电效应工作的，所以根据光电效应的分类可将光电式传感器分为基于外光电效应光电式传感器和基于内光电效应光电式传感器。

7.2.1　基于外光电效应光电式传感器的结构及特性

基于外光电效应原理工作的光电式传感器有光电管和光电倍增管。

1. 光电管的结构及特性

（1）光电管的结构　光电管的结构如图 7-4 所示。在一个抽成真空的玻璃泡内装有两个电极：阳极和光电阴极（简称阴极）。当阴极受到适当波长的光线照射时便发射光电子，光电子被带正电位的阳极所吸引，这样在光电管内就有电子流，在外电路中便产生电子流，输出电压。光电流的大小与照射在光电阴极上的光强度成正比，并与光电阴极的材料有关。

光电管除真空光电管外，还有充气光电管。这两种光电管的结构基本相同，所不同的只是在充气光电管玻璃泡内充有少量的惰性气体，如氩或氖。当光电阴极被光照射

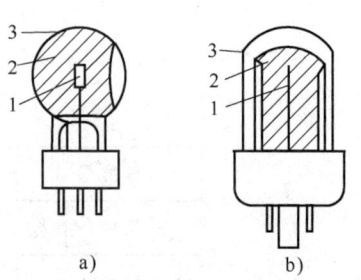

图 7-4　光电管的结构
a）真空光电管　b）充气光电管
1—阳极　2—光电阴极　3—玻璃泡

而发射电子时，光电子在趋向阳极的途中撞击惰性气体的原子，使其电离，从而使阳极电流急速增加，提高了光电管的灵敏度。但其稳定性、频率特性等都比真空光电管差。

（2）光电管的基本特性

1）光电管的伏安特性。在一定的光照射下，对光电管的阴极所加电压与阳极所产生的电流之间的关系称为光电管的伏安特性。真空光电管和充气光电管的伏安特性如图7-5所示。它是应用光电式传感器参数的主要依据。

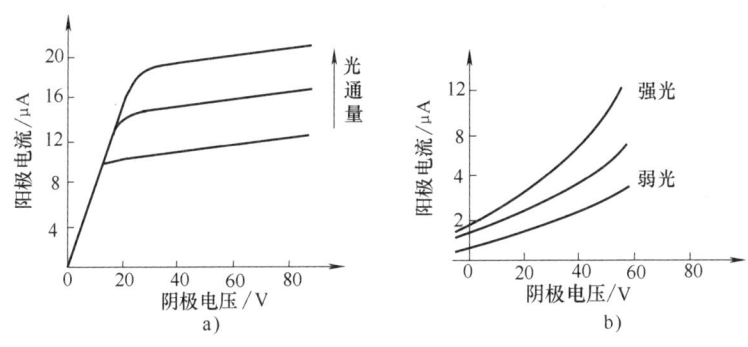

图7-5 光电管的伏安特性
a）真空光电管的伏安特性 b）充气光电管的伏安特性

2）光电管的光照特性。通常当光电管的阳极和阴极之间所加电压一定时，光通量 Φ 与光电流之间的关系称为光电特性，光照度 E 与光电流之间的关系称为光照特性。光通量 Φ 是指光源在单位时间内向周围空间辐射出的使人眼产生光感的能量，单位为 lm（流明）；光照度是受照物体表面单位面积上投射的光通量，单位为 lx（勒克斯）。所以从广义上说光电特性和光照特性是一样的，下文统称为光照特性。

光电管的光照特性曲线如图7-6所示。曲线1表示氧铯阴极光电管的光照特性，光电流 I 与光通量成线性关系。曲线2为锑铯阴极光电管的光照特性，光电流与光通量成非线性关系。光照特性曲线的斜率（光电流与入射光光通量之比）称为光电管的灵敏度。

3）光电管的光谱特性。一般对于光电阴极材料不同的光电管，它们有不同的红限频率 γ_0，因此它们可用于不同的光谱范围。除此之外，即使照射在阴极上的入射光的频率高于红限频率 γ_0，并且强度相同，随着入射光频率的不同，阴极发射的光电子

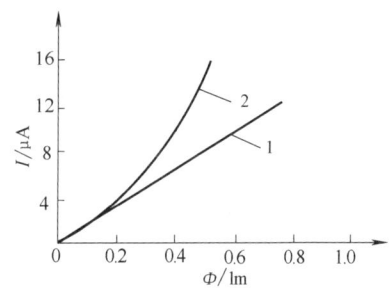

图7-6 光电管的光照特性
1—氧铯阴极光电管的光照特性
2—锑铯阴极光电管的光照特性

的数量还会不同，即同一光电管对于不同频率光的灵敏度不同，这就是光电管的光谱特性。图7-7所示为光电管的光谱特性。

光谱特性对选择光电式传感器和辐射能源有重要意义。当光电式传感器的光谱特性与光源辐射能量的光谱分布协调一致时，光电式传感器的性能较好，效率较高。在检测时，光电式传感器的最佳灵敏度最好在需要测量的波长处。

2. 光电倍增管的结构及其特性

(1) 光电倍增管的结构　光电倍增管的结构如图7-8所示,它是在玻璃管内由光电阴极(K)、若干个倍增极(D_n, $n=4\sim14$)和阳极(A)三部分组成的。在倍增极上涂有在电子轰击下能发射更多电子的材料,倍增极的形状和位置设计成正好使前一级倍增极发射的电子继续轰击后一级倍增极。在每个倍增极间均依次增大加速电压。

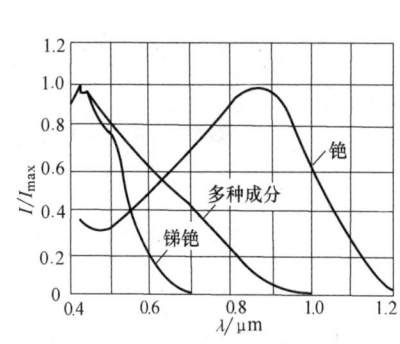

图7-7　光电管的光谱特性

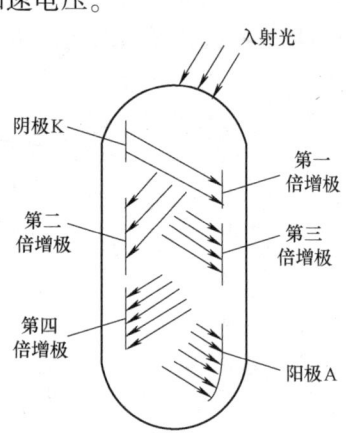

图7-8　光电倍增管的结构

设每极的倍增率为δ(一个电子能轰击产生出δ个次级电子),若有n个倍增极,则总的光电流倍增系数为M,那么光电倍增管阳极电流I与阴极电流I_0的关系为

$$I = I_0 M = I_0 (C\delta)^n \tag{7-6}$$

式中,C为各倍增极电子收集效率。

常用光电倍增管的基本电路如图7-9所示,各倍增极电压由电阻分压获得,流经负载电阻R_L的放大电流造成的压降,便是输出电压。一般阳极与阴极之间的电压为1000~2500V,两个相邻倍增电极的电位差为50~100V。所加电压越稳定,倍增系数的波动引起的测量误差就越小。由于光电倍增管的灵敏度高,所以适合在微弱光下使用,但是不能接受强光刺激,否则易于损坏。

(2) 光电倍增管的基本特性

1) 光电倍增管的伏安特性。光电倍增管的伏安特性如图7-10所示。

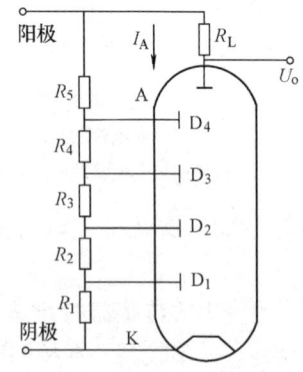

图7-9　光电倍增管的基本电路

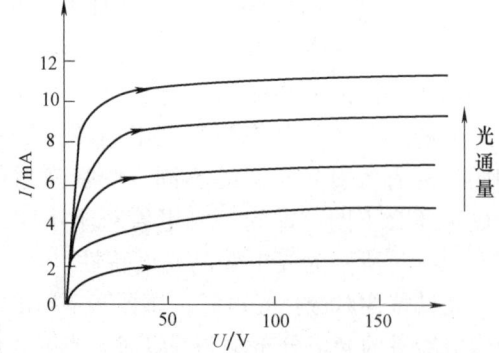

图7-10　光电倍增管的伏安特性曲线

2）光电倍增管的光照特性。光电倍增管的光照特性曲线如图 7-11 所示。由图可知，其在相当宽的范围内为直线，当光通量很大时，特性曲线开始明显地偏离直线。其主要原因是最后几级光电倍增极的疲乏，因而放大系数大大降低。光电倍增管的灵敏度很大，高达 10^3mA/lm，虽然这样，输出电流仍然不允许很大，以免它的电极损坏或迅速进入疲乏状态，光电倍增管一般工作在 $10^{-3} \sim 10 \text{mA}$。

3）光电倍增管的光谱特性。光电倍增管的光谱特性如图 7-12 所示。光电倍增管的光谱特性与相同材料的光电管的光谱特性很相似，当光照射到不同光电倍增管的光电阴极时，所对应的最大灵敏度的波长也各不相同，因此选择光电倍增管时应使其最大灵敏度在需要测定的光谱范围内。

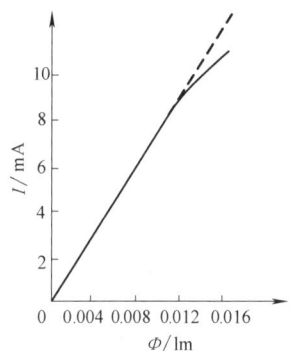

图 7-11　光电倍增管的光照特性曲线

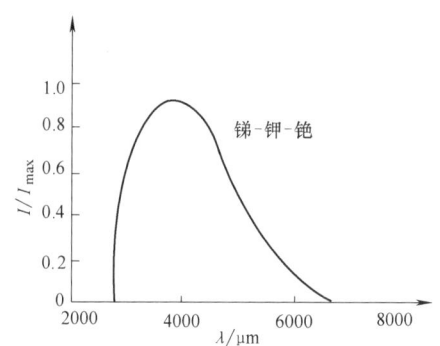

图 7-12　光电倍增管的光谱特性曲线

7.2.2　基于内光电效应光电式传感器的结构及特性

1. 光敏电阻的结构及特性

（1）光敏电阻的结构　光敏电阻又称光导管，光敏电阻没有极性，纯粹是一个电阻器件，使用时既可以加直流电压，也可以加交流电压。光敏电阻的主要参数有暗电阻和暗电流、亮电阻和亮电流、光电流、响应时间等。

1）暗电阻和暗电流。室温条件下，光敏电阻在无光照时，经过一段时间所测量的稳定电阻称为暗电阻，此时流过暗电阻的电流称为暗电流。温度对光敏电阻的影响较大，温度升高，暗电阻减小，暗电流增加，灵敏度下降，这是光敏电阻的一大缺点。

2）亮电阻和亮电流。室温条件下，光敏电阻在某一光照下所测量的稳定电阻称为亮电阻，此时流过亮电阻的电流称为亮电流。

3）光电流。亮电流与暗电流之差称为光电流。

4）响应时间。光敏电阻具有延时特性，上升响应的时间和下降响应的时间均为 $10^{-2} \sim 10^{-3} \text{s}$，可见光敏电阻不能用在要求快速响应的场合。

无光照时，光敏电阻的阻值（暗电阻）很大，电路中电流（暗电流）很小。当光敏电阻受到一定波长范围的光照时，它的阻值（亮电阻）急剧减小，电路中电流迅速增大。一般希望暗电阻越大越好，亮电阻越小越好，此时光敏电阻的灵敏度高。实际光敏电阻的暗电阻值一般在兆欧级，亮电阻在几千欧以下。

图 7-13 为光敏电阻的原理结构图。绝缘衬底上均匀地涂上一层具有光导效应的半导体材料，作为光电导层，在半导体的两端装有金属电极，金属电极与引出线端相连接，光敏电

阻就通过引出线端接入电路。为了防止周围介质的影响，在半导体光敏层上覆盖一层漆膜，漆膜的成分应使它在光敏层最敏感的波长范围内透射率最大。

（2）光敏电阻的基本特性

1）光敏电阻的伏安特性。一般光敏电阻（如硫化铅、硫化铊）的伏安特性曲线如图7-14所示。由该曲线可知，所加的电压越高，光电流越大，而且没有饱和现象。在给定的电压下，光电流的数值将随光照增强而增大。

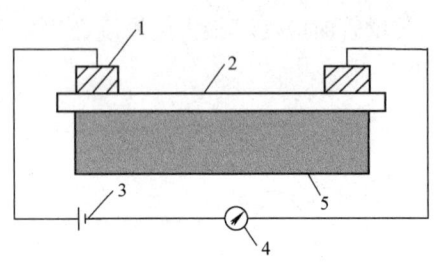

图7-13　光敏电阻的结构

1—金属电极　2—半导体　3—电源

4—检流计　5—玻璃底板

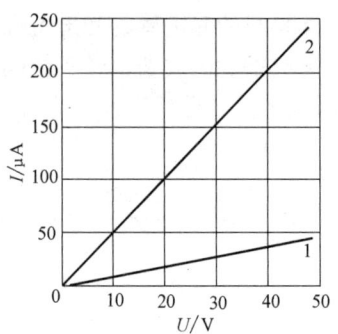

图7-14　光敏电阻的伏安特性曲线

1—硫化铅光敏电阻的伏安特性曲线

2—硫化铊光敏电阻的伏安特性曲线

2）光敏电阻的光照特性。光敏电阻的光照特性用于描述光电流和光照强度之间的关系。不同光敏电阻的光照特性是不相同的。绝大多数光敏电阻的光照特性曲线是非线性的，如图7-15所示。光敏电阻不宜作为线性测量元件，一般用作开关式的光电转换器。

3）光敏电阻的光谱特性。几种常用光敏电阻材料的光谱特性曲线如图7-16所示。对于不同波长的光，光敏电阻的灵敏度是不相同的。从图中可以看出，硫化镉的峰值在可见光区域，而硫化铅的峰值在红外区域。因此，在选用光敏电阻时应当把元件和光源的种类结合起来考虑，才能获得满意的结果。

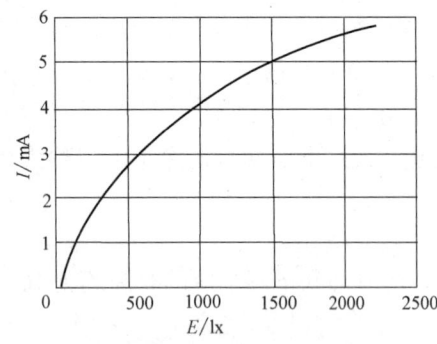

图7-15　光敏电阻的光照特性曲线

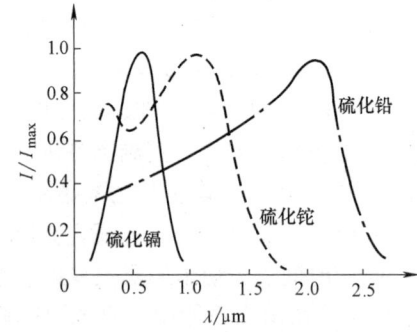

图7-16　几种常用光敏电阻材料的光谱特性曲线

4）光敏电阻的响应时间。实验证明，光敏电阻的光电流不能随着光照量的改变而立即改变，即光敏电阻产生的光电流有一定的惯性，这个惯性通常用时间常数t来描述。所谓时间常数即为光敏电阻自停止光照起到电流下降为原来的63%所需要的时间，因此，时间常数越小，响应越迅速。但大多数光敏电阻的时间常数都较大，这是它的缺点之一。

5）光敏电阻的温度特性。随着温度不断升高，光敏电阻的暗电阻和灵敏度都要下降，同时温度变化也影响它的光谱特性曲线。因此，在实际应用中为了提高元件的灵敏度，或为了能够接受较长波段的红外辐射，经常采取一些制冷措施。

> **老师**："光敏电阻具有很高的灵敏度，光谱响应的范围可以从紫外区域到红外区域，而且体积小、性能稳定、价格便宜；但光照与产生的光电流之间成非线性关系。所以，光敏电阻在自动化技术中应用很多，在检测技术中很少使用。这一点同学们需注意。"

2. 光电二极管和光电晶体管的结构和特性

（1）光电二极管和光电晶体管的结构

1）光电二极管。光电二极管的结构与一般二极管相似。它装在透明玻璃外壳中，其PN结装在管的顶部，可以直接受到光照射，如图7-17所示。光电二极管在电路中一般是处于反向工作状态，其接线形式如图7-18所示。在没有光照射时，反向电阻很大，反向电流很小，此反向电流称为暗电流。当光照射在PN结上时，光子打在PN结附近，使PN结附近产生光生电子和光生空穴对，它们在PN结处的内电场作用下做定向运动，形成光电流。光的照度越大，光电流越大。因此，光电二极管在不受光照射时处于截止状态，受光照射时处于导通状态。

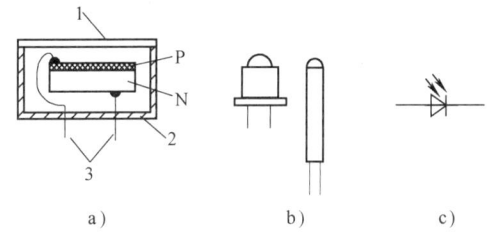
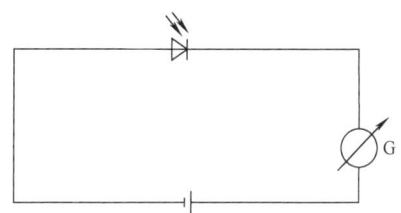

图7-17　光电二极管的结构图和电路符号
　　a）结构图　b）外形　c）电路符号
　　1—玻璃透镜　2—外壳　3—电极引线

图7-18　光电二极管的接线法

> **老师**："在这里再次明确指出，光电二极管应反向使用，光电二极管的两个引脚一长一短，长的为正，短的为负。"

2）光电晶体管。光电晶体管的结构与一般晶体管很相似，只是它的发射极一边做得很大，以扩大光的照射面积。图7-19所示为NPN型光电晶体管的结构简图和基本电路。大多数光电晶体管的基极无引出线，当集电极加上相对于发射极为正的电压而不接基极时，集电结就是反向偏压；当光照射在集电结上时，就会在结附近产生电子-空穴对，从而形成光电流，相当于晶体管的基极电流。由

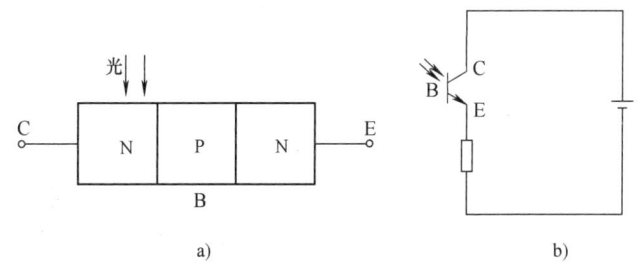

图7-19　NPN型光电晶体管的结构简图和基本电路
　　a）结构简图　b）基本电路

于基极电流的增加,因此集电极电流是光电流的 β 倍,所以光电晶体管有放大作用。

(2) 光电二极管和光电晶体管的基本特性

1) 伏安特性。图 7-20 所示为硅光电管在不同照度下的伏安特性曲线。从图中可见,光电晶体管的光电流比相同管型的二极管大上百倍。

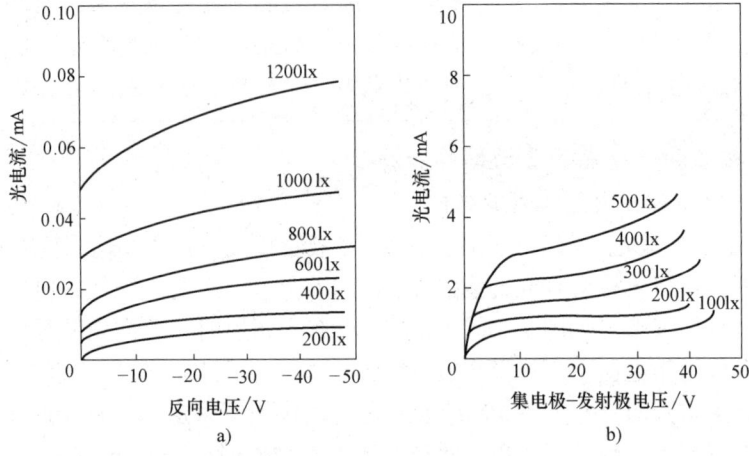

图 7-20 硅光电管的伏安特性
a) 硅光电二极管 b) 硅光电晶体管

2) 光照特性。硅光电管的光照特性如图 7-21 所示。图 7-21a 为硅光电二极管的光照特性曲线,线性较好,适合于做检测元件。图 7-21b 为硅光电晶体管的光照特性曲线,在弱光时电流增长缓慢,采用较小的发射区面积,则能提高弱光时的发射结电流密度而使起始时增长变快,有利于弱光的检测。

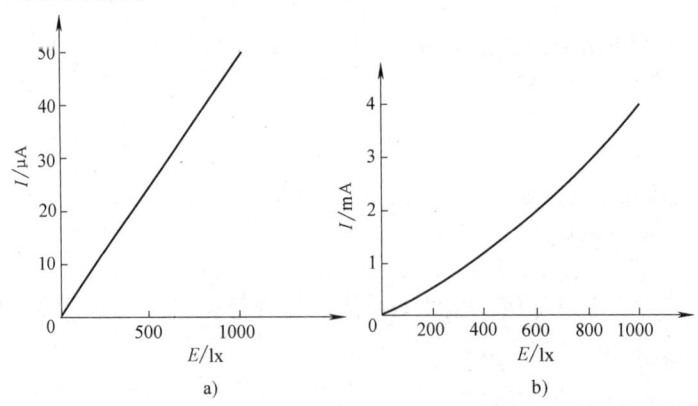

图 7-21 硅光电管的光照特性
a) 硅光电二极管 b) 硅光电晶体管

3) 光谱特性。光电晶体管的光谱特性如图 7-22 所示。

4) 温度特性。光电晶体管的温度特性是指其暗电流及光电流与温度的关系。温度变化对光电流影响很小,而对暗电流影响很大,所以在电子电路中应该对暗电流进行温度补偿,否则将会导致输出误差。

3. 光电池的结构及特性

（1）光电池的结构　光电池是一种直接将光能转换为电能的光电器件。光电池在有光线作用下实质上就是电源，一般情况下，电路中有了这种器件就不需要外加电源了。

光电池的工作原理是基于"光生伏特效应"。图 7-23 所示为硅光电池的结构原理、外形及电路符号。它是用单晶硅制成的，在一块 N 型硅片上用扩散的方法掺入一些 P 型杂质而形成一个大面积的 PN 结，P 层很薄，从而使光能穿透到 PN 结上。由于光线的照射，使 P 区带正电荷，N 区带负电荷，从而在两区之间形成电位差，即构成光电池，若接于外电路中就可产生电流。

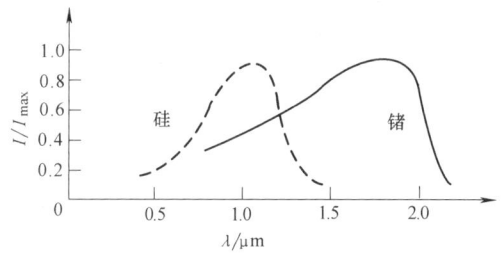

图 7-22　光电晶体管的光谱特性

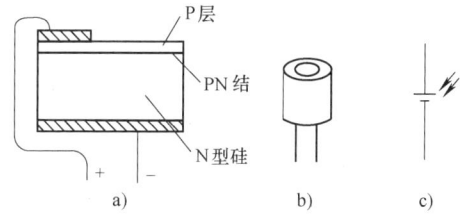

图 7-23　硅光电池
a）结构原理　b）外形　c）电路符号

（2）光电池的基本特性

1）伏安特性。光电池的伏安特性是指在光电池输入光强度不变时，测量当负载在一定范围内变化时，光电池的输出电压及电流随负载电阻变化的关系曲线，如图 7-24 所示。从光电池的伏安特性曲线中可以看出，负载电阻短接或很小时，负载线垂直或接近于垂直，此时与各条特性曲线交点等距离，电流正比于照度，数值也较大；负载电阻增大时，交点的距离不等，即电流不与照度成正比，光照特性不是直线，电流也减小。

2）光照特性。光电池在不同的光强照射下可产生不同的光电流和光生电动势。硅光电池的光照特性曲线如图 7-25 所示。从该曲线可以看出，短路电流在很大范围内与光强成线性关系。开路电压随光强的变化是非线性的，并且当照度在 2000lx 时就趋于饱和。因此，把光电池作为测量元件时，应把它当作电流源来使用，不宜用作电压源。

所谓光电池的短路电流，就是反映负载电阻相对于光电池内阻很小时的光电流。而光电池的内阻是随着照度增加而减小的，所以在不同照度下可用大小不同的负载电阻为近似"短路"条件。从实验中知道，负载电阻越小，光电流与照度之间的线性关系越好，且线性范围越宽，对不同的负载电阻，可以在不同的照度范围内，使光电流与光强保持线性关系。所以，应用光电池做测量元件时，所用负载电阻的大小，应根据光强的具体情况而定。总之，负载电阻越小越好。

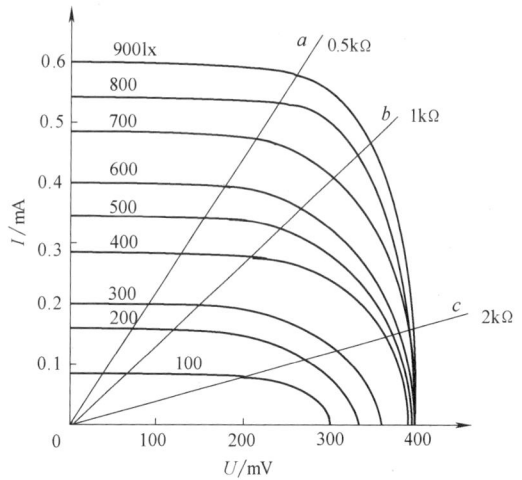

图 7-24　光电池的伏安特性曲线

3) 光谱特性。硒光电池和硅光电池的光谱特性曲线如图 7-26 所示。从图示曲线可以看出，不同的光电池，其光谱峰值的位置不同。

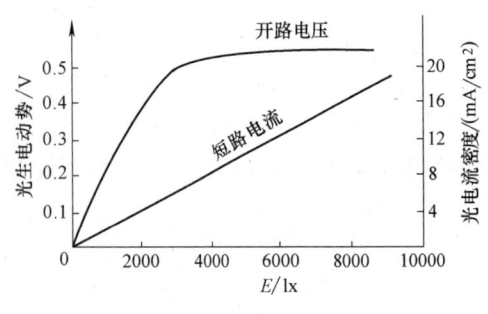

图 7-25 硅光电池的光照特性曲线

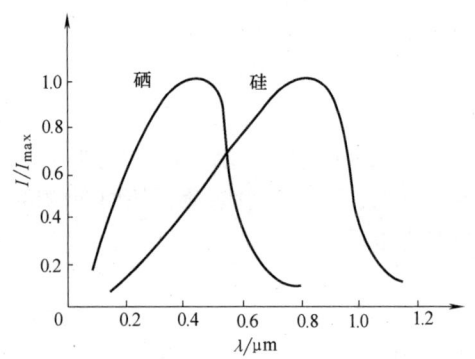

图 7-26 硒光电池与硅光电池的光谱特性曲线

4) 频率特性。光电池在作为测量、计数、接收元件时，常用交变光照。光电池的频率特性就是反映光的交变频率和光电池输出电流的关系，硅光电池有很高的频率响应，可用在高速计数、有声电影等方面。

5) 温度特性。光电池的温度特性是描述光电池的开路电压和短路电流随温度变化的情况。由于它关系到应用光电池的仪器或设备的温度漂移，影响到测量精度或控制精度等重要指标，因此温度特性是光电池的重要特性之一。

由于温度对光电池的工作有很大影响，因此把它作为测量器件应用时，最好能保证温度恒定或采取温度补偿措施。

4. 其他光电器件

(1) 光电耦合器件 光电耦合器件是由发光元件（如发光二极管）和光电接收元件合并使用，以光作为媒介传递信号的光电器件。光电耦合器中的发光元件通常是半导体的发光二极管，光电接收元件有光敏电阻、光电二极管、光电晶体管或光晶闸管等。根据其结构和用途不同，又可分为用于实现电隔离的光电耦合器和用于检测有无物体的光电开关。

光电开关是一种利用感光元件对变化的入射光加以接收，并进行光电转换，同时加以某种形式的放大和控制，从而获得最终的控制输出"开""关"信号的器件。

光电开关广泛应用于工业控制、自动化包装线及安全装置中作为光控制和光探测装置。其可在自控系统中用作物位检测、产品计数、料位检测、尺寸控制、安全报警及计算机输入接口等用途。

(2) 电荷耦合器件（CCD） 电荷耦合器件（Charge Couple Device，CCD）是一种金属氧化物半导体（MOS）集成电路器件。它以电荷作为信号，其基本功能是进行电荷的存储和电荷的转移。CCD 自 1970 年问世以来，由于其独特的性能而发展迅速，广泛应用于自动控制和自动测量，尤其适用于图像识别技术。

1) CCD 的结构。CCD 传感器是按一定规律排列的 MOS（金属-氧化物-半导体）电容器组成的阵列，其构造如图 7-27 所示。在 P 型或 N 型硅衬底上生长一层很薄的二氧化硅，再在二氧化硅薄层上依次序沉积金属或掺杂多晶硅电极（栅极），形成规则的 MOS 电容器阵列，再加上两端的输入及输出二极管就构成了 CCD 芯片。

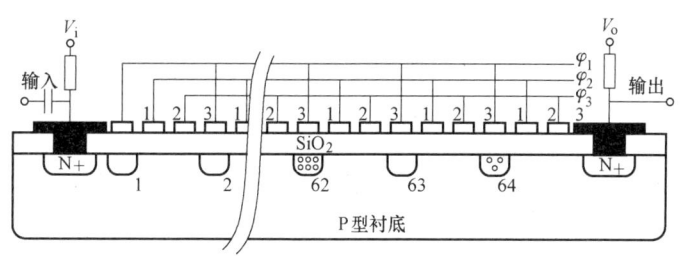

图 7-27　CCD 芯片的构造

图 7-27 所示为 64 位 CCD 结构。每个光敏元（像素）对应有三个相邻的转移栅电极 1、2、3，所有电极彼此间离得足够近，以保证相邻势阱耦合及电荷转移。所有的 1 电极相连并施加时钟脉冲 φ_1，所有的 2、3 电极也是如此，并施加时钟脉冲 φ_2、φ_3。这三个时钟脉冲在时序上相互交叠，如图 7-28 所示。详情可参看第 10 章集成传感器中的 CCD 部分及第 11 章中的 CCD 应用举例。

MOS 电容器和一般电容器不同的是，其下极板不是一般导体而是半导体。假定所用半导体是 P 型硅，其中多数载流子是空穴，少数载流子是电子。若在栅极上加正电压，衬底接地，则带正电的空穴被排斥离开 Si-SiO_2 界面，带负电的电子被吸引到紧靠 Si-SiO_2 界面。当电压高到一定值时，形成对电子而言的所谓势阱，电子一旦进入就不能复出。电压越高，产生的势阱越深。可见 MOS 电容器具有存储电荷的功能。如果衬底是 N 型硅，则在电极上加负电压，可达到同样目的。

当光照射到光敏元上时，会产生电子-空穴对（光生电荷），电子被吸引存储在势阱中。入射光强，则光生电荷多，弱则光生电荷少，无光照的光敏元件

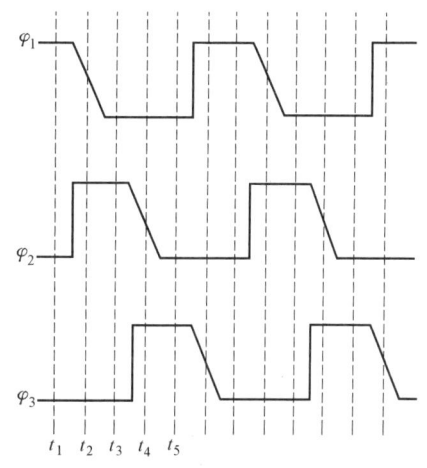

图 7-28　三个时钟脉冲的时序

无光生电荷。这样就在转移栅实行转移前，把光的强弱变成与其成比例的电荷的数量，实现了光电转换。若停止光照，电荷在一定时间内也不会损失，可实现对光照的记忆。

转移栅实行转移的工作原理是，t_1 时刻 φ_1 是高电平，于是在电极 1 下形成势阱，并将少数载流子（电子）吸引至聚集在 Si-SiO_2 界面处，而电极 2、3 却因为加的是低电平，形象地称为垒起阱壁。图 7-27 所示的情况是第 62、64 位光敏元受光，而第 1~2、63 位等单元未受光照。

t_2 时刻，φ_1 的高电平有所下降，φ_2 变为高电平，而 φ_3 仍是低电平。这样在电极 2 下面势阱最深，且和电极 1 下面势阱交叠，因此储存在电极 1 下面势阱中的电荷逐渐扩散漂移到电极 2 下的势阱区。由于电极 3 上的高电平无变化，所以仍为阱壁，势阱里的电荷不能往电极 3 下扩散和漂移。t_3 时刻，完成电极 1 到电极 2 的转移。

t_4 时刻，φ_1、φ_2 均为低电平，φ_3 为高电平，这样电极 1 下面的势阱完全被撤除而成为阱壁，电极 3 下的势阱变深，电荷转移到电极 3 下的势阱内。由于紧挨的电极 1 下仍是阱壁，所以不能继续前进，这样便完成了电荷由电极 1 下到电极 3 下的一次转移，如图 7-29

所示。

CCD 也可在输入端用电形式输入被转移的电荷，或用补偿器件补偿在转移过程中的电荷损失，从而提高转移效率。电荷输入的多少，可用改变二极管偏置电压，即改变 V_i 来控制，或通过改变曝光时间来控制。当输出二极管加上反向偏压时，CCD 输出经由输出二极管。输出二极管加反向偏压的大小由输出栅控制电压 V_o 来控制。

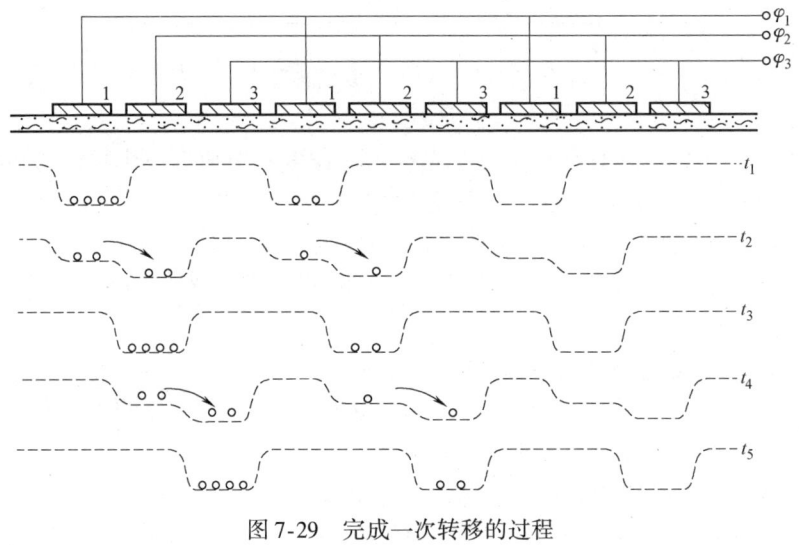

图 7-29 完成一次转移的过程

2) CCD 的类型。根据光敏元件排列形式的不同，CCD 固态图像传感器可分为线型和面型两种。

① 线型 CCD 图像传感器。线型 CCD 图像传感器是由一列 MOS 光敏单元和一列 CCD 移位寄存器构成的，光敏单元与移位寄存器之间有一个转移控制栅，其基本结构如图 7-30a 所示。转移控制栅控制光电荷向移位寄存器转移，一般使信号转移时间远小于光积分时间。在光积分周期里，各个光敏元中所积累的光电荷与该光敏元上所接收的光照强度和光积分时间成正比，光电荷存储于光敏单元的势阱中。当转移控制栅开启时，各光敏单元收集的信号电荷并行地转移到 CCD 移位寄存器的相应单元。当转移控制栅关闭时，MOS 光敏元阵列又开始下一行的光电荷积累。同时，在移位寄存器上施加时钟脉冲，将已转移到 CCD 移位寄存器内的上一行的信号电荷由移位寄存器串行输出，如此重复上述过程。

图 7-30b 为 CCD 的双行结构图。光敏元中的信号电荷分别转移到上下方的移位寄存器中，然后在时钟脉冲的作用下向终端移动，在输出端交替合并输出。这种结构与长度相同的单行结构相比较，可以获得高出两倍的分辨力；同时由于转移次数减少一半，使 CCD 电荷转移损失大为减少；双行结构在获得相同效果的情况下，又可缩短器件尺寸。由于这些优点，双行结构已发展成为线型 CCD 图像传感器的主要结构形式。

线型 CCD 图像传感器可以直接接收一维光信息，不能直接将二维图像转变为视频信号输出，为了得到整个二维图像的视频信号，就必须用扫描的方法。

线型 CCD 图像传感器主要用于测试、传真和光学文字识别技术等方面。

② 面型 CCD 图像传感器。按一定的方式将一维线型光敏单元及移位寄存器排列成二维阵列，即可以构成面型 CCD 图像传感器。

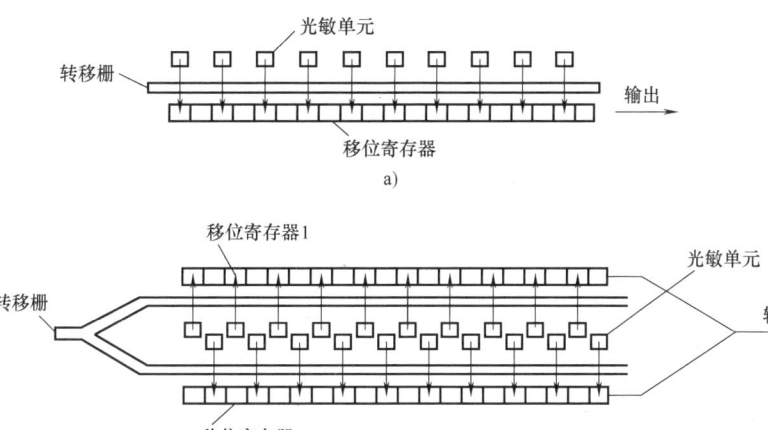

图 7-30 线型 CCD 图像传感器
a) 单行结构　b) 双行结构

面型 CCD 图像传感器主要用于摄像机及测试技术。

7.3 光电式传感器的应用

7.3.1 光电转速计

光电转速计分为反射式和透射式两大类，它们都是由光源、光路系统、调制器和光电元件组成的，如图 7-31 所示。调制器的作用是把连续光调制成光脉冲信号，它可以是一个带有均匀分布的多个小孔（缝隙）的圆盘，也可以是一个涂上黑白相间条纹的圆盘。当安装在被测轴上的调制器随被测轴一起旋转时，利用圆盘的透光性或反射性把被测转速调制成相应的光脉冲。光脉冲照射到光电元件上时，即产生相应的电脉冲信号，从而把转速转换成电脉冲信号。

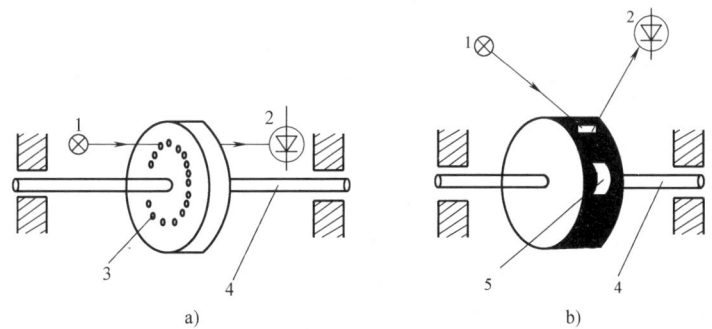

图 7-31 光电转速计的工作原理
a) 透射式　b) 反射式
1—光源　2—光电元件　3—测量孔　4—被测转轴　5—测量条纹

频率可用一般的频率表或数字频率计测量。光电元件多采用光电池、光电二极管或光电晶体管，以提高寿命、减小体积、减小功耗和提高可靠性。被测转速与脉冲频率的关系如下：

$$n = \frac{60f}{N} \tag{7-7}$$

式中，n 为被测轴转速（r/min）；f 为电脉冲频率（s^{-1}）；N 为测量孔数或黑白条纹数。

> **老师**："目前用于测量转速的编码器大多采用光电传感器，且测量精度非常高，将编码器或转速计获取的信号输入单片机，即可将检测的速度变成数字进行输出。"

7.3.2 烟尘浊度连续监测仪

消除工业烟尘污染是环境保护的重要措施之一，需对烟尘源进行连续监测、自动显示和超标报警。烟尘浊度的检测可用光电传感器，将一束光通入烟道，如果烟道里烟尘浊度增加，通过的光被烟尘颗粒吸收和折射就增多，到达光检测器上的光减少，用光检测器的输出信号变化，便可测出烟尘浊度的变化。

图 7-32 是装在烟道出口处的吸收式烟尘浊度监测仪的组成框图。为检测出烟尘中对人体危害性最大的亚微米颗粒的浊度，光源采用纯白炽平行光源，光谱范围为 400～700nm，该光源还可避免水蒸气和二氧化碳对光源衰减的影响。光检测器选取光谱响应范围为 400～600nm 的光电管，变换为随浊度变化的相应电信号。为提高检测灵敏度，采用具有高增益、高输入阻抗、低零漂、高共模抑制比的运算放大器，对获取的电信号进行放大。显示器可显示浊度的瞬时值。为保证测试的准确性，用刻度校正装置进行调零与调满。报警发生器由多谐振荡器、扬声器等组成。当运算放大器输出的浊度信号超出规定值时，多谐振荡器工作，其信号经放大推动扬声器发出报警信号。

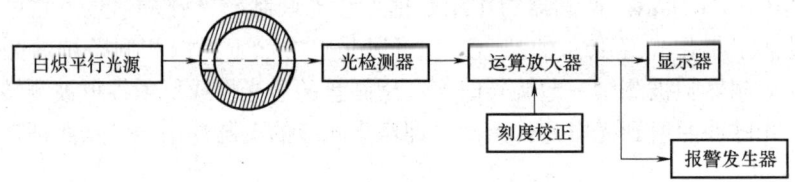

图 7-32 吸收式烟尘浊度监测仪的组成框图

7.3.3 燃气热水器中脉冲点火控制器

由于煤气是易燃、易爆气体，所以对燃气器具中的点火控制器的要求是安全、稳定、可靠。为此电路中有这样一个功能，即打火确认针产生火花，才可打开燃气阀门，否则燃气阀门关闭，这样就保证了使用燃气器具的安全性。

图 7-33 为燃气热水器中的高压打火确认电路原理图。在高压打火时，火花电压可达一万多伏，这个脉冲高电压对电路工作影响极大，为了使电路正常工作，采用光电耦合器 VB 进行电平隔离，大大增强了电路抗干扰能力。当高压打火针对打火确认针放电时，光电耦合器中的发光二极管发光，光电耦合器中的光电晶体管导通，经 VT_1、VT_2、VT_3 放大，驱动强吸电磁阀，将气路打开，燃气碰到火花即燃烧。若高压打火针与打火确认针之间不放电，则光电耦合器不工作，VT_1 等不导通，燃气阀门关闭。

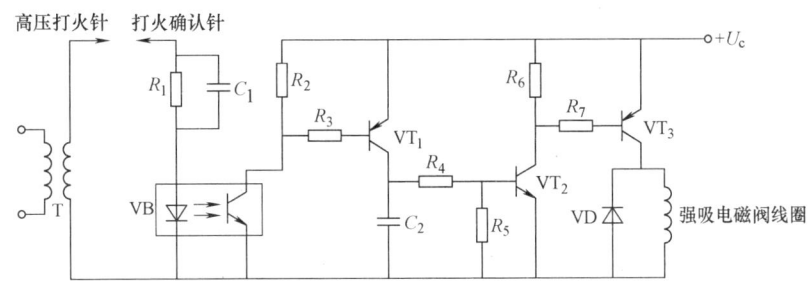

图 7-33 燃气热水器中的高压打火确认电路原理图

7.3.4 DRS05a 雷达速度传感器

DRS05a 雷达速度传感器安装于地铁及机车车体底部,置于用钢或类似材料制成的厚重防振托架上,用于采集铁路车辆对地速度。其两个天线持续地发射出电磁波,同时接收地面反射的部分电磁波。由于两个天线和地面能够构成不同的辐射角,因此可以形成两个不同的频谱,并对两个频谱进行测量。在此过程中可以得到两个频谱的交叉范围数值。这种方式能够确保速度输出信号不受地面反射和列车振动的影响。

供电电压:DC24~110V;所能测试速度范围:0.2~600km/h,有脉冲输出时大约为 0.2km/h,同时,通过 RS-485 输出的信息包含了运动方向。

天线传送频率:24.125GHz;传送功率:2×5mW,天线 5 mW;发射角度:40°或 50°;与反射面的距离:500~1000mm。

DRS05a 雷达速度传感器外观图如图 7-34 所示,引脚如图 7-35 所示,引脚定义见表 7-1。

图 7-34 DRS05a 雷达速度传感器外观图

图 7-35 DRS05a 雷达速度传感器引脚图

表 7-1 DRS05a 雷达速度传感器引脚定义

引脚号	标 记	描 述	引脚号	标 记	描 述
A			H	B1	RS485-B
B			I	$+U_E$	电源输入 +
C			J		
D	1MP_OC	OC 门脉冲输出	K	$-U_E$	电源输入 −
E			L		
F			M	1MP_GND	脉冲输出"地"
G			N	AA1	RS485-A

7.4 红外线传感器

红外线传感器是较常用的传感器之一,它是基于红外线的热效应制成的。红外线传感器目前已广泛地应用于工农业生产、军事、航空航天、国防建设、环保、医疗和家用电器当中。

7.4.1 红外线传感器的基本原理

红外线是一种人眼看不见的光线。但实际上它和其他任何光线一样,也是一种客观存在的物质。任何物体,只要它的温度高于热力学零度,就有红外线向周围空间辐射。红外线是位于可见光中红色光以外的光线,故称为红外线。它的波长范围为 0.76~1000μm,相对应的频率为 3×10^{11} ~ 4×10^{14} Hz。红外线与可见光、紫外线、X 射线、γ 射线和微波、无线电波一起构成了整个无限连续的电磁波谱。在红外技术中,一般将红外线分为四个区域,即近红外区、中红外区、远红外区和极远红外区。这里所说的远近是指红外线在电磁波谱中与可见光的距离。

红外线的热效应是指物体的温度越高,辐射出来的红外线越多,红外辐射的能量就越强。研究发现,太阳光谱各种单色光的热效应从紫色光到红色光是逐渐增大的,而且最大的热效应出现在红外辐射的频率范围内,因此人们又将红外辐射称为热辐射或热射线。实验表明,波长为 0.1~1000μm 的电磁波被物体吸收时,可以显著地转变为热能。可见,载能电磁波是热辐射传播的主要媒介物。物体加热到 400~700℃时,将会放射出波长为 3~5μm 的红外线,属于中红外线区。而 36~37℃体温的人体所放射的红外线,波长为 9~10μm,属远红外线区。

广泛使用的红外发光二极管、红外接收光电二极管和光电晶体管工作于近红外线区,其峰值波长在 0.88~0.94μm 之间。而热释电红外传感器可在波长 2~20μm 范围内有效工作,根据需要再加上不同材料制成合适的滤光镜,能够在中红外线及远红外线范围作为多种不同的用途。

波长为 2~2.6μm、3~5μm、8~14μm 的三个波段红外线,很少被大气吸收,所以称这三个波段为"大气窗口",适用于遥感技术。在可遥控的家用电器中,应用最多的传感器是近红外线传感器。

7.4.2 红外线传感器的结构及特性

1. 红外线传感器的结构

红外线传感器根据探测机理,可分为光子探测器和热探测器,其分类体系如图 7-36 所示。

基于光电效应的传感器已在前几节进行了详细的阐述,下面主要介绍基于热效应的热释电探测器。热释电红外传感器是利用热电元件的热释电效应而制成的传感器。所谓热释电效应,是指由于热变化而引起在某些晶体及高分子薄膜两侧产生电极化的现象。

热释电红外传感器有多种型号,分别适用于探测不同波长范围的中红外线及远红外线的移动辐射源。

图 7-37 所示为热释电红外传感器的结构图。它由金属外壳、滤光片、热电元件(PZT)、结型场效应晶体管(FET)等构成。其中滤光片的作用是对太阳光、荧光灯光等波长较短(<5μm)的光具有高反射性,而对波长较长的红

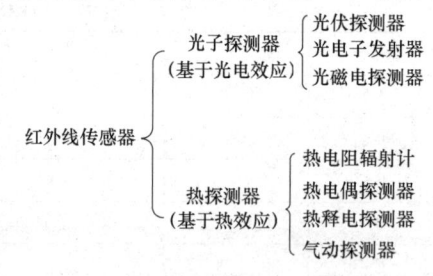

图 7-36 红外传感器分类体系

外线光（6~15μm）具有良好的透射性。这里采用压电陶瓷（PZT）作为热电元件，其生产成本低、性能好，但它的输出阻抗极高，因此用结型场效应晶体管（FET）进行阻抗变换，以便与外部电路匹配。其内部电路如图7-37b所示，使用时需在引脚S、G之间外接一只电阻（20~50kΩ，≤0.1W），但有的热释电红外传感器内部已接有电阻。

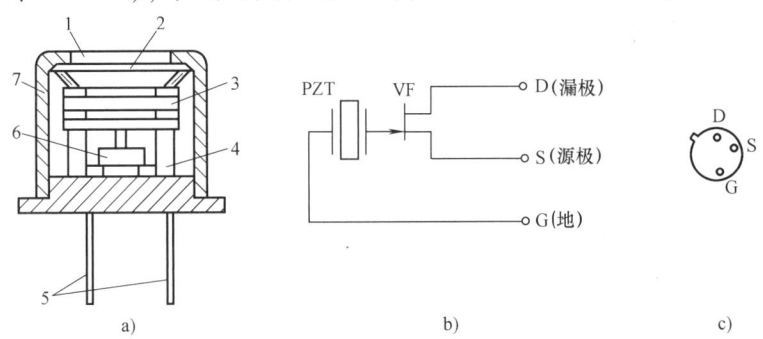

图7-37 热释电红外传感器的结构
a）结构 b）内部电路 c）引脚排列
1—窗口 2—滤光片 3—PZT热电元件 4—支承环 5—引脚 6—FET管 7—金属外壳

2. 红外线传感器的主要特性

（1）灵敏度 S_V　当经过调制的红外光照射到红外线传感器表面时，红外线传感器的输出电压与输入的红外辐射功率的比值称为灵敏度，即

$$S_V = U_0/(PA_\delta) \tag{7-8}$$

式中，U_0 为红外线传感器的输出电压；P 为照射到红外线传感器单位面积上的红外辐射功率；A_δ 为红外线传感器的红外光电器件受光面积。

（2）噪声等效功率 NEP　红外光电器件的输出电压较低，外界噪声对它的影响很大，因此要用噪声等效功率参数来衡量红外光电器件的性能。噪声等效功率是输出信噪比为1时所对应的红外入射功率值，即

$$NEP = V_N/S_V \tag{7-9}$$

式中，V_N 为红外线传感器输出的噪声电平。

NEP 值越小，红外线传感器的光电器件越灵敏。

（3）检测度 D　检测度是灵敏度与输出噪声之比，它是噪声等效功率 NEP 的倒数。D 值越高，说明红外线传感器检测信号的能力越强，受噪声的影响越小。

7.4.3　红外线传感器的应用

1. 红外雷达

红外雷达具有搜索、跟踪、测距等多种功能，一般采用被动式探测系统。红外雷达包括搜索装置、跟踪装置、测距装置以及数据处理与显示系统等。红外雷达的搜索装置是由光学系统、位于光学系统焦点上的红外探测器、调制盘、电子线路及显示器等组成的，如图7-38所示。由于远距离的目标是一个很小的点，并且是在广阔的空间高速运动着，而且光学系统又只有较小的视野，因此，搜索头必须做快速扫描动作以发现目标。扫描周期应尽量小，搜索速度与空间范围依具体情况决定，搜索距离从几十千米到上千千米都可，最后通过显示器

直接显示在搜索空域内是否有目标。当目标进入视野时，来自目标的红外辐射就由光学系统聚焦在红外探测器上，搜索装置就产生一个误差信号，经过逻辑电路辨识，确定真正的目标，带动高低和水平方向的电动机旋转，使搜索装置光轴连续对准目标，转入精跟踪。

2. 红外线警戒报警器

红外线警戒报警器可设置在无人看守而又防止外人误入的场合，当人们误入禁区时，便会被红外线报警器发现，同时发出声响及警示灯光，警告不许进入。

图 7-39 所示是红外线报警器的工作原理图。它是由光源、红外接收器和声光报警系统三部分组成的。光源使用普通的白炽灯泡，当点亮灯泡时，由于灯丝的温度很高，能产生较强的红外辐射，灯泡发出的可见光经滤光片滤掉，肉眼看不见的红外光便可向外发射。在距光源发射点一定距离处，设置有红外接收器。这样，在红外光源和接收器之间就形成一条用肉眼看不见的红外警戒线。

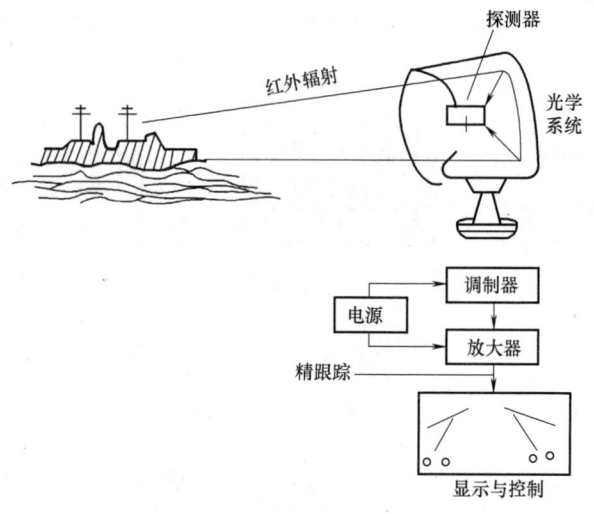

图 7-38 红外雷达搜索装置

图 7-39 中的触点 K_1、K_2 是线圈 K 的常开触点。当无人遮挡红外线时，红外线经凸透镜聚光后直接照射在光电二极管 VL_1 上，光电二极管的电阻变小，从而使 VT_1 导通、VT_2 处于截止状态，接在 VT_2 集电极的继电器 K 不工作，其触点 K_1 常开，因此，声光报警系统得不到电源电压，也处于不工作状态。当有人通过红外警戒线时，红外线被人体遮挡，光电二极管因无光照射其内阻增大，于是 VT_1 截止，VT_2 变为导通，继电器 K 工作，其触点 K_1 闭合，使声光报警系统得电工作，发出声光报警信号。由于继电器 K 工作时，使触点 K_2 闭合，继电器 K 自锁，其作用是防止人误入禁区以后，电路又恢复正常状态。继电器 K 自锁后，再按动一下开关 S，便可使电路恢复正常状态，以备再次报警。

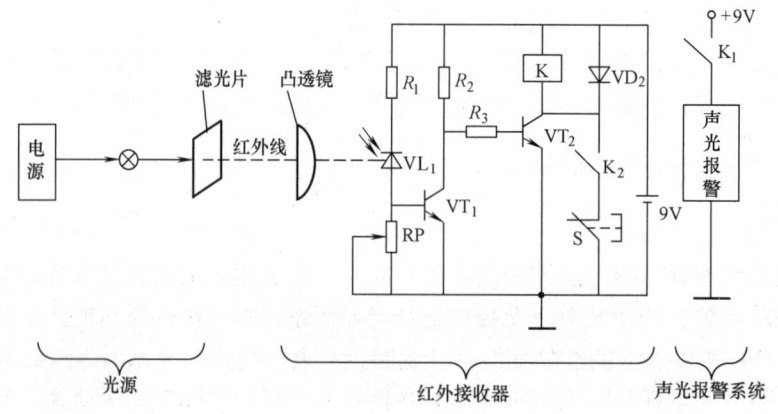

图 7-39 红外线报警器的工作原理图

7.5 光纤传感器

光纤传感器（又称光导纤维传感器）是20世纪70年代迅速发展起来的一种新型传感器。光纤传感器具有灵敏度高、不受电磁波干扰、传输频带宽、绝缘性能好、耐水抗腐蚀性好、体积小、柔软等优点。目前已研制出多种光纤传感器，可用于位移、速度、加速度、液位、压力、流量、振动、水声、温度、电压、电流、磁场、核辐射等方面的测量，应用前景十分广阔。

7.5.1 光纤传感器的基本原理

光纤传感器是利用光纤将待测量对光纤内传输的光波参量进行调制，并对被调制过的光信号进行解调检测，从而获得待测量值的一种装置。所以光纤的传光原理和光的调制解调技术是光纤传感器的基础。

1. 光纤传光原理

光纤就是使用光透射率高的电介质（如石英、玻璃、塑料等）构成的光通路。如图7-40所示，它是由折射率 n_1 较大（光密介质1）的纤芯和折射率 n_2 较小（光疏介质2）的包层构成的双层同心圆柱结构。

根据几何光学原理，当空气（折射率 $n_0=1$）中的子午光线（即光轴平面内的光）由纤端 O 以入射角 θ_0 进入光纤，经折射后又以 φ_1 由纤芯（n_1）射向包层（n_2，$n_2<n_1$）时，则一部分入射光将以折射角 φ_2 折射入光疏介质2，其余部分仍以 θ_1 反射回光密介质1。依据光折射和反射的斯涅尔（Snell）定律，有

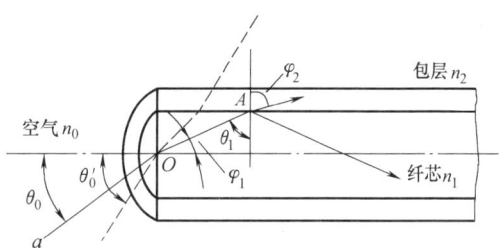

图7-40 光纤的基本结构与波导

$$n_0\sin\theta_0 = n_1\sin\varphi_1 = n_1\cos\theta_1 \qquad (7\text{-}10)$$
$$n_1\sin\theta_1 = n_2\sin\varphi_2 \qquad (7\text{-}11)$$

在纤芯和包层界面 A 处，当 θ_1 角逐渐增大时，折射入光疏介质2的折射光也逐渐折向界面，直至沿界面传播，这时的 θ_1 称为界面 A 处入射光的临界角 θ_c，其对应的 $\varphi_2=90°$，则由式(7-11) 得

$$\sin\theta_1 = \sin\theta_c = \frac{n_2}{n_1} \qquad (7\text{-}12)$$

因此，入射光在 A 处产生全内反射的条件是：$\theta_1>\theta_c$，即

$$\sin\theta_1 > \frac{n_2}{n_1}$$

或

$$\cos\theta_1 < \sqrt{1-\frac{n_2^2}{n_1^2}} \qquad (7\text{-}13)$$

这时，光线将不再折射入光疏介质2中，而在光密介质1（纤芯）内产生连续向前的全

反射，直至由终端面射出。这就是光纤波导的工作基础。

同理，由式(7-13) 和式(7-10) 可导出光线从折射率为 $n_0=1$ 的空气中，即从界面 O 处射入纤芯时实现全反射的临界角 θ_0'（始端最大入射角）为

$$\sin\theta_0' = \sin\theta_0 = \frac{1}{n_0}\sqrt{n_1^2 - n_2^2} = \sqrt{n_1^2 - n_2^2} = NA \tag{7-14}$$

式中，NA 为"数值孔径"。

"数值孔径"是衡量光纤集光性能的主要参数。它表示：无论光源发射功率多大，只有 $2\theta_0'$ 张角内的光，也即入射光处于 $2\theta_0'$ 的光锥角内时，才能被光纤接收、传播（全反射）；NA 越大，光纤的集光能力越强。产品光纤通常不给出折射率，而只给出 NA。石英光纤的 NA 为 $0.2\sim0.4$。

2. 光的调制技术

光的调制过程是将一携带信息的信号叠加到载波光波上，完成这一过程的器件叫作调制器。调制器能使载波信号的参数随外加信号的变化而变化。

光纤传感器的调制形式主要有强度调制、偏振调制、频率调制、相位调制和波长调制。

（1）强度调制　强度调制是利用被测对象的变化引起敏感元件的折射率、吸收和反射等参数的变化而导致光强度发生变化，来实现敏感测量的。常见的有利用光纤的微弯损耗、各物质的吸收特性、反射光强度的变化，以及物质的荧光辐射或光路的遮断等构成压力、振动、位移、气体等的强度调制型光纤传感器。其优点是结构简单，容易实现，成本低，但受光源强度波动和连接器损耗变化等影响较大。

（2）偏振调制　光是一种横波。光振动的电场矢量 E 和磁场矢量 H 与光线的传播方向 S 正交。按照光的振动矢量 E、H 在垂直于光线平面内矢量轨迹的不同，又可分为线偏振光、圆偏振光、椭圆偏振光和部分偏振光。偏振调制就是利用光偏振态的变化来传递被测对象的信息。

这类传感器有利用光在磁场中媒质内传播的法拉第磁光效应做成的电流、磁场传感器，利用光在电场中的压电晶体内传播的普克耳效应做成的电场、电压传感器，利用物质的光弹效应构成的压力、振动或声传感器等。偏振调制型光纤传感器可以避免光源强度变化的影响，因此灵敏度高。

（3）频率调制　频率调制并不以改变光纤的特性来实现调制，而是利用单色光射到被测物体上散射的光的频率发生变化来进行检测的。在这里，光纤一般只起着传输光信号的作用，而不是作为敏感元件。

（4）相位调制　相位调制的基本原理是利用被测对象对敏感元件的作用，使敏感元件的折射率或传播常数发生变化，而导致光的相位变化，使两束单色光所产生的干涉条纹发生变化，通过检测干涉条纹的变化量来确定光的相位变化量，从而得到被测对象的信息。

（5）波长调制　波长调制是利用被测量改变光纤中光的波长，再通过检测光波长的变化来测量各种被测量。波长调制的优点是它对引起光纤或连接器的某些器件的稳定性不敏感，因此广泛应用于液体浓度的化学分析、磷光和荧光现象分析、黑体辐射分析及法布里-玻罗等光学滤波器上。其缺点是调制技术较复杂。但采用光学滤波或双波长检测技术后，可使解调技术简化。

7.5.2 光纤传感器的结构及类型

1. 光纤传感器的结构

光纤传感器由光发送器、敏感元件（光纤或非光纤的）、光接收器、信号处理系统以及光纤构成。

由光发送器发出的光经源光纤引导至敏感元件。这时，光的某一性质受到被测量的调制，已调光经接收光纤耦合到光接收器，使光信号变为电信号，最后经信号处理得到所需要的被测量。

光是一种电磁波，其波长从极远红外的1mm到极远紫外的10nm。它的物理作用和生物化学作用主要通过其中的电场而产生。因此，讨论光的敏感测量就必须考虑光的电矢量 E 的振动，即

$$E = A\sin(\omega t + \varphi) \tag{7-15}$$

式中，A 为电场量的振幅矢量；ω 为光波的振动频率；φ 为光相位；t 为光的传播时间。

可见，只要使光的强度、偏振态（矢量 A 的方向）、频率和相位等参量之一随被测量状态的变化而变化，或受被测量调制，那么，通过对光的强度调制、偏振调制、频率调制或相位调制等进行解调，即可获得所需要的被测量的信息。

2. 光纤传感器的类型

光纤传感器一般可分为两大类：一类是功能型光纤传感器（Function Fiber Optic Sensor），又称FF型光纤传感器；另一类是非功能型光纤传感器（Non-Function Fiber Optic Sensor），又称NF型光纤传感器。在功能型光纤传感器中，光纤不仅起传光作用，同时又是敏感元件，即利用被测物理量直接或间接对光纤中传送光的光强（振幅）、相位、偏振态、波长等进行调制而构成的一类传感器。其中有光强调制型、光相位调制型、光偏振调制型等。这种光纤传感器的光纤本身就是敏感元件，因此加长光纤的长度可以得到很高的灵敏度，尤其是利用干涉技术对光的相位变化进行测量的光纤传感器，具有极高的灵敏度。制造这类传感器的技术难度大，结构复杂，调整较困难。

非功能型光纤传感器中光纤不是敏感元件，只是作为传光元件。一般是在光纤的端面或在两根光纤中间放置光学材料及敏感元件来感受被测物理量的变化，从而使透射光或反射光强度随之发生变化来进行检测。这里光纤只作为光的传输回路，所以要使光纤得到足够大的受光量和传输的光功率。这种传感器常用数值孔径和芯径较大的光纤。非功能型光纤传感器结构简单、可靠，技术上易实现，但灵敏度、测量精度一般低于功能型光纤传感器。

功能型光纤传感器是利用光纤本身的特性，把光纤作为敏感元件，所以又称传感型光纤传感器；非功能型光纤传感器是利用其他敏感元件感受被测量的变化，光纤仅作为光的传输介质，用以传输来自远处或难以接近场所的光信号，因此，也称为传光型光纤传感器。光纤传感器一般由光源、光纤、光电元件等组成。根据光纤传感器的用途和光纤的类型，对光源一般要提出功率和调制的要求。常用的光源有激光二极管和发光二极管。激光二极管具有亮度高、易调制、尺寸小等优点；而发光二极管具有结构简单和温度对发射功率影响小等优点。除此之外，还有的采用白炽灯等作为光源。

7.5.3 光纤传感器的应用

1. 测量压力或温度的相位调制型光纤传感器

相位调制型光纤传感器受压力、温度等物理量作用时，光纤的长度、直径和折射率将会发生变化，从而导致传输光的相位角变化。利用这种现象实现的测量压力或温度的相位调制型光纤传感器如图 7-41 所示。

图 7-41 中激光器发出的一束相干光经扩束后，被分束棱镜分成两束，并分别耦合到传感光纤和参考光纤中。传感光纤置于被测环境中，感受压力或温度的变化；参考光纤不受被测量的影响。这两根光纤构成干涉仪的两个臂，两臂的光程大致相同，则参考光纤中的参考光和传感光纤中的相位经被测量调制过的光经准直和合成后将会产生干涉，并形成一系列明暗相间的干涉条纹。被测量不同，传感光纤中光被调制的情况不同，则条纹的周期不同，由此可实现被测量的测量。加长光纤可提高灵敏度。

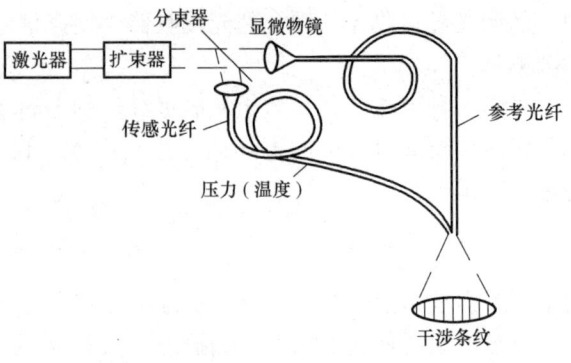

图 7-41 测量压力或温度的相位调制型光纤传感器

2. 调制强度的光纤微弯传感器

光纤发生弯曲时，光纤内传输的光不再满足全反射条件而从光纤内射出，产生损耗。弯曲越大，传输光的损耗越大。利用此现象实现的测量位移或压力的光纤微弯传感器如图 7-42 所示。

传感器的主要结构包括光纤和波形板（变形器）。波形板如一对错开的带锯齿槽的平行板，其中一块是活动板，另一块是固定板，一根阶跃型多模光纤从一对波形板之间通过。当波形板受到微扰（位移或压力的作用）时，光纤发生周期性微弯曲，引起传播光的散射损耗。当活动板的位移或所受压力增加时，光纤的弯曲程度增大，传播光的散射损耗增加，光纤的输出光的强度减小。通过检测泄漏出光纤包层的散射光的强度或光纤输出的光的强度就能测出位移或压力信号的大小。

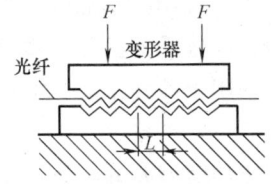

图 7-42 光纤微弯传感器原理图

7.6 光栅传感器

光栅传感器是根据莫尔条纹原理制成的，它主要用于线位移和角位移的测量。由于光栅传感器具有精度高、测量范围大、易于实现测量自动化和数字化等特点，所以目前光栅传感器的应用已扩展到测量与长度和角度有关的其他物理量，如速度、加速度、振动、质量、表面轮廓等方面。

光栅传感器按工作原理，有物理光栅和计量光栅之分，本节主要讨论的是计量光栅传感器。

7.6.1 光栅传感器的基本原理

光栅传感器的基本工作原理是利用光栅的莫尔条纹现象来进行测量。所谓莫尔条纹是把光栅常数相等的主光栅和指示光栅相对叠合在一起（片间留有很小的间隙），并使两者栅线（光栅刻线）之间保持很小的夹角 θ，由于挡光效应或光的衍射，这时在与光栅线纹大致垂直的方向上出现明暗相间的条纹，如图 7-43 所示。在 a-a 线上，两光栅的栅线彼此重合，光线从缝隙中通过，形成亮带；在 b-b 线上，两光栅的栅线彼此错开，形成暗带。这种明暗相间的条纹称为莫尔条纹。莫尔条纹的方向与刻线的方向相垂直，故又称横向条纹。

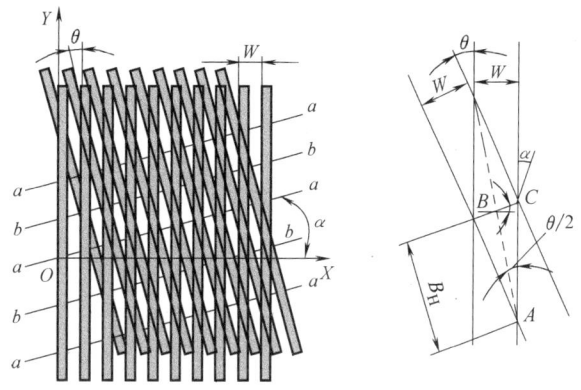

图 7-43　光栅和横向莫尔条纹

由图 7-43 可看出，横向莫尔条纹（亮带与暗带）之间的距离为

$$B_H = AB = \frac{BC}{\sin\frac{\theta}{2}} = \frac{W}{2\sin\frac{\theta}{2}} \approx \frac{W}{\theta} \tag{7-16}$$

式中，B_H 为横向莫尔条纹之间的距离（mm）；θ 为两光栅的栅线夹角（rad）；W 为光栅常数（mm·rad）。

> **老师**："通俗地讲，莫尔条纹是由两块光栅的遮光和透光效应形成的。如果两块长光栅叠合，光栅栅线皆为平行排列的直线，则黑条纹是由一系列的交叉线构成的不透光部分，而白条纹是由一系列四棱形构成的透光部分。"

7.6.2 光栅传感器的结构及类型

1. 光栅传感器的结构

光栅传感器是利用莫尔条纹将光栅栅距的变化转换为莫尔条纹的变化，只要利用光电元件检测出莫尔条纹的变化次数，就可以计算出主光栅移动的距离。

光栅传感器由主光栅（又称标尺光栅）、指示光栅及光路系统组成。其结构示意图如图 7-44 所示。

主光栅是一块长条形的光学玻璃，上面均匀地刻划有宽度 a 与间距 b 相等的透光和不透光的线条，$a+b=W$ 称为光栅的栅距或光栅常数。刻线密度一般为每毫米 10、25、50、100 条线。

指示光栅比主光栅短很多，通常刻有与主光栅同样刻线密度的条纹。

光路系统除主光栅和指示光栅外，还包括光源、透镜和光电元件。光栅常用的光电元件有硅光电池、光电二极管、光电晶体管。

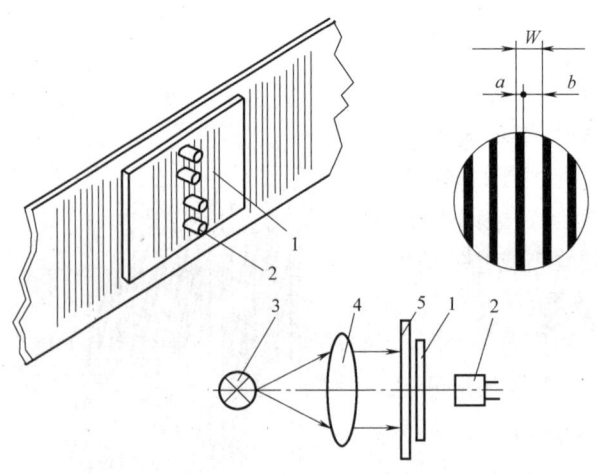

图 7-44 光栅传感器的结构示意图
1—指示光栅 2—光电元件 3—光源 4—聚光镜 5—主光栅

2. 光栅传感器的类型

光栅传感器的主要组成部分是光栅,光栅的种类比较多,按工作原理,有物理光栅和计量光栅之分。前者利用光的衍射现象,通常用于光谱分析和光波长测定等方面;后者主要利用光栅的莫尔条纹现象,广泛应用于位移的精密测量与控制中。

计量光栅按对光的作用,可分为透射光栅和反射光栅;按光栅的表面结构又可分为幅值(黑白)光栅和相位(闪耀)光栅;按光栅的材料不同,可分为金属光栅和玻璃光栅;按用途可分为长光栅(测量线位移)和圆光栅(测量角位移),如图 7-45 所示。

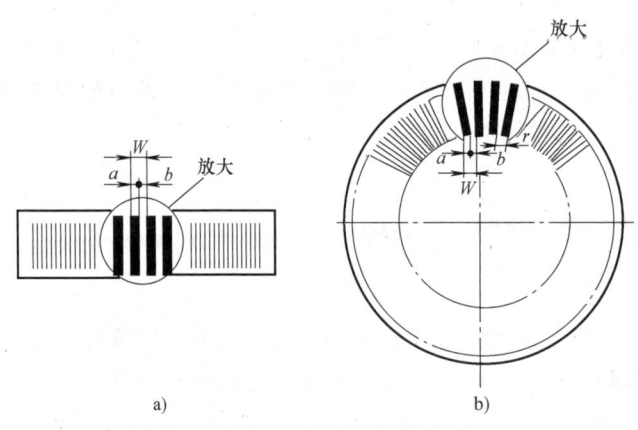

图 7-45 光栅的类型
a)长光栅 b)圆光栅

7.6.3 光栅传感器的转换电路

1. 辨向电路

通过前面分析可知,主光栅移动一个栅距 W,莫尔条纹就变化一个周期 2π,通过光电转换元件,可将莫尔条纹的变化变成近似的正弦波形的电信号。电压小的相应于暗条纹,电

压大的相应于明条纹,它的波形被看成是一个直流分量上叠加一个交流分量,即

$$U = U_\text{o} + U_\text{m}\sin\frac{x}{W}360°\qquad(7\text{-}17)$$

式中,x 为主光栅与指示光栅间的瞬时位移;U_o 为直流电压分量;U_m 为交流电压分量幅值;U 为输出电压。

由式(7-17)可见,输出电压反映了瞬时位移的大小。当 x 从 0 变化到 W 时,相当于电角度变化了 360°,如采用 50 线/mm 的光栅时,若主光栅移动了 3mm,即 50×3 线,将此条数用计数器记录,就可知道移动的相对距离。

由于光栅传感器只能产生一个正弦信号,因此不能判断 x 移动的方向。为了能够辨别方向,还要在间隔 1/4 个莫尔条纹间距 B 的地方设置两个光电元件。辨向环节的框图如图 7-46 所示。

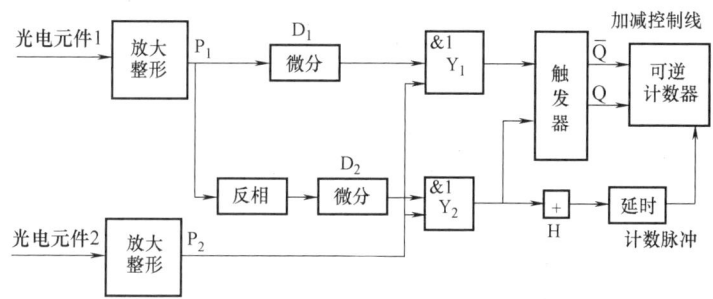

图 7-46 辨向环节的逻辑电路框图

正向运动时,光电元件 2 比光电元件 1 先感光,此时与门 Y_1 有输出,将加减控制触发器置"1",使可逆计数器的加减控制线为高电位,同时 Y_1 的输出脉冲又经或门送到可逆计数器的计数输入端,计数器进行加法计数反向运动时,光电元件 1 比光电元件 2 先感光,计数器进行减法计数。这样就可以区别旋转方向了。

2. 细分技术

为了提高测量精度,可以采用增加刻线密度的方法,但是这种方法受到制造工艺的限制。另一种方法就是采用细分技术,所谓细分(也叫倍频),是在莫尔条纹变化一个周期内输出若干个脉冲,减小脉冲当量,从而提高测量精度。

细分方法有很多种,最常用的细分方法是直接细分(也称位置细分),常用细分数为 4,故又称四倍频细分。实现方法有两种:一是在莫尔条纹宽度依次放置 4 个光电元件,采集不同相位的信号,从而获得相应依次相差 90°的 4 个正弦信号,再通过细分电路,分别输出 4 个脉冲。另一种方法是在相距 $L/4$ 的位置上,安放两个光电元件,首先获得相位差 90°的两路正弦波信号 S 和 C,然后将此两路信号送入图 7-47a 所示的细分辨向电路。这两路信号经过差动放大,再由射极耦合整形器整形成两路方波,并把这两个正弦和余弦方波各自反相一次,从而获得 4 路方波信号。通过调整射极耦合整形器鉴别电位,使 4 个方波的跳变正好在光电信号的 0°、90°、180°、270°这 4 个相位上发生。它们被分别加到微分电路上,就可在 0°、90°、180°、270°处产生一个窄脉冲,其波形如图 7-47b 所示。这样,就在莫尔条纹变化一个周期内获得了 4 个输出脉冲,从而达到了细分的目的。

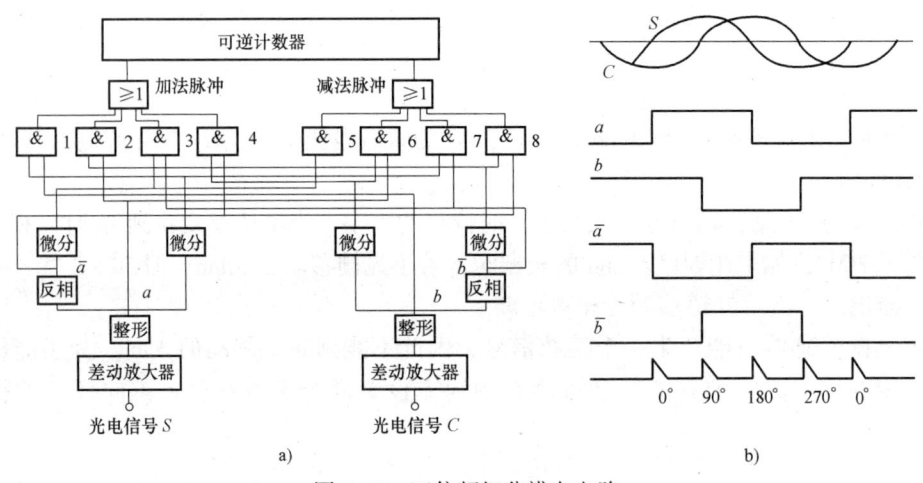

图 7-47 四倍频细分辨向电路
a) 细分辨向电路 b) 细分波形

7.6.4 光栅传感器的应用

由于光栅传感器测量精度高（分辨率为 0.1μm）、动态测量范围广（0~1000mm），可进行无接触测量，而且容易实现系统的自动化和数字化，因而在机械工业中得到了广泛的应用。DF16 是上海德意达公司引进德国 DEUTA 公司全套技术和主要部件组装生产的光电式速度传感器。它有单、双、三及四通道输出可供选择。通过扫描光栅内、外轨道，传感器可输出两种不同脉冲数的方波信号，内轨道每转 80 个脉冲，外轨道每转 200 个脉冲，输出可以是不同脉冲数的各种组合，各通道间彼此隔离，且带有极性保护、输出短路保护。传感器可方便地安装于轴箱盖上，传动部分采用软性连接，能克服安装不同心及驱动间隙。DF16 传感器具有坚固、密封、抗振动、抗冲击、测速范围宽、温度适应范围宽、可靠性好、使用寿命长等特点，适用于国内外各种类型机车的速度、方向、空转及打滑等各项检测，目前多数地铁及列车上就采用此种传感器，安装在地铁及列车的同一转向架的不同的轴上。其接线图如图 7-48 所示。中国国家铁路集团有限公司规定速度传感器输出端的定义见表 7-2。

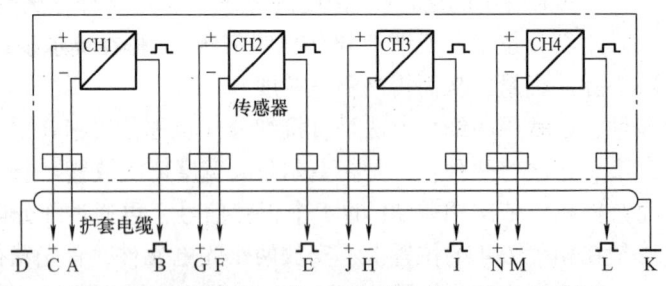

图 7-48 直接出线（带 L 米保护电缆）DF16 接线图

表 7-2 中国国家铁路集团有限公司规定速度传感器输出端的定义

通 道	电源 +	电源 −	信号输出 ⎍
1	C	A	B
2	G	F	E
3	J	H	I
4	N	M	L

传感器输出的频率和轮轴转速的关系为 $f=np/60$，其中 n 为转速，p 为每转脉冲数。从理论上来说，传感器输出信号的占空比应和光栅盘光槽的机械占空比一样，但由于光栅槽不可能绝对均匀分布在光栅轨道上，且安装光栅时不可能保证绝对的没有偏心，所以输出信号占空比在 50%±20% 范围内变化。

测速范围：0～2000r/min；输出通道数：单、双、三、四；输出幅度：高电平 ≥9V（负载电阻 3kΩ），低电平 ≤2V；脉冲占空比：50%±20%；工作电源：DC 12～30V；功耗电流：≤40mA（每通道）。

本 章 小 结

光电式传感器是利用光电器件把光信号转换成电信号的装置。它是以光为媒介，以光电效应为基础的传感器。所谓光电效应即为光电器件在光能的激发下产生某些电特性的变化的现象。

根据光电效应的分类可将光电式传感器分为：基于外光电效应光电式传感器和基于内光电效应光电式传感器。基于外光电效应原理工作的光电式传感器有光电管和光电倍增管。基于内光电效应原理工作的光电式传感器有光敏电阻、光电二极管、光电晶体管和光电池等。

光电式传感器结构简单、响应速度快、可靠性较高，能实现参数的非接触测量。随着激光光源、光栅、光导纤维等的相继出现和成功应用，使得光电式传感器越来越广泛地应用于检测和控制领域。例如，烟尘浊度连续监测仪、燃气热水器中的脉冲点火控制器、光电转速计等都是光电式传感器应用中的成熟技术。

红外线传感器是基于红外线的热效应制成的，是利用红外线的物理性质来进行测量的传感器。因为，任何物质，只要它本身具有一定的温度（高于 0K），都能辐射红外线，所以，红外线传感器应用十分广泛。其特点为：测量时不与被测物体直接接触，不存在摩擦，并且灵敏度高，响应快。

光纤传感器与光栅传感器也是本章介绍的内容。光纤传感器是 20 世纪 70 年代发展起来的一种传感器。光纤传感器具有灵敏度高、不受电磁波干扰、传输频带宽、绝缘性能好、耐水抗腐蚀性好、体积小、柔软等优点，其应用前景广阔。光栅传感器具有精度高、测量范围大、易于实现测量自动化和数字化等优点，其主要测量与长度和角度有关的物理量。

思考题与习题

7-1 什么是外光电效应、内光电效应、光生伏特效应、光电导效应？与之对应的光电元件各有哪些？

7-2 光电器件中的光照特性、光谱特性分别描述的是光电器件的什么性能？

7-3 试述光敏电阻、光电晶体管、光电池的器件结构和工作原理。

7-4 当光源波长为 0.8～0.9μm 时，宜采用哪种材料的光电元件进行测量？

7-5 叙述电荷耦合器件（CCD）的结构和存储电荷与转移电荷的工作过程。

7-6 光敏电阻、光电二极管和光电晶体管是根据什么原理工作的？它们的光电特性有何不同？

7-7 用光电式转速传感器测量转速，已知测量孔数为 60，频率计的读数为 4kHz。问：转轴的转速是多少？

7-8 试设计一个路灯自动控制电路，使天黑时路灯亮，天亮时路灯灭。

7-9 光电管使用的 CdS 材料和 InSb 材料的性质差异是什么？

7-10 在用光电开关检测物体的系统中，由受光器的受光次数，可计算通过输送带上物体的个数，那么，用输送带搬运两种高度的物体时，画出能分别计算两种高度的物体个数的系统组成图。

7-11 按照光纤在传感器中的作用的不同，光纤传感器可分为几种？试举例说明。

7-12 若某光栅的栅线密度为50线/mm，主光栅与指标光栅之间的夹角 $\theta = 0.01\text{rad}$。请回答下列问题：

(1) 其形成的莫尔条纹间距 B_H 是多少？

(2) 若采用四只光电二极管接收莫尔条纹信号，并且光电二极管响应时间为 10^{-6}s，此时光栅允许最快的运动速度 v 是多少？

7-13 某光栅的栅线密度为100线/mm，要使形成的莫尔条纹宽度为10mm，求栅线夹角 θ。

第 8 章
气敏与湿敏传感器

气敏传感器是用来测量气体的类别、浓度和成分的传感器。由于气体种类繁多，性质各不相同，不可能用一种传感器检测所有类别的气体，因此，能实现气—电转换的传感器种类很多。按构成气敏传感器材料的不同可分为半导体和非半导体两大类，目前实际使用最多的是半导体气敏传感器。用半导体气敏元件组成的气敏传感器主要用于天然气、煤气、石油化工等工业部门的易燃、易爆、有毒、有害气体的监测、预报和自动控制。

湿敏传感器是用以感受大气湿度并转换为适当电信号的传感器。湿度也是一个十分重要的物理量，和温度具有同等重要的地位。湿度传感器可以完成各种场合的湿度测控任务，在工业、农业、气象、医疗及人们的日常生活中都有广泛的应用。

8.1 气敏传感器的作用及分类

气敏传感器通常用来检测一氧化碳、二氧化碳、氧气、甲烷等气态物质。它由"识别"与"放大"两部分组成，其中对被测气体的识别是气敏传感器的关键。以声表面波气敏传感器为例，若它没有气敏选择膜，则只能是杂乱无章的噪声发生器。因此，只有通过气敏选择膜对被测气体的选择性吸附，才能使声表面波元件产生有用的输出信号；反过来，气敏选择膜对被测气体的识别，不管是以改变膜单位质量密度的形式，还是以改变电导率的形式，都必须经声表面波元件的信号变换和放大作用后才能在外部测量电路中显示出来。这里，"放大"的含义不仅是指信号幅度上的增加，还包括了信号在形式上的改变。例如，将气敏选择膜的单位质量密度或电导率的变化转化为声表面波的振荡频率或相移量的变化。虽然有关气敏传感器的研究工作主要集中在对气体识别部分的开发和改进上，但其放大部分的作用是决不可忽视的。

一个气敏传感器可以是单功能的，也可以是多功能的；可以是单一的实体，也可以是许多传感器的组合阵列。但是，任何一个完美的气敏传感器都应满足下列条件：

1）能选择性地检测某种单一气体，而对共存的其他气体不响应。
2）对被测气体应具有高的灵敏度，能检测规定范围以内的气体浓度。
3）信号响应速度快，再现性高。
4）长期工作稳定性好。
5）制造成本和使用价格低廉。
6）维护方便。

由于气体种类繁多，性质差异较大，所以单一种类型的气敏传感器不可能检测所有的气体，而只能检测某一类特定性质的气体。例如，固态电解质气敏传感器的主要测量对象是无机气体，如 CO_2、H_2、Cl_2、SO_2 等，其气敏选择性相当好，但灵敏度不高，信号响应速度变化范围较大，且与固态电解质材料的性质及传感器的使用温度都有关，其长期工作稳定性也因材料的选择及使用温度的变化而变化。声表面波气敏传感器虽然也可以测量某些无机气体，但主要的测量对象则是各种有机气体，如卤化物、苯乙烯、碳酰氯、有机磷化合物等，其气敏选择性取决于元件表面的气敏选择膜材料。它一般用于同时检测多种化学性质相似的气体，而不适宜检测未知气体组分中的单一气体成分。但由于其灵敏度很高，因此也常用作测定已知气体组分中某一特定低浓度气体的浓度变化情况。氧化物半导体气敏传感器的主要测量对象是各种还原性气体，如 CO、H_2、乙醇、甲醇等。它虽然可以通过添加各种催化剂及助化剂在一定程度上改变其主要气敏对象，却很难消除对其他还原性气体的共同响应，并且它的信号响应线性范围很窄，因此一般只能用于定性及半定量范围的气体检测。但是，由于这类传感器的制造成本低廉，信号测量手段简单，工作稳定性较好，检测灵敏度也相当高，因此广泛应用于工业和民用自动控制系统，而且是当前应用最普遍、最具有实用价值的一类气敏传感器。

气敏传感器的主要应用领域见表 8-1，主要气敏传感器的种类见表 8-2。

表 8-1 气敏传感器的主要应用领域

分类	被测气体	使用场所
爆炸性气体	LPG、城市用气体（制造的气体和天然气体）、CH_2 等可燃性气体	家庭、煤矿坑道、企业单位
有害气体	CO（不完全燃烧的气体）、H_2S、含有机物的硫化合物、卤素、卤素化合物、NH_3 等	气体器具等（特定场所）、企业单位
环境气体	O_2（防止缺氧）、CO_2（防止缺氧）、H_2O（湿度调节，防止结霜）、大气污染物质（醛等）	家庭、办公室、电子装置、汽车、温室等
工程气体	O_2（控制燃烧，控制空燃比）、CO（防止不完全燃烧）、H_2O（食品加工厂）	发动机、锅炉、电子灶等
其他	挥发酒精、烟	

表 8-2 主要气敏传感器

传感器种类	要注意的物体性质	传感器材料	被测气体
半导体气敏传感器	电导率（表面控制）	SnO_2、ZnO	可燃性气体、氧化性气体
	电导率（容积控制）	$\gamma\text{-}Fe_2O_3$、$La_{1-x}Sr_xCoO_3$、TiO_2、CaO、MgO	可燃性气体
	表面电位	Ag_2O	硫醇
	整流特性（二极管）	Pd/TiO_2、Pd/CdS	H_2
	阈值电压	Pd-MOS 场效应晶体管	H_2
固体电解质气敏传感器	浓差电极（电动势）	ZrO_2-CaO、KAg_4I_5、硫酸盐	O_2、卤素、含氧化物
	合成电位	ZrO_2-CaO、质子导体	可燃性气体
电化学式气敏传感器	恒电位电解	恒电位电解池	CO、NO、NO_2、SO_2
	电池电流	氧电极	O_2
接触燃烧式气敏传感器	燃烧热	Pt 丝加上氧化催化剂	可燃性气体

半导体气敏传感器按照半导体与气体的相互作用是在其表面还是在其内部，可分为表面控制型和体控制型两类；按照半导体变化的物理特性，又可分为电阻型和非电阻型两种。本章主要介绍电阻型和非电阻型半导体气敏传感器。

8.2 半导体气敏传感器的工作原理

8.2.1 电阻型半导体气敏传感器的工作原理

电阻型半导体气敏传感器是利用气体在半导体表面的氧化和还原反应导致敏感元件阻值变化而制成的。当半导体器件被加热到稳定状态，在气体接触半导体表面被吸附时，被吸附的分子首先在表面物性自由扩散，失去运动能量，一部分分子被蒸发掉，另一部分残留分子产生热分解而固定在吸附处（化学吸附）。当半导体的功函数小于吸附分子的亲和力时（气体的吸附和渗透特性），则吸附分子将从器件夺得电子而变成负离子吸附，半导体表面呈现电荷层。例如，氧气等具有负离子吸附倾向的气体被称为氧化型气体或电子接收型气体。如果半导体的功函数大于吸附分子的离解能，吸附分子将向器件释放出电子，而形成正离子吸附。具有正离子吸附倾向的气体有 H_2、CO、碳氢化合物和醇类，它们被称为还原型气体或电子供给型气体。

当氧化型气体吸附到 N 型半导体，还原型气体吸附到 P 型半导体上时，将使半导体载流子减少，而使电阻值增大。当还原型气体吸附到 N 型半导体上，氧化型气体吸附到 P 型半导体上时，则载流子增多，使半导体电阻值下降。工作流程如图 8-1 所示。

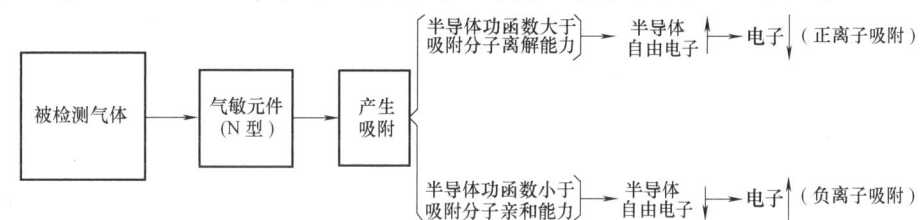

图 8-1 电阻型半导体气敏传感器的工作原理流程解释

图 8-1 表示了气体接触 N 型半导体时所产生的器件阻值变化情况。由于空气中的含氧量大体上是恒定的，因此氧化的吸附量也是恒定的，器件阻值也相对固定。若气体浓度发生变化，其阻值也将变化。根据这一特性，可以从阻值的变化得知吸附气体的种类和浓度。

8.2.2 非电阻型半导体气敏传感器的工作原理

非电阻型气敏器件也是半导体气敏传感器之一。它是利用 MOS 二极管的电容-电压特性的变化以及 MOS 场效应晶体管（MOSFET）的阈值电压的变化等物性而制成的气敏元件。MOS 场效应晶体管（MOSFET）的制造工艺和 MOS 集成电路工艺基本上是相同的，只是 MOSFET 栅电极材料不同。MOS 集成电路的 MOSFET 栅电极材料通常是金属铝，而 MOSFET 型微结构气敏传感器中的 MOSFET 栅电极材料是对待测气体敏感的材料，如钯、铱、碘化钾等。其工作原理是：当栅电极暴露在待测气体中时，栅电极材料与待测气体作用而引起 MOSFET 阈值电压的变化，分析这种变化就可知道待测气体的浓度。当栅电极为钯时，对氢气很敏感；当栅电极为铂、铱时，对含氢化合物气体 NH_3、H_2S 和乙醇蒸汽很敏感；当栅电极为碘化钾时，可检测臭氧。

由于这类器件的制造工艺成熟，便于器件集成化，因而其性能稳定且价格便宜。利用特定材料还可以使器件对某些气体特别敏感。

8.3 半导体气敏传感器的类型与结构

8.3.1 电阻型半导体气敏传感器的类型与结构

电阻型半导体气敏传感器 N 型材料主要有 SnO_2、ZnO、TiO 等；P 型材料有 MnO_2、CrO_3 等。其典型结构通常由气体敏感元件、加热器（内部）、封装三部分组成，如图 8-2 所示。

气敏元件是气敏传感器的核心，有三种结构类型：烧结体型、薄膜型和厚膜型。烧结体型气敏元件是把电极和元件加热用的加热器埋入金属氧化物中，添加 Al_2O_3、SiO_2 等催化剂和黏结剂，通电加热或加压成型后再低温烧结而成，这类元件的性能一致性较差。薄膜型气敏元件是在其基片（如石英基片）上蒸发或溅射上一层氧化物半导体薄膜（厚度小于几微米）制成的，其性能受到工艺条件以及薄膜的物理、化学状态的影响，元件间性能差异较大。但由于近期薄膜技术的飞速发展和以微细加工为中心的半导体技术的影响，这类元件性能已有了新的改观。厚膜型气敏元件一般是把半导体氧化物粉末、添加剂、黏合剂及载体混合成浆料，再把浆料印刷（丝网印刷）到基片上（厚度数微米到数十微米）制成的，其灵敏度与烧结体型气敏元件的相当，其工艺性、机械强度和性能的一致性都很好。

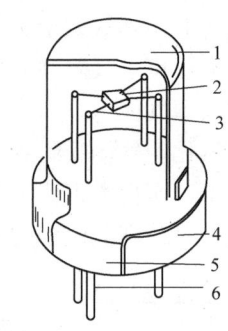

图 8-2 电阻型半导体气敏
传感器的典型结构示意图
1—双层金属罩 2—气敏元件
3—电极引线 4—外套
5—封锁基座 6—端子

上述气敏元件的加热器用来烧去附在元件表面的油雾与尘埃，加速气体的吸附，从而提高元件的灵敏度和响应速度。元件的工作加热温度取决于氧化物材料及被测气体的种类，一般在 200~400℃。

加热方式一般有直热式和旁热式两种，因而形成了直热式和旁热式气敏元件。直热式是将加热丝直接埋入 SnO_2、ZnO 粉末中烧结而成，因此，直热式常用于烧结型气敏结构。直热式结构和符号如图 8-3a、b 所示。旁热式是将加热丝和敏感元件同置于一个陶瓷管内，管外涂梳状金电极做测量极，在金电极外再涂上 SnO_2 等材料，其结构和符号如图 8-3c、d 所示。

直热式结构的气敏传感器的优点是制造工艺简单、成本低、功耗小，可以在高电压回路中使用。它的缺点是热容量小、易受环境气流的影响，测量回路和加热回路间没有隔离而相互影响。国产 QN 型和日本费加罗 TGS#109 型气敏传感器均属此类结构。

旁热式结构的气敏传感器克服了直热式结构的缺点，使测量极和加热极分离，而且加热丝不与气敏材料接触，避免了测量回路和加热回路的相互影响；器件热容量大，降低了环境温度对器件加热温度的影响，所以这类结构器件的稳定性、可靠性比直热式的好。国产 QM-

N5 型和日本费加罗 TGS#812、813 等型气敏传感器都采用这种结构。

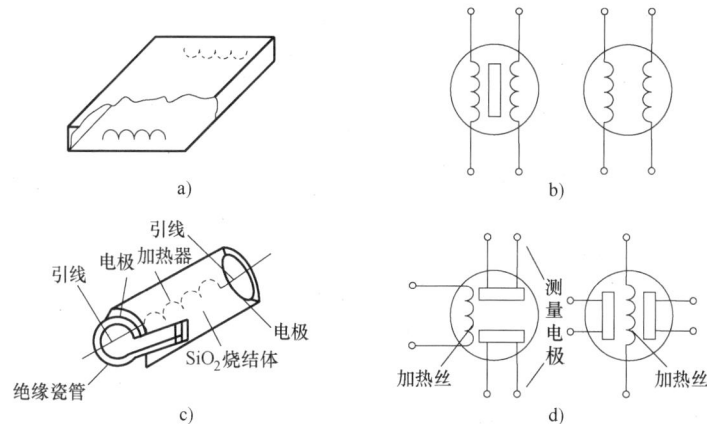

图 8-3　电阻型半导体气敏传感器的结构和符号
a)、b) 直热式结构及符号　c)、d) 旁热式结构及符号

8.3.2　非电阻型半导体气敏传感器的类型与结构

1. 肖特基二极管气敏器件

当金属和半导体接触形成肖特基势垒时构成金属半导体二极管。在这种金属半导体二极管中附加正偏压时，从半导体流向金属的电子流将增加；如果附加负偏压时，从金属流向半导体的电子流几乎没有变化。这种现象称为二极管的整流作用。$Pd\text{-}TiO_2$ 二极管的 $V\text{-}I$ 特性如图 8-4 所示。

2. MOS 气敏二极管

MOS 气敏二极管是利用电容-电压关系（$C\text{-}V$ 特性）来检测气体的敏感器件。其结构如图 8-5 所示，利用热氧化工艺生成一层厚度为 50～100nm 的 SiO_2 层，再在其上蒸发一层 Pd（钯）金属薄膜（厚度为 30～200nm）作为栅极。该气敏器件的 $C\text{-}V$ 特性如图 8-6 所示，在氢气中的 $C\text{-}V$ 特性比

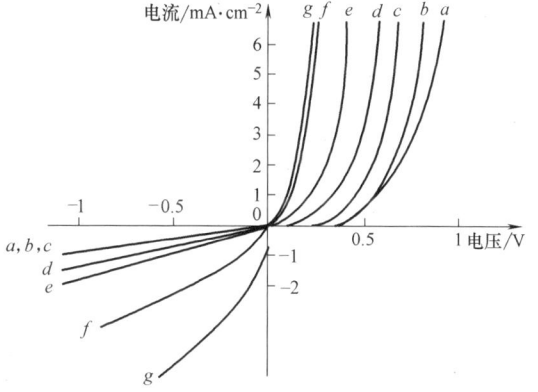

图 8-4　$Pd\text{-}TiO_2$ 二极管的 $V\text{-}I$ 特性（25℃）

在空气中的向左移动。这是因为无偏置的情况下，由于 H_2 在 $Pd\text{-}SiO_2$ 界面的吸附，使 Pd 的功函数下降的缘故。由于 H_2 浓度不同，$C\text{-}V$ 特性向左移动的程度不同，利用这种关系检测氢的浓度。这种 Pd-MOS 二极管气敏器件除了对 H_2 具有较高的灵敏度外，对 CO 及丁烷也具有较高的灵敏性。

3. MOS 场效应晶体管

MOSFET 金属-氧化物-半导体场效应气敏器件是利用半导体表面效应制成的一种电压控制型元件，可分为 N 沟道和 P 沟道两种。N 沟道 MOSFET 金属-氧化物-半导体场效应气敏器件的结构如图 8-7 所示。它是由 P 型硅半导体衬底、两

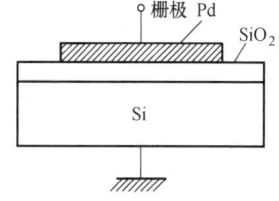

图 8-5　Pd-MOS 二极管结构图

个间隔很近（约 $10\mu m$）的 N 区、SiO_2 绝缘层及覆盖在 SiO_2 表面的金属栅组成的。SiO_2 层厚度比普通的 MOS 场效应晶体管薄 10nm，并用 Pd 薄膜（10nm）作为栅极做成 Pd-MOSFET 气敏器件。

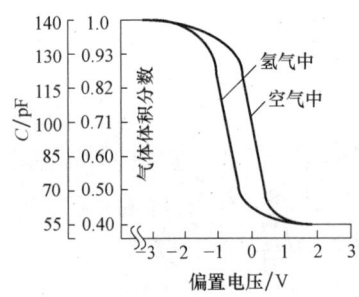

图 8-6　Pd-MOS 二极管的 C-V 特性

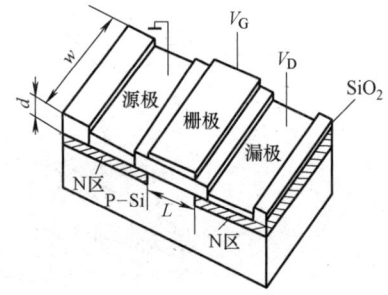

图 8-7　MOSFET 气敏器件的结构

Pd-MOSFET 和 Pd-MOS 二极管特性尚不够稳定，定量检测 H_2 浓度还不成熟，只能作为 H_2 的泄漏检测。

8.4　气敏传感器的特性

气敏元件的特性根据其材料的不同略有不同，氧化锡 SnO_2 是具有比较高的电导率的 N 型金属-氧化物半导体。氧化锡系多孔质烧结体型气敏元件，是目前广泛应用的一种气敏元件。它是用氯化锡和氧化锡粉末在 700~900℃ 下烧结而成的。SnO_2 气敏元件对气体的灵敏度特性如图 8-8 所示，它是用元件的电阻比与气体浓度表示的灵敏度特性，其中 R 为气敏元件在规定浓度的被测气体中的电阻值，R_0 为气敏元件在洁净空气中的电阻值。气敏元件的阻值 R 与空气中被测气体的浓度 C 成对数关系变化：

$$\lg R = m\lg C + n \tag{8-1}$$

式中，n 与气体检测灵敏度有关，除了随材料和气体种类不同而变化外，还会由于测量温度和添加剂的不同而发生大幅度变化；m 为气体的分离度，随气体浓度变化而变化，对于可燃性气体，$\frac{1}{3} \leq m \leq \frac{1}{2}$。

气敏元件中添加了铂（Pt）和钯（Pd）等作为催化剂，以提高其灵敏度与气体识别能力（选择性）。添加剂的成分与含量、元件的烧结温度和工作温度将影响元件的选择性。如在同一工作温度下，含 1.5%（质量）Pd 的元件，对 CO 最灵敏，含 0.2%（质量）Pd 时，对 CH_4 最灵敏。又如同一含 Pt 的气敏元件，在 200℃ 以下检测 CO 最好，而在 300℃ 检测丙烷、在 400℃ 以上检测甲烷最佳。

近年来发展的厚膜型，添加了 ThO_2，提高了元件的气体识别能力，尤其是对 CO 的灵敏度远高于对其他气体的灵敏度。可利用这一现象对 CO 浓度做较精确的定量检测，还可以采用改变元件的烧结温度和工作温度相结合的措施，提高其气体识别能力。

SnO_2 气敏元件易受环境温度和湿度的影响，图 8-9 给出了 SnO_2 气敏元件受环境温度、湿度影响的综合特性曲线。由于环境温度、湿度对其特性有影响，所以使用时，通常需要加温度补偿。

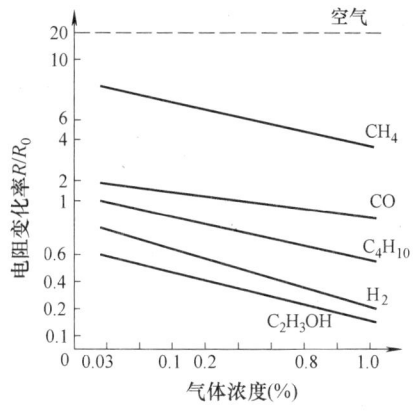

图 8-8　SnO_2 气敏元件对气体的灵敏度特性

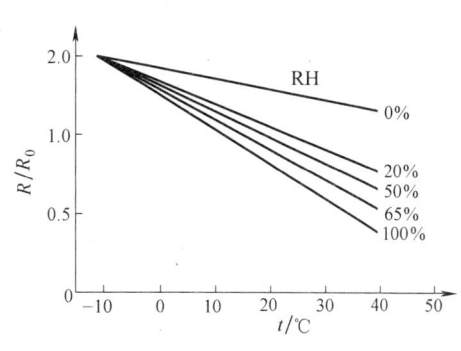

图 8-9　SnO_2 气敏元件温湿特性曲线

8.5　气敏传感器的应用

8.5.1　家用煤气、液化石油气泄漏报警器

家用煤气、液化石油气泄漏报警器有很多型号可供选择。图 8-10 所示为一种简单、廉价的家用煤气、液化石油气泄漏报警器电路。该电路能承受较高的交流电压，因此，可直接由 220V 市电供电，且不需要再加复杂的放大电路，就能驱动蜂鸣器等来报警。由该电路的组成可见，蜂鸣器与气敏传感器 QM-N6 的等效电阻构成了简单串联电路，当气敏传感器探测到泄漏气体（如煤气、液化石油气）

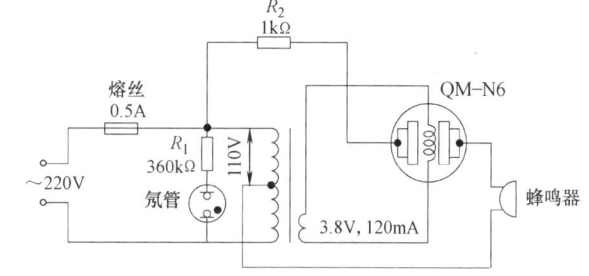

图 8-10　家用煤气、液化石油气泄漏报警器电路

时，随着气体浓度的增大，气敏传感器 QM-N6 的等效电阻降低，回路电流增大，超过危险的浓度时，蜂鸣器发声报警。氖管是用来显示电路中是否有电的。

8.5.2　酒精及烟雾报警器

图 8-11 是采用国产型号 QM-N2 型气敏器件构成的可燃性气体报警器的电路。它对液化石油气气罐漏气有很灵敏的报警功能，还能对挥发性蒸汽的浓度进行检测，可用于汽车驾驶员饮酒探测器。它对烟雾也较灵敏，可作为烟雾报警器或火灾预报警器。

当可燃性气体达到一定浓度时，气敏传感器 QM-N2 的 B-B' 端输出一高电平，触发时基电路 NE555，使由 NE555 等组成的单稳态电路翻转至暂稳态，其第 3 脚输出一高电平，继电器 K 吸合，触点 K 闭

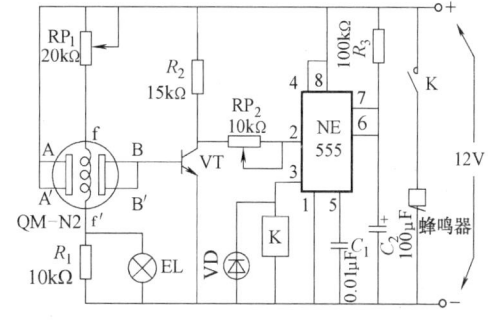

图 8-11　QM-N2 型气敏器件构成的酒精及烟雾报警器

合，使蜂鸣器得到工作电压，发出报警声。与此同时，NE555 内部的放电管截止，电源电压通过 R_3 给 C_2 充电，使 NE555 的第 6 脚电位不断升高，当达到 $(2/3)V_{CC}$ 时，NE555 将从暂态回到稳态，第 3 脚又输出低电平，继电器 K 释放，触点 K 断开，蜂鸣器不发声。但此时如果可燃性气体或烟雾还未消除到低浓度，B-B′端电压仍很高，晶体管 VT 仍处于导通状态，NE555 的第 2 脚仍为低电平，所以第 3 脚又立即回到高电平，继电器 K 无法释放，仍会响起报警声。一旦故障全部排除，B-B′端处于低电平，晶体管 VT 截止，NE555 第 2 脚回到高电平，再经 10s 左右的充电时间，第 6 脚电位上升到 $(2/3)V_{CC}$，第 3 脚变为低电平输出，NE555 回到稳态，继电器 K 释放，触点 K 断开，蜂鸣器停止叫声。

8.6 气体分析仪器

8.6.1 热导式气体分析仪

各种物质组分的导热性能是有一定差异的，对于多组分气体，由于组分含量的不同，混合气体导热能力将会发生变化。根据混合气体导热能力的差异，就可实现气体组分的含量分析。

设导热系数为 λ_1 和 λ_2 的两种气体混合，λ_1 和 λ_2 已知，若测得该混合气体的导热系数 λ_c，则可求得两种气体的百分数含量 α_1 和 α_2 分别为

$$\alpha_1 = \frac{\lambda_c - \lambda_2}{\lambda_1 - \lambda_2} \tag{8-2}$$

$$\alpha_2 = 1 - \alpha_1 \tag{8-3}$$

实际上要想直接测量气体的导热系数是有一定困难的。目前比较可行的办法是把气体导热系数的测量转化为对置于气体内部的热电阻阻值的测量。实现将混合气体导热系数的变化转换为热电阻阻值变化的部件，称为热导池或分析室，其结构如图 8-12a 所示。圆柱形腔体 1 用铜、铝或不锈钢制造，电阻丝 2 直径为 0.015~0.025mm，材料为铂、钨或铼钨等，电阻丝通过引线 5 与外电路相连，为防止引线与腔体短路，引线与腔体之间加有绝缘体 4。

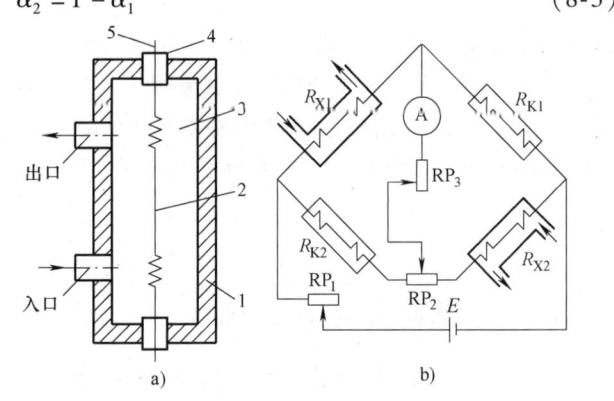

图 8-12 热导式气体分析仪
a) 热导式气体分析仪的结构 b) 热导式气体分析仪的工作原理
1—腔体 2—电阻丝 3—待分析气体 4—绝缘体 5—引线

当电阻丝通过电流 I 和热导池的壁面温度 t_c 固定时，电阻丝的电阻 R 只与待分析气体 3 的导热系数 λ_c 有关，即

$$R = \frac{R_0(1 + \alpha t_c)}{1 - \dfrac{\alpha I^2 R_0}{k\lambda_c}} \tag{8-4}$$

式中，R_0 为电阻丝在 0℃时的电阻值；α 为电阻丝材料的电阻温度系数；k 为热导池常数。

由式(8-2)、式(8-3) 和式(8-4) 可知，通过对热导池电阻丝阻值 R 的测量便可实现双组分气体的含量分析。组分的导热系数（λ_1 和 λ_2）相差越大，仪器的灵敏度越高。

热导式气体分析仪的工作原理如图 8-12b 所示。它主要由 4 个外壳用相同材料制成的分析室组成。分析室 R_{K1} 和 R_{K2} 为参考室，室内充入洁净的空气，另外两个分析室 R_{X1} 和 R_{X2} 充入被分析的混合气体，4 个分析室组成桥路。工作时先将洁净空气通入分析室 R_{K1} 和 R_{K2}，调节 RP_3 使电桥达到平衡，而后使被测混合气体进入分析室 R_{X1} 和 R_{X2}，电桥失去平衡，其不平衡输出是混合气体组分的函数。

8.6.2 光学吸收式气体分析仪

1. 工作原理

当物质吸收特征波长的光辐射时，透射光能量与入射光能量之间的关系为

$$W = W_0 \times 10^{-abc} \tag{8-5}$$

式中，W 为透射光能量；W_0 为入射光能量；a 为吸收率；b 为光程长度；c 为试样中吸光物质的浓度。

透射光能量和入射光能量之比称为透射比，以 τ 表示，$\tau = W/W_0$。透射比 τ 对数的负数称为吸光度，以 A 表示。它们与试样中吸光物质的浓度 c 之间的关系为

$$A = -\lg\tau = abc \tag{8-6}$$

若 a、b 为已知数值，则通过测量透射光与入射光能量的比值，就可以确定吸光物质的浓度。

2. 红外线气体分析仪

红外线气体分析仪用来测定气体中在红外波段有吸收带的某一气体或蒸气成分含量，大多用于测定气体中 CO 或 CO_2 的含量。表 8-3 中列出了几种常用于分析的主要气体及其可用于分析吸收的波长。

表 8-3 常用气体的红外线特性吸收波长

气体名称	化学符号	吸收波长/μm	气体名称	化学符号	吸收波长/μm
二氧化碳	CO_2	4.35	一氧化氮	NO	5.2
一氧化碳	CO	4.7	甲烷	CH_4	7.7
二氧化硫	SO_2	7.35	乙炔	C_2H_2	13.7
二氧化氮	NO_2	6.2	乙烯	C_2H_4	10.5
氨	NH_3	10.4			

CO_2 红外分析仪的结构如图 8-13 所示。测量时，被测气体通过样品室，参比室充满一定量的 CO_2 气体或没有 CO_2 的气体。从光源发出的红外辐射分成两束，被反射镜反射分别通过两室，经反射镜系统和滤光片至红外检测元件。由于滤光片的限制，检测元件所接收到的仅仅是中心波长为 4.35μm 的一个窄波段红外辐射能

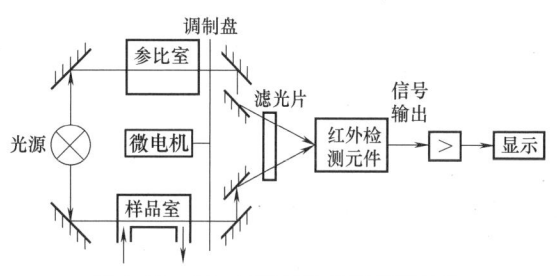

图 8-13 CO_2 红外气体分析仪的结构

量。实际测试中,由于调制盘旋转,检测元件是交替地接收通过样品室和参比室的辐射能信号的,故如果参比室没有 CO_2 气体,样品室中也无 CO_2 气体,那么这两束辐射的光通量完全相等。检测元件所接收到的是通量恒定不变的辐射,这时,检测元件只有直流响应,其后级的选频放大器的输出为零。如果进入样品室中含有 CO_2 气体,对波长 $4.35\mu m$ 的辐射就有吸收,那么两束辐射的通量不等,检测元件所接收到的就是交变辐射,选频放大器的输出信号就不为零。经过标定,就可以从输出信号的大小确定 CO_2 的含量。

> **学生**:"老师,图 8-13 我没看明白,能不能给我讲一讲?"

> **老师**:"我们可以这样理解,在图 8-13 中,微电机带的调制盘只有一个窗口,当窗口在上方时,通过参比室的光线反射到红外检测元件上;当窗口在下方时,通过样品室的光线反射到红外检测元件上。这样,随着微电机的旋转,红外检测元件将收到不同的光线。如果两束辐射的通量不等,检测元件所接收到的就是交变辐射,选频放大器的输出信号就不为零,这样就可以根据信号的不同来分析 CO_2 的含量。"

8.6.3 光电比色计

光电比色计的工作原理如图 8-14 所示,由光源 1 发出的光,分左右两路经透镜 2、滤光片 3 得到一定波长范围的光束。左半部分为参比介质光路,比色皿 4 盛放的是蒸馏水或不含被测成分的某种液体(或气体);右半部分为被测介质的测量光路,比色皿 5 中盛放的是被测样品。光束分别经被测介质比色皿和参比介质比色皿至检测元件 6。参比光路中比色皿的参比介质对光束波长没有吸收作用,而测量光路中比色皿的被测介质对通过光束的某些波长有一定的吸收作用,服从比尔定律。这样,两路光学系统检测元件的输出就不一样,通过比较放大器 7 后,在显示器 8 上显示出被测介质的含量。

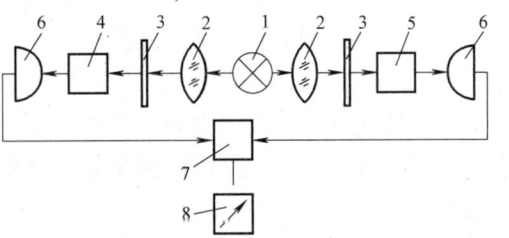

图 8-14 光电比色计的原理框图
1—光源 2—透镜 3—滤光片 4—参比介质比色皿
5—被测介质比色皿 6—检测元件 7—比较放大器
8—显示器

光电比色计是分析化学中测定少量物质最简便的方法之一,在各个领域如工农业生产、医疗卫生等化学检验中用得很多,可以用于无机化学和有机化学,也可以用于液体或气体。

8.7 湿敏传感器及其应用

湿度通常是指大气中所含的水蒸气量。湿度是一个十分重要的物理量,在一定程度上湿度和温度具有同等重要的地位。湿度传感器是利用材料的电气性能或机械性能随湿度变化而变化的原理,将外界湿度信号转换为电信号的器件。湿度传感器广泛应用于各种场合的湿度检测、控制和报警,在产品质量管理、保证理想的生产和生活条件等方面起着重要作用,在工业、农业、气象、医疗及人们的日常生活中都有广泛应用。

湿度是指物质中所含水蒸气的量，湿度常用的表示方法有：质量分数、体积分数、绝对湿度、相对湿度、露点（霜点）等。

质量为 m 的混合气体中，若水蒸气的质量为 m'，则质量分数为 $\dfrac{m'}{m} \times 100\%$。体积为 V 的混合气体中，若水蒸气的体积为 V'，则体积分数为 $\dfrac{V'}{V} \times 100\%$。

绝对湿度是指一定空间中水蒸气的绝对含量。绝对湿度也可称为水蒸气浓度或者水蒸气密度，其表达式为

$$P_v = \frac{m_v}{V} \tag{8-7}$$

式中，m_v 为混合气体中所含水蒸气质量；V 为混合气体总体积；P_v 为混合气体的绝对湿度（g/m³），用 AH 表示。

相对湿度（RH）指气体在某一被测蒸汽压下的绝对湿度与相同温度下的饱和蒸汽压下的绝对湿度之比的百分数，其表达式为

$$\text{RH} = \frac{P_v}{P_s} \times 100\% \tag{8-8}$$

式中，RH 为相对湿度；P_v 为混合气体的绝对湿度；P_s 为混合气体同一温度下达到饱和状态下的绝对湿度。RH 是一个无量纲的值。AH 绝对湿度给出了水分在空间的具体含量，RH 相对湿度则给出了大气的潮湿程度，故使用更加广泛。

当空气的温度下降到某一定值时，空气中的水蒸气气压与同温度下的饱和水蒸气气压相等，空气中的水蒸气将向液态转化而凝结为露珠，相对湿度为 100%RH，这一特定的温度称为空气的露点温度，简称为露点。空气中的水蒸气压越小，露点越低，因此可以用露点来表示空气中湿度的大小。

8.7.1 湿敏元件的主要特性参数

1. 湿度量程

保证一个湿敏元件能够正常工作所允许环境相对湿度可以变化的最大范围，称为这个湿敏元件的湿度量程。湿度量程越大，其实际使用价值越大。理想的湿敏元件的使用范围应当是 0~100%RH 的全量程。

2. 感湿特性曲线

每一种湿敏元件都有其感湿特征量，如电阻、电容、电压、频率等。湿敏元件的感湿特征量随环境相对湿度变化的关系曲线，称为该元件的感湿特征量—相对湿度特征曲线，简称感湿特性曲线。人们希望特性曲线应当在全量程上是连续的，曲线各处斜率相等，即特性曲线呈直线。曲线的斜率应适当，因为斜率过小，灵敏度降低；斜率过大，稳定性降低。这都会给测量带来困难。

3. 灵敏度

湿敏元件的灵敏度应当是其感湿特性曲线的斜率。在感湿特性曲线是直线的情况下，用直线的斜率来表示湿敏元件的灵敏度是恰当可行的。然而，大多数湿敏元件的感湿特性曲线

是非线性的，在不同的相对湿度范围内曲线具有不同的斜率。因此，这就造成用湿敏元件感湿特性曲线的斜率来表达灵敏度的困难。

目前，虽然关于湿敏元件灵敏度的表示方法尚未达到统一，但较为普遍采用的方法是用湿敏元件在不同环境湿度下的感湿特征量之比来表示灵敏度。

4. 响应时间

湿敏元件的响应时间反映湿敏元件在相对湿度变化时，输出特征量随相对湿度变化的快慢程度。一般规定为响应相对湿度变化量的 63% 所需要的时间。在标记时，应当写明湿度变化区的起始与终止状态。

5. 湿度温度系数

湿敏元件的湿度温度系数是表示感湿特性曲线随环境温度而变化的特征参数，在不同的环境温度下，湿敏元件的感湿特性曲线是不同的，它直接给测量带来了误差。

湿敏元件的湿度温度系数定义为：在湿敏元件感湿特征量恒定的条件下，感湿特征量值所表示的环境相对湿度随环境温度的变化率，即

$$\alpha = \frac{dRH}{dT} \tag{8-9}$$

式中，T 为热力学温度；α 为湿度温度系数（%RH/℃）。

由湿敏元件的湿度温度系数 α 值，即可得知湿敏元件由于环境温度的变化所引起的测量误差。例如，湿敏元件的 $\alpha = 0.3\%$ RH/℃ 时，如果环境温度变化 20℃，那么就将引起 6%RH 的测湿误差。

6. 湿滞回线和湿滞回差

各种湿敏元件吸湿和脱湿的响应时间各不相同，而且吸湿和脱湿的特性也不相同。一般总是脱湿比吸湿滞后，因此称这一特性为湿滞现象。湿滞现象可以用吸湿和脱湿特性曲线所构成的回线——湿滞回线来表示。在湿滞回线上所表示的最大量差值称为湿滞回差。湿敏元件的湿滞回差越小越好。

8.7.2 湿敏传感器的分类

水分子具有较大的电偶极矩，在氢原子附近有极大的正电场，所以具有很大的电子亲和力，使得水分子易于吸附在固体表面并渗透到固体内部。利用水分子这一特性制成的湿敏传感器称为水分子亲和力型传感器，而把与水分子亲和力无关的湿敏传感器称为非水分子亲和力型传感器。在现代工业测量中使用的湿敏传感器大多是水分子亲和力型传感器，它们将湿度的变化转换成阻抗或者电容值的变化后输出。图 8-15 所示是湿敏传感器的分类示意图。

1. Al_2O_3 湿敏传感器

Al_2O_3 湿敏传感器是用等离子喷涂法在内电极的导体外，喷涂一层 Al_2O_3 感湿膜，在膜上制成多孔金属

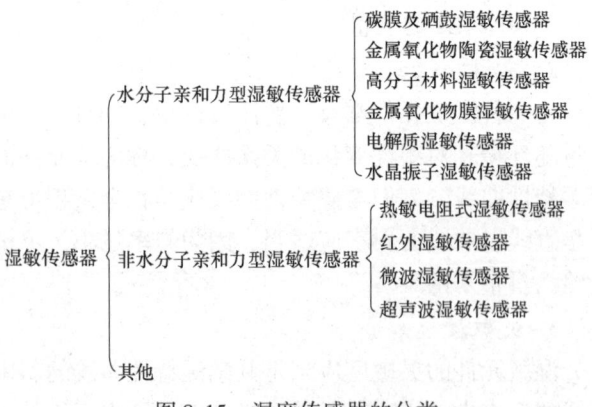

图 8-15 湿度传感器的分类

电极而成,其结构如图 8-16 所示。其感湿原理是:不锈钢管既作为传感器的内电极,同时又是 Al_2O_3 感湿膜的载体。这种结构可以看作一个电容器,当水分子透过多孔的外金属电极后,则被 Al_2O_3 感湿膜吸附,从而引起 Al_2O_3 感湿膜介电常数发生变化,进而引起传感器电容量的变化。随着水汽吸附量的增加,传感器的阻值减小而使电容值增大。Al_2O_3 湿敏传感器的特点是传感器电阻的对数值与湿度成线性关系,具有测湿范围宽和工作温度范围宽的优点,使用寿命在两年以上。

2. 有机高分子电解质湿敏传感器

有机高分子电解质湿敏传感器的感湿材料是含有机高分子的聚合物——丙烯酸脂,这种材料是一种离子导电的高分子材料。其感湿原理是:大气中的湿度越大,则感湿膜被电离的程度就越大,电极间的电阻值也就越小,电阻值的变化与相对湿度的变化成指数关系。

图 8-16 Al_2O_3 湿敏传感器的结构

该元件在高温高湿条件下,具有极好的稳定性,湿度检测范围宽,湿滞小,响应速度快,并且具有较强的耐油性、耐有机溶剂及耐烟草等特性。如 HRP-MQ 高分子湿敏传感器,其工作温度范围为 $-20 \sim +60℃$,测湿范围为 $(20 \sim 90)\% RH$,滞后 $< \pm 2\% RH$,响应时间约 30s,精度为 $\pm(2 \sim 3)\% RH$。

3. 热敏电阻式湿敏传感器

热敏电阻式湿敏传感器是非水分子亲和力型,它是利用潮湿空气和干燥空气的热传导之差来测定湿度的,其结构如图 8-17a 所示。在两个金属盒中各安装了特性相同的热敏电阻,一个金属盒有孔,与大气相通,而另一个未开孔,内部充有干燥空气。

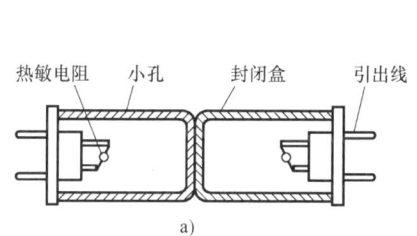
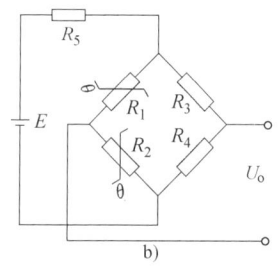

图 8-17 热敏电阻式湿敏传感器
a) 结构图 b) 电桥测量电路

热敏电阻式湿敏传感器接成图 8-17b 所示的电桥测量电路。图中 R_1 为开孔盒中的热敏电阻,是测湿敏感元件;R_2 是封闭盒中的热敏电阻,是温度补偿元件。另外,R_3、R_4 是桥臂电阻,R_5 是限流电阻。热敏电阻被加热到 200℃ 左右,当潮湿的空气进入开孔盒时,其中的 R_1 被冷却而阻值升高,电桥平衡被破坏,将输出与湿度成比例的不平衡信号 U_o,它可以用来测量大气的绝对湿度。这种传感器的特点是不用湿敏功能材料,因此不存在湿滞,但要求两个热敏电阻在较宽的范围内特性一样是困难的。另外,若空气中混合有比空气导热性好的气体时,会产生测量误差。

8.7.3 湿敏传感器的应用

1. 湿度控制电路

图 8-18 所示为湿度控制电路,可用于通风、排气扇及排湿加热等设备。电路中 IC_1(NE555)

和 IC_2（D 触发器）组成振荡电路。IC_1 产生 4Hz 脉冲信号，经 IC_2 后变为 2Hz 的对称方波作为湿敏传感器的电源。IC_3 为比较器，其同相端接入基准电压，调节电位器 RP 可设定控制的相对湿度。在比较器的反相输入端接入湿敏检测器件组成的电路。其中热敏电阻 RT 用作温度补偿，以消除由湿度传感器 RH 温度系数引起的测量误差。当空气中的湿度变化时，比较器反相输入端的电平随之改变，当达到设定的相对湿度时，比较器输出控制信号 U_o，使执行电路工作。

2. HOS103 结露传感器电路

图 8-19 是 HOS103 传感器的基本应用电路。结露传感器 HOS103 的工作电压为 0.8V 以下（超过额定值时，往往会使特性变坏或出现早期劣化现象），其在 25℃、80%RH 时的电阻值为 10kΩ，结露时为 200kΩ，其特性如图 8-20 所示。

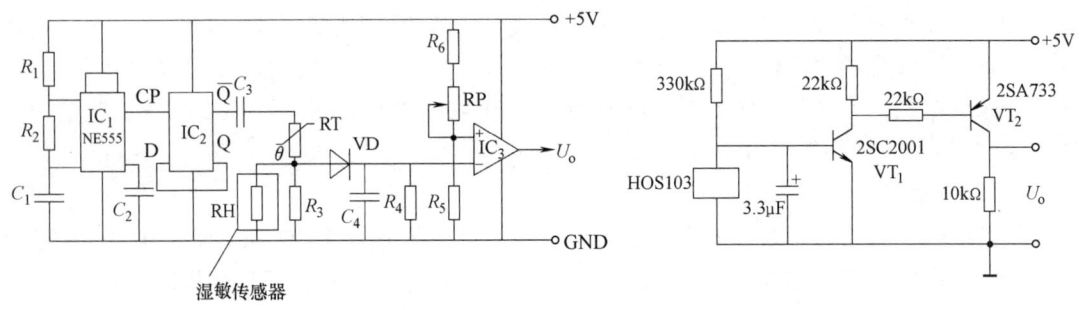

图 8-18 湿度控制电路　　　　　图 8-19 HOS103 结露传感器的应用电路

由图 8-20 可知，在湿度低于 80%RH 时，结露传感器的阻值小于 10kΩ，与 330kΩ 电阻的分压不到 0.2V，所以 VT_1 不导通，VT_2 也截止。当湿度大于 95%RH 左右时，VT_1 基极电压大于 0.7V，VT_1 和 VT_2 相继导通，U_o 输出高电平可作为报警信号或者控制信号。通过调整 330kΩ 电阻，使其报警的湿度根据要求而定。图 8-21 所示为录像机结露报警控制电路原理图，选用 HOS103 型结露传感器。

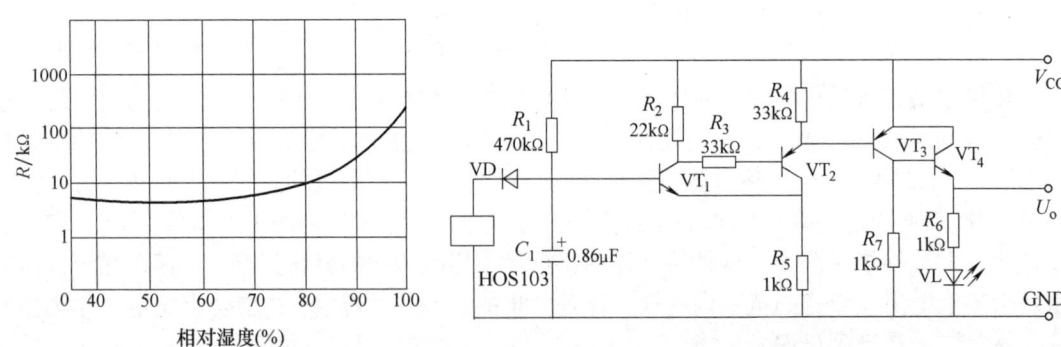

图 8-20 HOS103 结露传感器的特性曲线　　　图 8-21 录像机结露报警器

学生： "老师，能不能再帮我分析一下图 8-21？"

老师:"通过图 8-21 可以看出,如果被测环境的相对湿度增加,则传感器的电阻将变大很多,这时 VT_1 基极的电压也会升高,从而导致 VT_1 导通。由于 VT_1 导通,VT_2 的基极电压变低,VT_2 也导通,进而 VT_3、VT_4 也相继导通,U_o 输出高电平。但如果被测环境的相对湿度较低,则 VT_1、VT_2、VT_3、VT_4 均不导通,U_o 输出低电平。这就是其基本工作原理"。

本 章 小 结

随着科技进步及近代工业发展与环境保护的需求,经常需要对有毒气体和可燃性气体进行检测,使气敏传感器得到了广泛的应用。

气敏传感器是用来测量气体的类别、浓度和成分的传感器,可分为半导体和非半导体两大类,目前实际使用最多的是半导体气敏传感器。电阻型半导体气敏传感器是利用气体在半导体表面的氧化和还原反应导致敏感元件阻值变化而制成的。非电阻型气敏器件也是半导体气敏传感器,是利用 MOS 二极管的电容-电压特性的变化以及 MOS 场效应晶体管(MOSFET)的阈值电压的变化等物性而制成的。气敏元件的特性根据其材料的不同略有不同,气敏传感器可以应用于家用煤气、液化石油气泄漏报警器等多种家用、工业检测仪器设备中。利用气敏传感器的气体分析仪可以完成气体成分、含量的检测与分析。

湿敏传感器可以完成对湿度的检测任务,湿度是一个与温度同样重要并被广泛使用的物理量。湿敏传感器种类繁多,测湿理论基础各异,但湿度测量的特性参数基本一致,在测控系统中的作用和地位相同,都可以完成将外界湿度信号转换为电信号的任务,实现各种自动化系统、智能设备湿度信息的监测、控制和报警功能。

思考题与习题

8-1 气敏传感器能完成哪些检测任务?

8-2 半导体气敏传感器有哪几种类型?

8-3 简单说明表面控制型半导体气敏传感器的工作原理。

8-4 说明多数半导体气敏器件工作时都需要加热器的原因。

8-5 如何提高半导体气敏传感器对气体的选择性和检测灵敏度?

8-6 试述 MOS 气敏二极管的工作原理。

8-7 试分析 SnO_2 气敏元件的工作特性。

8-8 试述热导式气体分析仪的工作原理。

8-9 试述光学吸收式气体分析仪的工作原理。

8-10 试述光电比色计的作用及其工作原理。

8-11 绝对湿度与相对湿度指标有何不同?以哪一种指标反映湿度较为合理?

8-12 试述湿敏传感器的主要特性参数及分类情况。

8-13 利用所学气敏传感器知识,设计一个家庭用声音输出油烟报警仪器,并说明其工作原理。

8-14 利用所学湿敏传感器知识,查阅资料,试设计一个实现蔬菜大棚湿度自动检测、喷淋自动灌溉的测控系统的电路结构,并说明其工作原理。

第 9 章 热电式传感器

热电式传感器是将温度变化转化为电量变化的装置,它利用敏感元件的特征参数随温度变化而变化的特性来达到测量目的,通常把被测温度变化转化为敏感元件的电阻、电动势的变化,再经过相应的测量电路输出电压或电流,然后由这些参数的变化来检测被测对象的温度变化。热电式传感器广泛应用于工业生产、家用电器、海洋气象、防灾报警、医疗仪器等领域。按照测温方法的不同,热电式传感器分为接触式和非接触式两大类。接触式热电式传感器测温应用广泛,但对被测温度场有干扰。常用的接触式热电式传感器包括膨胀式温度计、热电阻温度计(金属电阻和热敏电阻)及热电偶等。非接触式热电式传感器的特点是传感器不与被测对象相接触,而是利用物质的热辐射现象进行热交换,可实现远距离测量。其不会干扰被测对象的温度分布,而且热惯性小,响应速度快,测温范围较大。常用的非接触式热电传感器包括辐射温度计、红外测温仪等。表 9-1 列出了常用的热电式传感器的类型及特点,本章主要介绍热电偶、热电阻及热敏元件。

表 9-1 常用热电式传感器的类型及特点

测温方式	传感器类型			测温范围/℃	精度(%)	特 点
接触式	热膨胀式	水银		−39 ~ 357	0.1 ~ 1	结构简单、耐用,但感温部体积较大
		双金属		−50 ~ 500	1 ~ 3	
		压力	液	−100 ~ 600	1	
			气	−200 ~ 600		
	热电偶	钨-铼		1000 ~ 2800	0.3 ~ 0.5	种类多,适应性强,结构简单,应用广泛。须注意冷端温度补偿及动圈式仪表电阻对测量结果的影响
		铂铑-铂		0 ~ 1600	0.2 ~ 0.5	
		其他		−200 ~ 1200	0.4 ~ 1.0	
	热电阻	铂		−200 ~ 600	0.1 ~ 0.3	标准化程度高,精度及灵敏度均较好,感温部大,须注意环境温度的影响
		镍		−150 ~ 300		
		铜		−50 ~ 150	0.1 ~ 0.3	
		热敏电阻		−50 ~ 300	0.3 ~ 0.5	体积小,响应快,灵敏度高;线性差,须注意环境温度的影响
非接触式	辐射温度计			100 ~ 3500	1	非接触测温,不干扰被测温度场,辐射率影响小,应用简便;不能用于低温
	光测温度计			200 ~ 3200	1	
	热电探测器			200 ~ 2000	1	非接触测温,不干扰被测温度场,响应快,测温范围大,适于测温度分布范围大的场合;易受外界干扰,定标困难
	热敏电阻探测器			−50 ~ 3200	1	
	光子探测器			0 ~ 3500	1	

9.1 热电偶

热电偶是将温度量转换为电动势大小的热电式传感器，是工程上应用最广泛的温度传感器。它构造简单，使用方便，具有较高的准确度、稳定性及复现性，温度测量范围宽，在温度测量中占有重要的地位。

9.1.1 热电偶的工作原理

热电偶的测温原理是基于热电效应。在两种不同的导体（或半导体）A 和 B 组成的闭合回路中，如果它们两个结点的温度不同，则回路中会产生一个电动势，通常称这种电动势为热电动势，这种现象就是热电效应，如图 9-1 所示。

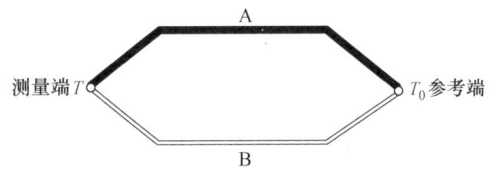

图 9-1 热电偶的结构

在图 9-1 所示的回路中，两种丝状的不同导体（或半导体）组成的闭合回路，称为热电偶。导体 A 或 B 称为热电偶的热电极或热偶丝。热电偶的两个结点中，置于温度为 T 的被测对象中的结点称为测量端，又称工作端或热端；而温度为参考温度 T_0 的另一结点称为参比端或参考端，又称自由端或冷端。

热电偶产生的热电动势由接触电动势和温差电动势两部分组成。

1. 接触电动势（珀尔贴电动势）

接触电动势就是由于两种不同导体的自由电子密度不同而在接触处形成的电动势，又称珀尔贴（Peltier）电动势。在两种不同导体 A、B 接触时，由于材料不同，两者有不同的电子密度，如 $N_A > N_B$，则在单位时间内，从导体 A 扩散到导体 B 的自由电子数比导体 B 扩散到导体 A 的自由电子数多，即自由电子主要从导体 A 扩散到导体 B，这时 A 导体因失去电子而带正电，B 导体因得到电子而带负电。因此，在接触面上形成了自 A 到 B 的内部静电场，产生了电位差，即接触电动势。但它不会不断增加，而是很快地稳定在某个值，这是因为由电子扩散运动而建立的内部静电场或电动势将产生相反方向的漂移运动，加速电子在反方向的转移，使从 B 到 A 的电子速率加快，并阻止电子扩散运动的继续进行，最后达到动态平衡。即单位时间内从 A 扩散的电子数目等于反方向漂移的电子数目，此时在一定温度（T）下的接触电动势值 $E_{AB}(T)$ 也就不发生变化而稳定在某个值上。热电偶接触电动势如图 9-2 所示，其大小可表示为

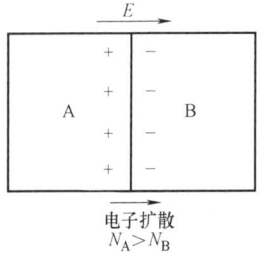

图 9-2 热电偶接触电动势

$$E_{AB}(T) = \frac{kT}{q} \ln \frac{N_A(T)}{N_B(T)} \tag{9-1}$$

式中，q 为单位电荷，$q = 1.6 \times 10^{-19}$ C；k 为玻耳兹曼常数，$k = 1.38 \times 10^{-23}$ J/K；$N_A(T)$ 为材料 A 在温度为 T 时的自由电子密度；$N_B(T)$ 为材料 B 在温度为 T 时的自由电子密度。

由式（9-1）可知，接触电动势的大小与温度高低及导体中的电子密度有关：温度越高，接触电动势越大；两种导体电子密度的比值越大，接触电动势也越大。

2. 温差电动势（汤姆逊电动势）

温差电动势是在同一导体的两端因其温度不同而产生的一种热电动势，又称汤姆逊（Thomson）电动势。设导体两端的温度分别为 T 和 $T_0(T > T_0)$，由于高温端（T）的电子能量比低温端（T_0）的电子能量大，因而从高温端跑到低温端的电子数比从低温端跑到高温端的电子数要多，结果高温端失去电子而带正电荷，低温端得到电子而带负电荷，从而形成了一个从高温端指向低温端的静电场。此时，在导体的两端就产生了一个相应的电动势差，这就是温差电动势，其大小可根据物理学电磁场理论得

$$E_A(T, T_0) = E_A(T) - E_A(T_0) = \frac{k}{q}\int_{T_0}^{T} \frac{1}{N_A(t)} \frac{d(N_A(t))}{dt} dt \tag{9-2}$$

$$E_B(T, T_0) = E_B(T) - E_B(T_0) = \frac{k}{q}\int_{T_0}^{T} \frac{1}{N_B(t)} \frac{d(N_B(t))}{dt} dt \tag{9-3}$$

式中，$E_A(T, T_0)$ 为导体 A 在两端温度分别为 T 和 T_0 时的温差电动势；$E_B(T, T_0)$ 为导体 B 在两端温度分别为 T 和 T_0 时的温差电动势。

3. 热电偶回路的热电动势

金属导体 A、B 组成热电偶回路时，总的热电动势包括两个接触电动势和两个温差电动势，即

$$\begin{aligned} E_{AB}(T, T_0) &= E_{AB}(T) + E_B(T, T_0) - E_{AB}(T_0) - E_A(T, T_0) \\ &= \frac{kT}{q}\ln\frac{N_A(T)}{N_B(T)} + \frac{k}{q}\int_{T_0}^{T}\frac{1}{N_B(t)}\frac{d(N_B(t))}{dt}dt - \frac{kT_0}{q}\ln\frac{N_A(T_0)}{N_B(T_0)} - \\ &\quad \frac{k}{q}\int_{T_0}^{T}\frac{1}{N_A(t)}\frac{d(N_A(t))}{dt}dt \end{aligned} \tag{9-4}$$

在总热电动势中，由于温差电动势比接触电动势小很多，可忽略不计，则热电偶的热电动势可表示为

$$E_{AB}(T, T_0) = E_{AB}(T) - E_{AB}(T_0) \tag{9-5}$$

对于已选定的热电偶，当参考端温度 T_0 恒定时，$E_{AB}(T_0) = C$ 为常数，则总的热电动势就只与温度 T 成单值函数关系，即

$$E_{AB}(T, T_0) = f(T) - C \tag{9-6}$$

4. 关于热电偶的几个需要注意的问题

1）热电偶必须采用两种不同材料作为电极，否则无论热电偶两端温度如何，热电偶回路总热电动势都为零。

2）尽管采用两种不同的金属，若热电偶两结点温度相等，即 $T = T_0$，则回路总电动势为零。

3）热电偶 A、B 的热电动势只与结点温度有关，与材料 A、B 的中间各处温度无关。

9.1.2 热电偶使用基于的定律

1. 中间温度定律

热电偶 AB 的热电动势仅取决于热电偶的材料和两个结点的温度，而与温度沿热电极的分布以及热电极的尺寸和形状无关。

例如,在热电偶 AB 回路中,若导体 A、B 分别与连接导线 C、D 相接,其结点温度分别为 T、T_n、T_0,如图 9-3 所示,总回路电动势为

$$E_{ABCD}(T,T_0)=E_{AB}(T,T_n)+E_{CD}(T_n,T_0) \tag{9-7}$$

式中,T_n 为中间温度。

当导体 A 与 C 及 B 与 D 材料分别相同时,则式(9-7) 可写为

$$E_{AB}(T,T_0)=E_{AB}(T,T_n)+E_{AB}(T_n,T_0) \tag{9-8}$$

式(9-8) 为中间温度定律的数学模型,即回路总电动势等于 $E_{AB}(T,T_n)$ 和 $E_{AB}(T_n,T_0)$ 的代数和。

中间温度定律为制定热电偶分度表奠定了理论基础。根据中间温度定律,只需列出自由端温度为 0℃时各工作端温度与热电动势的关系表。若自由端温度不是 0℃时,此时所产生的热电动势就可按式(9-8) 计算。

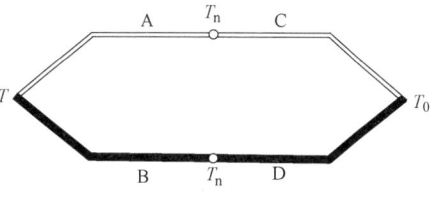

图 9-3 中间温度定律

老师: "在实际应用过程中,自由端可以不是零摄氏度,只要自由端温度固定,就可根据分度表,利用式(9-8) 计算出测量端温度。"

学生: "谢谢您,我明白了。"

2. 中间导体定律

在热电偶 AB 回路中,必须在回路中引入测量导线和仪表,但接入导线和仪表后会不会影响热电动势的测量呢?中间导体定律说明,在热电偶 AB 回路中,只要接入的第三导体两端温度相同,则对回路的总热电动势没有影响,其接入电路的方式如图 9-4 所示。

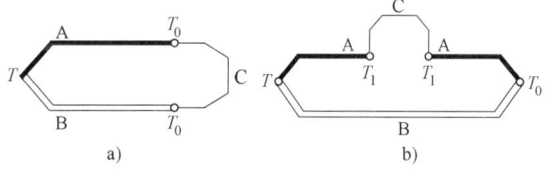

图 9-4 热电偶接入中间导体的规则
a) 断开参考结点接入 b) 断开其中一导体接入

1) 在热电偶 AB 回路中,断开参考结点,接入第三导体 C,只要保持两个新结点 AC 和 BC 的温度仍为参考结点温度 T_0,如图 9-4a 所示,热电偶的热电动势等于各结点热电动势的代数和,即

$$E_{ABC}(T,T_0)=E_{AB}(T)+E_{BC}(T_0)+E_{CA}(T_0) \tag{9-9}$$

如果回路中各结点温度相等,均为 T_0,则回路中的总热电动势应等于零,即

$$E_{AB}(T_0)+E_{BC}(T_0)+E_{CA}(T_0)=0 \tag{9-10}$$

将式(9-10) 代入式(9-9) 中得

$$E_{ABC}(T,T_0)=E_{AB}(T)-E_{AB}(T_0)=E_{AB}(T,T_0) \tag{9-11}$$

由式(9-11) 可看出,接入中间导体 C 后,只要导体 C 的两端温度相同,就不会影响回路的总热电动势。

2) 在热电偶 AB 回路中,将其中一个导体 A 断开,接入导体 C,如图 9-4b 所示,在导

体 C 与导体 A 的两个结点处保持相同温度 T_1，根据同样的道理可证明：

$$E_{ABC}(T, T_0, T_1) = E_{AB}(T, T_0) \tag{9-12}$$

上面两种接法分析都证明了在热电偶回路中接入中间导体，只要中间导体两端的温度相同，就不会影响回路的总热电动势。若在回路中接入多种导体，只要每种导体两端温度相同，也可以得到同样的结论。

3. 标准电极定律

当热电偶回路的两个结点温度为 T、T_0 时，用导体 AB 组成热电偶的热电动势等于热电偶 AC 和热电偶 CB 的热电动势的代数和。

AC 热电动势： $\qquad E_{AC}(T, T_0) = E_{AC}(T) - E_{AC}(T_0) \tag{9-13}$

BC 热电动势： $\qquad E_{BC}(T, T_0) = E_{BC}(T) - E_{BC}(T_0) \tag{9-14}$

将式(9-13)减式(9-14)得

$$E_{AC}(T, T_0) - E_{BC}(T, T_0) = E_{AC}(T) - E_{AC}(T_0) - (E_{BC}(T) - E_{BC}(T_0)) \tag{9-15}$$

利用中间导体定律得

$$E_{AC}(T) - E_{BC}(T) = E_{AB}(T) \tag{9-16}$$

$$E_{BC}(T_0) - E_{AC}(T_0) = E_{BA}(T_0) \tag{9-17}$$

则

$$E_{AC}(T, T_0) - E_{BC}(T, T_0) = E_{AB}(T) + E_{BA}(T_0) = E_{AB}(T) - E_{AB}(T_0) = E_{AB}(T, T_0) \tag{9-18}$$

导体 C 称为标准电极，这一规律称为标准电极定律。标准电极 C 通常采用纯铂丝制成，因为铂的物理、化学性质稳定，易提纯，熔点高。如果已求出各种热电极对铂极的热电动势值，就可以用标准电极定律，求出其中任意两种材料配成热电偶后的热电动势值，这就大大简化了热电偶的选配工作。

> **学生：**"老师，我们辛辛苦苦地验证了这三个定律，能否再总结一下这三个定律有何作用呀？"

> **老师：**"中间导体定律告诉我们，在具体使用时，用第三种导体从热电偶的冷端引出用于测量，不影响测量结果，这将极大地节省贵金属；中间温度定律告诉我们，使用热电偶时，冷端不一定必须为零摄氏度，只要有各种材料相对于零摄氏度的分度表，就可根据测量的热电动势，用式(9-8)计算被测温度；标准电极定律告诉我们，以纯铂作为标准电极，就可求出任意两种材料的热电动势。"

9.1.3 热电偶的类型及结构

1. 热电偶的类型

热电偶的种类繁多，我国从 1991 年开始采用国际计量委员会的"1990 年国际温标"（简称 ITS-90）的新标准。按此标准，共有 8 种标准化了的通用热电偶，见表 9-2。在表 9-2 所列的热电偶中，写在前面的热电极为正极，写在后面的为负极。对于每一种热电偶，还制定了相应的分度表，并且有相应的线性化集成电路与之对应。所谓分度表，就是热电偶的自由端（冷端）温度为 0℃时，热电偶工作端（热端）温度与输出热电动势之间的对应关系表格。

表 9-2 8 种国际通用的热电偶特性表

名称	分度号	测量范围/℃	100℃时的热电动势/mV	1000℃时的热电动势/mV	特　点
铂铑30－铂铑6	B	50~1820	0.033	4.834	熔点高，测温上限高，性能稳定，准确度高，100℃以下热电动势极小，所以可不必考虑冷端温度补偿；价格昂贵，热电动势小，线性差；只适用于高温域的测量
铂铑13－铂	R	－50~1768	0.647	10.506	使用上限较高，准确度高，性能稳定，复现性好；但热电动势较小，不能在还原性气氛中使用，在高温下连续使用时特性会逐渐变坏，价格昂贵；多用于精密测量
铂铑10－铂	S	－50~1768	0.646	9.587	优点同上；但性能不如 R 型热电偶；长期以来曾作为国际温标的法定标准热电偶
镍铬－镍硅	K	－270~1370	4.096	41.276	热电动势大，线性好，稳定性好，价格低廉；但材料较硬，在 1000℃以上长期使用会引起热电动势漂移；多用于工业测量
镍铬硅－镍硅	N	－270~1300	2.744	36.256	是一种新型热电偶，各项性能均比 K 型热电偶好，适用于工业测量
镍铬－铜镍（猛白铜）	E	－270~800	6.319	—	热电动势比 K 型热电偶大 50%左右，线性好，耐高湿度，价格低廉；但不能用于还原性气氛；多用于工业测量
铁－铜镍（猛白铜）	J	－210~760	5.269	—	价格低廉，在还原性气体中较稳定；但纯铁易被腐蚀和氧化；多用于工业测量
铜－铜镍（猛白铜）	T	－270~400	4.279	—	价格低廉，加工性能好，离散性小，性能稳定，线性好，准确度高，铜在高温时易被氧化，测量上限低；多用于低温域测量，可作－200~0℃温域的计量标准

注：铂铑 30 表示该合金含 70%铂及 30%铑。

目前工业上常用的有四种标准化热电偶，即铂铑10－铂、铂铑30－铂铑6、镍铬－镍硅和镍铬－铜镍（我国通常称为镍铬-康铜）热电偶，它们的分度表见表 9-3~表 9-6。

表 9-3 S 型（铂铑10－铂）热电偶分度表

分度号：S　　　　　　　　　　　　　　　　　　　　　　　　（参比端温度为 0℃）

测量端温度/℃	0	10	20	30	40	50	60	70	80	90
	热电动势/mV									
0	0.000	0.055	0.113	0.173	0.235	0.299	0.365	0.432	0.502	0.573
100	0.645	0.719	0.795	0.872	0.950	1.029	1.109	1.190	1.273	1.356
200	1.440	1.525	1.611	1.698	1.785	1.873	1.962	2.051	2.141	2.232
300	2.323	2.414	2.506	2.599	2.692	2.786	2.880	2.974	3.069	3.164

(续)

测量端温度/℃	0	10	20	30	40	50	60	70	80	90
	热电动势/mV									
400	3.260	3.356	3.452	3.549	3.645	3.743	3.840	3.938	4.036	4.135
500	4.234	4.333	4.432	4.532	4.632	4.732	4.832	4.933	5.034	5.136
600	5.237	5.339	5.442	5.544	5.648	5.571	5.855	5.960	6.064	6.169
700	6.274	6.380	6.486	6.592	6.699	6.805	6.913	7.020	7.128	7.236
800	7.345	7.454	7.563	7.762	7.782	7.892	8.003	8.114	8.255	8.336
900	8.448	8.560	8.673	8.786	8.899	9.012	9.126	9.240	9.355	9.470
1000	9.585	9.700	9.816	9.932	10.048	10.165	10.282	10.400	10.517	10.635
1100	10.754	10.872	10.991	11.110	11.229	11.348	11.467	11.587	11.707	11.827
1200	11.947	12.067	12.188	12.308	12.429	12.550	12.671	12.792	12.913	13.034
1300	13.155	13.276	13.397	13.519	13.640	13.761	13.883	14.004	14.125	14.247
1400	14.368	14.489	14.610	14.731	14.852	14.973	15.094	15.212	15.336	15.456
1500	15.576	15.697	15.817	15.937	16.057	16.176	16.296	16.415	16.534	16.653
1600	16.771	16.890	17.008	17.125	17.245	17.360	17.477	17.594	17.711	17.826

表9-4　B型（铂铑30－铂铑6）热电偶分度表

分度号：B　　　　　　　　　　　　　　　　　　　　　　　　　（参比端温度为0℃）

测量端温度/℃	0	10	20	30	40	50	60	70	80	90
	热电动势/mV									
0	−0.000	−0.002	−0.003	−0.002	−0.000	0.002	0.006	0.011	0.017	0.025
100	0.033	0.043	0.053	0.065	0.078	0.092	0.107	0.123	0.140	0.159
200	0.178	0.199	0.220	0.243	0.266	0.291	0.317	0.344	0.372	0.401
300	0.431	0.462	0.494	0.527	0.561	0.596	0.632	0.669	0.707	0.746
400	0.786	0.827	0.870	0.913	0.957	1.002	1.048	1.095	1.143	1.192
500	1.241	1.292	1.344	1.397	1.450	1.505	1.560	1.617	1.674	1.732
600	1.791	1.851	1.912	1.974	2.036	2.100	2.164	2.230	2.296	2.363
700	2.430	2.499	2.569	2.639	2.710	2.782	2.855	2.928	3.003	3.078
800	3.154	3.231	3.308	3.387	3.466	3.546	3.626	3.708	3.790	3.873
900	3.957	4.041	4.126	4.212	4.298	4.386	4.474	4.562	4.652	4.742
1000	4.833	4.924	5.016	5.109	5.202	5.297	5.391	5.487	5.583	5.680
1100	5.777	5.875	5.973	6.073	6.172	6.273	6.374	6.475	6.577	6.680
1200	6.783	6.887	6.991	7.096	7.202	7.308	7.414	7.521	7.628	7.736
1300	7.845	7.953	8.063	8.172	8.283	8.393	8.504	8.616	8.727	8.839
1400	8.952	9.065	9.178	9.291	9.405	9.519	9.634	9.748	9.863	9.979
1500	10.094	10.210	10.325	10.441	10.558	10.674	10.790	10.907	11.024	11.414
1600	11.257	11.374	11.491	11.068	11.725	11.842	11.959	12.076	12.193	12.310
1700	12.426	12.543	12.659	12.659	12.892	13.008	13.124	13.239	13.354	13.470
1800	13.585									

表 9-5　K 型（镍铬-镍硅）热电偶分度表

分度号：K　　　　　　　　　　　　　　　　　　　　　　　　　　　　（参比端温度为 0℃）

测量端温度/℃	0	10	20	30	40	50	60	70	80	90
	热电动势/mV									
−0	−0.000	−0.392	−0.777	−1.156	1.527	−1.889	−2.243	−2.568	−2.920	−3.242
+0	0.000	0.397	0.798	1.203	1.611	2.022	2.436	2.850	3.266	3.681
100	4.095	4.508	4.919	5.327	5.733	6.137	6.539	6.939	7.338	7.737
200	8.137	8.537	8.938	9.341	9.745	10.151	10.560	10.969	11.381	11.739
300	12.207	12.623	13.039	13.456	13.874	14.292	14.712	15.132	15.552	15.974
400	16.395	16.818	17.241	17.664	18.088	18.513	18.938	19.363	19.788	20.214
500	20.640	21.066	21.493	21.919	22.346	22.772	23.198	23.624	24.050	24.476
600	24.902	25.327	25.751	26.176	26.599	27.022	27.455	27.867	28.288	28.709
700	29.128	29.547	29.965	30.383	30.799	31.214	31.629	32.042	32.455	32.866
800	33.277	33.686	34.095	34.502	34.909	35.314	35.718	36.121	36.524	36.925
900	37.325	37.724	38.122	38.519	38.915	39.310	39.703	40.096	40.488	40.897
1000	41.269	41.657	42.054	42.432	42.817	43.202	43.585	43.968	44.349	44.729
1100	45.108	45.486	45.863	46.238	46.612	46.985	47.356	47.726	48.095	48.462
1200	48.828	49.192	49.555	49.916	50.276	50.633	50.990	51.344	51.697	52.049
1300	52.398									

表 9-6　E 型（镍铬-铜镍）热电偶分度表

分度号：E　　　　　　　　　　　　　　　　　　　　　　　　　　　　（参比端温度为 0℃）

测量端温度/℃	0	10	20	30	40	50	60	70	80	90
	热电动势/mV									
−0	−0.000	−0.581	−1.151	−1.709	−2.254	−2.787	−3.306	−3.811	−4.301	−4.777
+0	0.000	0.591	1.192	1.801	2.419	3.047	3.683	4.329	4.983	5.646
100	6.317	6.996	7.633	8.377	9.078	9.787	10.501	11.222	11.949	12.681
200	13.419	14.161	14.909	15.611	16.417	17.178	17.492	18.710	19.481	20.256
300	21.033	21.814	22.597	23.383	24.171	24.961	25.475	26.549	27.345	28.143
400	28.943	29.744	30.546	31.350	32.155	32.960	33.767	34.574	35.382	36.190
500	36.999	37.808	38.617	39.426	40.236	41.045	41.853	42.662	43.470	44.278
600	45.085	45.891	46.697	47.502	48.306	49.109	49.911	50.713	51.513	52.312
700	53.110	53.907	54.703	55.498	56.291	57.083	57.873	58.663	59.451	60.237
800	61.022									

多数热电偶的输出都是非线性（斜率不为常数）的，但国际计量委员会已对这些热电偶的每一摄氏度的热电动势做了非常精密的测试，并向全世界公布了它们的分度表（t_0 = 0℃）。使用前，只要将这些分度表输入到计算机中，由计算机根据测得的热电动势自动查表就可获得被测温度值。

2. 热电偶的结构

为了适应不同生产对象的测温要求和条件，热电偶的结构形式有普通型热电偶、铠装热电偶和薄膜热电偶等。

（1）普通型热电偶　普通型结构热电偶在工业上使用最多，它一般由热电极、绝缘套管、保护管和接线盒组成，其结构如图9-5所示。普通型热电偶按其安装时的连接形式可分为固定螺纹连接、固定法兰连接、活动法兰连接和无固定装置等多种形式。

（2）铠装热电偶　铠装热电偶是由金属保护套管、绝缘材料和热电极三者合一体的特殊结构的热电偶。它是在薄壁金属套管（金属铠）中装入热电极，在两根热电极之间及热电极与管壁之间牢固充填无机绝缘物（MgO 或 Al_2O_3），使它们之间相互绝缘，使热电极与金属铠成为一个整体。它可以做得很

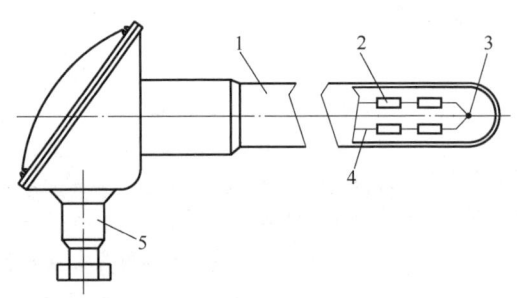

图9-5　普通型热电偶的结构
1—保护管　2—绝缘管　3—热端
4—热电极　5—接线盒

细很长，而且可以弯曲。热电偶的套管外径最细能到达0.25mm，长度可达10m以上。它的外形和断面如图9-6所示。

铠装热电偶具有响应速度快、可靠性好、耐冲击、比较柔软、可绕性好、便于安装等优点，因此特别适用于复杂结构（狭小弯曲管道内）的温度测量。

（3）薄膜热电偶　薄膜热电偶如图9-7所示。它是用真空蒸镀、离子镀或磁控溅射的方法，把热电极材料蒸镀在很薄的绝缘基板（陶瓷片）上，两种不同的金属薄膜形成了热电偶。其测量端既小又薄，厚度为$0.01\sim0.1\mu m$，热容量小，响应速度快，便于敷贴，适用于测量微小面积上的瞬变温度。薄膜热电偶的测温上限可达1000℃，时间常数可小于1ms，因而热惯性小，反应快，可用于测量瞬变的表面温度和微小面积上的温度。它的结构有片状、针状和热电极材料直接蒸镀在被测物体表面上二种。所用的电极类型有铁-锰白铜、镍铬-锰白铜、铁-镍、铜-锰白铜、镍铬-镍硅、铂铑-铂、铱-铑、镍-钼、钨-铼等。

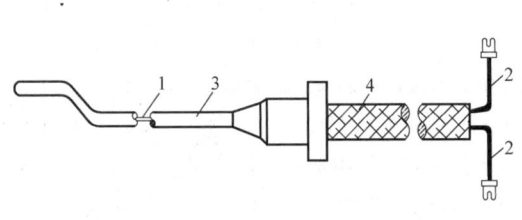

图9-6　铠装热电偶
1—内电极　2—绝缘材料　3—薄壁
金属保护套管　4—屏蔽层

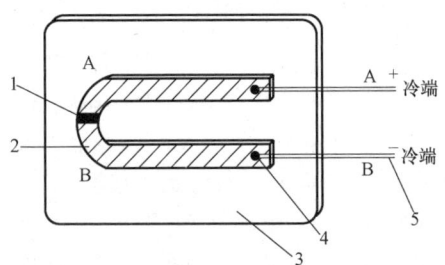

图9-7　薄膜热电偶
1—工作端　2—薄膜热电极　3—绝缘基板
4—引脚接头　5—引出线（材质与热电极相同）

9.1.4　热电偶常用测量电路

1. 测量某点温度的基本电路

图9-8所示是测量某点温度的基本电路，图中A、B为热电偶，C、D为补偿导线，t_0

为使用补偿导线后的热电偶冷端温度，E 为铜导线。在实际使用时就把补偿导线一直延伸到配用仪表的接线端子，这时冷端温度即为仪表接线端子所处的环境温度。

2. 测量两点之间温度差的测温电路

图 9-9 是测量两点之间温度差的测温电路，用两个相同型号热电偶，配以相同的补偿导线。这种反向串联的连接方法使各自产生的热电动势互相抵消，仪表 G 可测 t_1 和 t_2 之间的温度差。

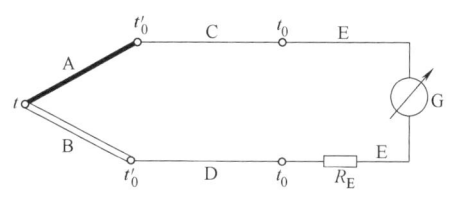

图 9-8　测量某点温度的基本电路

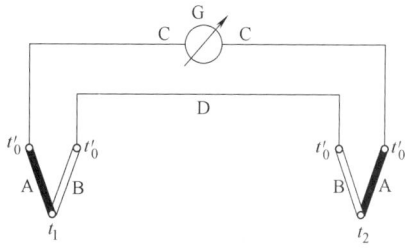

图 9-9　测量两点之间温度差的测温电路

3. 测量多点的测温电路

多个被测温度用多个热电偶分别测量，但多个热电偶共用一台显示仪表，它们是通过专用的切换开关来进行多点测量的，测温电路如图 9-10 所示。但各个热电偶的型号要相同，测温范围不要超过显示仪表的量程。多点测温电路多用于自动巡回检测中，此时温度巡回检测点可多达几十个，以轮流或按要求显示各测点的被测数值。而显示仪表和补偿热电偶只用一个就够了，这样就可以大大节省显示仪表和补偿导线。

4. 测量平均温度的测温电路

用热电偶测量平均温度一般采用热电偶并联的方法，如图 9-11 所示，输入到仪表两端的毫伏值为三个热电偶输出热电动势的平均值，即 $E = (E_1 + E_2 + E_3)/3$，如三个热电偶均工作在特性曲线的线性部分时，则代表了各点温度的算术平均值。为此，每个热电偶需串联较大电阻。此种电路的优点是：仪表的分度仍旧和单独配用一个热电偶时一样。其缺点是：当某一热电偶烧断时不能很快地觉察出来。

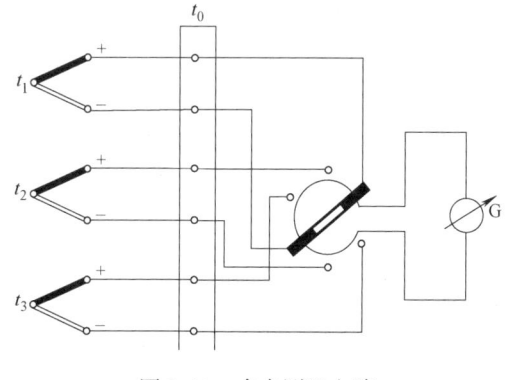

图 9-10　多点测温电路

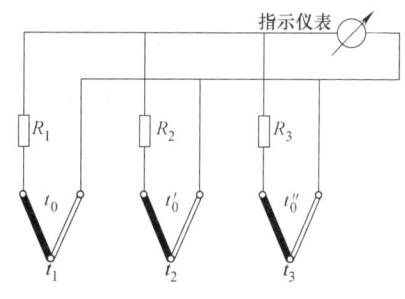

图 9-11　热电偶测量平均温度的并联电路

5. 测量几点温度之和的测温电路

用热电偶测量几点温度之和的测温电路一般采用热电偶串联的方法，如图 9-12 所示，输入到仪表两端的热电动势之和,即 $E = E_1 + E_2 + E_3$ 可直接从仪表读出其值。此种电路的优点是:热电偶烧坏时可立即发现,还可获得较大的热电动势。应用此种电路时,每一热电偶引出的补偿导线还必须回接到仪表中的冷端处。

9.1.5 热电偶冷端温度补偿

由热电偶的作用原理可知,热电偶热电动势的大小不仅与测量端的温度有关,而且与冷端的温度有关,是测量端温度 t 和冷端温度 t_0 的函数差。为了保证输出电动势是被测温度的单值函数,就必须使一个结点的温度保持恒定,而使用的热电偶分度表中的热电动势值,都是在冷端温度为 0℃ 时给出的。

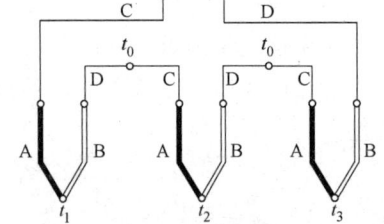

图 9-12 热电偶测量几点温度之和的串联电路

因此,如果热电偶的冷端温度不是 0℃,而是其他某一数值,且又不加以适当处理,那么即使测得了热电动势的值,仍不能直接应用分度表,即不可能得到测量端的准确温度,会产生测量误差。但在工业使用时,要使冷端的温度保持为 0℃ 是比较困难的,通常采用如下一些温度补偿办法。

1. 导线补偿法

随着工业生产过程自动化程度的提高,要求把温度测量的信号从现场传送到集中控制室里,或者由于其他原因,显示仪表不能安装在被测对象的附近,而需要通过连接导线将热电偶延伸到温度恒定的场所。由于热电偶一般做得比较短(除铠装热电偶外),特别是贵金属热电偶就更短,这样热电偶的冷端离被测对象很近,使冷端温度较高且波动较大。使用很长的热电偶,使冷端延长到温度比较稳定的地方的方法也不可行,这一方面是因为热电极线不便于敷设,另一方面是因为热电极线较贵重,不经济。所以,一般用一种导线(称为补偿导

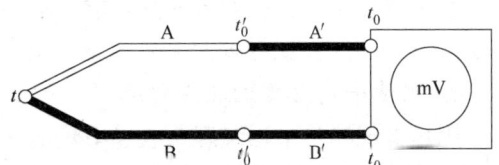

图 9-13 补偿导线在测温回路的连接
A、B—热电偶电极　A'、B'—补偿导线
t'_0—热电偶原冷端温度　t_0—热电偶新冷端温度

线)将热电偶的冷端伸出来,如图 9-13 所示,这种导线采用廉价金属,在一定温度范围内(0~100℃)和所连接的热电偶具有相同的热电性能。

常用热电偶的补偿导线见表 9-7。表中补偿导线型号的头一个字母与配用热电偶的型号相对应;第二个字母"X"表示延伸补偿导线(补偿导线的材料与热电偶电极的材料相同),字母"C"表示补偿型导线。

表 9-7　常用热电偶的补偿导线

补偿导线型号	配用热电偶型号	补偿导线		绝缘层颜色	
		正极	负极	正极	负极
SC	S	SPC(铜)	SNC(铜镍)	红	绿
KC	K	KPC(铜)	KNC(康铜)	红	蓝
KX	K	KPX(镍铬)	KNX(镍硅)	红	黑
EX	E	EPX(镍铬)	ENX(铜镍)	红	棕

在使用补偿导线时应注意以下问题：

1）补偿导线只能在规定的温度范围内（一般为 0~100℃）与热电偶的热电动势相等或相近。

2）不同型号的热电偶有不同的补偿导线。

3）热电偶和补偿导线的两个结点处要保持同温度。

4）补偿导线有正、负极，需分别与热电偶的正、负极相连。

5）补偿导线的作用只是延伸热电偶的自由端，当自由端 $t_0 \neq 0$ 时，还需进行其他补偿与修正。

2. 计算法

当热电偶冷端温度不是 0℃，而是 t_0 时，根据热电偶中间温度定律，可得到热电动势的计算校正公式：

$$E(t,0) = E(t,t_0) + E(t_0,0) \tag{9-19}$$

式中，$E(t, 0)$ 表示冷端为 0℃，而热端为 t 时的热电动势；$E(t, t_0)$ 表示冷端为 t_0，而热端为 t 时的热电动势，即实测值；$E(t_0, 0)$ 表示冷端为 0℃，而热端为 t_0 时的热电动势，即冷端温度不为 0 时热电动势校正值。

因此只要知道了热电偶参比端的温度 t_0，就可以从分度表中查出对应于 t_0 的热电动势 $E(t_0, 0)$，然后将这个热电动势值与显示仪表所测的读数值 $E(t, t_0)$ 相加，得出的结果就是热电动势的参比端温度为 0℃时，对应于测量端的温度为 t 时的热电动势 $E(t, 0)$，最后就可以从分度表中查得对应于 $E(t, 0)$ 的温度，这个温度的数值就是热电偶测量端的实际温度。

例 9-1 用镍铬-铜镍热电偶测量加热炉的温度。已知冷端温度 $t_0 = 30℃$，测得热电动势 $E_{AB}(t, t_0)$ 为 40.01mV，求加热炉的温度。

解： 查镍铬-铜镍热电偶分度表得 $E_{AB}(30, 0) = 1.801\text{mV}$，由式(9-8) 可得

$$E_{AB}(t,0) = E_{AB}(t,t_0) + E_{AB}(t_0,0) = 40.01\text{mV} + 1.801\text{mV} = 41.811\text{mV}$$

由镍铬-铜镍热电偶分度表得 $t = 559℃$。

答： 加热炉的温度为 559℃。

3. 电桥补偿法

电桥补偿法是利用不平衡电桥产生的电动势来补偿热电偶因冷端温度变化而引起的热电动势变化值，如图 9-14 所示。不平衡电桥（即补偿电桥）由电阻 R_1、R_2、R_3（锰铜丝绕制）、R_{Cu}（铜丝绕制）四个桥臂和桥路稳压电源所组成，串接在热电偶测量回路中，热电偶冷端与电阻 R_{Cu} 感受相同的温度，通常取 20℃时电桥平衡（$R_1 = R_2 = R_3 = R_{Cu}$），此时对角线 a、b 两点电位相等，即 $U_{ab} = 0$，电桥对仪表的读数无影响。当环境温度高于 20℃时，R_{Cu} 增加，平衡被破坏，a 点电位高于 b 点，产生不平衡电压 U_{ab}，与热端电动势相叠加，一起送入测量仪表。适当选择桥臂

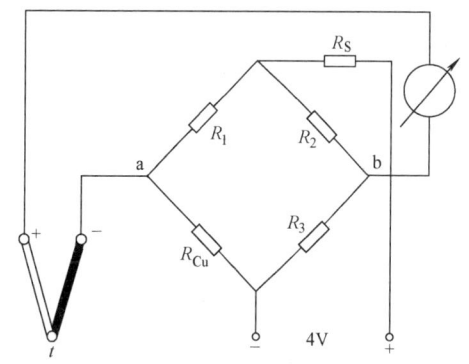

图 9-14 冷端温度补偿电桥

电阻和电流的数值,可使电桥产生的不平衡电压 U_{ab} 正好补偿由于冷端温度变化而引起的热电动势变化值,仪表即可指示出正确的温度。由于电桥是在20℃时平衡,所以采用这种补偿电桥须把仪表的机械零位调整到20℃。

> **学生**:"老师,在冷端温度为20℃时,如被测端温度也为20℃,这时,回路中的电压为零,则仪表为零,显示的温度为20℃,是这样理解吗?"

> **老师**:"对了。其实,仪表测量出来的是电压,在表盘上标注的是温度,当电压为零时,被测温度为20℃。电桥补偿法其实就是在20℃的冷端环境温度中对热端温度进行测量,如果冷端温度变化,则因 R_{Cu} 的变化引起 U_{ab} 变化以进行补偿。"

4. 冰浴法

冰浴法是在科学实验中经常采用的一种方法。为了测温准确,可以把热电偶的冷端置于冰水混合物的容器里,保证使 $t_0 = 0℃$。这种办法最为妥善,然而不够方便,所以仅限于科学实验中用。为了避免冰水导电引起 t_0 处的结点短路,必须把结点分别置于两个玻璃试管里,如果浸入同一冰点槽,要使之互相绝缘。

5. 软件处理法

对于计算机系统,不必全靠硬件进行热电偶冷端处理。例如,冷端温度恒定,但不为零的情况下,只要在采样后加一个与冷端温度对应的常数即可。对于 t_0 经常波动的情况,可利用热敏电阻或其他传感器把 t_0 输入计算机,按照运算公式设计一些程序,使之能自动修正。后一种情况必须考虑输入的通道中除了热电动势之外还应该有冷端温度信号,如果多个热电偶的冷端温度不相同,还要分别采样,若占用的通道数太多,宜利用补偿导线将所有的冷端接到同一温度处,只用一个温度传感器和一个修正 t_0 的输入通道就可以了,冷端集中,对于提高多点巡检的速度也很有利。

9.1.6 热电偶的应用

1. 有冷端补偿的热电偶放大电路

有冷端补偿的镍铬-镍铝热电偶放大电路如图9-15所示。当LM113短路时,调节 RP_2 使放大器输出端为2.98V。电路输出等于环境温度(10mV/K),LM321A为精密前置放大器,工作温度为0~70℃、温漂为 $0.2\mu V/℃$,电压偏差 < 0.4mV,在工作电流为 $10\mu A$ 时,偏流 < 10nA,电源抑制为120dB。电路中 RP_1 用于调节输出读数。

LM321A为8脚封装,1、8脚输出;2、3脚输入;4脚为负,接 -15V;7脚为正,接 +15V;5、6脚为平衡调节端。LM108A为精密运放,

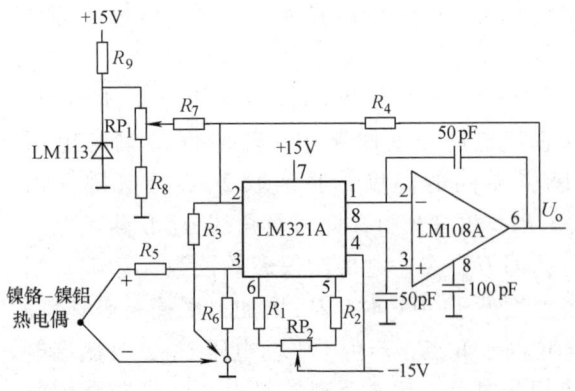

图9-15 有冷端补偿的热电偶放大电路

工作温度为 -55 ~ 125℃，工作电源电压为 ±2V ~ ±20V，输入差动电流 ±10mA，输入电压 ±15V。LM108A 为 8 脚封装，8 脚为补偿端，6 脚为输出，2、3 脚为输入。

2. 热电偶冷端温度补偿器

目前，有些数字万用表具有测温档，并且带 K 型热电偶作为仪表附件。但由于未配冷端温度补偿器，因此使用不够方便，预先要测量出冷端温度，再与读数值相加，才是实际被测温度。

热电偶冷端温度补偿器如图 9-16 所示。AC1226 为美国 ADI 公司生产的热电偶冷端温度补偿器，可对各种热电偶的冷端进行补偿，此外还可单独构成摄氏温度计。图 9-16 中，V + 接 4 ~ 36V 电源的正端，GND 为公共地，U_o 为缓冲器的电压输出端，输出电压温度系数 $\alpha = 10\text{mV}/℃$。E、J、K、T、R、S 型热电偶接 AC1226 相应热电偶的引出端，可根据实

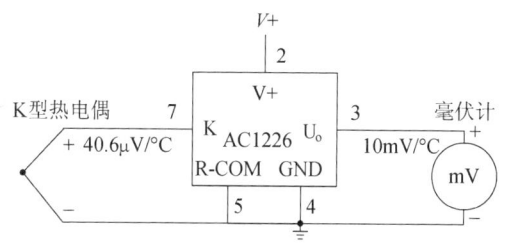

图 9-16 热电偶冷端温度补偿器

际情况选用其中某一端或某几端，图 9-16 中 K 点接的是 K 型热电偶。R-COM 为精密分压器的公共端，该端应与 GND 短接。实际上，AC1226 是按照一个精确的抛物线方程来对冷端温度进行补偿的。公式如下：

$$U_o = \alpha T_0 + \beta (T_0 - 25)^2 \tag{9-20}$$

式中，$\alpha = 10\text{mV}/℃$；β 为修正系数（$\text{mV}/℃^2$）；U_o 的单位是 mV。

式(9-20) 中的第二项专用于修正非线性。在 0 ~ 50℃ 范围内，各种热电偶的最佳修正系数依次为：$6.6 \times 10^{-6}\text{mV}/℃^2$（E 型）、$4.8 \times 10^{-4}\text{mV}/℃^2$（J 型）、$4.3 \times 10^{-4}\text{mV}/℃^2$（K 型）、$1.9 \times 10^{-3}\text{mV}/℃^2$（R 型和 S 型）、$1 \times 10^{-3}\text{mV}/℃^2$（T 型）。对 K 型热电偶而言，式(9-20) 就变成

$$U_o = 10 \times T_0 + 4.3 \times 10^{-4} \times (T_0 - 25)^2 \tag{9-21}$$

利用图 9-16 对 K 型热电偶的冷端温度进行补偿，再从毫伏计（或数字电压表）上读出 AC1226 的输出电压 U_o，最后查阅 K 型热电偶的分度表即可确定被测温度值。

3. 温度测控仪电路

温度测控仪电路如图 9-17 所示。在这里，AD596/597（IC_1）作为闭环热电偶信号调理器使用。IC_2 为 CMOS 单片 3 位半 A-D 转换器 ICL7136，也可用 ICL7106 来代替，但功耗会增大些。IC_3 为带隙基准电压源 AD584，5V 基准电压经过 R_4、R_5 分压后给 ICL7136 提供 1.0V 的基准电压。由 ICL7136 和 LCD 显示器构成满量程为 2V 的数字面板表（DPM）。IC_4 选用 OP07 型运算放大器。RP 为设定点调节电位器，用以设置所要控制的温度 T_1。IC_5 为带双向晶闸管（TRIAC）的光电耦合器。AD596/597 的电路原理与 AD594/595 基本相同，但封装形式及引脚功能略有不同。

该仪表具有测温、控温和热电偶开路故障报警功能。AD596/597 的输出电压经 R_1、R_2 分压后送至 ICL7136 的模拟输入端 IN + 、IN - 。取 $R_1 = 45.2\text{k}\Omega$、$R_2 = 10\text{k}\Omega$ 时，仪表显示华氏温度（℉），适当调节 R_1、R_2 的电阻值还可以显示摄氏温度。AD584 输出的 5V 基准电压 U_{REF}，经过 RP、R_6 分压后得到参考电压 U_P，接 OP07 的同相输入端，反相输入端接 U_N。

当 $U_N < U_P$ 时，OP07 输出高电平，通过光电耦合器将电加热器的 220V 交流电源接通，使加热器升温。当 $T > T_1$ 时，$U_N > U_P$ 时，OP07 的输出变成低电平，将电加热器的电源关掉，迫使其温度降低，最终实现恒温控制。当热电偶开路时，VL 就发光。若热电偶的负极不接地，一旦发生开路故障时仪表就会过载。

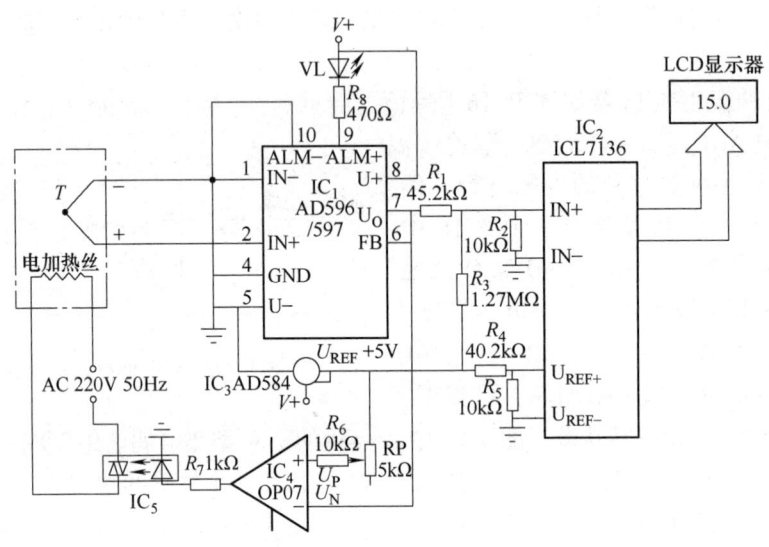

图 9-17 温度测控仪电路

9.2 热电阻

热电阻是利用物质的电阻率随温度变化的特性制成的电阻式测温系统，它主要用于对温度和与温度有关的参量进行检测。热电阻分为金属热电阻和半导体热电阻两大类，一般把金属热电阻称为热电阻，而把半导体热电阻称为热敏电阻。热电阻广泛用来测量 -200 ~ +850℃ 范围内的温度，少数情况下，低温可测量至 1K（-273.15℃），高温达 1000℃。金属热电阻传感器进行温度测量的特点是精度高，适于低温测量。

9.2.1 热电阻的工作原理

物质的电阻率随温度变化而变化的物理现象称为热电阻效应。大多数金属导体的电阻都随温度变化，在金属中参加导电的为自由电子，当温度升高时，虽然自由电子数目基本不变（当温度变化范围不是很大时），但是，每个自由电子的动能将增加。因此，在一定的电场作用下，要使这些杂乱无章的电子做定向运动就会遇到更大的阻力，导致金属电阻随温度的升高而增加，其变化特性方程为

$$R_t = R_0 \times (1 + \alpha t + \beta t^2 + \cdots) \qquad (9\text{-}22)$$

式中，R_t、R_0 分别为金属导体在 t℃ 和 0℃ 时的电阻值；α、β 分别为金属导体的电阻温度系数。

对于绝大多数金属导体，α、β 等并不是一个常数，而是温度的函数。但在一定的温度范围内，α、β 等可近似地视为一个常数。不同的金属导体，α、β 等保持常数所对应的温度范围不同，而且这个范围均小于该导体能够工作的温度范围。热电阻材料应满足如下要求：

1) 材料的电阻温度系数 α 要大，α 越大，热电阻的灵敏度越高；纯金属的 α 比合金高，所以一般均采用纯金属材料做热电阻感温元件。

2) 电阻率 ρ 尽可能大，以便在相同灵敏度下减小元件尺寸，减小热惯性。

3) 在测温范围内，α 保持常数，便于实现温度表的线性刻度特性。

4) 在测温范围内，材料的物理、化学性质稳定。

5) 材料的提纯、压延、复制等工艺性好，价格便宜。

比较适合以上条件的材料有铂、铜、铁和镍等。工业上大量使用的材料为铂、铜和镍。

9.2.2 热电阻的类型

金属热电阻根据所采用的材料进行分类，比较常用的有铂热电阻、铜热电阻和镍热电阻。

1. 铂热电阻（WZP）

铂是贵金属，价格较贵，在氧化性介质中，甚至在高温下，铂的物理、化学性质都很稳定；在还原性介质中，特别是在高温下，铂很容易被氧化物中还原成金属的金属蒸气所玷污，以致使铂丝变脆，并改变电阻与温度的关系特性，但可以用保护套管设法避免或减轻。从对热电阻的要求来衡量，铂在极大程度上能满足热电阻材料的要求，所以它是制造基准热电阻、标准热电阻和工业用热电阻的最好材料。

铂电阻一般由直径为 0.02～0.07mm 的铂丝绕在片形云母骨架上且采用无感绕法，然后装入玻璃或陶瓷管等保护管内，铂丝的引线采用银线，银线用双孔绝缘套管绝缘，其结构如图 9-18 所示。目前，也采用丝网印刷方法或真空镀膜方法来制作铂热电阻。

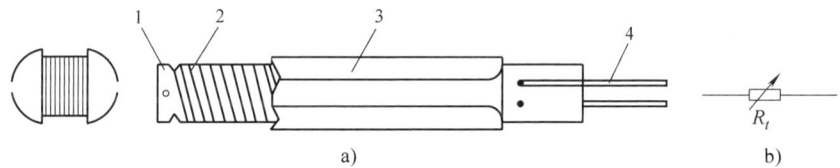

图 9-18 铂热电阻的结构及符号

a) 结构 b) 符号

1—云母骨架 2—铂丝 3—弹簧支撑片 4—银引出线

铂热电阻的测温精度与铂的纯度有关，通常用百度电阻比表示铂的纯度，即

$$W(100) = R_{100}/R_0 \tag{9-23}$$

式中，R_{100} 为 100℃时的电阻值；R_0 为 0℃时的电阻值。

$W(100)$ 越高，表示铂电阻丝纯度越高。国际实用温标规定：作为基准的铂热电阻，其百度电阻比 $W(100) \geq 1.39256$，与之相应的铂纯度为 99.9995%，测温精度可达 ±0.0001℃；作为工业标准铂热电阻，$W(100) \geq 1.391$，其测温在 −200～0℃时精度为 ±1℃，在 0～100℃时为 ±0.5℃，在 100～850℃时为 ±(0.5%)t。

铂丝的电阻值 R 与温度 t 之间的关系可表示为

$$R_t = R_0 \times (1 + At + Bt^2) \qquad 0℃ \leq t \leq 850℃ \tag{9-24}$$

$$R_t = R_0 \times (1 + At + Bt^2 + C(t-100)t^3) \qquad -200℃ \leq t \leq 0℃ \tag{9-25}$$

式中，R_t 为温度为 t℃ 时的阻值；R_0 为温度为 0℃ 时的阻值；A 为常数且 $A = 3.90802 \times 10^{-3}$℃$^{-1}$；$B$ 为常数且 $B = -5.802 \times 10^{-7}$℃$^{-2}$；$C$ 为常数且 $C = -4.27350 \times 10^{-12}$℃$^{-4}$。

由式(9-24) 和式(9-25) 可以看出，热电阻在温度 t 时的电阻值与 R_0 有关。目前我国规定工业用铂热电阻有 $R_0 = 10\Omega$ 和 $R_0 = 100\Omega$ 两种，它们的分度号分别为 Pt10 和 Pt100，其中以 Pt100 最为常用。铂热电阻的不同分度号亦有相应的分度表，即 R_t-t 的关系表，这样在实际测量中，只要测得热电阻的阻值 R_t，便可从分度表上查出对应的温度值。Pt100 的分度表见表 9-8。

表 9-8　铂电阻分度表 $R_0 = 100\Omega$

分度号：Pt100

温度/℃	0	10	20	30	40	50	60	70	80	90
	电阻/Ω									
−200	18.49									
−100	60.25	56.19	52.11	48.00	43.87	39.71	35.53	31.32	27.08	22.80
0	100.00	96.09	92.16	88.22	84.27	80.31	76.33	72.33	68.33	64.30
0	100.00	103.90	107.79	111.67	115.54	119.40	123.24	127.07	130.89	134.70
100	138.50	142.29	146.06	149.82	153.58	157.31	161.04	164.76	168.46	172.16
200	175.84	179.51	183.17	186.82	190.45	194.07	197.69	201.29	204.88	208.45
300	212.02	215.57	219.12	222.65	226.17	229.67	233.17	236.65	240.13	243.59
400	247.04	250.48	253.90	257.32	260.72	264.11	267.49	270.68	274.22	277.56
500	280.90	284.22	287.53	290.83	294.11	297.39	300.65	303.91	307.15	310.38
600	313.59	316.80	319.99	323.18	326.35	329.51	332.66	335.79	338.92	342.03
700	345.13	348.22	351.30	354.37	357.37	360.47	363.50	366.52	369.53	372.52
800	375.51	378.48	381.45	384.40	387.34	390.26				

2. 铜热电阻

铜热电阻的温度系数比铂大，价格低，在一些测量精度要求不高而且温度较低的场合，普遍采用铜热电阻，用来测量 −50 ~ 150℃ 的温度。其缺点是电阻率小，约为铂的 1/5.8，因而铜电阻的电阻丝细而且长，其机械强度较低，体积较大。此外，铜容易被氧化，不易用于侵蚀性介质中。铜热电阻的结构如图 9-19 所示。

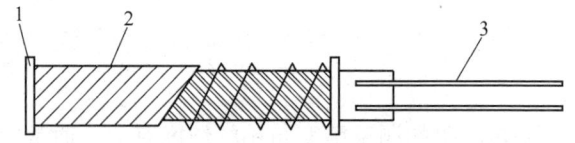

图 9-19　铜热电阻的结构示意图
1—骨架　2—漆包铜线　3—引出线

铜热电阻在 −50 ~ 150℃ 的使用范围内其电阻值与温度关系几乎是线性的，可表示为

$$R_t = R_0 (1 + \alpha t) \tag{9-26}$$

式中，R_t 为温度为 t℃ 时的阻值；R_0 为温度为 0℃ 时的阻值；α 为铜电阻的电阻温度系数，$\alpha = 4.25 \times 10^{-3} \sim 4.28 \times 10^{-3}$℃$^{-1}$。

我国生产的铜热电阻的代号为 WZC，按其初始电阻 R_0 的不同，有 50Ω 和 100Ω 两种，分度号为 Cu50 和 Cu100，其材料的百度电阻比 $W(100)$ 不得小于 1.425，其在 −50 ~ 50℃ 温度范围内的测量精度为 ±0.5℃，在 50 ~ 150℃ 温度范围内为 ±0.01℃。

3. 其他热电阻

近年来，对低温和超低温测量方面，采用了新型热电阻。

铟电阻：用98.999%高纯度的铟绕成电阻，可在室温变化在4.2K温度范围内使用，在4.2~15K温度范围内，其灵敏度比铂高10倍；缺点是材料软，复制性差。

锰电阻：在2~63K温度范围内，电阻随温度变化大，灵敏度高；缺点是材料脆，难拉制成丝。

碳电阻：适合做液氦温域的温度计，价格低廉，对磁场很敏感；但热稳定性较差。

9.2.3 金属热电阻的测量电路

工业上经常使用电桥作为传感器的测量电路，精度较高的是自动电桥。为了消除由于连接导线电阻随环境温度变化而造成的测量误差，常采用三线制和四线制连接法。

工业用热电阻一般采用三线制，图9-20所示是两种三线制连接法的原理图。G为检流计，R_1、R_2、R_3为固定电阻，RP为零位调节电阻。热电阻R_t通过电阻为r_1、r_2、r_3的3根导线与电桥连接，r_1和r_2分别接在相邻的两桥臂内，当温度变化时，只要它们的长度和电阻温度系数相等，它们的电阻变化就不会影响电桥的状态。电桥在零位调整时，使R_3 = RP + R_{t0}，其中R_{t0}为热电阻在参考温度（如0℃）时的电阻值。三线制接法中，可调电阻RP和电桥臂的电阻相连，可能导致电桥的零点不稳。

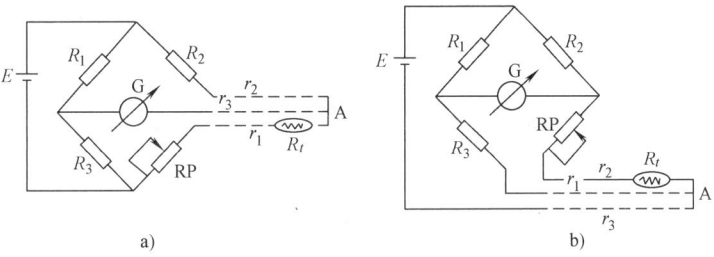

图9-20 热电阻测温电桥的三线制接法

在精密测量中，则采用四线制接法，即金属热电阻线两端各焊上两根引出线，图9-21所示为四线制连接法。图中R_t为热电阻，电路中，2个精密仪器放大器A_1和A_2完成信号变送。恒流源I_{in1}流经热电阻后在其两端（A、B点）产生的压降反映了温度的大小，经A_1缓冲后与参考电压（$I_{in2} \times R_{REF}$）相减，由A_2调整为直流1~5V单端输出，其中参考电阻用来调节输出的参考零点。由于A_1输入电阻远大于连线电阻，在引线上的分电流可以忽略，从而消除了引线电阻的影响。

为避免热电阻中流过电流的加热效应，在设计时，要使流过热电阻的电流尽量小，一般小于

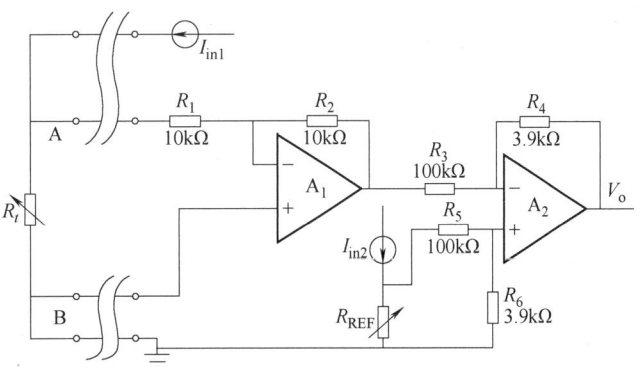

图9-21 热电阻测温电路的四线制接法

10mA，小负荷工作状态一般为 4~5mA。

近年来，温度检测和控制有向高精度、高可靠性发展的倾向，特别是各种工艺的信息化及运行效率的提高，对温度的检测提出了更高水平的要求。以往铂测温电阻具有响应速度慢、容易破损、难于测定狭窄位置的温度等缺点，现该问题已经通过使用极细型铠装铂测温电阻得到解决。

> **学生**："老师，图 9-21 中的 A_1 与 A_2 的作用是什么？"

> **老师**："图中的 A_1 与 A_2 相当于两个减法器，A_1 是将 R_t 两端的电动势相减，求得 R_t 的电压，A_2 是将 R_t 的电动势与 V_{REF} 相减，并且放大 39 倍，使电压 V_o 为 0~5V。"

9.2.4 热电阻的应用

1. 铂热电阻测温应用电路

图 9-22 所示电路为采用铂热电阻的测温应用电路，测温范围为 20~120℃，相应的输出为 0~2V。铂电阻接在测量电桥中，为减小连接线过长而引起测量误差，采用三线制。电桥的输出接差动放大器 A_1，放大后的信号经 A_2 组成的低通滤波器后输出，其截止频率约为 5Hz。

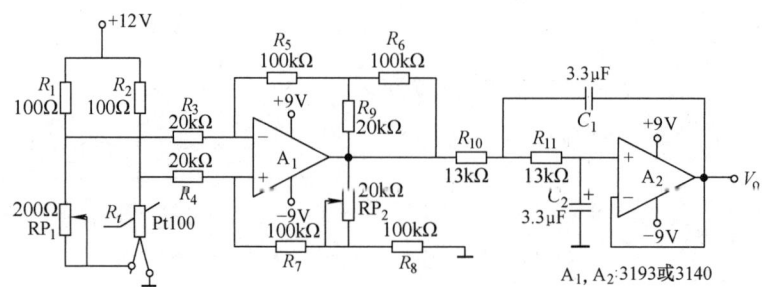

图 9-22 采用铂热电阻的测量电路

调整时可按分度号的温度与电阻的对应关系，采用标准电阻箱替代铂热电阻，使调整十分方便。RP_1 为调低端电位计，在 $t=20℃$ 时（Pt100 相当于 107.79Ω），调整 RP_1，使 $V_o=0V$；在 $t=120℃$ 时（Pt100 相当于 146.06Ω），调整 RP_2，使 $V_o=2V$。

2. 热电阻数字温度计

采用热电阻和 A-D 转换器可构成数字温度计。如采用三位半 A-D 转换器 MAX138，既可完成 A-D 转换，又可直接驱动 LCD 显示器。热电阻数字温度计电路如图 9-23 所示。在图 9-23 中，V_{REF} 为 A-D 转换器的基准电压，V_{IN} 为 A-D 转换器的输入电压。由图 9-23 可得

$$V_{REF} = V^+(R_1+RP_1)/(R_1+RP_1+R_2+R_t) \tag{9-27}$$

$$V_{IN} = V^+[R_t/(R_1+RP_1+R_2+R_t) - (R_0+RP_2)/(R_0+RP_2+R_3)] \tag{9-28}$$

故 A-D 转换器显示输出 DIS 为

$$DIS = 1000 \times (V_{IN}/V_{REF}) \tag{9-29}$$

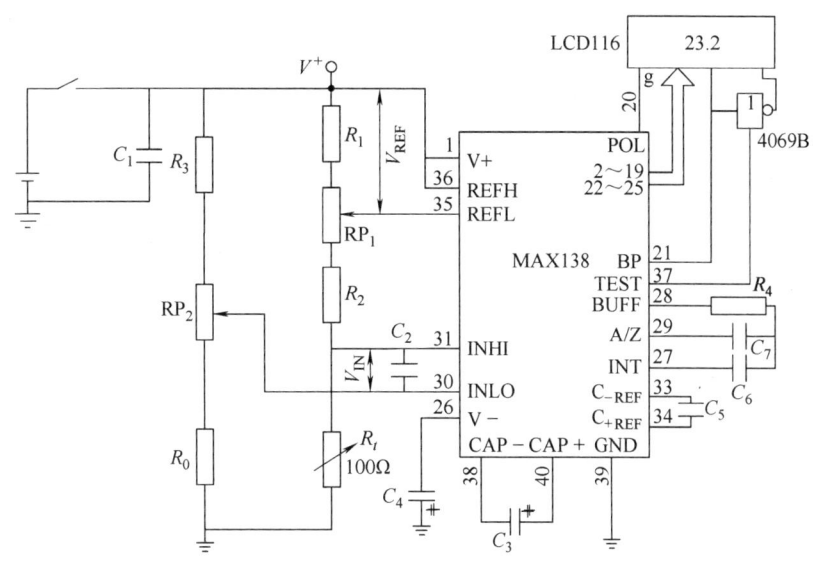

图 9-23 热电阻数字温度计电路

而且式(9-29)中无 V^+ 项,因此,显示精度仅由电阻决定。

在图 9-23 中。MAX138 的 20 脚接在千位 LCD 的 g 段,当为负值时,g 段点亮,显示负号;19 脚接在千位 LCD 的 e、f 段,可显示"1";百位、十位、个位 LCD 分别接对应引脚,同时十位 LCD 的小数点段应保证始终亮;21 脚接 LCD 公共端 COM;37 脚控制反相触发器的控制端。当输入电压超限时,TEST 为高电平,触发器开通,BP 信号反相,与个位、十位、百位 LCD 的各段输入端接通,由于 COM 端与输入端信号频率相同,相位相差 180°,使个位、十位、百位闪烁;当输入端信号没有超限时,TEST 为低电平,反相触发器呈高阻态,不影响各位。

3. 西门子温度传感器

目前地铁和动车上采用西门子的温度传感器。它们的型号有 Pt100 和 LG-Ni 1000,分别用于检测水温或室外温度,测量范围为 -30 ~ +130℃。根据传感器的电阻是温度变化的函数,来采集介质的温度,然后信号被输送到适当的控制器做进一步的处理。其外形及温度特性如图 9-24 所示。

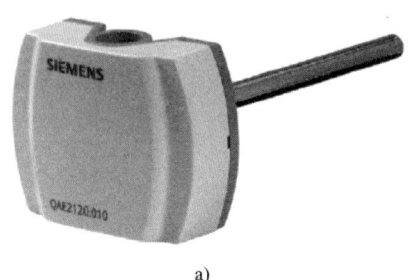

a)

图 9-24 西门子温度传感器外形及温度特性

a) 外形

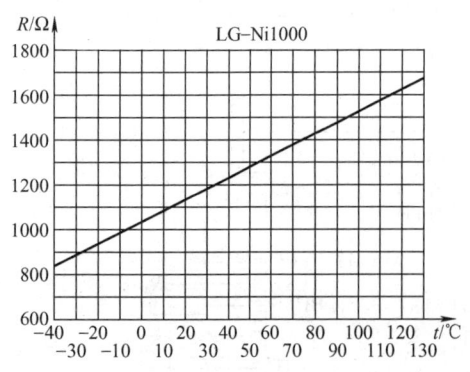
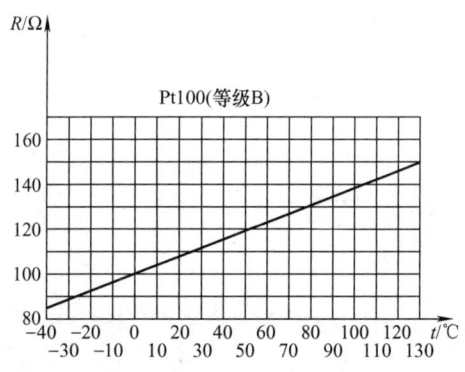

b)

图 9-24 西门子温度传感器外形及温度特性（续）

b）温度特性

9.3 半导体热敏元件

9.3.1 热敏电阻

热敏电阻是用一种半导体材料制成的敏感元件，其特点是电阻随温度变化而显著变化，能直接将温度的变化转换为能量的变化。制造热敏电阻的材料很多，如锰、铜、镍、钴和钛等氧化物，它们按一定比例混合后压制成型，然后在高温下焙烧而成。热敏电阻具有灵敏度高、体积小、较稳定、制作简单、寿命长、易于维护、动态特性好等优点，因此得到较为广泛的应用，尤其是应用于远距离测量和控制中。

1 基本类型

热敏电阻按温度系数可分为负温度系数热敏电阻（NTC）和正温度系数热敏电阻（PTC）两大类。所谓正温度系数是指电阻的变化趋势与温度的变化趋势相同；负温度系数是指当温度上升时，电阻值反而下降的变化特性。

（1）NTC 热敏电阻　NTC（Negative Temperature Coefficient）是指随温度上升电阻呈指数关系减小，具有很大的负温度系数的半导体材料或元器件。该材料是利用锰、铜、硅、钴、铁、镍、锌等两种或两种以上的金属氧化物进行充分混合、成型、烧结等工艺而成的半导体陶瓷，可制成具有负温度系数（NTC）的热敏电阻。

NTC 热敏电阻具有很高的负温度系数，特别适用于 -100~300℃ 范围的测温，在点温、表面温度、温差、温场、自动控制及电子电路的热补偿电路等测量中广泛应用。

根据不同用途，NTC 又可分为两大类：第一类用于测量温度，它的电阻值与温度之间成严格的负指数关系，如图 9-25 中曲线 2 所示，其关系式为

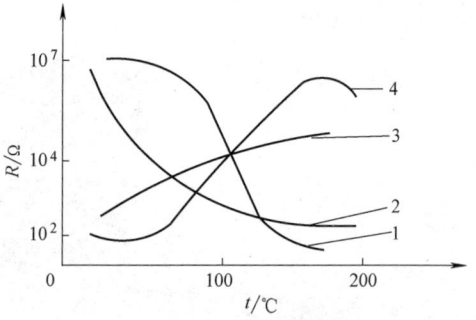

图 9-25　各种热敏电阻的特性曲线

1—突变型 NTC　2—负指数型 NTC
3—线性型 PTC　4—突变型 PTC

$$R = R_0 \times e^{B\left(\frac{1}{T} - \frac{1}{T_0}\right)} \tag{9-30}$$

式中，R 为 NTC 热敏电阻在热力学温度为 T 时的电阻值；R_0 为 NTC 热敏电阻在热力学温度为 T_0 时的电阻值；B 为 NTC 热敏电阻的材料系数，指数型 NTC 热敏电阻的 B 值由制造工艺、氧化物含量决定。B 为 3000~5000K 的产品比较稳定，通常取 $B=3400K$；T 和 T_0 为热力学温度（K）。

在常温段，NTC 热敏电阻的灵敏度很高，离散性较小，测量准确度较高。

第二类为突变型，如图 9-25 中的曲线 1 和 4 所示，又称临界温度型（CTR）。当温度上升到某临界点时，其电阻值突然下降，可用于各种电子电路中抑制浪涌电流。它采用 VO_2 系列热敏材料在弱还原气氛中形成的烧结体，主要用作温度开关元件。

(2) PTC 热敏电阻　PTC（Positive Temperature Coefficient）是指在某一温度下电阻急剧增加，具有很大的正温度系数的半导体材料或元器件，可专门用作恒定温度传感器。该材料是以 $BaTiO_3$、$SrTiO_3$ 或 $PbTiO_3$ 为主要成分的烧结体，其中掺入微量的 Nb、Ta、Bi、Sb、Y、La 等的氧化物进行原子价控制而使之半导体化。常将这种半导体化的 $BaTiO_3$ 等材料简称为半导（体）瓷；同时还添加增大其正电阻温度系数的 Mn、Fe、Cu、Cr 的氧化物和起其他作用的添加物，采用一般陶瓷工艺成形、高温烧结而使钛酸钡等及其固溶体半导体化，从而得到正特性的热敏电阻材料。近年来研制出的掺有大量杂质的 Si 晶体 PTC，它的电阻变化接近线性，如图 9-25 中的曲线 3 所示，其最高工作温度上限为 140℃ 左右。

正温度系数热敏电阻的电阻与温度之间的关系可表示为

$$R = R_0 \times e^{A(T-T_0)} \tag{9-31}$$

式中，R、R_0 分别是热力学温度为 T、T_0 时的电阻值；A 为 PTC 热敏电阻材料系数，是热敏电阻与半导体物理性能有关的常数。

热敏电阻可根据使用要求，封装加工成各种形状的探头，如圆片形、柱形、铠装型、薄膜型和厚膜型等。

2. 主要参数和特性

(1) 标称电阻值 R_H　在环境温度为 25℃ ± 0.2℃ 时测得的电阻值，又称冷电阻，单位为 Ω。

(2) 电阻温度系数 α　热敏电阻在温度变化 1℃ 时电阻值的变化率，通常指温度为 20℃ 时的温度系数，单位为 %/℃。

$$\alpha = \frac{1}{R} \times \frac{dR}{dT} \tag{9-32}$$

对于负温度系数的热敏电阻，由式(9-30) 微分代入式(9-32) 可得

$$\alpha = -\frac{B}{T^2} \tag{9-33}$$

由式(9-33) 可知，热敏电阻的温度系数也与温度有关。

(3) 伏安特性　伏安特性表征热敏电阻在恒温介质下流过的电流 I 与其上电压降 U 之间的关系。负温度系数热敏电阻的伏安特性如图 9-26 所示。当电流 $I < I_a$ 时，由于电流较小，不足以引起自身加热，阻值保持恒定，电压降与电流之间符合欧姆定律，所以图 9-26 中 Oa 段为线性区。当电流 $I > I_a$ 时，随着电流增加，功耗增大，产生自热，阻值随电流增加而减小，电压降增加速度逐渐减慢，因而出现非线性的正阻区 ab。电流增大到 I_m 时，电压降达

到最大值 U_m。此后，电流继续增大时，自热更为强烈，由于热敏电阻的电阻温度系数大，阻值随电流增加而减小的速度大于电压降增加的速度，于是就出现负阻区 bc 段。当电流超过允许值时，热敏电阻将被烧坏。

(4) 电阻-温度特性　对于 NTC 热敏电阻，若已知两个电阻值 R_1 和 R_2，以及其相对应的温度值 T_1 和 T_2，代入式(9-30) 得

$$R_2 = R_1 \times e^{B\left(\frac{1}{T_2} - \frac{1}{T_1}\right)} \quad (9-34)$$

故由式(9-34) 可解出常数 B：

$$B = \frac{T_1 T_2}{T_2 - T_1} \ln \frac{R_1}{R_2} \quad (9-35)$$

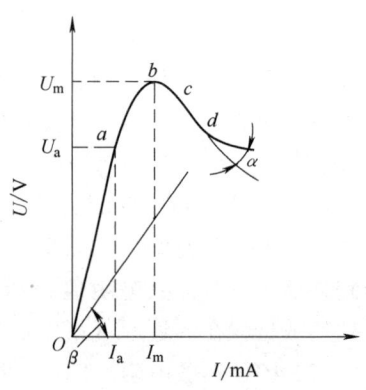

图 9-26　负温度系数热敏电阻的伏安特性

将式(9-35) 代入式(9-30)，可得到 NTC 热敏电阻的电阻-温度特性表达式：

$$R = R_0 \times e^{\frac{T_1 T_2}{T_2 - T_1} \ln \frac{R_1}{R_2} \left(\frac{1}{T} - \frac{1}{T_0}\right)} \quad (9-36)$$

PTC 热敏电阻的电阻-温度特性同负温度系数热敏电阻一样，若已知两个电阻值 R_1 和 R_2，以及其相对应的温度值 T_1 和 T_2，则可求出 A，进而可求出 α。

3. 测量电路

热敏电阻的符号如图 9-27a 所示，其电桥测量电路如图 9-27b 所示，热敏电阻 RT 和三个固定电阻 R_1、R_2、R_3 组成电桥，R_4 为校准电桥的固定电阻，电位器 RP 可调节电桥的输入电压。当开关 S 处于位置 1 时，电阻 R_4 接入电桥，调节电位器 RP 使电表指到满刻度，表示电桥工作正常；当开关 S 处于位置 2 时，电阻 R_4 被热敏电阻 RT 代替，两者阻值不同，其差值为温度的函数，此时电桥输出发生变化，电表指示的读数反映被测温度。由于热敏电阻的阻值随温度改变显著，只要很小的电流流过热敏电阻，就能产生明显的电压变化，而电流对热敏电阻自身有加热作用，所以应注意勿使电流过大，以防止带来测量误差。

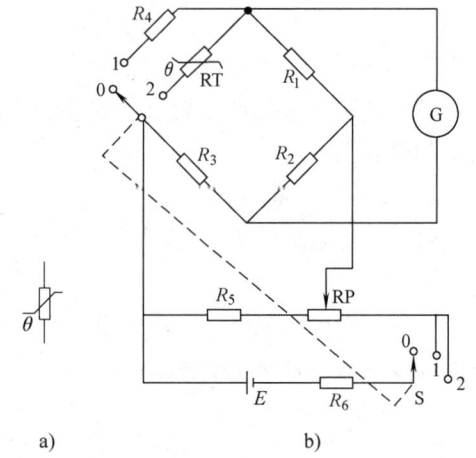

图 9-27　热敏电阻的符号及测量电路
a) 符号　b) 测量电路

4. 热敏电阻的应用

(1) 简易温度控制器　图 9-28 是一种简易的温度控制器，由 RP 设定动作温度，RT 为具有负温度系数的热敏电阻。其工作原理如下：当要控制的温度比实际温度低时，热敏电阻阻值较大，则 VT_1 的基极与发射极（即 BE）之间电压大于导通电压，VT_1 导通，相继 VT_2 也导通，继电器吸合，电热丝加热。一旦实际温度达到要求控制的温度时，由于热敏电阻 RT 的阻值降低，使 VT_1 的 BE 电压过低（<0.6V），VT_1 截止，相继 VT_2 也截止，继电器断开，电热丝断电而停止加热。这样可以达到控制温度的目的。

当控制温度确定后，选择热敏电阻，并根据热敏电阻的参数设计 R_0、$R_1 \sim R_4$，设计自

由度相当高。所选的继电器应与电源电压 $+V_{CC}$ 相配合。为保证控制的稳定性,应采用稳压电源。

R_5 为限流电阻,设计时让流过 VL 的电流为 5mA 左右即可,VL 作为加热指示器。

(2) 频率输出的温度控制电路 图 9-29 所示电路是在 555 定时器的充电网络中加入两个晶体管和一个热敏电阻用以探测温度,并产生相应的频率输出,在 0~25.5℃温度范围内精度为 ±1Hz。

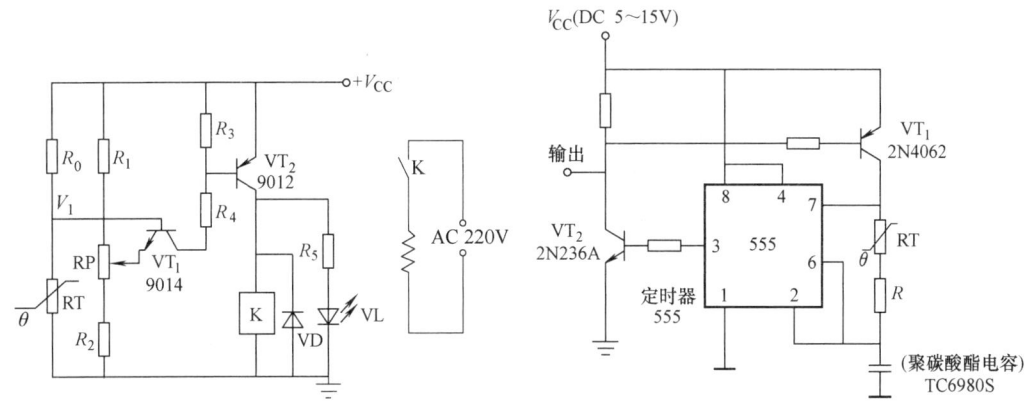

图 9-28 简易温度控制器　　　　图 9-29 热敏电阻温度控制电路

(3) 家用热水加热报警器 图 9-30 所示为家用热水加热报警器电路。集成运放 μA741 等元器件组成电压比较器。热敏传感器——热敏电阻 RT 放在被加热的水中,当水未加热到所设定的温度时,输入端 A 点电位高于 B 点电位,使输出端 6 脚为低电平,发光二极管 VL 亮。时基电路 NE555 等元器件组成多谐振荡器,μA741 输出的低电平电压由 R_5、R_6 分压后使 C 点电位为 0.3V 左右。这时,NE555 的 4 脚复位端电位较低,振荡器不工作,无报警声。当水被加热到所设定的温度时,热敏电阻的阻值减小,到 A 点电位小于 B 点电位时,输出端 6 脚输出高电平(约 4.5V),发光二极管 VL 熄灭。这时 C 点电位在 1.4V 左右,NE555 的 4 脚复位端电位较高,振荡器工作,压电片 HTD 鸣响报警。RP 为调温电位器,通过改变其阻值,使被加热的水温度在 40~60℃之间都能报警。

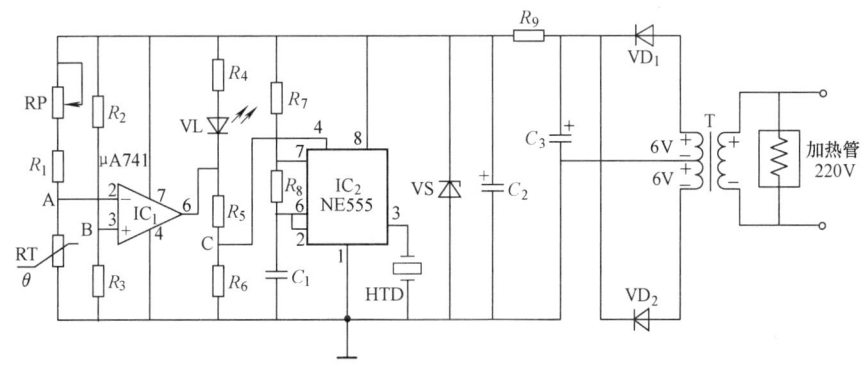

图 9-30 家用热水加热报警器电路

9.3.2 PN 结温度传感器

PN 结温度传感器是利用 PN 结的伏安特性与温度之间的关系研制成的一种固态传感器。早在 20 世纪 60 年代初，人们就试图用 PN 结正向压降随温度升高而降低的特性作为测温元件，由于当时 PN 结的参数不稳定，始终未能进入实用阶段。随着半导体工艺水平的提高以及人们不断地探索，到 20 世纪 70 年代时，PN 结以及在此基础上发展起来的晶体管温度传感器，已成为一种新的测温技术应用于许多领域了。

1. PN 结温度传感器的工作原理

根据 PN 结理论，对于理想二极管，其 PN 结的伏安特性可用下式表示：

$$U = \frac{kT}{q} \ln \frac{I}{I_s} \tag{9-37}$$

式中，I 为 PN 结正向电流；U 为 PN 结正向电压；I_s 为 PN 结反向饱和电流；q 为电子电荷量；T 为绝对温度；k 为玻耳兹曼常数。

由式(9-37) 可见，只要通过 PN 结上的正向电流 I 恒定，则 PN 结的正向压降 U 与温度的线性关系只受反向饱和电流 I_s 的影响。I_s 是温度的缓变函数，只要选择合适的掺杂浓度，就可认为在不太宽的温度范围内 I_s 近似为常数。因此，正向压降 U 与温度 T 成线性关系，这就是 PN 结温度传感器的基本原理。

2. PN 结温度传感器的特性

例如，硅管的 PN 结的结电压在温度每升高 1℃ 时，下降 -2mV，利用这种特性，一般可以直接采用二极管或采用硅晶体管（可将集电极和基极短接）接成二极管来做 PN 结温度传感器。这种传感器有较好的线性，尺寸小，其热时间常数为 0.2~2s，灵敏度高，测温范围为 -50~+150℃，典型的温度曲线如图 9-31 所示。同型号的二极管或晶体管特性不完全相同，因此它们的互换性较差。

3. PN 结温度传感器的应用

图 9-32 所示为带 PN 结温度传感器（图中的 VD 为玻璃封装的开关二极管 1N4148，或将硅晶体管的 B、E 极短接成的二极管）的数字式温度计，测温范围为 -50~+150℃，分辨力为 1℃，在 0~+100℃ 范围内精度可达 ±0.1℃。

图 9-32 中的 R_1、R_2、VD、RP_1 组成测温电桥，其输出信号接差动放大器 A_1，经放大后的信号输入 0~±2.000V 的数字式电压表（DVM）显示，放大后的灵敏度为 10mV/℃。A_2 接成电压跟随器，与 RP_2 配合可调节放大器 A_1 的增益。

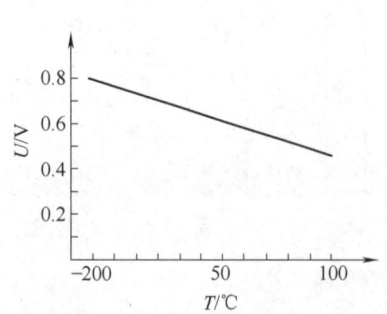

图 9-31 PN 结温度-电压特性曲线

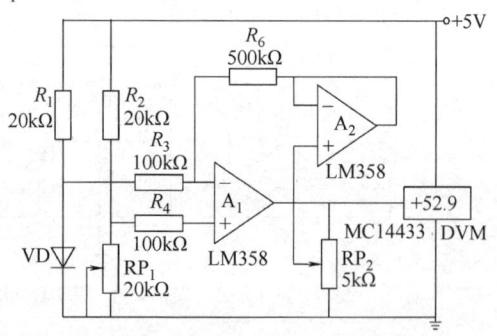

图 9-32 带 PN 结温度传感器的数字式温度计

通过 PN 结温度传感器的工作电流不能过大,以免二极管自身的温升影响测量精度。一般工作电流为 100~300mA。采用恒流源作为传感器的工作电流较为复杂,一般采用恒压源供电,但必须有较好的稳压精度。

精确的电路标定非常重要,可以采用广口瓶装入冰水混合物作为 0℃ 的标准,采用恒温水槽或油槽及标准温度计作为 100℃ 或其他温度标准。在没有恒温水槽时,可用沸水作为 100℃ 的标准(可用 0~100℃ 的水银温度计来校准)。将 PN 结温度传感器插入冰水混合物广口瓶中,等温度平衡,调整 RP_1,使 DVM 显示为 0℃;将 PN 结温度传感器插入沸水中(设沸水为 100℃),调整 RP_2,使 DVM 显示为 100℃。若沸水温度不是 100℃ 时,可按照水银温度计上的读数调整 RP_2,使 DVM 的显示值与水银温度计的数值相等。再将传感器插入 0℃ 环境中,等平衡后看显示是否为 0℃,必要时再调整 RP_1 使之为 0℃,然后再插入沸水,看是否与水银温度计读数相等,经过几次反复调整即可。

图 9-32 中的 DVM 是通用 3 位半数字电压表模块 MC14433,可以装入仪表及控制系统中作为显示器。MC14433 的应用电路可参考常用 A-D 转换器中的技术手册。

图 9-33 所示为两个热敏二极管 MTS102(MTS102 为晶体管结构连接成二极管使用)测量温度差的测量电路。电路中 REF200 为双恒流源的集成芯片,它提供两路 100μA 的恒定电流;A_1 和

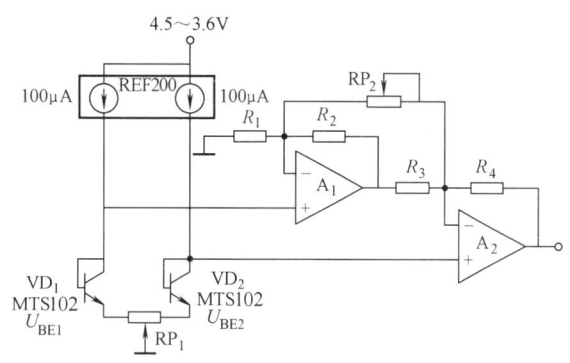

图 9-33 温度差的测量电路

A_2 为 OPA1013 运算放大器,A_1 用于阻抗变换,A_2 用于信号放大;U_{BE1}、U_{BE2} 分别为两个热敏二极管两端电压;RP_1 为调零电位器,RP_2 为灵敏度调节电位器。

本 章 小 结

温度是表征物体或环境的物理量,是人们生产、生活中最重要的检测量,也是最普通常用的控制与显示参数。热电式传感器是将温度变化转化为电量变化的装置,常用的热电式传感器主要有热电偶、热电阻、热敏元件。热电式传感器是利用其敏感元件的特征参数随温度变化的特性,对温度及与温度有关的参量进行测量的装置。其中,将温度量转换为电阻和电动势是目前工业生产和控制中应用最为普遍的方法。将温度变化转换为电阻变化的称为热电阻传感器;将温度变化转换为热电动势变化的称为热电偶传感器。另外,利用半导体 PN 结与温度的关系,所研制的 PN 结型温度传感器在测温场合中,也得到了十分广泛的应用。直到目前,测量温度都采用间接测量的方法。它是利用材料或元件的性能随温度而变化的特性,通过测量该性能参数,而得到被测温度的大小。用以测量温度特性的有:材料的热膨胀、电阻、热电动势、磁导率、介电系数、光学特性、弹性等,其中前三者尤为成熟,获得广泛的应用。

思考题与习题

9-1 什么叫热电效应？热电偶的基本工作原理是什么？

9-2 什么叫热电阻效应？试述金属热电阻效应的特点和形成原因。

9-3 热电偶有哪些基本定律？

9-4 为什么在实际应用中要对热电偶进行温度补偿？主要有哪些补偿方法？

9-5 制造热电阻体的材料应具备哪些特点？常用的热电阻材料有哪些？

9-6 用热电阻传感器测温时，经常采用哪种测量电路？常用哪种连接方式？

9-7 已知铜热电阻 Cu_{100} 的百度电阻比 $W(100) = 1.42$，当用此热电阻测量 50℃ 温度时，其电阻值为多少？若测量时电阻值为 92Ω，则被测温度是多少？

9-8 试述半导体热敏元件的类型及其作用。

9-9 热敏电阻的主要特性有什么？

9-10 镍铬-镍硅热电偶灵敏度为 0.04mV/℃，把它放在温度为 1000℃ 处，若指示仪表作为冷端，此处温度为 25℃，试求热电动势大小。

9-11 试述热敏二极管、热敏晶体管的工作原理。

9-12 利用所学热敏器件原理，设计完成一蔬菜大棚室温报警电路结构原理图。

第 10 章

集成/智能传感器

随着科技的发展,传感器也正朝着集成化、智能化的方向发展,集成/智能传感器越来越多地走入到人们的生活中来。集成/智能传感器也因为其应用方便、测量精度高、性能稳定而受到越来越多的工程技术人员的青睐。

10.1 集成/智能传感器的基本概念

10.1.1 集成传感器的定义及特点

集成传感器是采用专门的设计与集成工艺,把构成传感器的敏感元件、晶体管、二极管、电阻、电容等基本元器件,制作在一个芯片上,能完成信号检测及信号处理的集成电路。因此,集成传感器又称为传感器集成电路。

集成传感器具有功能强、精度高、响应速度快、体积小、微功耗、价格低、适合远距离传输信号等特点。集成传感器的外围电路简单,具有很高的性价比,为实现测控系统的优化设计创造了有利条件。

10.1.2 智能传感器的定义及特点

1. 智能传感器的定义

智能传感器就是带微处理器,兼有信息检测和信息处理功能的传感器。其最大特点是将传感器检测信息的功能与微处理器的信息处理功能有机地融合在一起。从一定意义上讲,它具有类似于人工智能的作用。换而言之,智能传感器就是带有智能芯片的集成传感器。

2. 智能传感器的功能

1) 具有自校准和故障自诊断功能。智能传感器不仅能自动检测各种被测参数,还能进行自动调零、自动校准,某些智能传感器还可完成自标定。

2) 具有数据存储、逻辑判断和信息处理功能,能对被测量进行信号调理或信号处理(包括对信号进行预处理、线性化,或对温度、静压力等参数进行自动补偿等)。例如,在带有温度补偿和静压力补偿的智能压差传感器中,当被测量的介质温度和静压力发生变化时,智能传感器中的补偿软件能自动依照一定的算法进行补偿,以保证测量精度。

3) 具有组态功能,使用灵活。在智能传感器系统中可设置多种模块化的硬件和软件,用户可通过微处理器发出指令,改变智能传感器的硬件模块和软件模块的组合状态,完成不同的测量功能。

4) 具有双向通信功能,能通过 RS-232、RS-485、USB、I^2C、SMBUS、SPI 等标准总线

接口直接与微型计算机通信。

3. 智能传感器的特点

与传统传感器相比，智能传感器主要有以下特点：

(1) 精度高　智能传感器采用自调零、自补偿、自校准等多项新技术，能达到高精度指标。例如，美国 BB（BURR-BROWN）公司的 XTR 系列精密电流变送器，转换精度为 ±0.05%，非线性误差为 ±0.003%。美国霍尼韦尔（Honeywell）公司的 PPT、PPTR 系列智能精密压力传感器，测量精度为 ±0.05%，比传统压力传感器的精度大约提高了一个数量级。

(2) 量程宽　智能传感器的测量范围很宽，并具有很强的过载能力。例如，美国 ADI 公司的 ADXRS300 型单片偏航角速度陀螺仪集成电路测量转动物体的偏航角速度的范围是 ±300°/s。只需并联一只设定电阻，即可将测量范围扩展到 ±1200°/s。

(3) 多参数、多功能测量

1) 多路智能温度控制器。Pentium 4 处理器是 Intel 公司推出的高性能微处理器。目前其最高主频已达 3.06GHz，芯片中有内置数字温度传感器。

随着 Pentium 4 处理器运行速度的大幅度提高，其功耗也显著增加，必须采取更完善的散热保护措施。2002 年，美国 ADI 公司专门开发出适配 Pentium 4 处理器的 ADT7460 型智能化散热风扇控制器集成电路，该计算机中共使用了 3 台散热风扇。其中，风扇 1 专门给 CPU 散热，风扇 2 和风扇 3 分别安装在主机箱的前面和后面给机箱散热。

2) 多功能式混浊度/电导/温度智能传感器系统。例如，美国霍尼韦尔（Honeywell）公司的 APMS-10G 型带微处理器和单线接口的智能化混浊度传感器系统能同时测量液体的混浊度、电导和温度，构成多参数在线检测系统，可广泛用于水质净化、清洗设备及化工、食品、医疗卫生等部门。

(4) 自适应（Self adaptive）能力强　US0012 是一种基于数字信号处理器（DSP）和模糊逻辑技术（FLT）的高性能智能化超声波干扰探测器集成电路，对温度环境等自然条件具有自适应能力。

(5) 较高的性能价格比　例如，Motorola 公司烟雾检测报警 IC 光电型的 MC145010 配上红外光电室，即可通过传感微小烟雾颗粒的散热光束来检测烟雾。其基本工作原理是：首先由红外发射二极管给光电室发出红外光，红外光在烟雾颗粒的作用下形成散射光束，再由红外接收二极管将光信号转换为电信号，送至 MC145010 的检测信号输入端，然后驱动报警装置发出报警声。在此期间，若检测到电池电压过低，就发出欠电压信号，驱动发光二极管闪烁报警。

> **学生**："如果真如书中所言，一个小小的智能传感器就可以完成很多项工作，太不可思议了。"

> **老师**："是这样的，如智能温度传感器芯片 DS18B20，该芯片的大小与普通晶体管差不多，但其具备了温度检测、计算、与单片机通信等功能，且精度较高，这种优势是普通温度传感器所不具备的。"

10.2 集成/智能传感器的分类

传感器的分类方式较多，按照传感器的用途分类，集成/智能传感器可以分为以下几种。

1. 智能化温度传感器

1）AD590 是一款精密集成温度传感器。该传感器由美国英特西尔（Intersil）公司、模拟器件公司（ADI）等生产。该传感器兼有集成恒流源和集成温度传感器的特点，具有测量误差小、动态阻抗高、响应速度快、传输距离远、体积小、微功耗等优点。

2）DS18B20 是美国 DALLAS 半导体公司继 DS1820 之后最新推出的一种改进型智能温度传感器。该传感器采用单总线数据传送模式，精度可编程，最高精度为 0.0625℃，测温范围为 -55 ~ +125℃。

3）MAX6626 是美国 MAXIM 公司生产的一种智能温度传感器。该传感器采用 I^2C 总线进行温度传送，传感器测温范围可以选择，最大测温范围为 -55 ~ +125℃。

2. 集成化湿度传感器

1）电压输出式集成湿度传感器。例如，Humirel 公司生产的 HM1500/1520 型集成湿度传感器，Honeywell（霍尼韦尔）公司生产的 HIH-3602/3605/3610 型集成湿度传感器。

2）频率/温度输出式集成湿度传感器。例如，Humirel 公司生产的 HTF3223 型集成湿度传感器。

3）单片智能化湿度/温度传感器。例如，Sensiron 公司生产的 SHT11/15 型集成湿度传感器。

3. 智能化压力传感器及变送器

1）集成硅压力传感器。典型产品有 Motorola 公司生产的 MPX2100、MPX4100A、MPX5100 和 MPX5700 系列单片集成硅压力传感器。其内部除传感器单元之外，还增加了信号调理、温度补偿和压力修正电路。

2）智能压力传感器。典型产品为美国霍尼韦尔（Honeywell）公司生产的 ST3000 系列、ST3000-900/2000 系列智能压力传感器。它将差压、静压和温度的多参数传感与智能化的信号调理功能融为一体，彻底打破了传感器与变送器的界限。

3）集成压力信号调理器。典型产品有 MAXIM 公司生产的 MAX1450 信号调理器，它能对压阻式压力传感器的信号进行压力校准和温度补偿。

4）带串行接口的集成压力信号调理器。典型产品有 MAX1457 型高精度硅压阻式压力信号调理器芯片。芯片内部带 ADC、DAC 和多路信号输出，能对传感器进行最优化校准和补偿，还具有与 SPI 总线/Micro Wire（微总线）兼容的串行接口，适配 SPI 接口的 E^2PROM。

5）数字式集成压力信号调理器。MAX1458 就属于数字式压力信号调理器。其主要特点是内含 E^2PROM，能自成系统，可实现压阻式压力传感器的最优化校准与补偿，使用非常简便。

6）网络化智能精密压力传感器。典型产品有 Honeywell 公司生产的 PPT 系列、PPTR 系列和 PPTE 系列智能精密压力传感器。

4. 集成化角速度传感器

1）集成角速度传感器。典型产品有日本村田公司推出的 ENC-03 型集成角速度传感器，芯片中包含了由双压电陶瓷元件构成的角速度传感器及信号调理器，能输出与被测角速度成正比的直流电压信号。

2）单片偏航角速度陀螺仪集成电路。美国 ADI 公司推出的 ADXRS300 型单片偏航角速度陀螺仪集成电路，内含角速度传感器、共鸣环、信号调理器等电路，其输出电压与偏航角速度成正比。

5. 集成化加速度传感器

典型产品有 ADI 公司生产的 ADXL202/210 型带数字信号输出的单片双轴加速度传感器以及由美国飞思卡尔公司生产的三轴低 g 加速度传感器，有 MMA7260、MMA7360、MMA7361、MMA8451 等型号。其中 MMA8451 为数字型加速度计，其采用 I^2C 总线进行数据传送，在第 11 章中，将详细介绍 MMA8451 的使用方法。

6. 智能超声波传感器

超声波具有频率较高、方向性好、穿透力强等特点，适用于水下探测、液位或料位测量、非接触式定位、工业过程控制等领域。例如，国产 SB5227 型超声波测距专用芯片，带微处理器和 RS-485 接口，能准确测量空气介质或水介质中的距离。

7. 智能磁场传感器

磁场传感器主要用来测量磁量（如磁场强度、磁通密度）。智能磁场传感器内部包含磁敏电阻（或霍尔元件）以及信号调理电路。典型产品有 HMC 系列集成磁场传感器、AD22151 型线性输出式集成磁场传感器以及 TLE4941 型二线差分霍尔传感器集成电路。

8. 指纹传感器

指纹具有唯一性，是身份识别的重要特征之一。指纹识别技术可广泛应用到商业、金融、公安刑侦、军事及日常生活中。单片指纹传感器主要有两种：一种是温差感应式指纹传感器，典型产品有 FCD4B14 和 AT77C101B；另一种是电容感应式指纹传感器，典型产品为 FPS100、FPS200。它们均可制成便携式指纹识别仪、网络、数据库及工作站的保护装置，自动柜员机（ATM）、智能卡、手机、计算机等的身份识别器，还可构成宾馆、家庭的门锁识别系统。

9. 电流传感器及变送器

集成电流传感器主要用于交、直流电流的在线监测、信号的转换及远距离传输。集成电流传感器分成交流、直流两种类型。利用霍尔效应制成的半导体传感器，适合检测交流电流，典型产品如 ACS750。利用内置非感应式电流传感电阻制成的传感器可检测直流电流，典型产品如 MAX471/472、UCC3926。这些芯片都包含了信号调理器，能将线路电流转换成直流电压信号，配上数字电压表（DVM）即可准确测量线路电流。

集成电流变送器又称电流环电路，它也有两种类型。一种是电压/电流转换器（也叫电流环发生器），能将输入电压转换成 4~20mA 的电流信号，典型产品有 1B21、AD693/694、XTR101/106/115。另一种是电流/电压转换器（也叫电流环接收器），可将 4~20mA 的电流信号转换成电压信号，典型产品为 RCV420。

10. 智能混浊度传感器

混浊度表示水或其他液体的不透明度，测量混浊度对于环境保护和日常生活具有重要意义。利用智能化混浊度传感器，能同时测量液体的混浊度、电导和温度，可代替价格昂贵的在线浊度仪，用于水质净化、清洗设备等领域。典型产品有带微处理器和单线接口的 APMS-10G 型智能化混浊度传感器。

11. 其他类型的智能传感器

例如，液位传感器、烟雾检测报警集成电路、电场感应集成电路及铜缆信号调理器等。

10.3 常用集成/智能传感器的工作原理

1. AD590 集成温度传感器

AD590 是由美国 Intersil 公司、ADI 公司等生产的恒流源式模拟集成温度传感器。它兼有集成恒流源和集成温度传感器的特点，具有测温误差小、动态阻抗高、响应速度快、传输距离远、体积小、微功耗等优点，适合远距离测温、控温，不需要进行非线性校准。

（1）AD590 的性能特点　AD590 属于采用激光修正的精密集成温度传感器。该产品有 AD590I/J/K/L/M 5 档，以 AD590M 的性能最佳，其测温范围是 $-55 \sim +150$℃，最大非线性误差为 ± 0.3℃，响应时间仅 $20\mu s$，重复性误差低至 ± 0.05℃，功耗约为 2mW。AD590 的外形及符号如图 10-1 所示。其外形与小功率晶体管相仿，共有 3 个引脚：1 脚为正极，2 脚为负极，3 脚接管壳。使用时将 3 脚接地，可起到屏蔽作用。

（2）AD590 的工作原理　AD590 等效于一个高阻抗的恒流源，其输出阻抗大于 10MΩ，能大大减小因电源电压波动而产生的测温误差。AD590 的工作电压为 $+4 \sim +30V$，测温范围是 $-55 \sim +150$℃，对应于热力学温度 T 每变化 1K，输出电流就变化 $1\mu A$，在 298.15K（对应于 25.15℃）时输出电流恰好等于 298.15μA。这表明其输出电流 $I_o(\mu A)$ 与热力学温度 $T(K)$ 严格成正比。电流温度系数 K_I 的表达式为

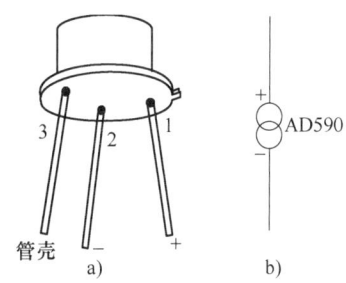

图 10-1　AD590 的外形及符号
a) TO-25 封装的外形　b) 符号
1—正极　2—负极　3—接管壳

$$K_I = \frac{I_o}{T} = \frac{3k}{qR} \times \ln 8 \quad (10\text{-}1)$$

式中，k 为玻耳兹曼常数；q 为电子电量；R 为内部集成化电阻。

式(10-1) 中的 ln8 表示 AD590 内部电路中晶体管 VT_9 与 VT_{11} 的发射结等效面积之比 $r = S_9/S_{11} = 8$ 倍，然后再取自然对数值。将 $k/q = 0.0862mV/K$，$R = 538\Omega$ 代入式(10-1) 中，得到

$$K_I = I_o/T = 1.000 \mu A/K \quad (10\text{-}2)$$

因此，输出电流的微安数就代表着被测温度的热力学温度值。AD590 的电流-温度（I-T）特性曲线如图 10-2 所示。

2. DS18B20 单线智能温度传感器

DS18B20 是美国 DALLAS 半导体公司继 DS1820 之后最新推出的一种改进型智能温度传感器，可广泛用于工业、民用、军事等领域的温度测量及控制仪器、测控

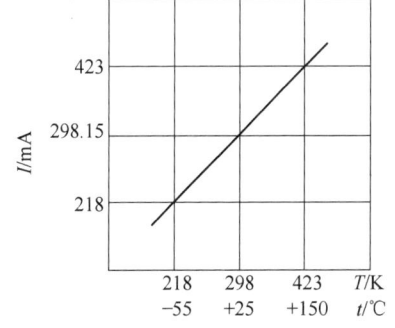

图 10-2　AD590 的电流-温度特性曲线

系统和大型设备中,如多路温度测控仪、中央空调、大型冷库、恒温装置等。此外,巧妙地利用 DS18B20 内部 64 位激光 ROM 中具有唯一性的 48 位产品序号,还可设计成专供大型宾馆客房或军事仓库使用的保密性极佳的电子密码锁。

(1) DS18B20 的性能特点

1) DS18B20 采用 DALLAS 公司独特的"单线(1-Wire)总线"专有技术,通过串行通信接口 (I/O) 直接输出被测温度值 (9 位或 12 位二进制数据,含符号位),适配各种单片机或系统机。

2) 测温范围是 $-55 \sim +125$℃,在 $-10 \sim +85$℃ 范围内,可确保测量误差不超过 $±0.5$℃。

3) 温度分辨力可编程。DS1820 的数字温度输出只用 9 位二进制表示,分辨力固定为 0.5℃,要提高分辨力,只能靠软件计算来实现。而 DS18B20 的数字温度输出可进行 9~12 位的编程,通过对便笺式 RAM 中 CONFIG 寄存器的可编程温度分辨力位 R0、R1 进行编程,可设定不同的温度分辨力及最大转换时间,详见表 10-1。

表 10-1 利用 R0、R1 位来设定分辨力和最大转换时间

R1	R0	DS18B20 的工作模式/位	温度分辨力/℃	最大转换时间/ms
0	0	9	0.5	93.75
0	1	10	0.25	187.5
1	0	11	0.125	375
1	1	12	0.0625	750

由表 10-1 可见,设定的分辨力越高,所需要的温度-数据转换时间就越长。因此,在实际应用中需要在分辨力与转换时间二者之间权衡考虑。在芯片出厂时 R1 和 R0 均被配置为"1",即工作在 12 位模式下。DS18B20 分别工作在 9 位、10 位、11 位和 12 位模式下,所对应的温度分辨力依次为 0.5℃、0.25℃、0.125℃、0.0625℃。当 DS18B20 接收到温度转换命令 (44H) 后,开始启动转换,转换完成后的温度值就以 16 位带符号扩展的二进制补码形式存储在便笺 RAM 的第 0、1 字节。在执行读便笺 RAM 命令后,可将这两个字节的温度值通过单线总线传送给主 CPU,高位字节中的符号代表温度值为正还是为负。

4) 内含 64 位经过激光修正的只读存储器 ROM,扣除 8 位产品系列号和 8 位循环冗余校验码 CRC 之后,产品序号占 48 位。出厂前就作为 DS18B20 唯一的产品序号,存入其 ROM 中。在构成大型温控系统时,允许在单线总线上挂接多片 DS18B20。

5) 用户可分别设定各路温度的上、下限并写入随机存储器 RAM 中。利用报警搜索命令和寻址功能,可迅速识别出发生了温度越限报警的器件。

6) 内含寄生电源。该器件既可由单线总线供电,也可选用外部 +3.3 ~ +5V 电源(允许电压范围是 +3.3 ~ +5V),进行温度/数字转换时的工作电流约为 1mA,待机电流仅为 0.75μA,典型功耗为 +3.3 ~ +5mW。

7) 具有电源反接保护电路。当电源电压的极性接反时,能保护 DS18B20 不会因发热而烧毁,但此时芯片无法正常工作。

(2) DS18B20 的工作原理 DS18B20 采用 3 脚 PR-35 封装或 8 脚 SOIC 封装,引脚排列

如图 10-3 所示。I/O 位数据输入/输出端（即单线总线）属于漏极开路输出，外接上拉电阻后常态下呈高电平。U_{DD} 是可供选用的外部 +5V 电源端，不用时需接地。GND 为地，NC 为空脚。其内部电路框图如图 10-4 所示。

DS18B20 内部测温电路的框图如图 10-5 所示。低温度系数振荡器用于产生稳定的频率（f_0），高温度系数振荡器则相当于 T/f 转换器，能将被测温度转换成频率信号（f）。图中还隐含着计数门，当计数门打开时，DS18B20 就对低温度系数振荡器产生的时钟脉冲进行计数，进而完成温度测量。计数门的开启时间由高温度系数振荡器来决定。每次测量前，首先将 −55℃ 所对应的基数分别置入减法计数器、温度寄存器中。在计数门关闭之

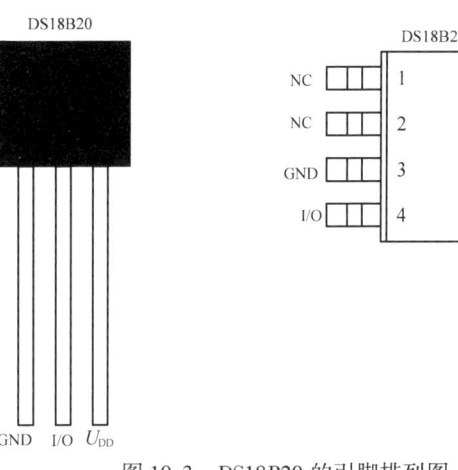

图 10-3　DS18B20 的引脚排列图

前若计数器已减至零，温度寄存器中的数值就增加 0.5℃。然后，计数器依斜率累加器的状态置入新的数值，再对时钟计数，然后减至零，温度寄存器值又增加 0.5℃。只要计数门仍未关闭，就重复上述过程，直至温度寄存器值达到被测温度值。这就是 DS18B20 的测温原理。

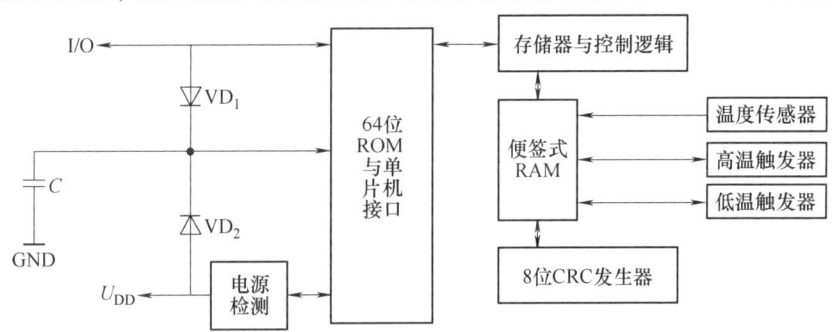

图 10-4　DS18B20 的内部电路框图

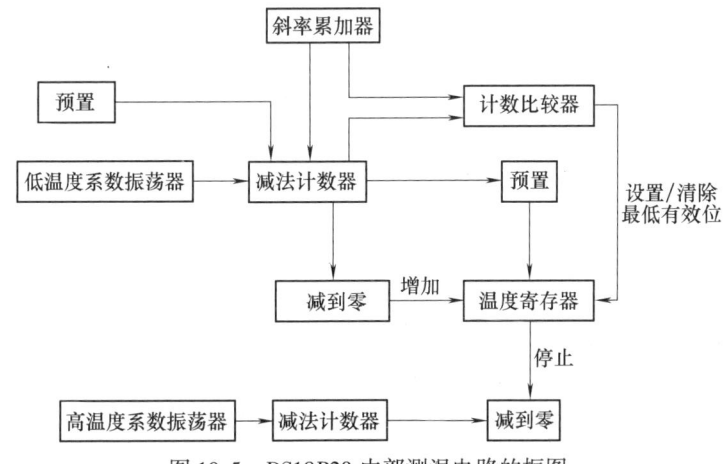

图 10-5　DS18B20 内部测温电路的框图

3. HM1500/1520 集成湿度传感器

HM1500 和 HM1520 是美国 Humire 公司于 2002 年推出的两种电压输出式集成湿度传感器。它们的共同特点是将侧面接触式湿敏电容与湿度信号调理器集成在一个模块中封装而成，集成度较高。该传感器使用时，不需要外围元器件，使用非常方便。二者的区别是测量范围及 U_o-RH 响应曲线不同。

（1）HM1500/1520 的性能特点

1）内部包含由 HS1101 型湿敏电容构成的桥式振荡器、低通滤波器和放大器，能输出与相对湿度成线性关系的直流电压信号，输出阻抗为 70Ω，适配带 ADC 的单片机。

2）HM1500 属于通用型湿敏传感器，测量范围是（0~100%）RH，输出电压范围是 1~+4V。相对湿度为 55% 时的标称输出电压为 2.48V。测量精度为 ±3% RH，灵敏度为 +25mV/RH，温度系数为 +0.1% RH/℃，响应时间为 10s。HM1520 是专为测量低湿度而设计的，适合测量霜点或微量水分调节环境中的相对湿度。其测量范围一般规定为（0~20%）RH，输出电压范围是 +1~+1.6V。其测量精度为 ±2% RH，灵敏度为 +26mV/RH，温度系数小于 +0.1% RH/℃，响应时间为 5s。HM1520 属于比例输出式，其输出电压与供电电压成正比。

3）产品的互换性好，抗腐蚀性强，采用管状结构，不受水凝结的影响。

4）采用 +5V 电源（允许范围是 +4.75~+5.25V），工作电流为 0.4mA（典型值），漏电流 ≤ 300μA。工作温度范围是 -30~+60℃。

（2）HM1500/1520 的工作原理　HM1500/HM1520 的外形如图 10-6 所示，湿敏电容位于传感器的顶部，3 个引脚分别是 GND（地）、U_{CC}（5V 电源端）、U_o（电压输出端），其外形长、宽、高分别为 34mm、22mm、9mm。HM1500 的输出电压与相对湿度的响应曲线如图 10-7 所示。

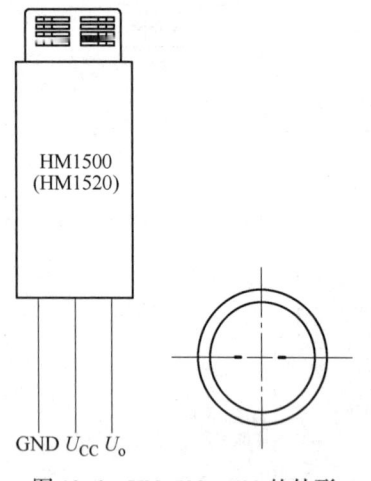

图 10-6　HM1500/1520 的外形

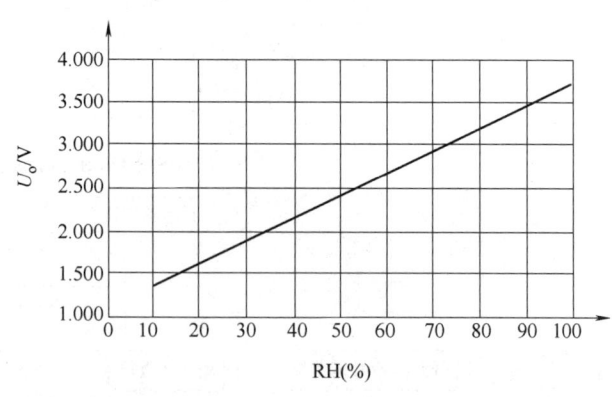

图 10-7　HM1500 的 U_o-RH 响应曲线

输出电压的计算公式为

$$U_o = 1.079 + 0.2568 RH \tag{10-3}$$

当 $T_A \neq 23℃$ 时，可按下式对读数值加以修正：

$$RH' = RH[1 - 2.4(T_A - 23)e^{-3}] \tag{10-4}$$

第10章 集成/智能传感器

4. SHT11/15 智能湿度/温度传感器

SHT11 和 SHT15 是瑞士森斯瑞(Sensirion)公司于 2002 年推出的两种超小型、高精度、自校准、多功能式智能传感器，可用来测量相对湿度、温度和露点等参数，露点表示在水气冷却过程中最初发生结露的温度。二者的电路原理相同，只是测量精度有一定差异。它们可广泛用于工农业生产、环境监测、医疗仪器、通风及空调设备等领域。

(1) SHT11/15 的性能特点

1) SHT11/15 是采用 CMOSens® (CMOS-Sensor) 专利技术研制而成的高精度智能传感器系统。该项技术又称为"Sensmitter"，它代表传感器(Sensor)与变送器(Transmitter)的有机结合。与其他湿度传感器所不同的是，SHT11/15 能在同一个位置测量相对湿度和温度，这两只传感器共享一个底座并且同时对被测量做出响应，这对于测量露点温度非常有用。

2) 芯片中不仅包含基于湿敏电容的微型相对湿度传感器、基于带隙电路的微型温度传感器，还有 14 位 A-D 转换器和二线串行接口，能输出经过校准的相对湿度和温度的串行数据，适配各种单片机(μC)构成相对湿度/温度检测系统。利用单片机还可以对测量值进行非线性补偿和温度补偿。

3) 默认的测量温度和相对湿度的分辨力分别为 14 位、12 位。若将状态寄存器的第 0 位置成"1"，则分辨力依次降为 12 位、8 位。通过降低分辨力可以提高测量速率，减小芯片的功耗。

4) 出厂前，每只传感器都在湿度室中做过精密校准，校准系数被编成相应的程序存入校准存储器中，在测量过程中可对相对湿度进行自动校准。SHT15、SHT11 的相对湿度测量精度分别为 ±2%RH、±3%RH（相比之下，用常规方法测量湿度的误差可达 ±5%RH ~ ±20%RH)，测量范围是 0 ~ 100%RH，最高分辨力为 0.03%RH(12 位)或 0.5%RH(8 位)。重复性误差为 ±0.1%RH。在 10% ~ 90%RH 范围内的非线性误差为 ±3%RH，经过非线性补偿后可减小到 ±0.1%RH。响应时间为 4s，滞后湿度为 ±1%RH，长期稳定性 <0.5%RH/年。测温范围是 −40 ~ +123.8℃，最高分辨力为 0.01℃(14 位)或 0.04℃(12 位)，重复性误差为 0.1℃，响应时间为 5 ~ 30s。

5) 内部有一个加热器，将状态寄存器的第 2 位置"1"时该加热器接通电源，可使传感器的温度大约升高 5℃，电源电流亦增加 8mA（采用 5V 电源）。使用加热器可实现以下三种功能：①通过比较加热前后测出的相对湿度值及温度值，可确定传感器是否正常工作；②在潮湿环境下可避免传感器凝露；③测量露点时也需要使用加热器。

6) 超小型器件，外形尺寸仅为长 7.62mm、宽 5.08mm、高 2.5mm，质量为 0.1g。采用 +5V 电源供电，电源电压允许范围是 +2.4 ~ +5.5V。在测量阶段的工作电流为 550μA，平均工作电流为 28μA(12 位)或 2μA(8 位)。

(2) SHT11/15 的工作原理 SHT11/15 采用表面安装式 SMD-8 封装，引脚排列及实物图如图 10-8 所示，在 0.8mm 厚的基座上有一个用液晶聚合物制成的帽，上面开着传感器窗口，以便与空气接触。另外有一块环氧树脂起到黏结作用。U_{DD}、GND 端分别接电源和公共地；DATA 为串行数据输入/输出端(I/O)；SCK 为串行时钟输入端。当 U_{DD} >4.5V 时，最高时钟频率 f_{max} =10MHz；当 U_{DD} <4.5V 时，最高时钟频率 f_{max} =1MHz。

SHT11/15 型湿度/温度传感器的内部电路框图如图 10-9 所示。其测量原理是首先利用两只传感器分别产生相对湿度、温度的信号,然后经过放大,分别送至 A-D 转换器进行 A-D 转换、校准和纠错,最后通过二线串行接口将相对湿度及温度的数据送至单片机,再利用单片机完成非线性补偿和温度补偿。

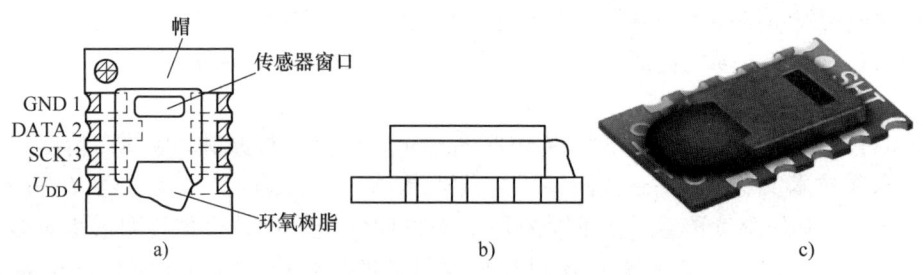

图 10-8 SHT11/15 的引脚排列图
a) 俯视图 b) 侧视图 c) 实物图

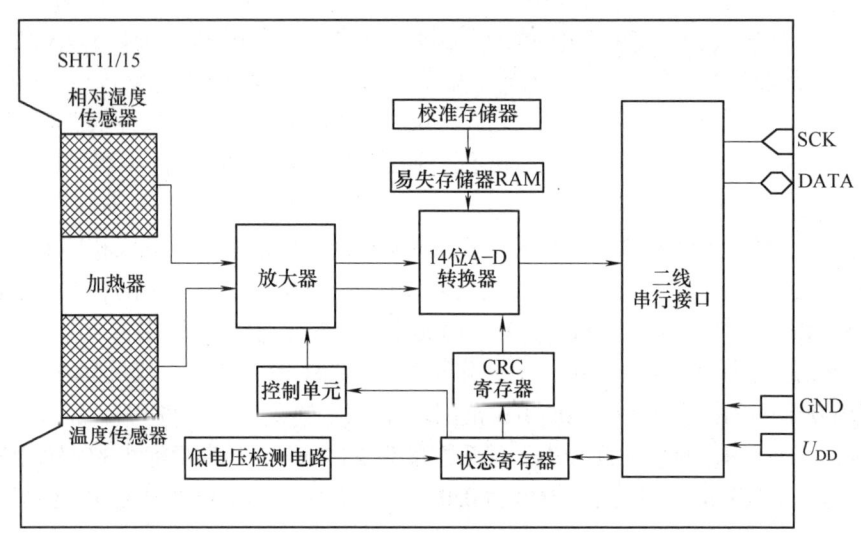

图 10-9 SHT11/15 型湿度/温度传感器的内部电路框图

SHT11/15 在测量相对湿度、温度及露点时的误差曲线分别如图 10-10a、b、c 所示。以 SHT15 为例,当 RH = 10% ~ 90% 时,测量相对湿度的误差为 ±2% RH;在 -18 ~ +66℃ 范围内的测温精度为 ±1℃。当环境温度 T_A = +25℃、RH = 40% ~ 100% 时,测量露点的误差 ≤ ±1℃。

1)非线性补偿。SHT11/15 输出的相对湿度读数值(N)与被测相对湿度(RH)成非线性关系。为了获得相对湿度的准确数据,必须对读数值进行非线性补偿。补偿非线性的公式为

$$RH = (C_1 + C_2 N + C_3 N^2)\% = (-4 + 0.0405 N - 2.8 \times 10^{-6} N^2)\% \quad (10\text{-}5)$$

举例说明:将 N = 1000 代入上式中,计算出补偿后的相对湿度 RH = 33.7%。

对于 8 位的相对湿度读数值,补偿公式变成

$$RH = (-4 + 0.648 N - 7.2 \times 10^{-4} N^2)\% \quad (10\text{-}6)$$

需要指出,式(10-5)、式(10-6) 中的 N 值并不相同。例如,12 位数据 1000 就对应于 8 位数据 62.5(1000 ÷ 2^4 = 62.5),依此类推。

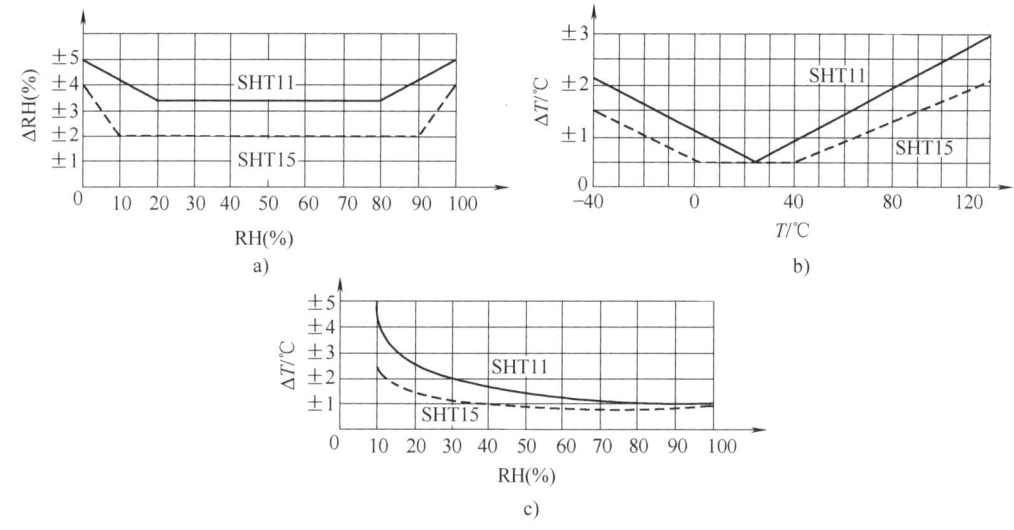

图 10-10 SHT11/15 测量误差曲线
a) 相对湿度误差曲线 b) 温度误差曲线 c) 露点误差曲线

2) 温度补偿。当环境温度 $T_A \neq +25℃$ 时，还需要对相对湿度传感器进行温度补偿，12 位数据的补偿公式为

$$RH_T = (T-25)(0.01+0.00008N)\% + RH \tag{10-7}$$

8 位数据的补偿公式为

$$RH_T = (T-25)(0.01+0.00128N)\% + RH \tag{10-8}$$

举例说明：前面已计算出当 $T_A = 25℃$、$N=1000$ 时，经过非线性补偿后 $RH=33.7\%$。假如实际温度 $T=45℃$，利用式(10-7) 不难算出 $RH_T = 1.8\% + 33.7\% = 35.5\%$，这就是对相对湿度再进行温度补偿后的最终结果。

温度传感器的读数值 M 也呈非线性，必须代入下式才能计算出被测温度值 $T(℃)$：

$$T = d_1 + d_2 M \tag{10-9}$$

式中，d_1、d_2 均为常数，根据表 10-2 可确定不同情况下的 d_1、d_2 值。

表 10-2 d_1、d_2 值的选择

电源电压/V	温度数据的位数	d_1	d_2	备注
5	14 位	-40	0.01	采用摄氏温标、确定环境温度 $T_A = 25℃$
5	12 位	-40	0.04	
3	14 位	-38.4	0.0098	
3	12 位	-38.4	0.092	

3) 二线串行接口。二线串行接口包括串行时钟线（SCK）和串行数据线（DATA）。SCK 用来接收 μC（主机）发送来的串行时钟信号，使 SHT11/15 与主机保持同步。DATA 为三态引出端，既可以输入数据，也可以输出测量数据，不用时呈高阻态。仅当 DATA 的下降沿过后且 SCK 处于上升沿时刻，才能更新数据。为了使数据信号为高电平，在数据线与

U_{DD} 端之间需接一只 10kΩ 上拉电阻,该上拉电阻通常已包含在单片机的 I/O 接口电路中。串行时钟最低频率没有限制,芯片可在极低频率下工作。需要指出的是,该二线串行接口与 I^2C 总线不兼容。

5. KMI15/16 转速传感器

由飞利浦(Philips)公司生产的 KMI15/16 系列磁阻式集成转速传感器,包括 KMI15-1、KMI15-2、KMI15-4、KMI16-1 等型号。下面介绍 KMI15-1 的性能特点和工作原理。

(1) KMI15-1 传感器的性能特点

1) 芯片内部高性能磁钢、磁敏电阻传感器和 IC。利用 IC 来完成信号变换功能,输出的方波电流信号的频率与被测转速成正比,电流信号的变化幅度为 7~14mA。外围电路简单,很容易配二次仪表测量转速。

2) 测量范围宽,灵敏度高。测量频率的范围是 0~25kHz,即使转动频率接近于零,也能够测量转速。传感器与齿轮的最大磁感应距离为 2.9mm(典型值),由于与齿轮相距较远,因此使用比较安全。

3) 抗干扰能力强。该传感器具有方向性,它对轴向振动不敏感。另外,芯片内部还有电磁干扰(EMI)滤波器、电压控制器及恒流源,使其工作特性不受外界因素的影响。

4) 体积小,最大外形尺寸为长 8mm、宽 6mm、高 21mm,便于固定在齿轮附近。采用 12V 电源供电(典型值),最高不超过 16V。工作温度范围宽(-40~+85℃)。

(2) KMI15-1 传感器的工作原理 KMI15-1 型集成转速传感器的引脚及实物图如图 10-11 所示,包括磁钢、磁敏电阻传感器、IC(信号变换器)三部分。两个引脚分别为 U_{CC}(接 12V 电源端)、U_-(方波电流信号输出端)。为使 IC 处于较低的环境温度中,专门将 IC 与传感元件分开,以改善传感器的高温工作性能。

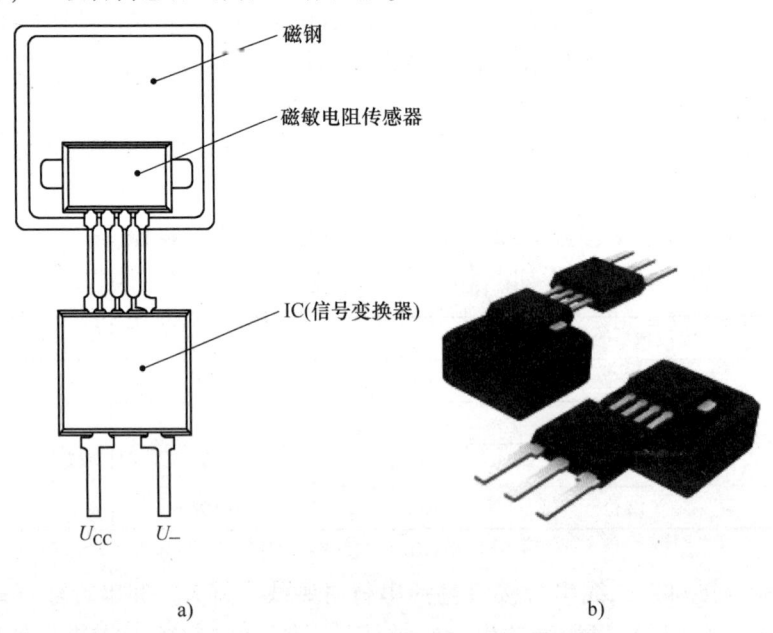

图 10-11 KMI15-1 型集成转速传感器
a) 引脚图 b) 实物图

该传感器的内部电路框图和简化电路分别如图 10-12a、b 所示。传感器产生的电信号首先通过 EMI 滤波器滤除高频电磁干扰，然后经过前置放大器，再利用施密特触发器进行整形，获得控制信号 U_K，加到开关控制式电流源的控制端。KMI15-1 的输出电流信号 I_{CC} 是由两个电流叠加而成的，一个是由恒流源提供的 7mA 恒定电流 I_H，另一个是由开关控制式电流源输出的可变电流 I_K。它们之间的关系为

$$I_{CC} = I_H + I_K \tag{10-10}$$

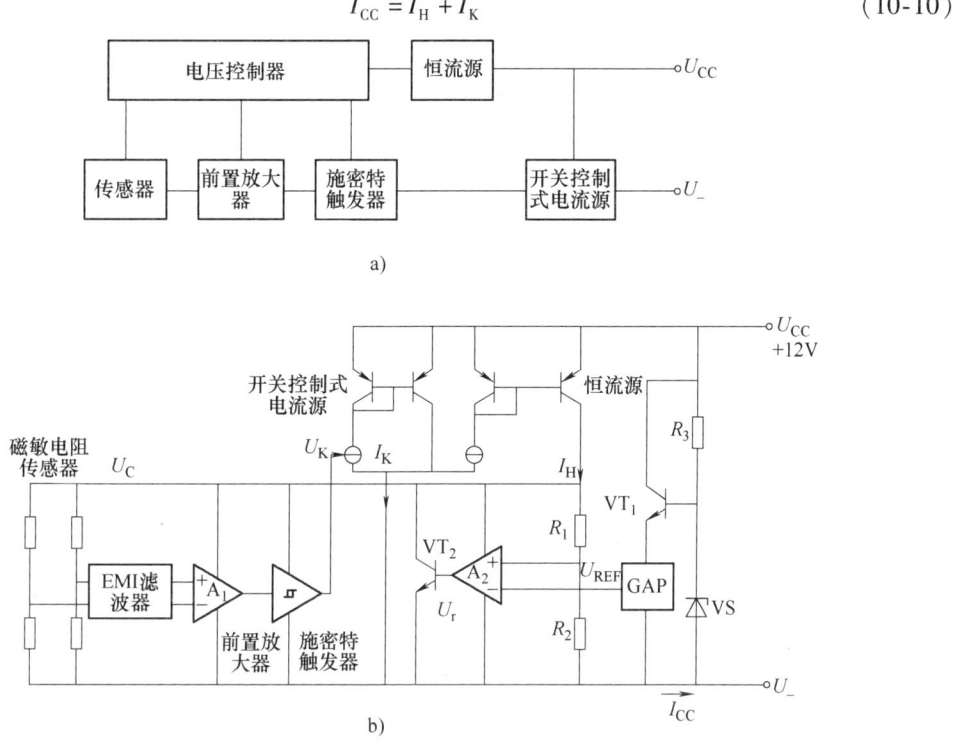

图 10-12　KMI15-1 型转速传感器的电路原理图

a）内部电路框图　b）简化电路

当控制信号 $U_K = 0$（低电平）时，开关控制式电流源关断，$I_K = 0$，$I_{CC} = I_H = 7\text{mA}$。当 $U_K = 1$（高电平）时，电流源被接通，$I_K = 7\text{mA}$，$I_{CC} = I_H + I_K = 7\text{mA} + 7\text{mA} = 14\text{mA}$。$U_-$ 端输出的方波电流信号的波形如图 10-13 所示，其高电平持续时间为 t_1，周期为 T。输出波形的占空比 $D = t_1/T = 50\% \pm 20\%$。上升时间和下降时间分别为 $0.5\mu\text{s}$、$0.7\mu\text{s}$。

芯片中的电压控制器实际上是一个并联调整式稳压器，为传感器提供稳定的工作电压 U_C。取样电路由电阻 R_3、稳压管 VS 和晶体管 VT_1 构成，VT_1 接成射极跟随器使用。A_2 为误差放大器，VT_2 为并联式调整管。I_H 经过 R_1、R_2 分压后，给 A_2 提供基准电压 U_{REF}。当 U_{CC} 发生变化时，A_2 在对取样电压与基准电压进行比较之后，产生误差电压 U_r，再通过改变 VT_2 上的电

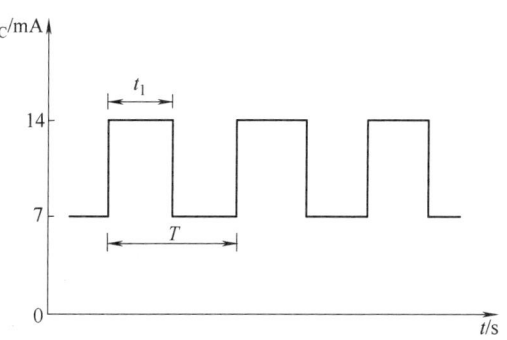

图 10-13　输出方波电流信号的波形

流使 U_C 保持不变。

6. ENC-03 系列陀螺仪

陀螺仪（Gyroscope，缩写为 gyro）是一种转动装置，它在旋转时能保持转动轴的方向不变，具有定向作用，目前已广泛用于航空、航天、航海和军事领域。陀螺仪的种类很多，如音叉式陀螺仪、激光陀螺仪、光纤陀螺仪、液浮陀螺仪等。2002 年，由美国 ADI 公司推出的 ADXRS300 型单片偏航角速度陀螺仪集成电路，能精确测量转动物体的偏航角速度，适用于各种惯性测量系统。例如，可用来检测汽车底盘的角速度。ENC-03 是日本村田陀螺仪传感器，它在全国大学生飞思卡尔杯智能车比赛中的平衡车上经常使用。ENC-03 陀螺仪是一种应用科里奥利力（Coriolis force）原理的角速度传感器。

(1) ENC-03MB 传感器的特点

1) 测量偏航角速度（以下简称为角速度）的范围是 ±300°/s，灵敏度为 0.67mV/（°/s），零位输出电压为 1.35V，非线性误差为 ±5%FS，其响应频率最大为 50Hz。

2) 抗振动、抗冲击能力强。超小型、超轻薄化，质量为 0.4g，电源电压允许范围为 2.7~5.25V。

(2) ENC-03MB 传感器的工作原理　ENC-03MB 系列传感器采用金属壳表贴式封装，其引脚及实物图如图 10-14 所示。图中：①V_{ref} 为参考电压；②Gnd 为地；③V_{CC} 是电源电压；④Output 是传感器输出端。

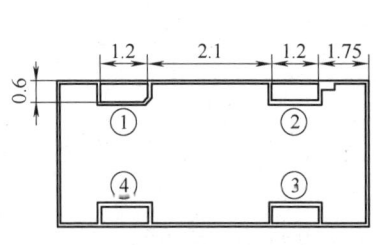

图 10-14　ENC-03MB 金属壳表贴式封装尺寸
a) 引脚图　b) 实物图

其工作原理是当物体在转动时会产生一个科里奥利力。该力是因转动而产生的偏向力，它与转动速度成正比并且垂直于转动方向。在科里奥利力的作用下，角速度传感器的转动方向不变，而旋转方向可以是顺时针，也可以是逆时针，由转动物体而定。此陀螺仪输出一个和角速度成正比的模拟电压信号。为了减少温度变化的影响，其输出端必须接一个高通滤波器以消除直流成分。同时，为了抑制传感器的噪声（22~25kHz），其输出必须再接一个低通滤波器。其典型的应用电路如图 10-15 所示。

7. MMA7361LC 加速度传感器

MMA7361LC 是 Motorola（Freescale）公司生产的 3 轴小量程单片加速度传感器，又称加速度计，是检测物件运动和方向的传感器，它根据物件运动和方向改变输出信号的电压值。这类传感器适合测量机械振动和冲击，还可用于机械轴承振动检测、计算机硬盘驱动器保护等领域。

(1) MMA7361LC 的性能特点

1) MMA7361LC 是低功耗、低轮廓电容，微机械型加速度计，具有信号调节、一级低通

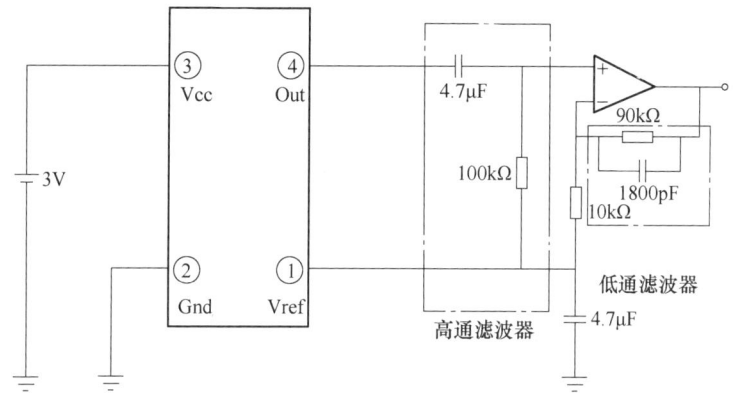

图 10-15　ENC-03MB 的典型应用电路

滤波器、温度补偿、自我测试、$0g$-Detect 检测线性自由落体、g-Select 允许选择两种敏感度等功能,零偏移和灵敏度是出厂设置,不需要外部设备。MMA7361LC 具有睡眠模式,使得它非常适合用于电子产品。

2) 3mm×5mm×1.0mm LGA14 脚封装。

3) 运行电压为 2.2~3.6V;低电流消耗为 400μA;睡眠模式为 3μA。

4) 两种灵敏度可选 (±1.5g、±6g),在 ±1.5g 时,其灵敏度可达 800mV/g。各轴的信号在不运动或不被重力作用的状态下 ($0g$),其输出为 1.65V。如果沿着某一个方向运动,或者受到重力作用,输出电压就会根据其运动方向以及设定的传感器灵敏度而改变,用单片机的 A-D 转换器读取此输出信号,就可以检测其运动和方向。

5) 启动时间较短:0.5ms。

(2) MMA7361LC 的工作原理　MMA7361LC 的引脚排列如图 10-16 所示。V_{DD} 和 V_{SS} 分别接电源和地。g-Select 功能允许选择两个不同的敏感性,根据 g-Select 逻辑输入引脚电平的高低,它的功能将改变器件的内部增益(1.5g 或 6g 灵敏度)。当一个产品需要两个不同的灵敏度时,通过该选择功能可以获得最佳的性能,而且灵敏度在操作过程中可随时改变。$0g$-Detect 功能提供一个 $0g$ 检测,当 X、Y、Z 三路都处于 $0g$ 时产生一个高电平,此功能在线性自由落体保护应用中可以连接到中断的输入口上。

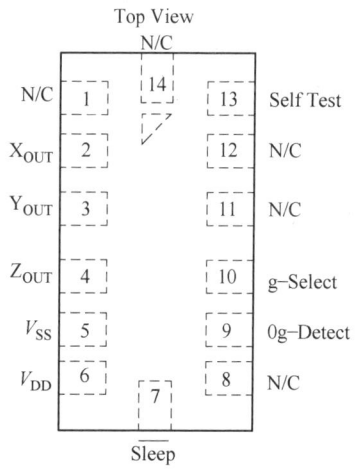

图 10-16　MMA7361LC 的引脚排列

加速度传感器是采用硅半导体材料制成的电容传感器,其内部结构如图 10-17 所示。它有三个极板,能构成两只背靠背的电容。上下两个极板是固定的,分别接 m、n 端;中间极板为可动的,接 O 端。当受到振动或冲击时,中心极板就发生移位,电容量 C_1、C_2 随极板之间距离的变化而改变(图 10-17 中所示为受到向左的加速度时,中心极板在惯性力的作用下使得 $C_1↓$,$C_2↑$),从中可获取加速度信号。该信号经过积分器和放大器,送至贝塞尔滤波器。贝塞尔滤波器的特点是能提供一个最大化的平坦延迟响应,可保证脉冲波形的完整性。由于该滤波器采用了开关电容技术,因此不需要接外部阻容元件即可设置滤波器的截止率。

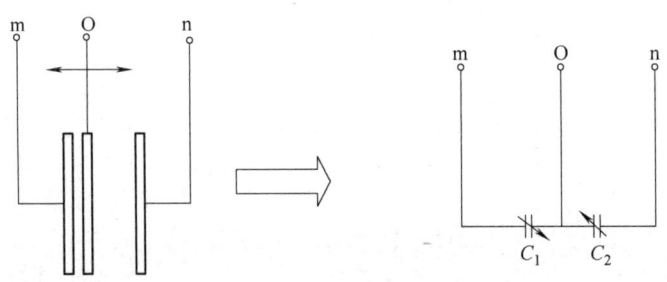

图 10-17　简化后 MMA7361LC 的物理模型图

8. HY-SRF05 超声波传感器

超声波是指超过人的听觉范围（20kHz）以上的声波。它具有频率高、波长短、方向性好、穿透力强、传播速度慢（约 340m/s，与声速相同）、能量衰减少等特点。超声波对液体和固体的穿透能力很强，尤其对于在阳光下不透明的固体，可穿透几十米的深度。超声波遇到杂质或分界面时会产生反射波，利用这一特性可构成超声波探伤仪或测距仪。超声波遇到移动物体时能产生多普勒效应，使接收到的频率发生变化，可制成多普勒测距系统。

(1) HY-SRF05 超声波传感器的性能特点

1）工作中心频率为（40.0±1.0）Hz。

2）射程范围为 2cm～4.5m。

3）测量范围≤15°。

4）输入触发信号为 10μs 的 TTL 脉冲；输出回响信号为输出 TTL 电平信号，与射程成比例。

5）规格尺寸为长 45mm、宽 20mm、高 15mm。

(2) HY-SRF05 超声波传感器的工作原理　超声波传感器又称超声波换能器或超声波探头。它主要是由压电晶片构成的，既可发射超声波，也可接收超声波。压电晶片可采用石英晶片或压电陶瓷（如钛酸钡）片。压电陶瓷片的灵敏度高，但热稳定性不及石英晶片。压电效应具有可逆性，给压电晶片施加周期性变化的电压时就会发生形变，产生振动，发出超声波。反之，当压电晶片受力后会产生电荷，形成电压，因此它也可以接收超声波。

超声波传感器的典型结构如图 10-18 所示。它是把呈正方形的两个压电晶片（又称双晶振子）按照相反的极性粘贴在一起，再引出两个电极。压电晶片上面有金属振动板和圆锥形振子。圆锥形振子具有很强的方向性，便于发送或接收超声波。超声波传感器采用金属或塑料外壳，其顶部有屏蔽栅。

超声波传感器有两种工作方式：直射式和反射式。直射式超声波传感器的工作原理如图 10-19 所示。首先由振荡器产生 40kHz 方波信号，再经过放大器来驱动超声波发送器，使之发出 40kHz 超声波并以疏密波的形式向外传播。超声波接收器接收到上述信号后，就通过放大器和滤波器得到控制信号，送至控制器。图中的 a、b 构成双晶体片，在方波驱动下，发送器中的双晶体片在不同方向被压缩或拉伸就形成了超声波。HY-SRF05 属于反射式超声波传感器，这种方式更适合非接触检测。HY-SRF05 的具体实物图及使用方法见第 11 章。

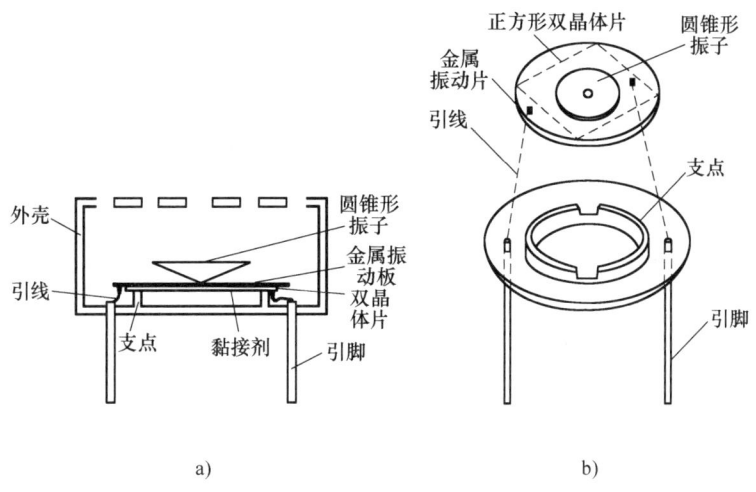

图 10-18 超声波传感器的典型结构
a) 正视图　b) 立体图

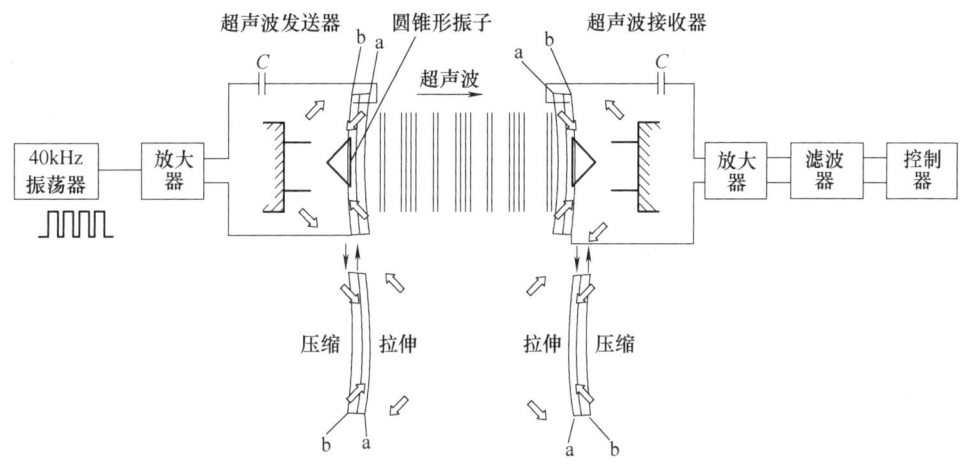

图 10-19 直射式超声波传感器的工作原理

9. ACS750 集成电流传感器

ACS750 是美国快捷微系统公司（Allegro MicroSystems. Inc.）新推出的由精密线性霍尔集成电路构成的隔离式电流传感器。ACS750 分 ACS750LCA-075、ACS750ECA-100 两种产品，二者可检测的最大电流分别为 ±75A(150℃)、±100A(85℃)。它适用于汽车及工业系统中的电流检测、电机控制、过程控制、伺服系统、电源转换、电池监控、过电流保护等领域。

（1）ACS750 集成电流传感器的性能特点

1) ACS750 属于工作在开环状态下的精密线性霍尔集成电路，内含霍尔元件和信号调理器，其输出电压与一次电流成正比，可直接配数字电压表测量电流。

2) 输出电压灵敏度为 19.75mV/A，输出阻抗为 1Ω（均为典型值）。采用 5V 电源时的静态输出电压为 2.5V。ACS750LCA-075 和 ACS750ECA-100 的非线性失真分别为 1.3%、

2.4%,在25℃环境温度下的满量程精度分别为±1.0%、±2.0%。ACS750LCA-075 在 -40 ~ +85℃温度范围内的满量程精度为±2.4%,ACS750ECA-100 在 -40 ~ +85℃温度范围内的满量程精度为±4.9%。

3) 具有自校准和电流隔离功能,使用时不需要对增益及偏移量进行微调。具有超低功耗,其一次侧的电流检测电阻仅为 120μΩ,即使测量 100A 的大电流,所产生的功耗也仅为 12mW。

4) 采用 +5V 电源供电,电源电压的允许范围是 +4.5 ~ +5.5V。电源电流的典型值为 7mA,最大不超过 10mA。

(2) ACS750 集成电流传感器的工作原理
ACS750 的引脚图及实物图如图 10-20 所示。U_{CC}、GND 分别为电源端和地。U_o 为电压输出端。I_{P+} 与 I_{P-} 为一次侧引脚,测量电流时这两脚应串入被测线路中。ACS750 的内部电路框图如图 10-21 所示。芯片中包含一次侧的电流检测电阻 R_{SENSE}、二次侧的霍尔元件、自动补偿电路、前置放大器(A_1)、滤波器和输出电流放大器(A_2)。开环霍尔电流传感器是由磁心和放置在磁心开口空气隙上的霍尔元件所组成的,当载流导线穿过磁心中心孔时就产生一个与导线电流成比例的磁场,这个磁场被磁心所集中并被霍尔元件检测到。ACS750 含有温度补

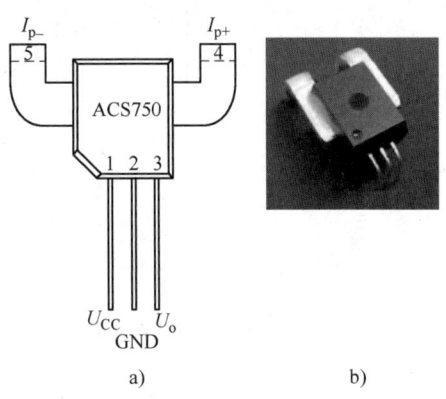

图 10-20 ACS750 的引脚图及实物图
a) 引脚图 b) 实物图

偿电路,它输出一个经过校正的电压,在不同温度下,一次电流与输出电压的关系曲线如图 10-22 所示,图中分别绘出了当环境温度分别为 25℃、85℃和 150℃时的三条曲线。由图可见,在 -80 ~ +80A 的测量范围内这三条曲线基本重合,并且 U_o 与 I 成线性关系。

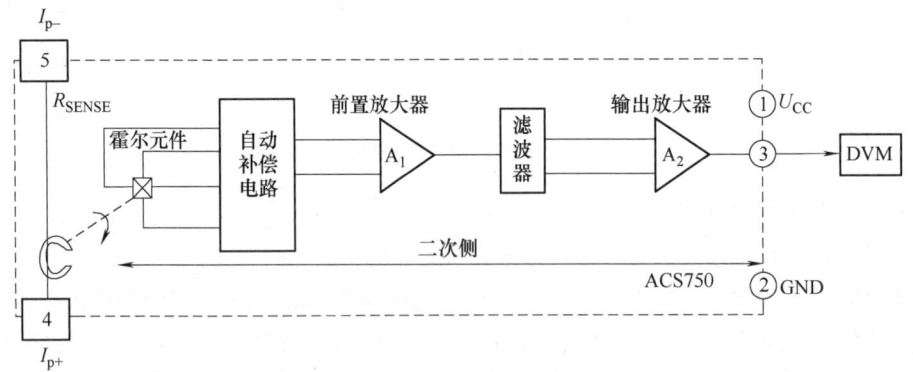

图 10-21 ACS750 的内部电路框图

10. HMC 系列集成磁场传感器

HMC 系列是美国霍尼韦尔(Honeywell)公司生产的单片集成化磁场传感器,简称 MR(磁敏电阻)传感器。该系列产品有 6 种型号:HMC1001、HMC1002、HMC1021D、HMC1021S、HMC1021Z、HMC1022。其中,HMC1001、HMC1021D、HMC1021S 和 HMC1021Z

均为单轴磁场传感器，HMC1002 和 HMC1022 属于双轴磁场传感器。这种传感器具有灵敏度高、可靠性好、体积小、价格低等优点，可作为磁场测量仪（如特斯拉计）的探头，用于地球磁场探测仪、导航系统、磁疗设备及自动化装置中，还可构成高灵敏度的接近开关。

(1) HMC 系列磁场传感器的性能特点

1) 传感器内部有一个由 4 个半导体磁敏电阻构成的 MR 电桥。当受到外部磁场作用时桥臂电阻会发生变化，使 MR 电桥输出一个差分电压信号。

2) 采用专利技术制成的带绕式线圈（补偿线圈和置位/复位线圈），可实现多种功能。不仅能消除环境磁场对测量的影响，达到高灵敏度指标，还能自动校准，减小温漂、非线性误差及铁磁性失真。

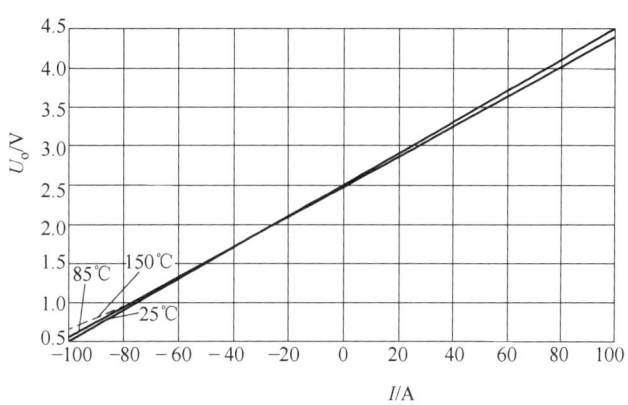

图 10-22　在不同温度下一次电流与输出电压的关系曲线

3) 上述产品在技术指标上存在着差异。HMC1001/1002 的桥臂电阻均为 850Ω（典型值，下同），可测磁通密度范围是 $-2\times10^{-4} \sim 2\times10^{-4}$T（T 代表特斯拉，$1\times10^{-4}$T = 1Gs），可承受极限磁通密度为 3×10^{-4}T，灵敏度为 3.2mV/V/10^{-4}T，分辨力为 2.7nT，非线性误差为 0.1%FS。HMC1021/1022 的桥臂电阻为 1100Ω，测量范围扩展到 $-6\times10^{-4} \sim 6\times10^{-4}$T，灵敏度为 1.0mV/V/10^{-4}T，分辨力为 8.5nT，非线性误差为 0.05%FS。

4) 灵敏度极高（对磁场的敏感程度可达 3nT），测量范围宽，体积小，便于安装。

5) HMC1001/1002、HMC1021/1022 的最高电源电压分别为 12V、25V。通常选 5V 电源供电。

(2) HMC 系列磁场传感器的工作原理　HMC 系列磁场传感器有 5 种封装形式，引脚排列如图 10-23 所示。以图 10-23c 为例，U_{BR} 为供桥电压端，接 +5V 电源；GND 为公共地；OUT$_+$、OUT$_-$ 为差分电压输出端；OFFSET$_+$、OFFSET$_-$ 为内部补偿线圈的引出端，+、- 号代表电流极性；S/R$_+$、S/R$_-$ 置位/复位线圈的引出端，改变脉冲电流的极性可分别实现置位、复位功能。图中的小箭头代表 MR 传感器灵敏轴的方向。图 10-23e、f 是两种双轴磁场传感器的引脚端，芯片内部有 A、B 两组 MR 传感器，适合测量平面磁场。

以 HMC1001 为例，介绍集成磁场传感器的工作原理。该传感器的内部电路框图如图 10-24 所示。内部主要包括 MR 电桥（桥臂电阻为 R）、用集成工艺制成的两个带绕式线圈。一个是补偿线圈，可等效于 2.5Ω 的标称电阻；另一个是置位/复位线圈，等效于 1.5Ω 的标称电阻。当线圈上有电流通过时所产生的磁场就耦合到 MR 电桥上，这两个线圈具有磁场信号调理功能。MR 电桥是将坡莫合金薄膜覆盖在硅晶片上而制成的，接上电源后，传感器就能测量沿水平灵敏轴方向的环境磁场或外加磁场。当外部磁场施加于传感器时，就改变了磁敏电阻的电阻值，产生电阻变化率（$\Delta R/R$），使 MR 电桥输出一个随外部磁场变化的电压信号（U_o）。利用数字式电压表，就可以对磁场进行检测了。

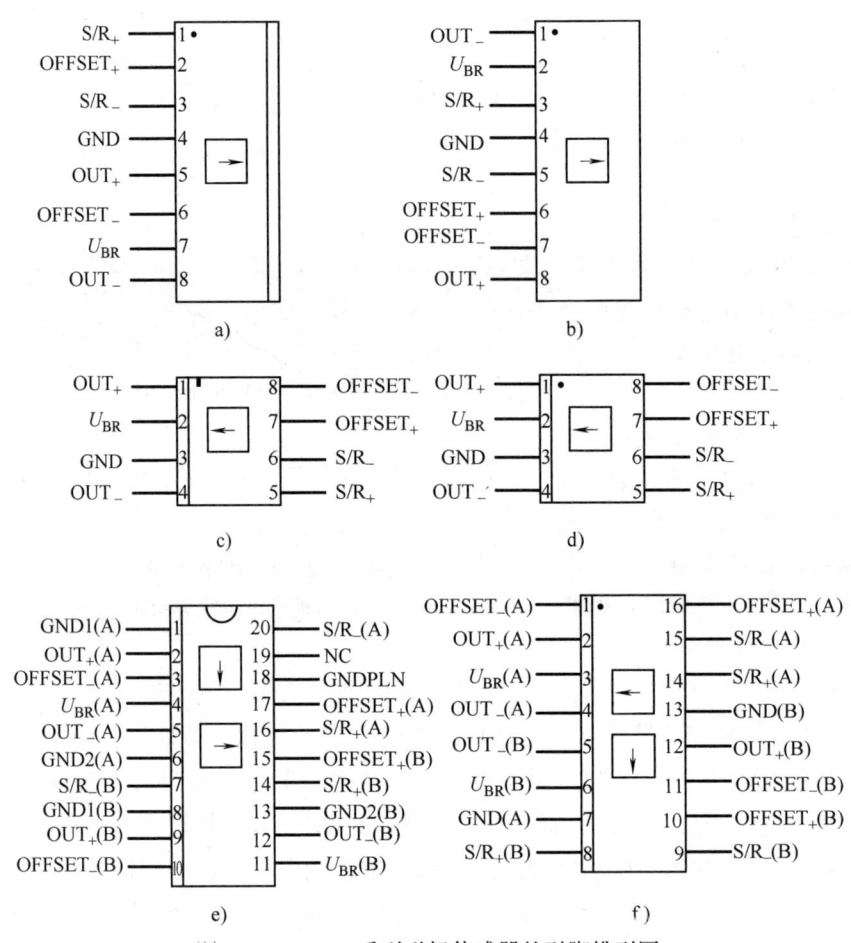

图 10-23 HMC 系列磁场传感器的引脚排列图

11. TSL1401CL 线性 CCD

TSL1401CL 是美国 TAOS 公司（现被奥地利 AMS 微电子公司收购）生产的一款光电传感器。

（1）TSL1401CL 的性能特点　TSL1401CL 线性传感器阵列由一个 128×1 的光电二极管阵列和相关的电荷放大器电路组成。它有一个内部像素数据保持功能，这个功能可在同一个开始和停止时间间隔内同时整合所有的像素。像素阵列由 128 个像素点组成，其中每一个像素点的光敏面积为 $3524.3 \mu m^2$，每个像素有 $8 \mu m$ 间距。该传感器简化了内部控制的逻辑，只需要一个串行输入（SI）的信号和时钟就可以完成所有的操作。

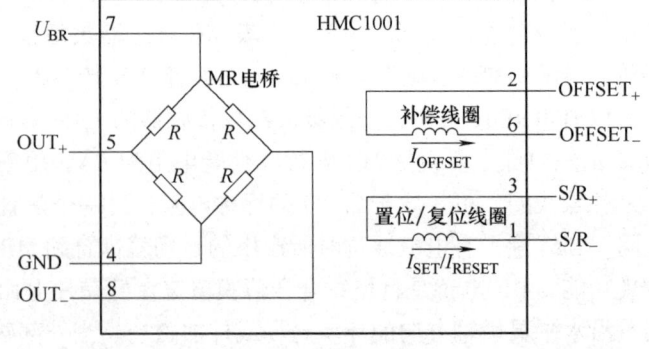

图 10-24 HMC1001 型集成磁场传感器的内部电路框图

（2）TSL1401CL 的通信原理　TSL1401CL 包含 128 个光电二极管线性阵列。光能量照射在光电二极管上产生光电流，这些光电流被与像素点相关的集成电路所集成。在光电流的集成期间，一个采样电容通过一个模拟开关电路连接到了集成电路的输出端。所以，每个像素点累加的电荷数量与光线的强度成正比。

积分器的输出和复位电路由一个128位的移位寄存器和复位逻辑控制电路控制。当逻辑时钟电路SI上的逻辑电平为1时，一个输出循环开始启动。在正确的情况下，在满足最小的保持时间后，SI必须在下一个上升沿到来前变为低电平。一个叫作"Hold"的内部信号，在SI的上升沿被触发并且被传递给了像素电路的模拟开关。这导致了所有的128个采样电容从它们各自的积分电路上断开，并开始了一个积分准备过程。根据SI上的脉冲信号，通过移位寄存器，在128个采样电容上存储的电量被陆续连接到一个电荷耦合的输出放大端，这个输出端将会在模拟量输出端AO端子上产生一个电压。与此同时，在前18个时钟周期，所有像素的积分电路被复位，下一个积分周期将在第19个时钟到来时开始。在第129个时钟的上升沿，与SI同步输出的移位寄存器和模拟输出AO口呈现高阻抗状态，这个第129个时钟脉冲需要结束第128个像素点的输出并且给内部的逻辑电路返回一个已知的状态。下一个SI脉冲将在第129个脉冲后出现，SI与第129个脉冲的时间间隔越长，电路积分的时间就越长。这就是TSL1401CL的基本工作原理，TSL1401CL的使用见第11章。

12. Mini1024J 编码器

编码器（Encoder）是将信号（如比特流）或数据进行编制、转换为可用以通信、传输和存储的信号形式的设备。编码器把角位移或直线位移转换成电信号，前者称为码盘，后者称为码尺。编码器按照读出方式可以分为接触式和非接触式两种；按照工作原理可分为增量式和绝对式两类；按所使用的传感器又可分为霍尔式和光电式。增量式编码器是将位移转换成周期性的电信号，再把这个电信号转变成计数脉冲，用脉冲的个数表示位移的大小。绝对式编码器的每一个位置对应一个确定的数字码，因此它的示值只与测量的起始和终止位置有关，而与测量的中间过程无关。Mini1024J编码器是广州展昌自动化科技有限公司生产的一款编码器，下面以Mini1024J为例进行介绍。

（1）Mini1024J编码器的性能特点

1）分辨率高。10位/1024份，分辨率可达0.35°。

2）旋转速度高，最高转速可达10000r/min。

3）较宽的工作温度范围：-40~+125℃，抗扰性好。

4）体积小巧。直径D为15mm，高H为18mm，轴径为3mm。

5）重量轻。除转轴外，全铝合金构造，净重11.5g。

6）抗抖动性好。增量式编码器都存在抗抖动性差的问题，而绝对式编码器刚好克服了这个缺点，Mini1024J型10位精度无限角度绝对式编码器能很好地克服抖动问题。

7）节省更多处理器资源。使用绝对式编码器，处理器无需时刻记录编码器输出的脉冲数，只需定时访问传感器即可。此外，绝对式编码器在断电期间也能准确检测旋转角度偏移量。

（2）Mini1024J绝对式编码器的工作原理 绝对编码器光码盘上有许多道光通道刻线，每道刻线依次以2线、4线、8线、16线……编排。这样，在编码器的每一个位置，通过读取每道刻线的通、暗，获得一组$2^0 \sim 2^{n-1}$的唯一的二进制编码（格雷码），称为n位绝对编码器。这样的编码器是由光电码盘的机械位置决定的，它不受停电、干扰的影响。绝对式编码器的内部结构如图10-25所示。

  Mini1024J将360°分成1024份，旋转轴无论在哪个位置，读取到的数据都在0~1023之间。绝对编码器在每个位置上读取数值都是唯一的，断电时数据也不会丢失。因此，此类编码器的抗干扰特性、数据的可靠性远远高于增量式编码器。

  （3）增量式编码器及其工作原理 增量式编码器在结构上较绝对式编码器简单，其内部一般采用霍尔传感器或者光电传感器，当旋转轴旋转时，信号端输出TTL脉冲信号。增量式编码器有单线、两线两种类型。单线编码器仅能进行速度测量而无法进行转速方向测量。两线编码器的测速原理与单线编码器相同，但是由于两个信号有相位差，所以利用两个信号相位的不同，可以进行速度正反的测量。

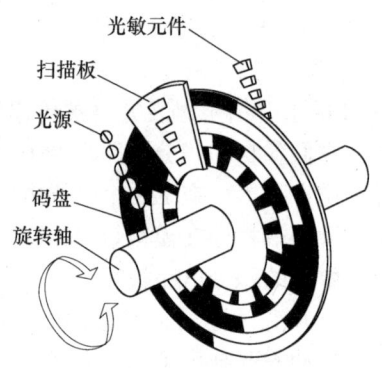

图10-25 绝对式编码器的内部结构图

  需要注意的是，由于不同厂家的编码器内部电路不同，所以有些编码器的信号输出端需要加上拉电阻，而有些则不需要。具体使用方法详解见第11章。

本 章 小 结

  集成传感器是采用专门的设计与集成工艺，把构成传感器的敏感元件、晶体管、二极管、电阻、电容等基本元器件，制作在一个芯片上，能完成信号检测及信号处理的集成电路。集成传感器具有功能强、精度高、响应速度快、体积小、微功耗、价格低、适合远距离传输信号、外围电路少、性价比高等特点。

  智能传感器就是带微处理器，兼有信息检测和信息处埋功能的传感器。其最大特点是将传感器检测信息的功能与微处理器的信息处理功能有机地融合在一起。智能传感器具有精度高、量程宽、多参数多功能测量等优点。

  本章按照用途对集成/智能传感器进行了分类，并且逐一对集成/智能温度传感器AD590、DS18B20，集成湿度传感器HM1500/1520、SHT11/15，集成转速传感器KMI15/16等的性能特点及工作原理进行了简单介绍；同时，为了增加本书的实用性，在本章还对编码器Mini1024J进行了简单介绍。这些介绍能使大家开阔眼界，为大家今后使用传感器提供一些依据。

第 11 章
常用传感器的应用设计实例

在自动控制系统中，对于闭环系统，需要将被控对象的具体参数通过传感器进行检测，然后将检测的数据传递给 MCU 或者相关的控制电路来进行控制；对于开环系统，也需要将被控对象的具体运行参数进行检测，并送至仪表，以供人参考，进而通过人工调节控制器来控制被控对象。因此，掌握传感器的应用，掌握如何将传感器传递回来的数字量和模拟量进行变换处理非常重要。

本章将列举几个典型的常用传感器检测系统设计实例，并通过 Freescale 单片机说明传感器的应用方法和关键步骤，希望对工程设计人员、正在完成毕业设计及参加各种比赛的学生有一定的借鉴作用。

11.1 Freescale 单片机的性能及其应用简介

在目前大学生的各种比赛中，FreescaleXS128 单片机应用比较广泛，而且其开发环境友好，本章的所有例程均通过 FreescaleXS128 的 Codewarrior 编程环境开发。

11.1.1 S12X 系列 MCU 概述

在 2005 年左右，飞思卡尔公司在 16 位 S12 系列 MCU 的基础上，开始推出 S12X 系列 MCU。它是新一代的双核微控制器，拥有卓越的性能，堪比 32 位微控制器。S12X 系列微控制器的主要应用领域是汽车电子，包括座位控制、暖通空调控制、方向盘控制及均衡系统等。在工业控制、通信等领域也有很多应用。

S12X 系列 MCU 的内部结构框图如图 11-1 所示，主要特点简述如下：

1) S12X 系列单片机的中央处理器 CPU12X 是 16 位 MCU，它的指令系统与 S12 兼容。CPU 工作频率最高可达 80MHz。

2) 使用范围为 0.5～16MHz 的外部晶振，产生更高的单片机内部总线时钟，最高可达 40MHz。外部时钟缺失时，内部提供自时钟方式，直到外部时钟恢复为止。

3) 具有 64KB、128KB 或 256KB 的 Flash（也称 P-Flash）或者 ROM，4KB 或 8KB 的数据 Flash（也称 DFlash 或 E^2PROM），4KB、8KB 或者 12KB 的 RAM。

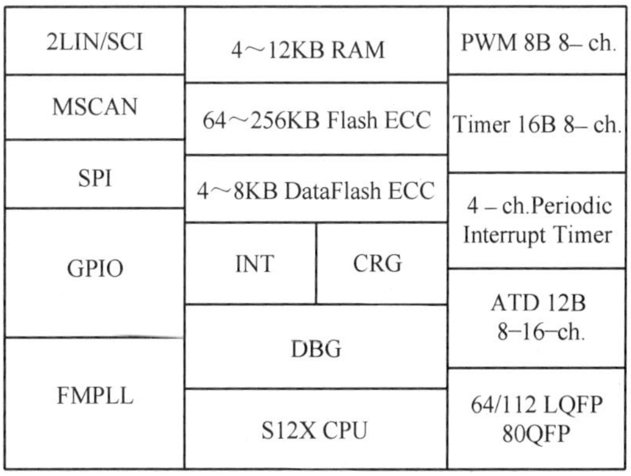

图 11-1 S12X 系列 MCU 的功能框图

4）具有16通道的高达12位精度的A-D采集模块，支持8位、10位、12位多种精度选择。支持CAN2.0A、B两种协议的控制器局域网CAN，又叫MSCAN（Motorola Scalable Controller Area Network），通信速率可达1Mbit/s。标准定时器模块TIM（Standard Timer Module），8个16位通道的输入捕捉和输出比较，1个带着8位精度的16位计数器和1个16位的脉冲累加器。周期中断定时器PIT（Periodic Interrupt Timer），多达4个带有溢出周期的独立的定时器，溢出周期可以在1~224个总线周期之间。多达8通道8位或4通道16位的脉冲宽度调制PWM。2个串行外设接口模块SPI（Serial Peripheral Interface），可配置8位或者10位数据大小，支持主机、从机两种模式。2个串行通信接口SCI（Serial Communication Interface）支持全双工或者半双工操作模式，可选用普通非归零码或者IrDA1.4归零码。低功耗唤醒定时器，定时溢出周期从0.2ms~13s，每两个可选周期之间间隔为0.2ms。

5）采用INT/XINT中断模块，7级中断嵌套，支持7个等级的中断优先级，用户可以编程设置中断的优先等级。

6）采用单线后台调试模式接口（BKGD），增强的断点功能，允许单一的断点设置在线调试（在片内调试模块加了多于两个的断点）。

7）具有CRG（Clock and Reset Generation）模块，包括COP看门狗、实时中断以及时钟监视器等。

8）采用片内电压调节器，包含带低电压中断方式的低电压检测、上电复位电路以及低电压复位。含有带隙（Bandgap）参考电压，提高了系统的温度适应性。

9）具有存储器映像控制（Memory Mapping Control）模块，实现8MB存储空间连续寻址。

11.1.2　S12XS128硬件最小系统

MCU的硬件最小系统是指可以使内部程序运行所必需的外围电路，也可以包括写入器接口电路。使用一个芯片，必须完全理解其硬件最小系统。当MCU工作不正常时，首先查找最小系统中可能出错的元器件。一般情况下，MCU的硬件最小系统由电源、晶振及复位电路等组成。芯片要工作必须有电源与工作时钟，至于复位电路则提供不掉电情况下MCU重新启动的手段。由于Flash存储器制造技术的发展，大部分芯片提供了在板或者在系统（On System）写入程序功能，即把空白芯片焊接到电路板上后，再通过写入器把程序下载到芯片中。这样，硬件最小系统应该把写入器的接口电路也包含在其中。基于这个思路，XS128芯片的硬件最小系统包括电源及其滤波电路、复位电路、晶振电路、写入器接口电路。下面分别对这些电路给出简明分析。

绘制硬件最小系统原理图时，可以使用引脚的第一功能名称作为原理图的网络标号，比如AD0引脚的原理图连接线的网络标号为AD0。若引脚具有GPIO功能，可以使用GPIO功能名命名网标。利用最小系统进行实际嵌入式系统功能原理图设计时，若实际使用的是其另一功能，可以用括号加以标注，这样设计的硬件最小系统就比较通用。图11-2给出了XS128（112引脚LQFP封装）设计实际应用系统，该图一般不再变更。引出的网标供绘制其他功能构件使用。

1. 电源及其滤波电路

最小系统电路中需要大量的电源类引脚来提供足够的电流容量。所有的电源必须外接滤波电容抑制高频噪声。

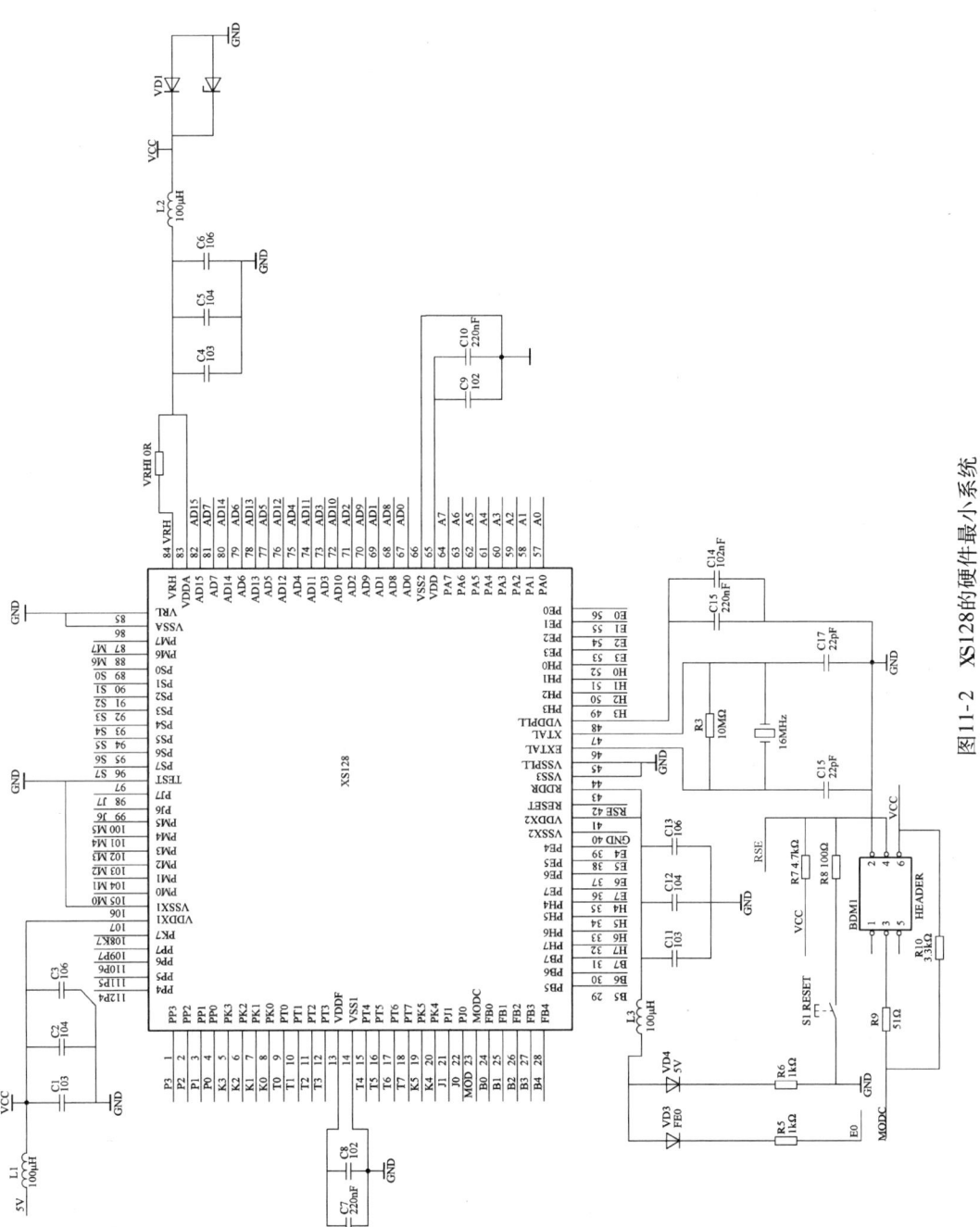

图11-2 XS128的硬件最小系统

2. 复位电路

复位意味着 MCU 一切重新开始。若复位引脚 RESET 信号为低电平，MCU 复位。需要注意的是，如果 RESET 引脚一直被拉低，MCU 将无法工作。

3. BDM 接口电路

背景调试模式（Background Debug Mode，BDM）是由飞思卡尔公司自定义的片上调试规范，为开发人员提供了底层的调试手段。开发人员可以通过它初次向目标板下载程序，同时也可以通过 BDM 调试器对目标板 MCU 的 Flash 进行写入和擦除等操作。用户也可以通过它进行应用程序下载、在线更新、在线动态调试和编程、读取 CPU 各个寄存器的内容、MCU 内部资源的配置与修复、程序的加密处理等操作。

在进行最小系统板设计时，要注意使最小系统板的滤波电容尽量靠近芯片引脚，晶振下方不要走线。接地方式及元器件参数可以按照飞思卡尔官方参考手册中的数值设置。

11.2 CodeWarrior 开发环境简介与基本使用方法

1. CodeWarrior 环境的功能和特点

CodeWarrior 开发环境（简称 CW 环境）是 Freescale MCU 与 DSP 嵌入式应用开发的商业软件工具，其功能强大，是 Freescale 向用户推荐的产品。

CodeWarrior 分为三个版本：特别版、标准版和专业版。在其环境下可编制并调试 XS128 MCU 的汇编语言、C 语言和 C++语言程序。其中特别版是免费的，用于教学目的，对于生成的代码有一定限制，C 语言代码不得超过 12KB，对工程包含的文件数目也限制在 30 个以内；标准版和专业版没有这种限制。三个版本的区别在于用户所获取的授权文件不同，特别版随安装软件附带，不需要特殊申请。三个版本的定义随所支持的微处理器的不同而不同，如 CodeWarrior for S08 V6.2、CodeWarrior for S12 V5.0、CodeWarrior for Coldfire V6.3 等。

CW 环境包括以下几个功能模块：编辑器、源码浏览器、搜索引擎、构造系统、调试器、工程管理器。编辑器、编译器、连接器和调试器对应开发过程的四个阶段，其他模块用于支持代码浏览和构造控制，工程管理器控制整个过程。该集成环境是一个多线程应用，能在内存中保存状态信息、符号表和对象代码，从而提高操作速度；能跟踪源码变化，进行编译和连接。

2. CW 环境的安装与设置

CW 环境安装没有什么特别之处，在 Windows XP 操作系统上，只要按照安装向导操作就可以完成。

需要说明的是，安装完毕以后要上网注册以申请使用许可（License Key）。无论是下载的软件还是申请到的免费网上光盘，安装后都要通过因特网进行注册，申请使用许可。学生可以通过登录其官方网站，单击"Request a key"实现。由于这一注册过程是在网上自动实现的，故只要网络畅通，这个往返过程数分钟即可以完成。申请后会通过 E-mail 得到一个 License.dat，将该文件复制到相应目录下即可。例如，"C:\Program Files\Freescale\CodeWarrior for S12 V5.0\"。对于免费的特别版本，安装好后用 License.dat 覆盖安装目录下的 License.dat 即可。CW 环境的运行环境界面如图 11-3 所示。

由于 CodeWarrior IDE 安装后的默认字体是 Courier New，对中文的支持不完善，因此建

图 11-3　CW 环境的运行环境界面

议修改字体。方法如下：选择 Edit→Perferences 菜单项，则弹出 IDE Preference 对话框。在 Font&Tabs 选项设置字体为 Fixedsys，Script 选项设置为 CHINESE_GB2312。由于 Tab 在不同文本编辑器的解释不同，建议选中 Tab Inserts Spaceship，使 Tab 键插入的是多个空格。

11.3　常用传感器应用实例

11.3.1　DS18B20 智能温度传感器的应用

1. DS18B20 测温系统的硬件设计

此处对 DS18B20 的硬件进行设计，通过系统，MCU 可以同时读取 4 路温度值（加总线驱动电源后，理论上，最多可以挂接 248 片 DS18B20）。DS18B20 与 Freescale 的硬件连接如图 11-4 所示，DS18B20 实物图如图 11-5 所示。DS18B20 的工作原理及性能特点可以参看第 10 章的相关内容。

> **老师：**"在进行测温系统设计的过程中，关键问题是通过二叉树算法对各个不同的芯片进行序列号的读取及匹配。需要强调的是，在购买芯片时，有些二手芯片的序列号读不出来，这就会导致系统故障，所以当遇到系统故障时，需先查硬件，再查软件。"

2. DS18B20 测温系统的软件设计

主程序和主程序中相应的子程序流程图如图 11-6 所示。

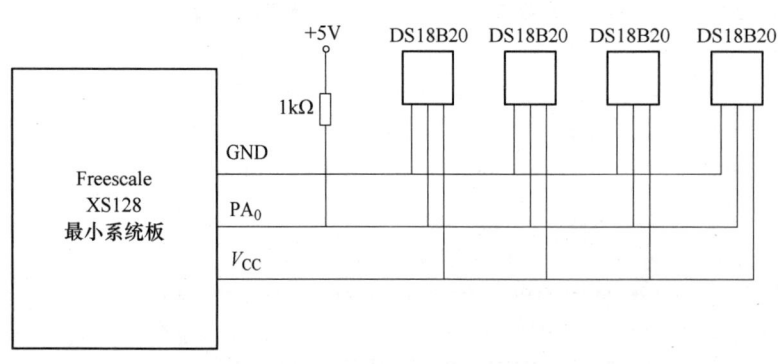
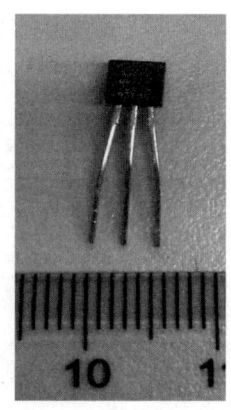

图 11-4　4 片 DS18B20 与单片机的接线图　　　　图 11-5　DS18B20 的实物图

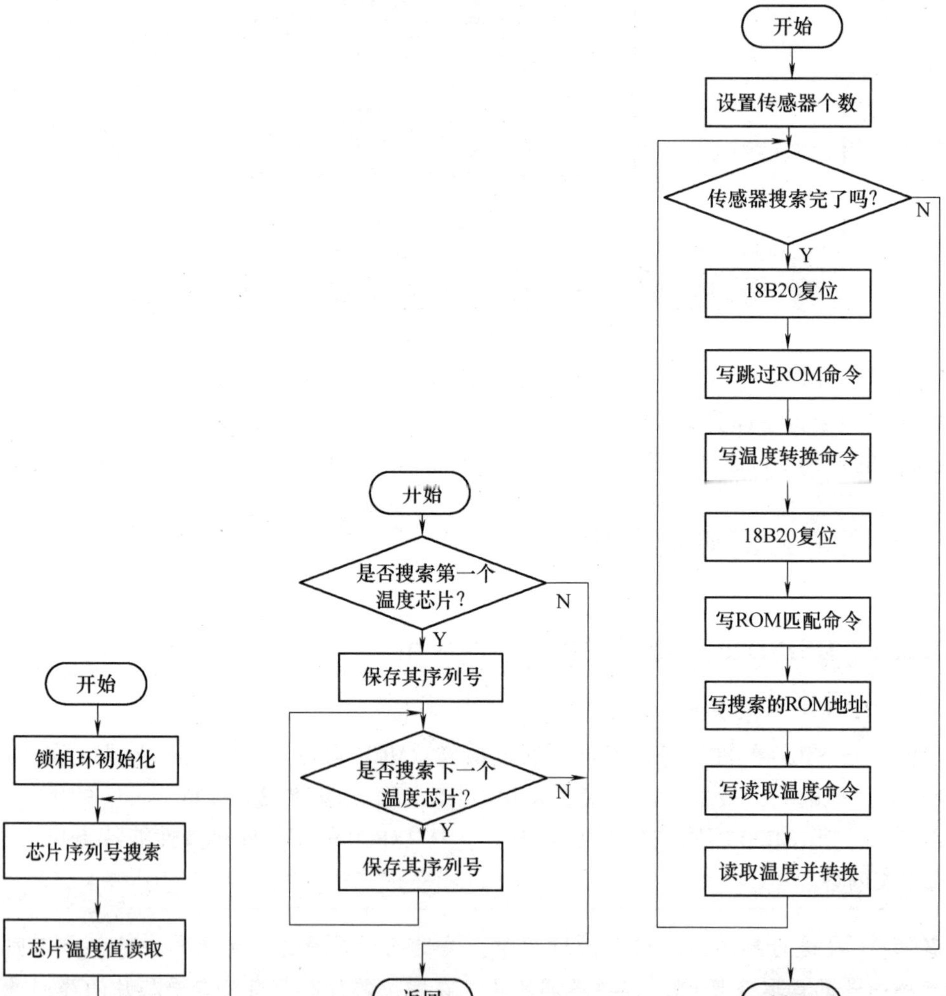

图 11-6　DS18B20 测温系统程序流程图
a) 主程序流程图　b) 芯片序列号搜索子程序流程图　c) 芯片温度值读取子程序流程图

DS18B20 测温系统的源程序代码如下,将程序下载至单片机,通过仿真程序,就可以实现通过 DS18B20 对 4 路温度进行检测,4 路传感器的温度值存储在数组变量"temp[4]"中。

/ ************************ 程序代码 ***************************** /
#include <hidef.h>   /* common defines and macros */
#include "derivative.h" /* derivative-specific definitions */
/ *********** 宏定义 *************** /
#define uchar unsigned char
#define uint unsigned int
#define DQ PORTA_PA0   //定义单片机接 DS18B20 的数据端
#define FALSE 0
#define TRUE 1
/ *********** 变量定义 *************** /
uint symbol;   //温度分位读取时的正负标志位
uchar normal,writedata,T1,T2;
uchar ROM_NO[8];
uchar LastDeviceFlag,LastDiscrepancy,LastFamilyDiscrepancy;
uchar crc8;
uchar ROM_NO5[4][8];   //64 位序列号存储变量
int temp[4];   //温度值存储变量
/ ****** 锁相环初始化,设置系统总线频率为 80MHz ****** /
void SetBusCLK_80M(void)
{
CLKSEL = 0X00;   //不加载 IPLL 到系统
PLLCTL_PLLON = 1;   //打开 PLL
SYNR = 0xc0 | 0x09;
REFDV = 0x80 | 0x01;   //$f_{vco} = 2 \times f_{osc} \times (1 + \text{SYNDIV})/(1 + \text{REFDIV}) = 160\text{MHz}$
POSTDIV = 0x00;   //$f_{bus} = f_{vco} \div 2$
_asm(nop);
_asm(nop);
while(!(CRGFLG_LOCK == 1));   //等待锁相环 PLL 稳定
CLKSEL_PLLSEL = 1;   //加载 IPLL 到系统
}
/ *********** 延时函数 *************** /
void delay(uint i)
{ i = 10 * i;
while(--i);
}
/* DS18B20 复位,返回 0,设备正常;返回 1,没有设备或设备不正常 */

```c
uchar resetpulse(void)
{uchar RstFlag;
RstFlag = 1;
DDRA = 0x01;
DQ = 0;
delay(2000);                  //精确延时,维持至少480μs
DQ = 1;
delay(300);                   //60~240μs 延时
DDRA = 0x00;
if(DQ == 0)
RstFlag = 0;
delay(300);                   //60~240μs 延时
return(RstFlag);
}
/* 18B20 的读写命令都是低位在先 */
/* 18B20 写命令 */
void writecommandtods18b20(unsigned char command)
{unsigned char i;
DDRA = 0x01;
DQ = 1;
delay(1);
for(i = 0;i < 8;i ++)
{DQ = 0;
delay(1);
DQ = command&0x1;             //低位在先
delay(150);                   //必须让写时序持续至少60μs
DQ = 1;
command = command >> 1;
delay(1);
}
}
/* 向温度传感器写1bit 数据 */
void OWWriteBit(unsigned char bit_val)
{DDRA = 0x01;
DQ = 0;
delay(1);
DQ = bit_val;
delay(150);
DQ = 1;
```

```c
    delay(1);
}
/* DS18B20 读命令 */
unsigned char readdatafromds18b20(void)
{unsigned char i;
unsigned char temp;
temp = 0;
DDRA = 0x01;
DQ = 1;
delay(8);
for(i = 0;i < 8;i ++)
{DQ = 0;
delay(8);
DQ = 1;
delay(8);
DDRA = 0x00;
temp = temp >> 1;            //先向左移动1位,为读取数据做准备
if(DQ == 1)
   {
      temp = temp + 0x80;      //先读到最高位,再依次右移
   }
   delay(60);
   DDRA = 0x01;
   delay(8);
}
return(temp);
}
/* 读1bit 数到单片机 */
unsigned char OWReadBit()
{
uchar t;
DDRA = 0x01;
DQ = 0;
delay(8);
DQ = 1;
delay(8);
DDRA = 0x00;
t = DQ;
delay(60);
```

```c
return(t);
}
/******************************************************/
/* DS18B20 的 CRC8 校验程序    */
/*  CRC = x8 + x5 + x4 + 1           */
/****************************************************** /
uchar   Verify_CRC8()            //校验成功则 crc 返回 0
{ uchar i,x,crc,crcbuff;
crc = 0;
for(x = 0; x < 8; x ++)
{crcbuff = ROM_NO[x];
  for(i = 0; i < 8; i ++)
    {if((((crc ^ crcbuff)&0x01) == 0)
    crc >> = 1;
    else {
          crc ^ = 0x18;
          crc >> = 1;
          crc | = 0x80;
            }
      crcbuff >> = 1;
  }
}
return crc;
}
/* 在单总线上完成搜索 */
/* 返回 1:装置找到,ROM 数在 ROM_NO 缓冲单元中;返回 0:装置没找到,搜索结束 */
/* 温度传感器芯片搜索函数 */
int OWSearch()
{uchar id_bit_number;
uchar last_zero, rom_byte_number, search_result;
uchar id_bit, cmp_id_bit;
uchar rom_byte_mask, search_direction;
//对搜索的变量进行初始化
id_bit_number = 1;
last_zero = 0;
rom_byte_number = 0;
rom_byte_mask = 1;
search_result = 0;
crc8 = 0;
```

```c
//如果搜索不是最后一个
if(! LastDeviceFlag)
{                                    // 1 总线复位
    if(resetpulse( ))                //复位脉冲,传感器返回1设备不正常,返回0正常
    {                                //复位搜索
        LastDiscrepancy = 0;
        LastDeviceFlag = FALSE;
        LastFamilyDiscrepancy = 0;
        return FALSE;
    }
    //写搜索命令
    writecommandtods18b20(0xF0); // 给复位脉冲后,写入搜索命令
    do
    { id_bit = OWReadBit( );
      cmp_id_bit = OWReadBit( );
      if((id_bit == 1) && (cmp_id_bit == 1))//在总线上没有检测的设备,结束循环
        break;
      else
        { //有关的所有装置存在0和1时,当id_bit = 0时,先搜索左边传感器,当id_
            bit = 1时,搜索右边传感器
          if(id_bit ! = cmp_id_bit)
            search_direction = id_bit;    //根据id_bit的值为搜索写位值
          else   //如果两个值同时为0,总线存在混码,再进一步确定搜索位置
            {
                //如果搜索的位置小于最后差异的值,和上一次搜索相同
            if(id_bit_number < LastDiscrepancy)
            search_direction = ((ROM_NO[rom_byte_number] & rom_byte_mask) > 0);
            else
            search_direction = (id_bit_number == LastDiscrepancy);
            if(search_direction == 0)
              {
                last_zero = id_bit_number;
                if(last_zero < 9)
                LastFamilyDiscrepancy = last_zero;
              }
            }
          if(search_direction == 1)
                ROM_NO[rom_byte_number] | = rom_byte_mask;
            else
```

```
                ROM_NO[rom_byte_number] &= ~rom_byte_mask;
            OWWriteBit(search_direction);
            id_bit_number++;
            rom_byte_mask <<= 1;
            if(rom_byte_mask == 0)
                { rom_byte_number++;
                rom_byte_mask = 1;
                }
            }
        }
    while(rom_byte_number < 8);   // loop until through all ROM bytes 0 ~ 7
    crc8 = Verify_CRC8();
    if(! (((id_bit_number < 65) || (crc8! = 0))))
        {
        LastDiscrepancy = last_zero;
        if(LastDiscrepancy == 0)
        LastDeviceFlag = TRUE;
        search_result = TRUE;
        }
    }
if(! search_result || ! ROM_NO[0])
    {
    LastDiscrepancy = 0;
    LastDeviceFlag = FALSE;
    LastFamilyDiscrepancy = 0;
    search_result = FALSE;
    }
return search_result;
}
//搜索第一个温度传感器芯片
int OWFirst()    // reset the search state
{
LastDiscrepancy = 0;
LastDeviceFlag = FALSE;
LastFamilyDiscrepancy = 0;
return OWSearch();
}
// Find the 'next' devices on the 1 - Wire bus
//寻找其他温度传感器芯片
```

```
int OWNext( )
{          // leave the search state alone
return OWSearch( );
}
/ ************ 读取 DS18B20 当前温度 ************ /
void ReadTemp( void)
{ uchar TempL = 0;
uchar TempH = 0;
char   Temp_Value;
uchar c;
uchar n;                              //n 为 18B20 的个数,一定要与实际一致
for( n = 0;n < 4;n + + )
{
    resetpulse( );
   writecommandtods18b20(0xCC);       //跳过读序列号的操作
   writecommandtods18b20(0x44);       //启动温度转换
   delay(100);
   resetpulse( );
   writecommandtods18b20(0x55);
   for( c = 0;c < 8;c + + )
      {
       writecommandtods18b20( ROM_NO5[ n ][ c ] );
      }
   writecommandtods18b20(0xBE);       //读取温度寄存器等(共可读 9 个寄存器)前两
                                        个就是温度
   TempL = readdatafromds18b20( );    //读取温度值低位
   TempH = readdatafromds18b20( );    //读取温度值高位
   if( ( ( TempH >> 4) = = 0x0f) /1111 = 负数, 0000 = 正数
      symbol = 1;
   else
      symbol = 0;
   Temp_Value = TempH << 4;           //高 8 位中后 3 位数的值
   Temp_Value + = ( TempL&0xf0) >> 4; //低 8 位中的高 4 位数的值加上高 8 位中后 3
                                        位数的值

   temp[ n ] = Temp_Value;
}
}
//ROMCODE 搜索函数
uchar sarch_romcode( void)
```

```
{
    uchar nn;
    uchar n = 1;
    if( OWFirst( ) )
    {
        for( nn = 0; nn < 8; nn ++ )
        {
            ROM_NO5[0][nn] = ROM_NO[nn];
        }
        while( OWNext( ) )
        {
            for( nn = 0; nn < 8; nn ++ )
            {
                ROM_NO5[n][nn] = ROM_NO[nn];
            }
            n ++ ;
        }
        return TRUE;
    }
    else
        return  FALSE;
}
void main( void ) {
    SetBusCLK_80M( );
    DisableInterrupts;
    for( ; ; )
    {
        sarch_romcode( );
        ReadTemp( );
        _FEED_COP( );/* feeds the dog */
    }/* loop forever */
}
/****************************** 程序结束 ******************************/
```

11.3.2 MMA8451集成加速度传感器的应用

1. MMA8451加速度测量系统的硬件设计

MMA8451是加速度传感器,实物图如图11-7所示。加速度测量系统的硬件电路如图11-8所示,图中MIC5205将5V电压转换为3.3V电压,为传感器提供电源。它的输出采用I^2C总线方式,其中SDA接XS128的B_1口,SCL接XS128的B_0口,通过B_1、B_0来实现

MCU 与传感器的通信。

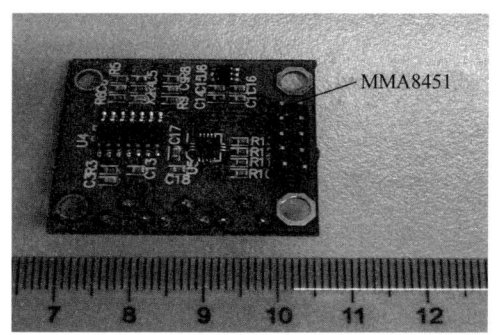

图 11-7　MMA8451 的实物图

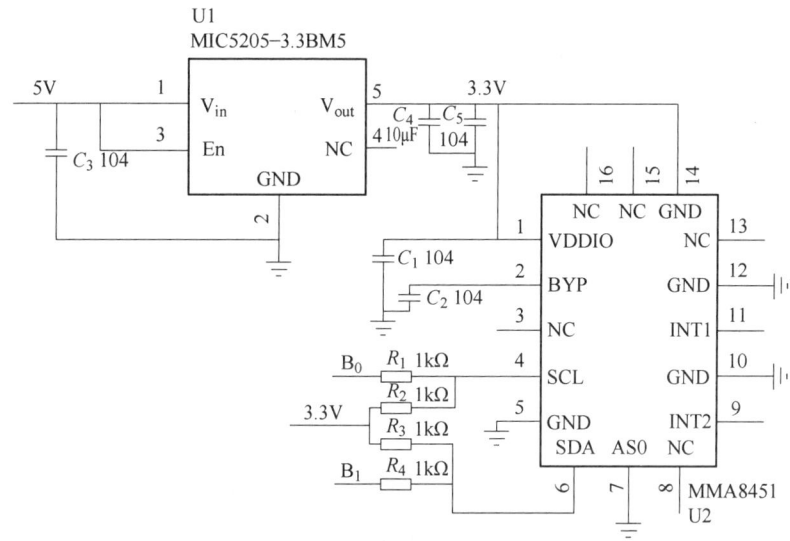

图 11-8　MMA8451 加速度测量系统的硬件电路

2. MMA8451 加速度测量系统的软件设计

MMA8451 加速度测量系统程序流程图如图 11-9 所示。在程序中，读取了 Z 轴方向的加速度，通过合理放置传感器的位置及在程序中进行数据变换，可以利用所读取的 Z 轴加速度来获取 Z 轴与重力方向的夹角。

MMA8451 的测量精度可以调整，本程序精度为 $4096/g$。源程序代码如下：

```
/****************************** 程序代码 ******************************/
#include <hidef.h>                    /*命令和宏定义*/
#include "derivative.h"
#define SDA    PORTB_PB1              //I²C 数据线定义    //SA0 必须接地
#define SCL    PORTB_PB0              //I²C 时钟线定义
#define SDA_DIR DDRB_DDRB1
#define MMA8451_I²C_ADDRESS 0x38
```

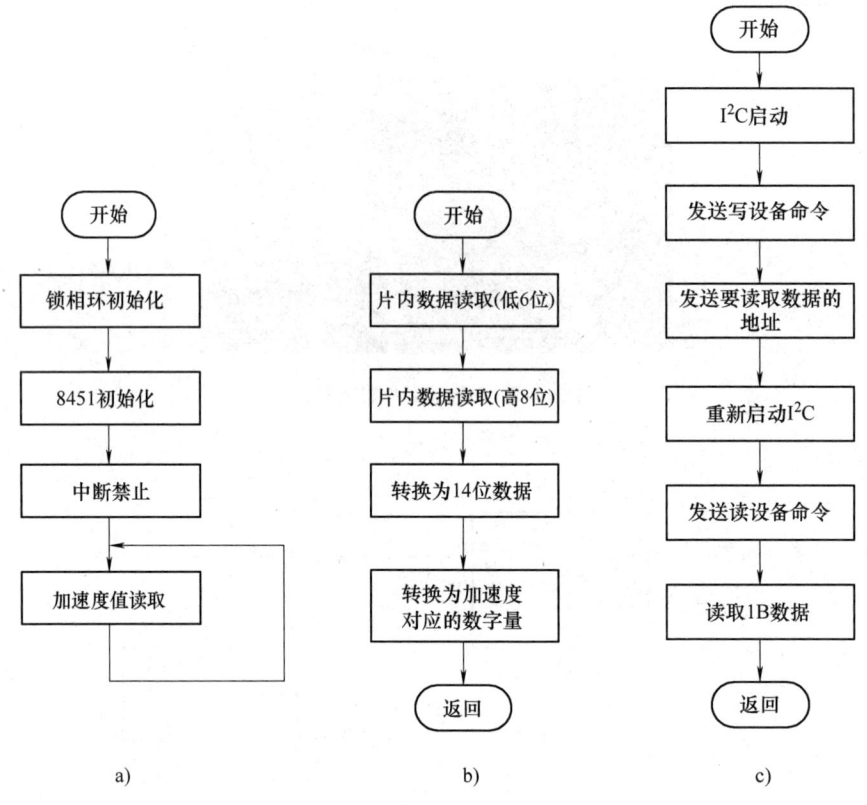

图 11-9 MMA8451 加速度测量系统程序流程图
a) 主程序流程图 b) 加速度值读取子程序流程图 c) 芯片内数据读取子程序流程图

```
//MSB 方式下:SA0 = 0;Write address 0x38,read address 0x39
//LSB 方式下:SA0 = 0;Write address 0x3a,read address 0x3b
#define nops( ) {asm(nop); asm(nop); asm(nop); asm(nop); asm(nop);}
uint MMA8451;
int Angle = 0;                    //定义为整型
char AngleH = 0;                  //定义为 8 位字符型数据
/****** 锁相环初始化,设置系统总线频率为 80MHz ******/
void SetBusCLK_80M( void)
{
CLKSEL = 0X00;                    //不加载 IPLL 到系统
PLLCTL_PLLON = 1;                 //打开 PLL
SYNR = 0xc0 | 0x09;
REFDV = 0x80 | 0x01;              // $f_{vco} = 2 \times f_{osc} \times (1 + SYNDIV)/(1 + REFDV) = 160MHz$
POSTDIV = 0x00;                   // $f_{bus} = f_{vco} \div 2$
_asm(nop);
_asm(nop);
```

```c
    while(!(CRGFLG_LOCK==1));          //等待锁相环 PLL 稳定
    CLKSEL_PLLSEL=1;                   //加载 IPLL 到系统
}
/****************** 延时函数 ****************** /
void delay_us(int n)                   //1μs
{
    while(n--)
    {
        _asm(nop);_asm(nop);_asm(nop);_asm(nop);_asm(nop);_asm(nop);_asm(nop);
    }
}
/I²C *********** 起始 ************* /
void I²C_start(void)                   //启动 I²C 总线通信
{
    SCL=0;
    SDA=1;
    nops();
    SCL=1;
    delay_us(2);
    SDA=0;
    delay_us(2);
    SCL=0;
}
/I²C *********** 停止 ************* /
//送停止位 SDA=0->1
void I²C_stop(void)
{
    SCL=0;
    nops();
    SDA=0;
    nops();
    SCL=1;
    delay_us(2);
    SDA=1;
    delay_us(2);
    SCL=0;
}
/I²C *********** 主应答程序 ************* /
//包含 ack:SDA=0 和 no_ack:SDA=1
```

```c
void I2C_ack_main(byte ack_main)
{
SCL = 0;
if(ack_main)
    SDA = 0;                              //ack 主应答
else
    SDA = 1;                              //no_ack 无需应答
delay_us(2);
SCL = 1;
delay_us(2);
SCL = 0;
}
/I2C *********** 字节发送程序 ************** /
//发送 c,送完后接收从应答,单字节时不考虑从应答位
void send_byte(unsigned char c)
{
unsigned char i;
for(i = 0;i < 8;i ++)
{
SCL = 0;
if((c << i) & 0x80)                      //依次发送 c 的各位数值
    SDA = 1;                              //判断发送位
else
    SDA = 0;
  nops();
SCL = 1;
delay_us(2);
SCL = 0;
}
delay_us(2);
SDA = 1;                                  //发送完 8bit,释放总线准备接收应答位
nops();
SCL = 1;
delay_us(2);                              //SDA 上数据即是从应答位
SCL = 0;                                  //不考虑从应答位,但要控制好时序
}
/I2C *********** 字节接收程序 ************** /
//接收器件传来的数据,此程序应配合主应答程序使用
//return: uchar 型 1B
```

```c
char read_byte(void)
{
    unsigned char i;
    char c;
    c = 0;
    SCL = 0;
    nops();
    SDA = 1;                                //置数据线为输入方式
    SDA_DIR = 0;
    for(i = 0; i < 8; i++)
    {
        nops();
        SCL = 0;                            //置时钟线为低,准备接收数据位
        delay_us(2);
        SCL = 1;                            //置时钟线为高,使数据线上数据有效
          nops();
        c <<= 1;
        if(SDA)
        c += 1;                             //读数据位,将接收的数据存入c
    }
    SCL = 0;
    SDA_DIR = 1;
    return c;
}
/************* 按地址读出数据 ***************/
uchar MMA8451_readbyte(unsigned char address)
{
    uchar ret = 0;                          //定义ret为8位无符号数
    I²C_start();                            //启动转换
    send_byte(MMA8451_I²C_ADDRESS);         //写入设备ID及写信号
    send_byte(address);                     //X地址
    I²C_start();                            //重新发送开始
    send_byte(MMA8451_I²C_ADDRESS + 1);     //写入设备ID及读信号
    ret = read_byte();                      //读取1B
    I²C_stop();
    return ret;
}
/************* 按地址写数据 ***************/
void MMA8451_writebyte(unsigned char address, unsigned char thedata)
```

```c
{
    I²C_start();                              //启动
    send_byte(MMA8451_I²C_ADDRESS);           //写入设备 ID 及写信号
    send_byte(address);                       //X 地址
    send_byte(thedata);                       //写入设备 ID 及读信号
    I²C_stop();
}
/************* MMA8451 初始化程序 **************/
//I²C 初始化为指定模式
void MMA8451_Init(void)
{
    DDRB_DDRB0 = 1;
    DDRB_DDRB1 = 1;
    MMA8451_writebyte(0x2A,0X00);
    delay_us(5);
    MMA8451_writebyte(0X0E, 0X00);            //经过高通滤波器,2g 精度
    delay_us(5);
    MMA8451_writebyte(0X2A, 0X01);            //激活状态
    delay_us(5);
}
/************* MMA8451Z 轴方向的数据读取程序 ****************/
void MMA8451_Z_Angle(void)
{
    AngleH = MMA8451_readbyte(0x05);          //读取 Z 轴所对应采样寄存器低 6 位的值
    Angle = (MMA8451_readbyte(0x06)|AngleH<<8);//读取 Z 轴所对应寄存器高 8 位的值
                                               //  并将数据组合
    Angle = Angle >>2;                         //转化为实际输出 4096/g
}
/************* 主程序 **************/
void main(void)
{
    /* put your own code here */
    SetBusCLK_80M();
    MMA8451_Init();
    DisableInterrupts;
    for(;;)
    {
        MMA8451_Z_Angle();
        _FEED_COP();                          /* feeds the dog */
```

}/* loop forever */
}
/*************************** 程序结束 ***************************/

> **老师**："在全国飞思卡尔智能汽车比赛过程中，用加速度传感器的目的是为了检测角度，其检测角度的具体原理可参看论文'两轮自平衡机器人角度检测数据融合算法'。"

11.3.3 ENC-03MB 角速度传感器的应用

1. ENC-03MB 角速度测量的硬件电路

ENC-03MB 陀螺仪传感器是测量旋转物体的角速度的，其硬件电路如图 11-10 所示。ENC-03MB 陀螺仪输出为模拟信号，其输出直接接到 XS128 单片机的 AD_0 上，进行 A-D 转换后，即可得到角速度的值。ENC-03MB 的实物图如图 11-11 所示。

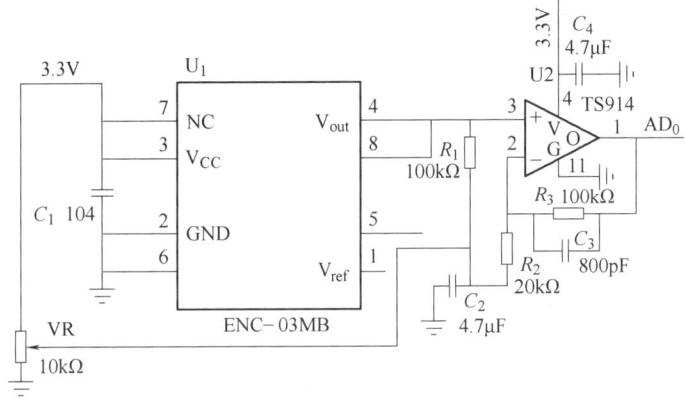

图 11-10 ENC-03MB 角速度测量的硬件电路

2. ENC-03MB 角速度测量的软件设计

ENC-03MB 角速度测量系统程序流程图如图 11-12 所示。

程序中，在对角速度进行采集以后，将 20 次采集的值进行了平均滤波处理，处理后，将获取的角速度检测值放在了变量 AD_wData 中。ENC-03MB 测量偏航角速度的范围是 ±300°/s，灵敏度为 $0.67\text{mV}/[(°)\text{s}^{-1}]$，零位输出电压为 1.35V。所以，如果要获得实际的角速度，还要在程序中进行换算。

图 11-11 ENC-03MB 的实物图

源程序代码如下：
/*************************** 程序代码 ***************************/
#include <hidef.h>   /*命令和宏定义*/
#include "derivative.h"

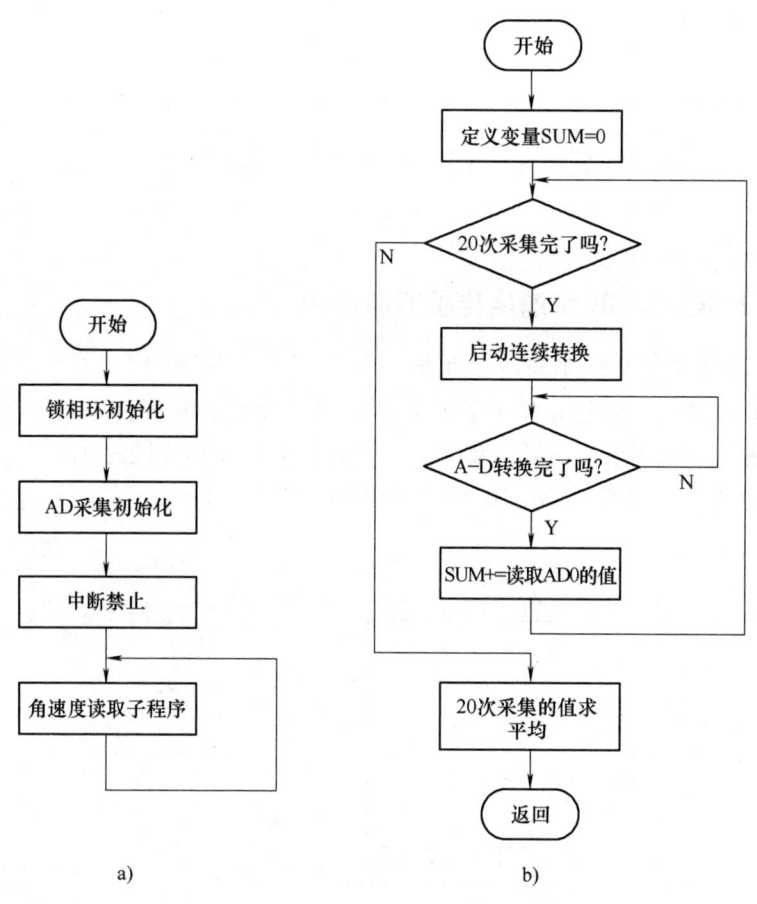

图 11-12 角速度测量系统程序流程图
a) 主程序流程图 b) 角速度读取子程序流程图

/ ************ 变量定义 ***************** /
uint AD_wData;   //采集的角速度值
/ ************** 芯片初始化--------MCUInit( ) ***************** /
void MCU_Init(void)
{
CLKSEL = 0X00;
PLLCTL_PLLON = 1;   //锁相环控制
SYNR = 0XC0 | 0X08;
REFDV = 0X80 | 0X01;
POSTDIV = 0X00;
_asm(nop);   //BUS CLOCK = 72MHz
_asm(nop);
while(CRGFLG_LOCK ! = 1);   //等待锁相环时钟稳定,稳定后系统总线频率为72MHz
CLKSEL_PLLSEL = 0x01;   //选定锁相环时钟

```
PLLCTL = 0xf1;                  //锁相环控制
//时钟合成 f_pllclk = 2 × f_oscclk × (synr + 1)/(refdv + 1)  synr = 8; refdv = 1;外部时钟 f_oscclk = 16MHz
//f_pllclk = 144MHz,总线时钟为 72MHz
}
/************** A-D 转换初始化--------ADCInit() ***************/
void ATD_Init(void)
{
    ATD0CTL0 = 0x04;            //同时转换 4 个通道
    ATD0CTL1 = 0x40;            //12 位精度
    ATD0CTL2 = 0x40;            //自动清除标志位,忽略外部触发
    ATD0CTL3 = 0xA0;            //右对齐,转换序列长度为 8;FIFO 模式转换结果映射
                                  到 ATD0DRL 寄存器
    ATD0CTL4 = 0x05;            //8 位精度,PRS = 12, ATDCLOCK = BusClock(72MHz)/
                                  [(5+1)×2],约为 6MHz,采样周期为 4 倍 AD 周期
    ATD0DIEN = 0x00;            //输入使能禁止
}
/*************************************************************
    //ATDCTL5. DJM = 1,结果寄存器数据采用右对齐调整方式
    //ATDCTL5. SCAN = 1,连续转换序列
    //ATDCTL5. CC ~ CA = 000,启动 0 通道转换
        A-D 转换函数
**************************************************************/
void ATD_GetValue(void)
{
    long item0;
    uchar i;
    item0 = 0;
    for(i = 0; i < 20; i++)
                                //连续 20 次转换,求平均值,起到滤波效果
    {
        ATD0CTL5 = 0X30;        //启动连续 8 通道转换
        while(! ATD0STAT0_SCF); //等待 A-D 转换完成
        item0 += ATD0DR0;       //读取结果寄存器的值
    }
    AD_wData = (uint)(item0/20);  //读取结果寄存器的值
}
void main(void)
{   /* put your own code here */
    MCU_Init();
```

```
    ATD_Init( );
    DisableInterrupts;
    for( ; ; )
    {
        ATD_GetValue( );
        _FEED_COP( );              /* feeds the dog */
    }/* loop forever */
}
```
/****************************** 程序结束 ******************************/

11.3.4 Mini1024J 绝对式编码器的应用

1. Mini1024J 绝对式编码器测速系统的接口电路

Mini1024J 绝对式编码器出来是 6 针插针,当引出排线在左侧,且面向插孔时,其 6 针引脚的排列分布如图 11-13 所示,3 脚、4 脚和 5 脚分别接 XS128 单片机的 A_2、A_0 和 A_1。

2. Mini1024J 绝对式编码器测速系统的软件设计

利用绝对式编码器,可以进行角度检测,也可以进行速度检测。因为单片机每次读取的值都在 0~1023 范围内,且和位置一一对应,所以,用绝对式编码器对角度进行检测较为简单(具体工作原理见第 10 章相关内容)。

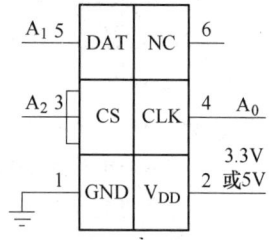

图 11-13 Mini1024J 绝对式编码器测速接口电路

如果利用绝对式编码器对转速进行检测,则需保证一个前提:在读取周期内旋转角度小于 180°。由绝对式编码器的工作原理可知,如 10 位精度的绝对式编码器在其转轴上均匀地标上 1024 个独立的标志位,外部每次读取的位置都是唯一的,单位时间内转轴的角度变化量就是轴的角速度:

$$\omega = [2\pi \times (N\_NUM - L\_NUM)/1024]/T \tag{11-1}$$

式中,ω 为角速度;N_NUM 为本次读取的位置值;L_NUM 为上次读取的位置值;T 为读取周期。

在测速时,要判断转轴的旋转方向,要在"在读取周期内旋转角度小于 180°"的前提下,将一圈分成四个区域,如图 11-14 所示。

由图 11-14 可分析得(N_NUM-L_NUM)在 0~512 或 -1023~-512 区间内为顺时针;在 512~1023 或 -512~0 区间内为逆时针。当"在读取周期内旋转角度小于 180°"前提成立时,如果没过零点,则 |N_NUM-L_NUM| < 512;如果过了零点,则 |N_NUM-L_NUM| > 512;顺时针越过零点时,可理解为编码器开始走下一圈,此时应加 1023(也就是当 N_NUM-L_NUM < -512 时,则 N_NUM-L_NUM + 1023);逆时针越过零点时,可理解为编码器退回上一圈,此时应减 1023(也就是当 N_NUM-L_NUM > 512 时,则 N_NUM-L_NUM-1023);经运算后数值大于 0 为顺时针,小于 0 为逆时针。

计算读取周期 T 时,要使假设条件成立,则需使式(11-2)成立。

$$2\pi \times n \times T/60 < \pi \tag{11-2}$$

经简化得

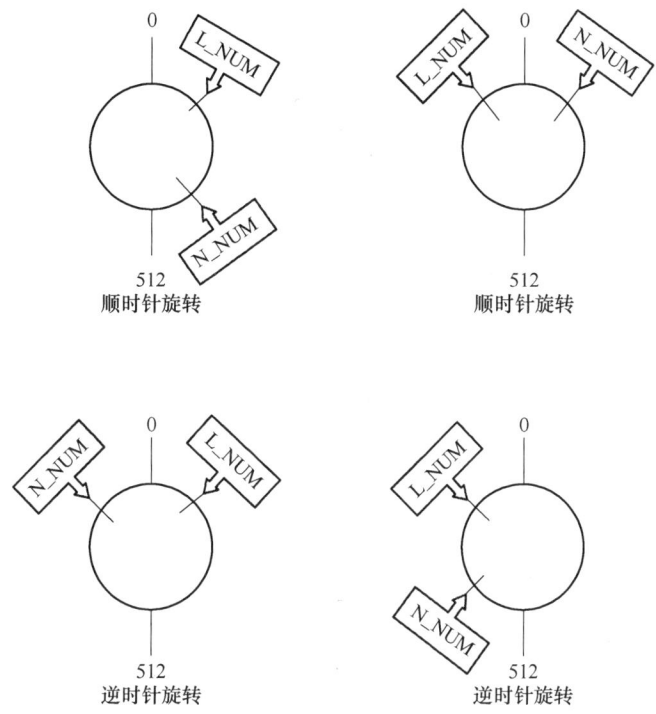

图 11-14 绝对式编码器测速原理图

$$T < 30/n \qquad (11-3)$$

式中，n 为编码器转速，单位圈/分；T 的单位为秒。

绝对式编码器测速系统软件设计流程图如图 11-15 所示。

绝对式编码器测速系统的源程序代码如下：

/****************************** 程序代码 ******************************/

```
#include <hidef.h>          /* common defines and macros */
#include "derivative.h"      /* derivative-specific definitions */
//全局变量定义区：
#define CSn0    PTM_PTM0         //定义 M 口各端口含义,用 M 口对数据进行读取
#define CSn1    PTM_PTM3
#define CLK0    PTM_PTM1
#define DATA0   PTM_PTM2
#define DDR_CSn0    DDRM_DDRM0
#define DDR_CLK0    DDRM_DDRM1
#define DDR_DATA0   DDRM_DDRM2
unsigned char count_ms = 0;
int g_nRightMotorPulseSigma;      //在 5ms 内两次位置值的差值
unsigned int RW_data0, RW_data1;  //编码器两次记录的位置值
```

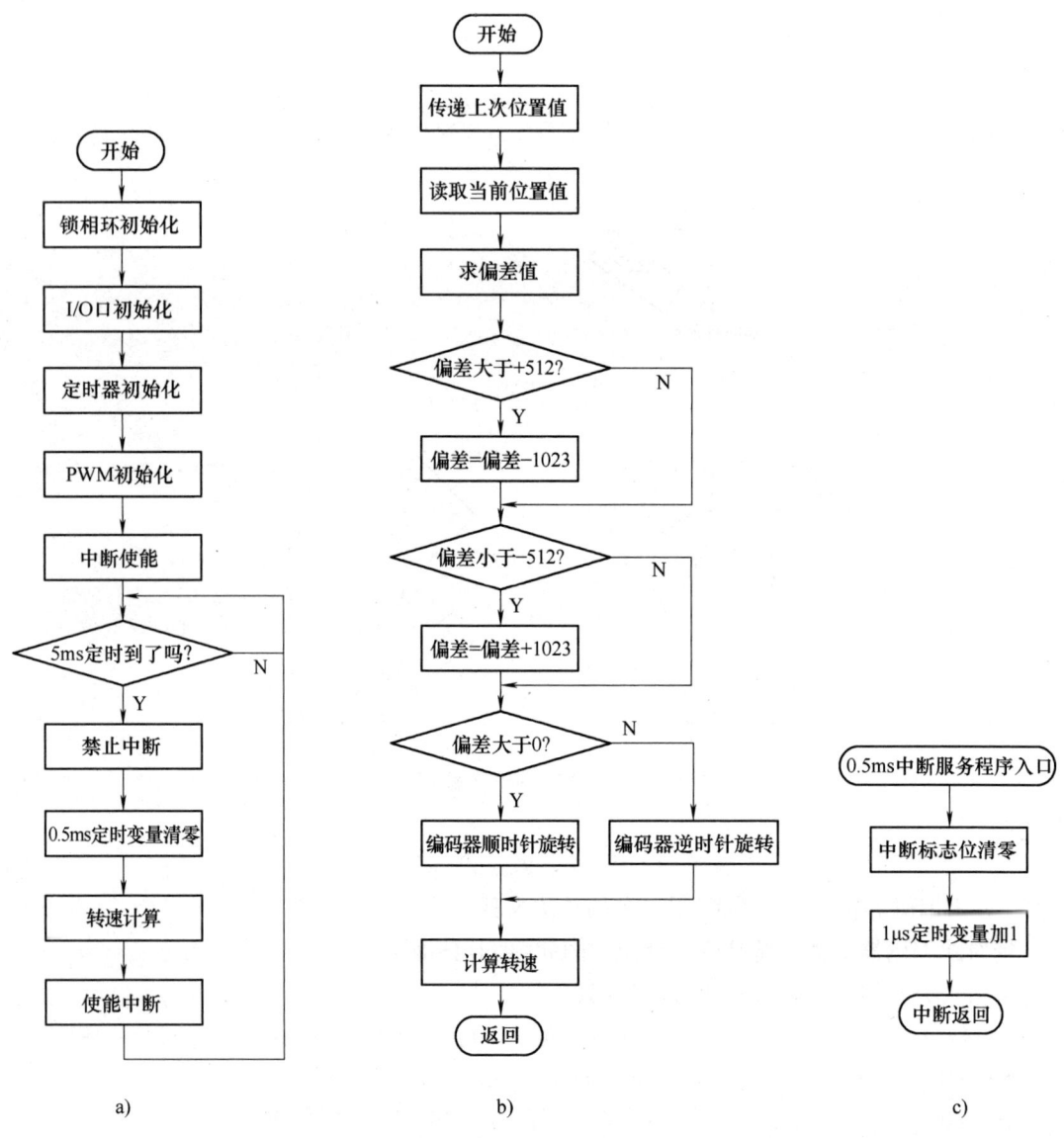

图 11-15 绝对式编码器测速系统流程图
a) 主程序流程图 b) 转速计算子程序流程图 c) 定时中断程序流程图

/****** 锁相环初始化,设置系统总线频率为 80MHz ******/
void SetBusCLK_80M(void)
{
CLKSEL = 0X00;   //不加载 IPLL 到系统
PLLCTL_PLLON = 1;   //打开 PLL
SYNR = 0xc0 | 0x09;
REFDV = 0x80 | 0x01;   //$f_{vco} = 2 \times f_{osc} \times (1 + SYNDIV)/(1 + REFDIV) = 160MHz$
POSTDIV = 0x00;   //$f_{bus} = f_{vco} \div 2$

```c
_asm(nop);
_asm(nop);
while(!(CRGFLG_LOCK ==1));    //等待锁相环 PLL 稳定
CLKSEL_PLLSEL = 1;            //加载 IPLL 到系统
}
/****************** 500μs 定时中断设置 ********************/
void PIT_Init(void)           //定时中断初始化函数
{
    PITCFLMT_PITE = 0;        // PIT 定时模块使能关
    PITCFLMT_PFLMT0 = 1;      //锁定 8 位微定时器 0
    PITMTLD0 = 80 - 1;        //8 位定时器初值设定。80 分频,在 80MHz 总线下,即为 1μs
    PITCE_PCE0 = 0;           //定时器通道 0 禁止
    PITMUX_PMUX0 = 0;         //相应 16 位定时器与微时基 0 连接
    PITLD0 = 500 - 1;         //定时 1μs 初始值
    PITCE_PCE0 = 1;           //通道 0 使能
    PITINTE_PINTE0 = 1;       //开通 PIT0 定时器的溢出中断
    PITCFLMT_PITE = 1;        // PIT 定时模块使能开
    TSCR1_TEN = 1;            //定时器使能
}
void IO_Init(void)
{
    DDR_CSn0   = 1;
    DDR_CLK0   = 1;
    DDR_DATA0 = 0;
}
/****************** 3μs 延时程序(80MHz) ********************/
void Delay_3us()
{
    asm(nop);asm(nop);asm(nop);asm(nop);asm(nop);asm(nop);
    asm(nop);asm(nop);asm(nop);asm(nop);asm(nop);asm(nop);
    asm(nop);asm(nop);asm(nop);asm(nop);asm(nop);asm(nop);
    asm(nop);asm(nop);
}
uint Get_value1()
{
    int dat1 = 0;
    uchar i;
    dat1 = 0;
    CSn0 = 1;
```

```
        CLK0 = 1;
        Delay_3us( );              //3μs
        CSn0 = 0;
        CLK0 = 0;
        Delay_3us( );
        for( i = 0; i < 10; i ++ )    //D9 ~ D0
        {
              dat1 <<= 1;
              CLK0 = 1;
                Delay_3us( );      //1μs
                CLK0 = 0;
                dat1 = dat1 | DATA0;
        }
        return dat1;
}
    float Get_Speed1( )
    {
        int dat;
        RW_data0 = RW_data1;
        RW_data1 = Get_value1( );
        dat = RW_data1 - RW_data0;
        if( dat < -512)
        {
            dat = dat + 1023;
        }
        if( dat > 512)
        {
            dat = dat - 1023;
        }
      return dat;
    }
    void main( void) {
      DisableInterrupts;
      SetBusCLK_80M( );
      PIT_Init( );
      IO_Init( );
      EnableInterrupts;
      for( ;;)
        {
```

```
    if( count_ms > 10 ) {
        DisableInterrupts
        count_ms = 0;
        g_nRightMotorPulseSigma = Get_Speed1( );
        EnableInterrupts
    }
    _FEED_COP( );
}

#pragma CODE_SEG __NEAR_SEG NON_BANKED
void interrupt 66 PIT0_TSR( void )        //0.5ms 定时处理
{
    DisableInterrupts                      //关总中断
    PITTF_PTF0 = 1;                        //清中断标志位
    count_ms ++ ;                          //毫秒计数
    EnableInterrupts
}
/************************** 程序结束 **************************/
```

11.3.5 TSL1401 线性 CCD 传感器的应用

1. 线性 CCD TSL1401 图像采集系统的硬件设计

线性 CCD TSL1401 所测量的图像是一条线，共 128 个像素点，其图像测量的引脚接口电路如图 11-16 所示，图中的 SI 和 CLK 分别接 XS128 单片机的 A_0 和 A_1 脚，AO 接单片机的 AD_0 脚。TSL1401 的实物图如图 11-17 所示。

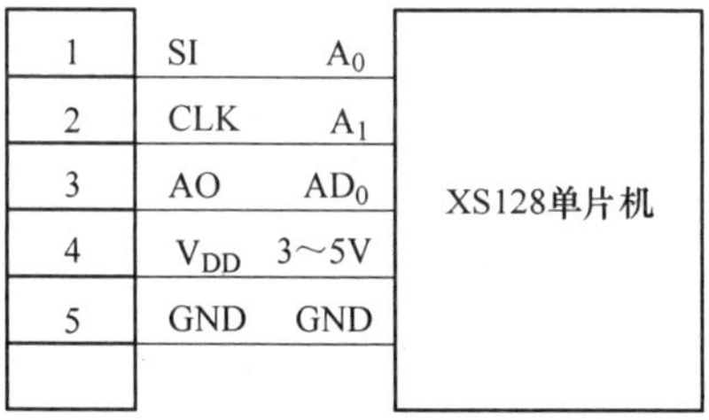

图 11-16　线性 CCD TSL1401 图像采集系统接口电路

图 11-17　线性 CCD TSL1401 传感器的实物图

> **老师**："该程序的难点是自动曝光程序的设计，同学们可以在完成软硬件设计后，通过人为改变外部环境来查看曝光时间的变化以及采集量的变化，以验证程序的正确性。"

2. 线性 CCD TSL1401 图像采集系统的软件设计

线性 CCD TSL1401 图像采集系统程序流程图如图 11-18 所示。程序采用了光线自适应算法，当光线太暗时，会增加曝光时间；当光线太亮时，会缩短曝光时间。

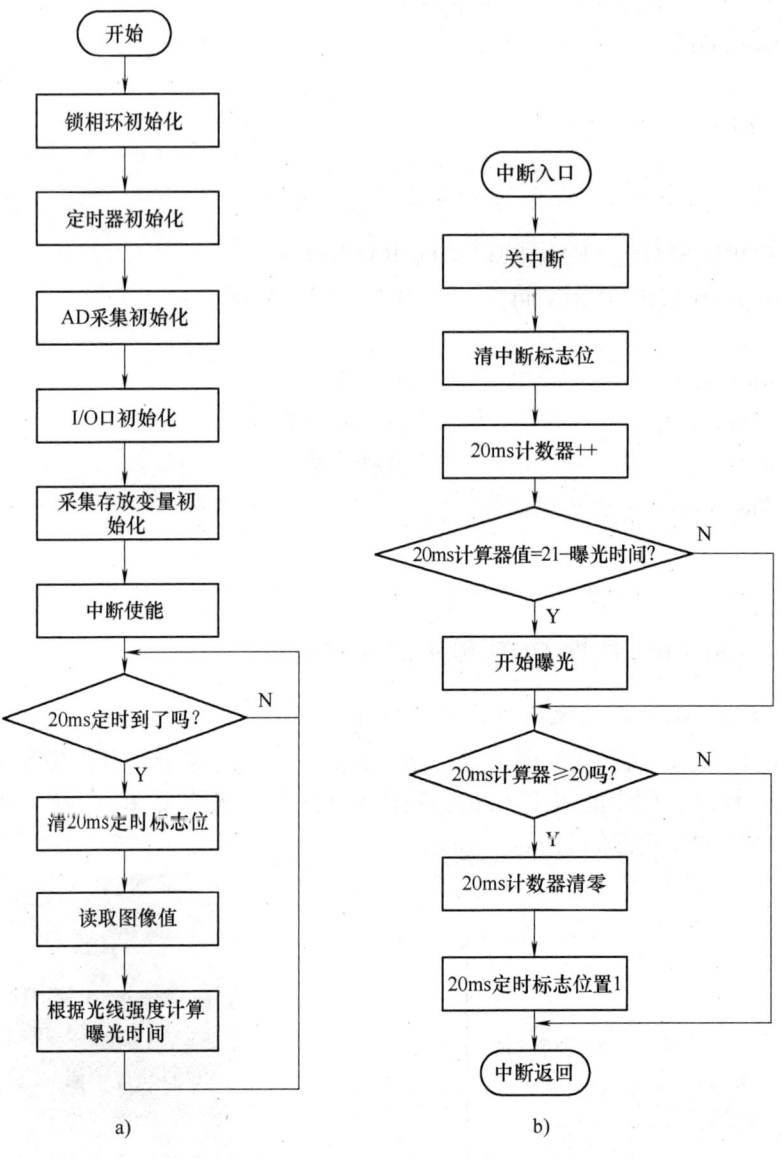

图 11-18　线性 CCD TSL1401 图像采集系统程序流程图
a) 主程序流程图　b) 定时中断服务程序流程图

线性 CCD TSL1401 图像采集系统的源程序代码如下：
/****************************** 程序代码 ******************************/
#include <hidef.h>　　　　/*命令和宏定义*/
#include "derivative.h"
//全局变量定义区：

```c
#define PIT0TIME 1000           //1ms 定时
#define CLK_DDR      DDRA_DDRA2
#define CLK          PORTA_PA2
#define SI_DDR       DDRA_DDRA3
#define SI           PORTA_PA3
#define Cpu_Delay1us() \
    { __asm(nop); __asm(nop); __asm(nop); __asm(nop); \
      __asm(nop); __asm(nop); __asm(nop); __asm(nop); \
      __asm(nop); __asm(nop); __asm(nop); __asm(nop); \
      __asm(nop); __asm(nop); __asm(nop); __asm(nop); \
      __asm(nop); __asm(nop); __asm(nop); __asm(nop); \
      __asm(nop); __asm(nop); __asm(nop); __asm(nop); \
      __asm(nop); __asm(nop); __asm(nop); __asm(nop); \
      __asm(nop); __asm(nop); __asm(nop); __asm(nop); \
      __asm(nop); __asm(nop); __asm(nop); __asm(nop); \
    }
#define Cpu_Delay200ns() \
    { __asm(nop); __asm(nop); __asm(nop); __asm(nop); \
      __asm(nop); __asm(nop); __asm(nop); __asm(nop); \
    }
#define SamplingDelay() \
    { Cpu_Delay200ns() \
    }
unsigned char send_data_cnt = 0;
unsigned char TimerFlag20ms;
unsigned char Pixel[128];                    //128 个像素点的平均 AD 值
unsigned char PixelAverageValue;             //128 个像素点的平均电压值
unsigned char PixelAverageVoltage;
int TargetPixelAverageVoltage = 100;         //设定 128 个采集点平均值
int PixelAverageVoltageError = 0;   //设定目标平均电压值与实际值的偏差,实际电压的 10 倍
int TargetPixelAverageVoltageAllowError = 10;  //设定目标平均电压值允许的偏差
unsigned char IntegrationTime = 10;          //初始曝光时间,单位为 ms
/****** 锁相环初始化,设置系统总线频率为 80MHz ******/
void SetBusCLK_80M(void)
{
    CLKSEL = 0X00;                           //不加载 IPLL 到系统
    PLLCTL_PLLON = 1;                        //打开 PLL
```

```
    SYNR = 0xc0 | 0x09;
    REFDV = 0x80 | 0x01;        // f_vco = 2 × f_osc × (1 + SYNDIV)/(1 + REFDV) = 160MHz
    POSTDIV = 0x00;             // f_bus = f_vco ÷ 2
    _asm(nop);
    _asm(nop);
    while(!(CRGFLG_LOCK == 1));  //等待锁相环 PLL 稳定
    CLKSEL_PLLSEL = 1;            //加载 IPLL 到系统
}
/****************** AD 初始化 ****************** /
void ATD_Init(void)
{
    ATD0CTL0 = 0x07;         //同时转换 7 个通道
    ATD0CTL1 = 0x40;         //12 位 A-D 精度,忽略外部触发
    ATD0CTL2 = 0x40;         //自动清除标志位
    ATD0CTL3 = 0xB8;         //右对齐,转换序列长度为 7;FIFO 模式转换结果映射到
                             //  ATD0DRL 寄存器
    ATD0CTL4 = 0x05;         //采样周期为 4 倍 AD 周期,PRS = 16,ATDCLOCK = Bus-
                             //  Clock(80MHz)/[(5+1)×2],等于 6.67MHz
    ATD0DIEN = 0x00;         //输入使能禁止
}
/****************** CCD 端口初始化 ****************** /
void CCD_IO_Init(void) {
    CLK_DDR = 1;
    SI_DDR  = 1;
    CLK = 0;
    SI  = 0;
    DDRA_DDRA0 = 1;
}
/****************** A-D 转换值读取子程序 ****************** /
int ADGETVALUE(char channel)    //读取 AD 值
{
    int temp = 0;
    ATD0CTL5_Cx = channel;
    while(!ATD0STAT0_SCF);
    switch(channel) {
        case 0: temp = ATD0DR0; break;
        case 1: temp = ATD0DR1; break;
        case 2: temp = ATD0DR2; break;
        case 3: temp = ATD0DR3; break;
```

```c
        case 4: temp = ATD0DR4; break;
        default: break;
    }
    return temp;
}
/ *************** 128 个采集量取平均子程序 *************** /
unsigned char PixelAverage(unsigned char len, unsigned char * data) {
    unsigned char i;
    unsigned int sum = 0;
    for(i = 0; i < len; i++) {
        sum = sum + * data++;
    }
    return((unsigned char)(sum/len));
}
/ *************** 曝光时间计算子程序 *************** /
void CalculateIntegrationTime(void) {
    PixelAverageValue = PixelAverage(128, Pixel); //计算 128 个像素点的平均 AD 值
    PixelAverageVoltage = (unsigned char)((int)PixelAverageValue);
    PixelAverageVoltageError = TargetPixelAverageVoltage - PixelAverageVoltage;
    if(PixelAverageVoltageError < - TargetPixelAverageVoltageAllowError)
        IntegrationTime - - ;
    if(PixelAverageVoltageError > TargetPixelAverageVoltageAllowError)
        IntegrationTime ++ ;
    if(IntegrationTime <= 1)
        IntegrationTime = 1;
    if(IntegrationTime >= 20)
        IntegrationTime = 20;
}
/ *************** 曝光子程序 *************** /
void StartIntegration(void) {
    unsigned char i;
    SI = 1;
    SamplingDelay();
    CLK = 1;
    SamplingDelay();
    SI = 0;
    SamplingDelay();
    CLK = 0;
    for(i = 0; i < 127; i++) {
```

```
            SamplingDelay( ) ;
            SamplingDelay( ) ;
            CLK = 1 ;
            SamplingDelay( ) ;
            SamplingDelay( ) ;
            CLK = 0 ;
        }
        SamplingDelay( ) ;
        SamplingDelay( ) ;
        CLK = 1 ;
        SamplingDelay( ) ;
        SamplingDelay( ) ;
        CLK = 0 ;
    }
    / **************** 图像采集子程序 *************** /
    void ImageCapture( unsigned char * ImageData) {
        unsigned char i ;
        unsigned int   temp_int ;
        SI = 1 ;
        SamplingDelay( ) ;
        CLK = 1 ;
        SamplingDelay( ) ;
        SI = 0 ;
        SamplingDelay( ) ;
        for( i = 0 ; i < 20 ; i ++ )
        {
            Cpu_Delay1us( ) ;
        }
        temp_int = ADGETVALUE(0) ;
         * ImageData + + = ( byte) ( temp_int > > 4) ;
        CLK = 0 ;
        for( i = 0 ; i < 127 ; i ++ ) {
            SamplingDelay( ) ;
            SamplingDelay( ) ;
            CLK = 1 ;
            SamplingDelay( ) ;
            SamplingDelay( ) ;
            temp_int = ADGETVALUE(0) ;
             * ImageData + + = ( byte) ( temp_int > > 4) ;
```

```
            CLK = 0;
      }
   SamplingDelay( );
   SamplingDelay( );
   CLK = 1;
   SamplingDelay( );
   SamplingDelay( );
   CLK = 0;
}
/***************** 1ms 定时中断初始化 ********************/
void PIT_Init(void)              //定时中断初始化函数
{
   PITCFLMT_PITE = 0;        // PIT 定时模块使能关
   PITCFLMT_PFLMT0 = 1;      //锁定 8 位微定时器 0
   PITMTLD0 = 80 - 1;        //8 位定时器初值设定。80 分频,在 80MHz BusClock 下,即为 1μs
   PITCE_PCE0 = 0;           //定时器通道 0 禁止
   PITMUX_PMUX0 = 0;         //相应 16 位定时器与微时基 0 连接
   PITLD0 = 1000 - 1;        //定时 1μs 初始值
   PITCE_PCE0 = 1;           //通道 0 使能
   PITINTE_PINTE0 = 1;       //开通 PIT0 定时器的溢出中断
   PITCFLMT_PITE = 1;        // PIT 定时模块使能开
   TSCR1_TEN = 1;            //定时器使能
}
/*************** 主程序 ****************/
void main(void)
{
   unsigned char i;
   unsigned char * pixel_pt;
   DisableInterrupts;
   SetBusCLK_80M( );
   CCD_IO_Init( );
   ATD_Init( );
   PIT_Init( );
      pixel_pt = Pixel;
   for(i = 0; i < 128 + 10; i ++ )
       {
             * pixel_pt ++ = 0;
       }
EnableInterrupts;
```

```
    for( ; ; )
      {
         if( TimerFlag20ms == 1 )
           {
              TimerFlag20ms = 0;
              ImageCapture( Pixel );
              CalculateIntegrationTime( );
           }
      }
}
/ *************** 中断程序 1ms *************** /
#pragma CODE_SEG __NEAR_SEG NON_BANKED
void interrupt 66 PIT0_TSR( void )
{
   static unsigned char TimerCnt20ms = 0;
   unsigned char integration_piont;
   PITTF_PTF0 = 1;
   TimerCnt20ms ++ ;
/ * 根据曝光时间计算 20ms 周期内的曝光点 * /
   integration_piont = 20 - IntegrationTime;
   if( integration_piont > = 2)
     {
          if( integration_piont == TimerCnt20ms )
          StartIntegration( );    //曝光开始
     }
   if( TimerCnt20ms > = 20) {
       TimerCnt20ms = 0;
       TimerFlag20ms = 1;
     }
   EnableInterrupts
}
/ ****************************** 程序结束 ****************************** /
```

11.3.6　OV7620 CMOS 图像传感器的应用

1. OV7620 图像采集系统的硬件设计

面型 CCD OV7620 的引出线与 XS128 的接线图如图 11-19 所示。其中，$Y_0 \sim Y_7$ 为 8 位数据线，与 XS128 单片机的 $A_0 \sim A_7$ 口相连；HRF 为行中断信号，与 XS128 的输入/输出捕捉口 T1 相连；VSY 为场中断信号，与 XS128 单片机的输入/输出捕捉口 T_0 相连。OV7620 CMOS 图像传感器的实物图如图 11-20 所示。

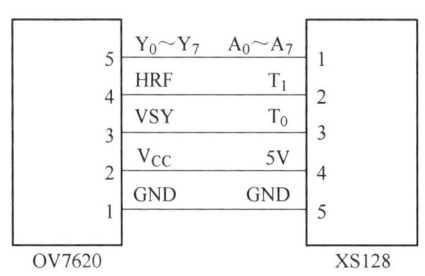
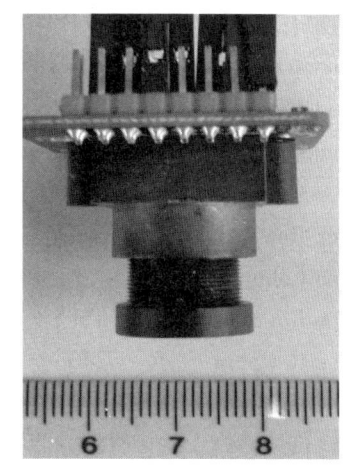

图 11-19　OV7620 图像采集系统的接口电路　　　图 11-20　OV7620 图像采集传感器的实物图

2. OV7620 图像采集系统的软件设计

OV7620 图像采集系统程序流程图如图 11-21 所示。

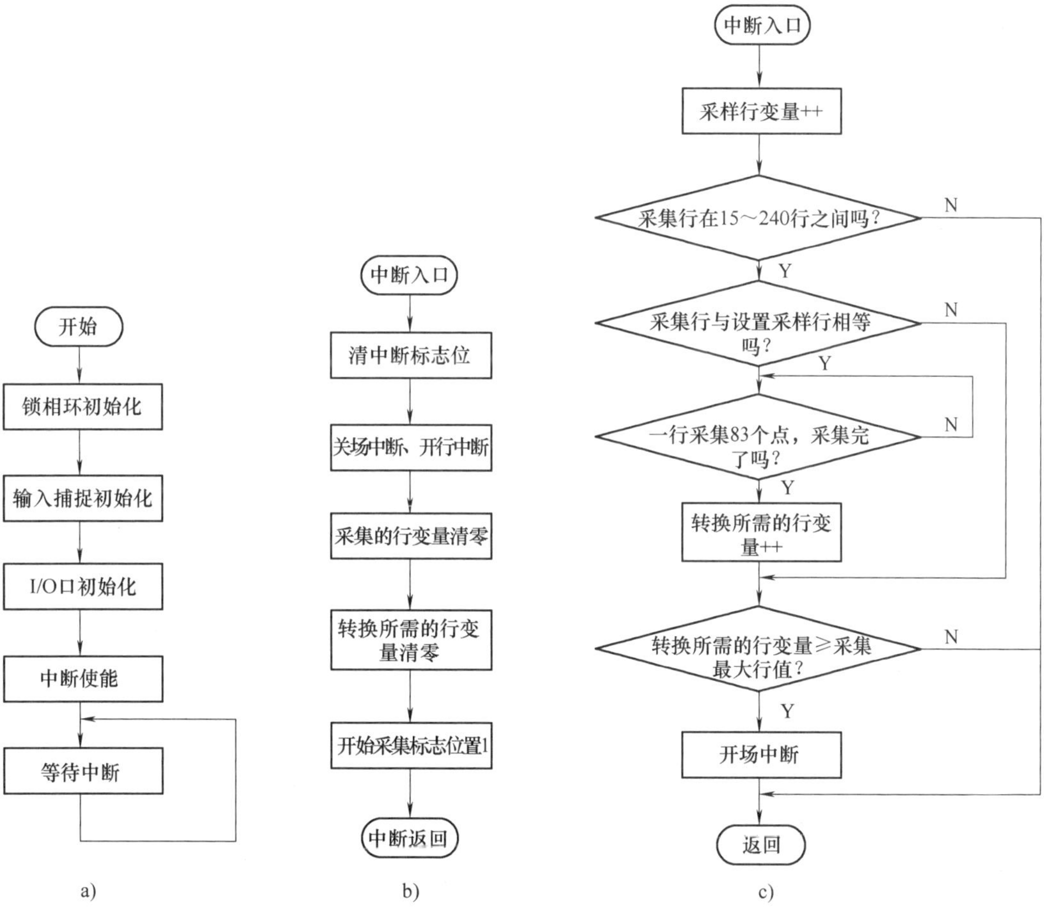

图 11-21　OV7620 图像采集系统程序流程图

a) 主程序流程图　b) 中断程序流程图　c) 行中断程序流程图

OV7620图像采集系统的源程序代码如下：

```c
/****************************** 程序代码 ******************************/
#include <hidef.h>              /*命令和宏定义*/
#include "derivative.h"
/*********** 图像采样变量 OV7620 摄像头是 640×480 像素 ************/
#define RowMax        48        //数组定义采样行总数
#define ColumnMax     83        //数组定义采样列总数
#define RowStart      15        //数据采集起始行
#define RowStop       240       //数据采集结束行
uchar SampleLineFlag = 0;       //行中断标志变量
uchar Line = 0;                 //列采样计数变量
uchar TureLine;                 //行数组采样变量
uchar j;
uchar Buffer[RowMax][ColumnMax];    //摄像头采集数据
/******************** 图像测量行变量 ***************************/
uchar SampleLine[ ] =
{16,17,18,19,20,21,22,23,24,25,27,29,31,33,35,36,
37,39,41,43,44,46,49,52,55,59,63,67,71,75,80,85,91,
97,103,110,117,125,134,143,152,162,173,185,197,210,225,239};
/****** 锁相环初始化,设置系统总线频率为 80MHz ******/
void SetBusCLK_80M(void)
{
    CLKSEL = 0X00;              //不加载 IPLL 到系统
    PLLCTL_PLLON = 1;           //打开 PLL
    SYNR = 0xc0 | 0x09;
    REFDV = 0x80 | 0x01;        // f_vco = 2×f_osc×(1+SYNDIV)/(1+REFDIV) = 160MHz
    POSTDIV = 0x00;             // f_bus = f_vco/2
    _asm(nop);
    _asm(nop);
    while(!(CRGFLG_LOCK == 1));  //等待锁相环 PLL 稳定
    CLKSEL_PLLSEL = 1;          //加载 IPLL 到系统
}
/***** IOC0(场)设置为上升沿触发,IOC1(行)设置为上升沿触发 ********/
void TIM_Init(void)
{
    TIOS  = 0x00;               //外部输入捕捉 0、1 通道
    TCTL4 = 0x05;               //通道 0 上升沿触发,通道 1 下降沿触发
    TSCR1 = 0x80;               //通道使能
    TIE   = 0x03;               //通道 0、1 中断使能
```

```
    TFLG1 = 0xFF;              //清中断标志位
    TCTL3 = 0x40;
    PACTL = 0x40;
    PACNT = 0x00;
}
/****************** I/O 口初始化 ******************/
void IO_Init(void)              //0 输入,1 输出
{                                                      //I/O 初始化函数
    DDRA = 0X00;                //PA 初始化接收数据读取图像值
    DDRB = 0x00;
}
/****************** 主程序 ******************/
void main(void)
{
    SetBusCLK_80M();            // PLL 初始化
    TIM_Init();                 //TIM 初始化
    IO_Init();                  //I/O 初始化
    EnableInterrupts;
    for(;;)
    {
          _FEED_COP();
    }
}
/************** 行中断,数据采集,接 PT0 ***************/
#pragma CODE_SEG __NEAR_SEG NON_BANKED
void interrupt 8    PT0_Interrupt()
{
unsigned char *p;
    TFLG1_C0F = 1;
    Line++;
    if( SampleLineFlag == 0 || Line < RowStart ||   Line > RowStop )   //只采集 15~240 行
                                                                        中间的行
    {
          return;
    }
    if( Line == SampleLine[TureLine] )   //由近到远进行数据行采集,近处的数据行采集得
                                           密,远处的采集得疏
    {
          p = &Buffer[TureLine][0];     //一次循环采集一行数据的 2 个点
```

```
            for( j = 0; j < ColumnMax; j = j + 2, p = p + 2)        //共采集83列
                {
                    * p = PORTA;
                    _asm( nop) ;_asm( nop) ;_asm( nop) ;_asm( nop) ;_asm( nop) ;
                    _asm( nop) ;_asm( nop) ;_asm( nop) ;_asm( nop) ;_asm( nop) ;
                    _asm( nop) ;_asm( nop) ;_asm( nop) ;_asm( nop) ;_asm( nop) ;
                    * ( p + 1) = PORTA;
                    _asm( nop) ;_asm( nop) ;_asm( nop) ;_asm( nop) ;_asm( nop) ;
                    _asm( nop) ;_asm( nop) ;_asm( nop) ;_asm( nop) ;_asm( nop) ;
                    _asm( nop) ;_asm( nop) ;_asm( nop) ;_asm( nop) ;
                }
            TureLine ++ ;
        }
    if( TureLine > = RowMax)                //在15~240行之间总共采集48行数据
        {
            TIE = 0x02;                     //行中断禁止,场中断开启
            return;
        }
}
/ ************** 场中断,数据采集,接PT1 ************** /
#pragma CODE_SEG __NEAR_SEG NON_BANKED
void interrupt 9 PT1_Interrupt( )
{
    TFLG1_C1F = 1;                  //中断标志位
    TFLG1_C0F = 1;
    TIE = 0x01;                     //行中断允许
    Line = 0;                       //行计数器清零
    TureLine = 0;                   //采集行清零
    SampleLineFlag = 1;             //数据采集变量
}
/ **************************** 程序结束 **************************** /
```

11.3.7　HY-SRF05 超声波测距模块的应用

1. HY-SRF05 超声波测距系统的硬件设计

HY-SRF05 超声波测距模块可提供 2~450cm 的非接触式距离感测功能,测距精度可高达 3mm。该模块包括超声波发射器、接触器与控制电路,其硬件接口电路如图 11-22 所示。超声波测距传感器的实物图如图 11-23 所示。在图 11-22 中,Vcc 为 5V 电源;GND 为地线;Trig 为 HY-SRF05 超声波测距模块的触发控制端,为信号输入端,与 XS128 单片机的 A_0 口相连,由 A_0 口为其输入一个至少 10μs 的高电平信号,模块自动发送 8 个 40kHz 的方波;

Echo 为回响信号输出端,模块自动检测是否有信号返回,若有信号返回,则此引脚输出一个高电平,高电平持续的时间就是超声波从发射到返回的时间。测试距离 = 高电平时间 × 声速 ÷ 2,建议测量周期为 60ms 以上,以防止发射信号对回响信号的影响。

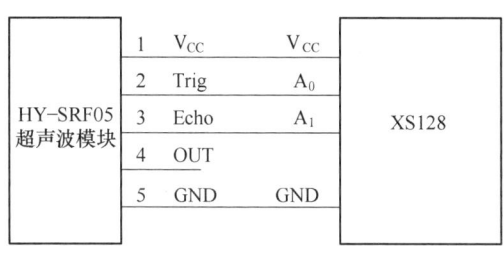

图 11-22 HY-SRF05 超声波测距系统的接口电路

图 11-23 HY-SRF05 超声波传感器的实物图

2. HY-SRF05 超声波测距系统的软件设计

超声波测距系统程序流程图如图 11-24 所示。

在检测的过程中,定时器定时的单位与检测的精度关系很大,在进行程序设计的时候要认真理解体会。同时,本程序代码中使用定时器进行延时设计,这一点与前面的程序有所差别。这种延时方法较使用 "nop" 指令而言,准确很多。

超声波测距系统的源程序代码如下:

```
/*************************** 程序代码 ***************************/
/#include <hidef.h>         //* 命令和宏定义 */
#include "derivative.h"
#define TIMER   10          //定时器初值
#define TRING   PORTA_PA0   //控制端
#define ECHO    PORTA_PA1   //接收端
double dis;                 //检测距离变量
ulong time = 0;
ulong t;
/****** 锁相环初始化,设置系统总线频率为 80MHz ******/
void SetBusCLK_80M(void)
{
    CLKSEL = 0X00;          //不加载 IPLL 到系统
    PLLCTL_PLLON = 1;       //打开 PLL
    SYNR = 0xc0 | 0x09;
    REFDV = 0x80 | 0x01;    // $f_{vco} = 2 \times f_{osc} \times (1+SYNDIV)/(1+REFDV) = 160MHz$
    POSTDIV = 0x00;         // $f_{bus} = f_{vco}/2$
    _asm(nop);
    _asm(nop);
```

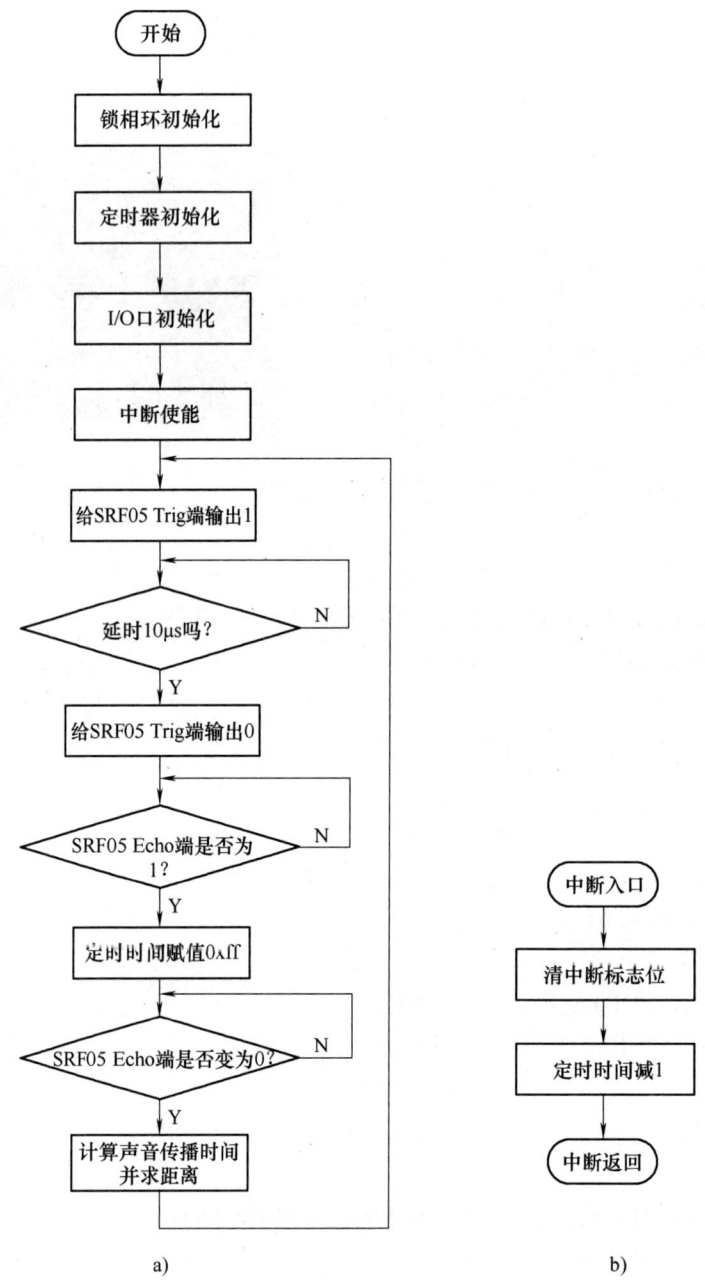

图 11-24 HY-SRF05 超声波测距系统程序流程图
a) 主程序流程图 b) 定时中断服务程序流程图

```
    while(!(CRGFLG_LOCK==1));      //等待锁相环 PLL 稳定
    CLKSEL_PLLSEL = 1;              //加载 IPLL 到系统
}
/************* I/O 口初始化 *************/
void IO_Init(void)
```

```c
    DDRA = 0x01;              // A0 口输出,其他口输入
}
/** n×10μs 延时(利用定时器延时,比较准确) **/
void Delay_Us(ulong n)
{
    time = n;
    while(time);
}
/**************** 10μs 定时中断设置 ******************/
void PIT_Init(void)           //定时中断初始化函数
{
    PITCFLMT_PITE = 0;        // PIT 定时模块使能关
    PITCFLMT_PFLMT0 = 1;      //锁定 8 位微定时器 0
    PITMTLD0 = 80 - 1;        //8 位定时器初值设定。80 分频,在 80MHz 频率下,即为 1μs
    PITCE_PCE0 = 0;           //定时器通道 0 禁止
    PITMUX_PMUX0 = 0;         //相应 16 位定时器与微时基 0 连接
    PITLD0 = TIMER - 1;       //定时 1μs 初始值
    PITCE_PCE0 = 1;           //通道 0 使能
    PITINTE_PINTE0 = 1;       //开通 PIT0 定时器的溢出中断
    PITCFLMT_PITE = 1;        // PIT 定时模块使能开
    TSCR1_TEN = 1;            //定时器使能
}
/*********** 主程序 ************/
void main(void)
{
    /* put your own code here */
    SetBusCLK_80M();
    IO_Init();                //I/O 初始化
    PIT_Init();               //PIT 初始化
    EnableInterrupts;
    for(;;)
    {
        TRING = 1;
        Delay_Us(20);
        TRING = 0;
        while(!ECHO);         /*等待接收端产生高电平并计时*/
        time = 0xff;
        while(ECHO);
```

```
    t = 0xff – time;              //计时
    dis = 1.7 * t;                //计算距离
    Delay_Us(4000);               //延时,这个需要在实际编写程序代码时看时序图,不同
                                    的硬件延时不同
    _FEED_COP();                  /* feeds the dog */
}/* loop forever */
}
/************ 中断程序 ************/
#pragma CODE_SEG __NEAR_SEG NON_BANKED
void interrupt 66 PIT0(void)
{
PITTF_PTF0 = 1;                   //清中断标志位
 – –time;
}
/****************************** 程序结束 ******************************/
```

11.3.8 综合应用——电动机正反转调速系统

在电动机控制过程中,通常需要对电动机转速进行调节并对速度进行显示。调速系统的结构图如图 11-25 所示。

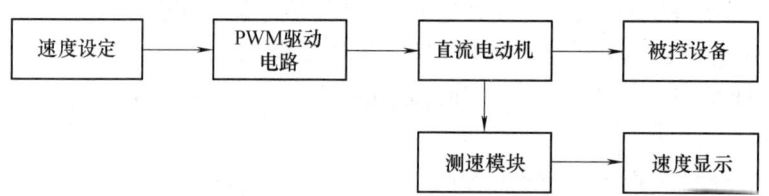

图 11-25 直流电动机开环调速系统的结构图

1. 电动机正反转调速系统的硬件设计

在硬件设计过程中,主要包括速度设定模块设计、速度检测模块设计、功率驱动模块设计和速度显示模块设计四个部分,如图 11-26 所示。

(1) 速度设定模块设计 速度设定模块采用东莞市林积为公司生产的旋转编码器,该元件为 RE120 系列产品。该编码器为机械结构,内部有旋转轴、刷子、垫片等元件。该编码器每圈输出 15 个脉冲,通过 A、B 两相相位差来确定脉冲的增减,见表 11-1。同时,该旋转编码器的旋转轴按压时会产生脉冲信号,利用该按压功能可实现电动机待机停转。

在具体使用时,需要利用 MCU 的外部脉冲捕捉功能。将 A 相输出的信号与单片机的外部脉冲捕捉端口连接,B 相输出的信号与普通 I/O 口连接。当 A 相信号上升沿出现时(采用上升沿捕捉),MCU 中断响应,这时在中断程序中对 B 相的输入状态进行检测,如果 B 相为低电平,则为顺时针;如果 B 相为高电平,则为逆时针。MCU 依据编码器旋转的方向来对设定值进行增减。

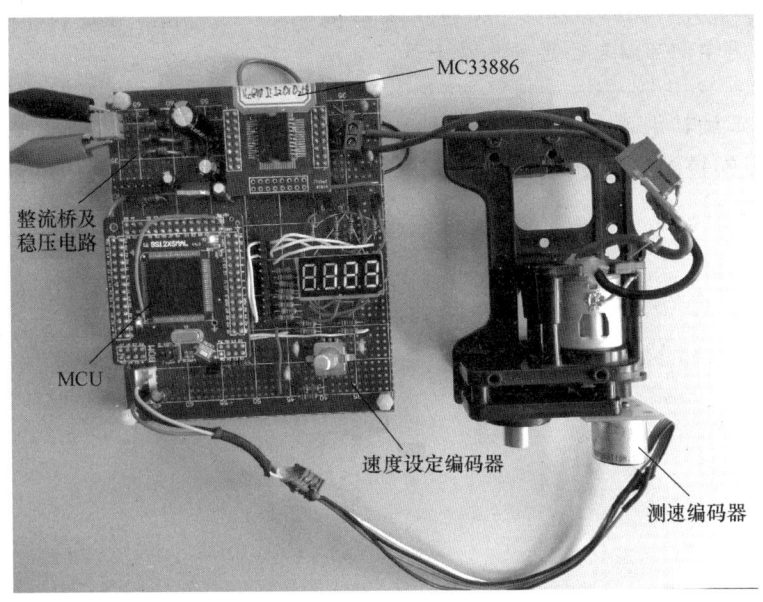

图 11-26 电动机正反转调速系统的实物图

表 11-1 RE120 旋转编码器 A、B 两相相位差

轴回转方向	信号	输出波形	轴回转方向	信号	输出波形
顺时针	A		逆时针	A	
	B			B	

（2）速度检测模块设计 速度检测采用内密控 157 线增量式旋转编码器，采用脉冲累加器对脉冲进行计数，每 50ms 读取一次脉冲累加器数值。程序中显示的转速为旋转编码器旋转轴的转速，具体转速计算如下：

$$n = \frac{60 \times \text{Counter}}{N \times T} \tag{11-4}$$

式中，n 为测速编码器旋转轴转速；N 为编码器每圈产生的脉冲数（本例中为 157）；T 为读取脉冲周期；Counter 为每次读取的脉冲个数。在进行转速换算时，要注意单位的变换。

（3）电动机功率驱动模块设计 电动机功率驱动模块采用 MC33886 芯片，通过改变输入给芯片的 PWM 信号来改变电动机的旋转方向及转速。

MC33886 为飞思卡尔半导体公司生产的 H 桥驱动芯片，该芯片具有 5.0A 驱动能力，控制采用 PWM 方式，控制简单可靠。同时，该芯片具有制动功能和过载报警功能。该芯片的具体使用可查阅相关资料。

（4）速度显示模块设计 速度显示模块采用共阳极 4 位 LCD 数码管，共用 12 个 I/O 口进行显示控制。在数码管的位选信号端，采用晶体管来提升系统对数码管的驱动能力。

老师:"在计算转速时,还有一种方法是通过测量脉冲的宽度进行计算的,这种方法的优点较多,同学们可以自己思考总结一下。"

2. 电动机正反转调速系统的软件设计

电动机正反转控制软件设计流程图如图11-27所示。

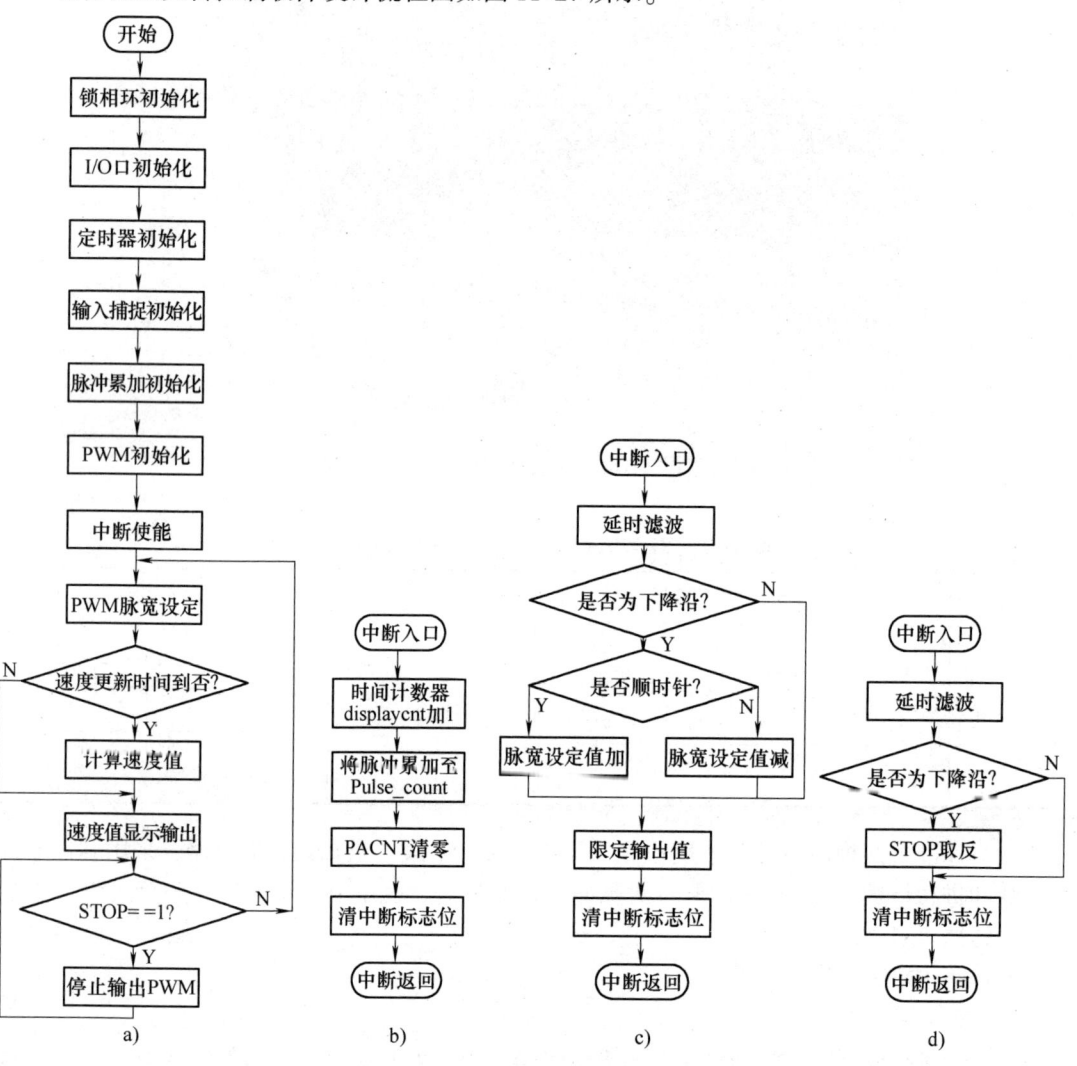

图 11-27 电动机正反转控制流程图

a) 主流程图 b) 50ms 定时中断程序流程图 c) 速度设定中断程序流程图 d) 待机中断程序流程图

电动机正反转调速系统的源程序代码如下:

```
/*************************** 程序代码 ***************************/
#include <hidef.h>      /* common defines and macros */
#include "derivative.h"    /* derivative-specific definitions */
/************* 显示及速度设定变量区 **********************/
```

```c
#define PIT0TIME 50000           //50ms 定时
unsigned char a,b,stop =0,k =0;
unsigned char g_bCaptureCnt =0,speedcnt =0,displaycnt1 =0;
unsigned char MAIchong[4] = {0,0,0,0};
unsigned int count =0,T,T1,PWMValue,count1 =0;
int Dcodecount =150;
unsigned int addata,speed1,speed3,speed4,Pulse_count;
unsigned long speed2 =0,speed =0;
unsigned long displaycnt =0;
//共阳极显示码表
unsigned char table[] = {0xc0,0xf9,0xa4,0xb0,0x99,0x92,0x82,0xf8,0x80,0x90,0x86};
/****************** 锁相环设置80MHz *******************/
void SetBusCLK_80M(void)
{
    CLKSEL =0X00;              //不加载IPPL到系统
    PLLCTL_PLLON =1;           //打开PLL
    SYNR =0xc0 | 0x09;
    REFDV =0x80 | 0x01;
    POSTDIV =0x00;             //pllclock =2×osc×(1+SYNR)/(1+REFDV) =160MHz
    _asm(nop);                 //BUS CLOCK =80MHz
    _asm(nop);
    while(!(CRGFLG_LOCK ==1));
    CLKSEL_PLLSEL =1;
}
/****************** I/O 口初始化 *******************/
void IO_Init(void)
{
    DDRB =0xff;                //1为输出,0为输入
    DDRA =0Xbd;
    DDRT =0x79;
    PORTB =0x00;
    PORTA =0x01;
}
/*********** 输入捕捉初始化(速度设定) *************/
void TPMChInit(void)           //定时器输入捕捉初始化
{
    TIE   =0x00;               //每一位对应相应通道中断允许,0表示禁止中断
    TSCR1 =0;                  //定时器禁止
    TIOS  =0x00;               //PT0、PT1为输入捕捉功能,0为输入捕捉
```

```c
    TCTL4 = 0x29;              //设置通道0为上升沿输入捕捉,通道2、1为下降沿输入捕捉
    TCTL3 = 0x00;
    TCNT = 0x00;
    TSCR2 = 0x03;              //禁止定时器溢出中断,不分频 80MHz/8 = 10MHz
    TSCR1 = 0x80;              //启动定时器
    TIE = 0x06;                //通道1、2中断使能
}
/****************** 延时程序 ****************** /
void Delay_ms(uint ms)
{
    unsigned int i,j;
    for(i = 0;i < ms;i ++ )
        for(j = 0;j < 1141;j ++ );
}
/****************** 数码管显示程序 ****************** /
void disp_smg(unsigned char value,unsigned char wei)
{
    PORTA_PA2 = 1;PORTA_PA3 = 1;PORTA_PA4 = 1;PORTA_PA5 = 1;
    PORTB = value;
    switch(wei)
    {
        case 0:PORTA_PA2 = 0;PORTA_PA3 = 0;PORTA_PA4 = 0;PORTA_PA5 = 1;break;
        case 1:PORTA_PA2 = 0;PORTA_PA3 = 0;PORTA_PA4 = 1;PORTA_PA5 = 0;break;
        case 2:PORTA_PA2 = 0;PORTA_PA3 = 1;PORTA_PA4 = 0;PORTA_PA5 = 0;break;
        case 3:PORTA_PA2 = 1;PORTA_PA3 = 0;PORTA_PA4 = 0;PORTA_PA5 = 0;break;
        //           个位              十位              百位              千位
        default:break;
    }
    Delay_ms(2);               //改变延时,可以改变亮度
    PORTA_PA2 = 0;PORTA_PA3 = 0;PORTA_PA4 = 0;PORTA_PA5 = 0;
}
/****************** PWM 初始化程序 ****************** /
void PWM_Init(void)            //PWM 初始化
{
    PWME = 0x00;               //PWM 通道关闭
    PWMCLK = 0xFF;             //通道均级联,均用 SA、SB
    PWMPRCLK = 0x22;           //01010101 时钟源 SA、SB = BusClockA/4 = 20MHz
    PWMSCLA = 2;               //ClockSA = ClockA/2/2 = 20MHz/4 = 5MHz
    PWMSCLB = 2;               //ClockSB = ClockB/2/2 = 20MHz/4 = 5MHz
```

```
    PWMPOL = 0xff;            //33 电动机(PWMPOL)起始输出为低电平
    PWMCAE = 0x00;            //输出中心对齐
    PWMCTL = 0xF0;            //01、23、45、67 通道都级联,输出分别由 1、3、5、7 口控制
    PWMPER01 = 500 - 1;       //10kHz
    PWMPER23 = 500 - 1;       //电动机周期初始化。pwm23 = 5MHz/(500) = 10kHz
    PWMDTY01 = 0;
    PWMDTY23 = 0;
    PWME_PWME1 = 1;           //恢复电动机 PWM1 输出
    PWME_PWME3 = 1;           //恢复电动机 PWM3 输出
}
/ *************** 脉冲捕捉初始化程序 **************** /
void Pulse_init(void)
{
PACTL = 0X50;                 //脉冲累加控制
TCTL3 = 0x80;
PACNT = 0x00;
}
/ *************** 50ms 定时中断设置 ******************* /
void PIT_Init(void)            //定时中断初始化函数
{
    PITCFLMT_PITE = 0;        // PIT 定时模块使能关
    PITCFLMT_PFLMT0 = 1;      //锁定 8 位微定时器 0
    PITMTLD0 = 80 - 1;        //8 位定时器初值设定。80 分频,在 80MHz 频率下,即为 1μs
    PITCE_PCE0 = 0;           //定时器通道 0 禁止
    PITMUX_PMUX0 = 0;         //相应 16 位定时器与微时基 0 连接
    PITLD0 = PIT0TIME - 1;    //定时 1μs 初始值
    PITCE_PCE0 = 1;           //通道 0 使能
    PITINTE_PINTE0 = 1;       //开通 PIT0 定时器的溢出中断
    PITCFLMT_PITE = 1;        // PIT 定时模块使能开
    TSCR1_TEN = 1;            //定时器使能
}
/ *************** 主程序 ******************** /
void main(void) {
SetBusCLK_80M();
IO_Init();
TPMChInit();
PWM_Init();
Pulse_init();
PIT_Init();
```

```
EnableInterrupts;
   for( ; ; )
{
if( Dcodecount > 0 )
    {
       PWMDTY23 = (int)(Dcodecount);
       PWMDTY01 = 0;
    }
    else
    {
       PWMDTY23 = 0;
       PWMDTY01 = (int)( - Dcodecount);
    }
if( displaycnt > 25 )    // 时间达到后,对显示的数据进行更新,更新时间依靠 displaycnt
                         确定
    {
    speed2 = Pulse_count * 0.305;// 按照式(11-4),speed2 = 0.305 × Pulse_count,单位为 r/min
    Pulse_count = 0;
    displaycnt = 0;
    speed = speed2;
    MAIchong[3] = speed/1000;
    speed = speed% 1000;
    MAIchong[2] = speed/100;
    speed = speed% 100;
    MAIchong[1] = speed/10;
    speed = speed% 10;
    MAIchong[0] = speed;
    }
   if( MAIchong[3] ==0)
       {
       if( MAIchong[2] ==0)
          {
          if( MAIchong[1] ==0)
             disp_smg(table[MAIchong[0]],3);
          else
             for( k = 0;k < 2;k ++ )
             disp_smg(table[MAIchong[k]],3 - k);
          }
       else
```

```c
            for(k=0;k<3;k++)
                disp_smg(table[MAIchong[k]],3-k);
        }
    else{
    for(k=0;k<4;k++)
        disp_smg(table[MAIchong[k]],3-k);
        }
while(stop) {
    PWMDTY23 = 0;
    PWMDTY01 = 0;
        }
    }
}
#pragma CODE_SEG __NEAR_SEG NON_BANKED
void interrupt 9 T1CaptureInterrupt(void)
{
Delay_ms(1);
if(((PTIT&0x02)==0x00)
{
if((Dcodecount > -100)&&(Dcodecount < 100))
{
if(PORTA_PA1 == 1)
    Dcodecount += 30;
else
    Dcodecount -= 30;
}
else if(PORTA_PA1 == 1)
    Dcodecount += 3;
else
    Dcodecount -= 3;
}
if(Dcodecount < -500)
Dcodecount = -500;
if(Dcodecount > 500)
Dcodecount = 500;
TFLG1_C1F = 1;
}
void interrupt 10 T2CaptureInterrupt(void)
{
```

```
    Delay_ms(1);
    if(((PTIT&0x04)==0x00)
    stop = ~stop;
    TFLG1_C2F = 1;
}
void interrupt 66 PIT0_TSR(void)        //50ms 定时处理
{
    displaycnt ++;
    Pulse_count = Pulse_count + PACNT;
    PACNT = 0;
    PITTF_PTF0 = 1;                     //清中断标志位
}
/******************************** 程序结束 ********************************/
```

本 章 小 结

在自动控制系统中，对于闭环系统，需要将被控对象的具体参数通过传感器进行检测，然后将检测的数据传递给 MCU 或者相关的控制电路来进行控制；对于开环系统，也需要将被控对象的具体运行参数进行检测，并送至仪表，以供人们参考，进而通过人工调节控制器来控制被控对象。所以，在现代控制系统中，一般会以 MCU 为核心，通过对外围电路的设计，形成一个控制系统；而且传感器是外围电路中不可缺少的一部分。

本章以飞思卡尔单片机为核心，通过软硬件设计，为读者列举了一些实际应用的例子。其中的例子有：基于 DS18B20 多路温度检测、基于 MMA8451 的加速度检测、基于 ENC-03MB 的角速度检测、基于 Mini1024J 的旋转轴转速检测、基于线性 CCD TSL1401 的像素检测等。当然在各个例子中，例程只能完成检测数据的读出功能，其具体应用及其显示要依靠读者自己外加电路及程序完成。

对于目前大学生较关注的各类工科类比赛，不论比赛形势如何，一般情况下，对于控制类题目，单片机与传感器是必不可少的，所以学生一定要在学习的基础上把知识融会贯通，将所学的传感器知识与其他相关知识相结合，并通过自己动手来验证或者应用这些知识，这样才能找到学习的兴趣。

参 考 文 献

[1] 刘爱华，满宝元. 传感器原理与应用技术 [M]. 北京：人民邮电出版社，2006.
[2] 周四春，吴建平，祝忠明，等. 传感器技术与工程应用 [M]. 北京：原子能出版社，2007.
[3] 孙运旺. 传感器技术与应用 [M]. 杭州：浙江大学出版社，2006.
[4] 张岩，胡秀芳. 传感器应用技术 [M]. 福州：福建科学技术出版社，2006.
[5] 王化祥，张淑英. 传感器原理及应用（少学时）[M]. 天津：天津大学出版社，2004.
[6] 沙占友. 集成化智能传感器原理与应用 [M]. 北京：电子工业出版社，2004.
[7] 宋文绪，等. 传感器与检测技术 [M]. 北京：高等教育出版社，2004.
[8] 吴桂秀. 传感器应用制作入门 [M]. 杭州：浙江科学技术出版社，2004.
[9] 刘伟. 传感器实训教程 [M]. 南京：东南大学出版社，2003.
[10] 王君，等. 传感器原理及检测技术 [M]. 长春：吉林大学出版社，2003.
[11] 张佳薇，等. 传感器原理与应用 [M]. 哈尔滨：东北林业大学出版社，2003.
[12] 高晓蓉. 传感器技术 [M]. 成都：西南交通大学出版社，2003.
[13] 郝芸. 传感器原理与应用 [M]. 北京：电子工业出版社，2002.
[14] 陈杰，等. 传感器与检测技术 [M]. 北京：高等教育出版社，2002.
[15] 孟立凡，等. 传感器原理及技术 [M]. 北京：国防工业出版社，2000.
[16] 强锡富. 传感器 [M]. 北京：机械工业出版社，2000.
[17] 刘君华. 智能传感器系统 [M]. 西安：西安电子科技大学出版社，2004.
[18] 陈尔绍. 传感器实用装置制作集锦 [M]. 北京：人民邮电出版社，1999.
[19] 丁镇生. 传感器及传感技术应用 [M]. 北京：电子工业出版社，1998.
[20] 苏铁力，等. 传感器及其接口技术 [M]. 北京：中国石化出版社，1998.
[21] 黄继昌，等. 传感器工作原理及应用实例 [M]. 北京：人民邮电出版社，1998.
[22] 黄贤武，等. 传感器实际应用电路设计 [M]. 成都：电子科技大学出版社，1997.
[23] 张福学，等. 现代实用传感器电路 [M]. 北京：中国计量出版社，1997.
[24] 何道清，等. 传感器与传感器技术 [M]. 北京：科学出版社，2005.
[25] 何希才. 传感器及其应用电路 [M]. 北京：电子工业出版社，2001.
[26] 徐科军. 传感器与检测技术 [M]. 北京：电子工业出版社，2004.
[27] 田裕鹏，等. 传感器原理 [M]. 3版. 北京：科学出版社，2007.
[28] 赵茂泰. 智能仪器原理及应用 [M]. 2版. 北京：电子工业出版社，2004.
[29] 李晓莹. 传感器与测试技术 [M]. 北京：高等教育出版社，2004.
[30] 来清民. 传感器与单片机接口及实例 [M]. 北京：北京航空航天大学出版社，2008.
[31] 孙余凯，等. 传感技术基础与技能实训教程 [M]. 北京：电子工业出版社，2006.
[32] 余成波，等. 传感器与自动检测技术 [M]. 北京：高等教育出版社，2004.
[33] 郁有文，等. 传感器原理及工程应用 [M]. 3版. 西安：西安电子科技大学出版社，2008.
[34] 周旭. 现代传感器技术 [M]. 北京：国防工业出版社，2007.
[35] 刘畅生，等. 传感器简明手册及应用电路：温度传感器分册 [M]. 西安：西安电子科技大学出版社，2006.
[36] 谭福年. 常用传感器应用电路 [M]. 成都：电子科技大学出版社，1996.
[37] 沙占友. 中外集成传感器实用手册 [M]. 北京：电子工业出版社，2005.
[38] 张洪润，等. 传感技术与实验 [M]. 北京：清华大学出版社，2005.

[39] 方彦军,等. 智能仪器技术及其应用 [M]. 北京:化学工业出版社,2004.

[40] 孙宏军,等. 智能传感器仪表 [M]. 北京:清华大学出版社,2007.

[41] 赵负图. 现代传感器集成电路 [M]. 北京:人民邮电出版社,2000.

[42] 彭军. 传感器与检测技术 [M]. 西安:西安电子科技大学出版社,2003.

[43] 梁威. 智能传感器与信息系统 [M]. 北京:北京航空航天大学出版社,2004.

[44] 梁森,等. 自动检测技术及应用 [M]. 北京:机械工业出版社,2007.

[45] 孙传友,等. 现代检测技术与仪表 [M]. 北京:高等教育出版社,2006.

[46] 栾桂东. 传感器及其应用 [M]. 西安:西安电子科技大学出版社,2002.

[47] 刘笃仁,等. 传感器原理及应用技术 [M]. 西安:西安电子科技大学出版社,2003.

[48] 王宜怀,曹金华. 嵌入式系统设计实战——基于飞思卡尔S12X微控制器 [M]. 北京:北京航空航天大学出版社,2011.

[49] 刘海成. AVR单片机原理及测控工程应用 [M]. 北京:北京航空航天大学出版社,2008.